新编路基路面工程

主　编　刘黎萍

主　审　陆鼎中　　程家驹

内 容 提 要

本书是根据我国最新颁布的有关道路工程的技术标准、规范，并吸收近几年来取得的科技成果，在《路基路面工程》（第二版）基础上补充修订而成。全书共分12章，主要阐述影响路基路面结构性能的荷载、环境和材料因素；路基设计和稳定性分析；沥青和水泥路面结构分析理论和设计方法；路面状况调查和评定内容；路基路面施工等。书中配有计算实例、复习思考题以及测验作业，方便读者自学。

本书可作为高等院校道路与交通工程专业本科教材，也可作为成人教育相关专业教材，也可供道路工程技术人员学习参考。

图书在版编目(CIP)数据

新编路基路面工程/刘黎萍主编．—上海：同济大学出版社，2011.2(2019.7重印)
ISBN 978-7-5608-4429-9

Ⅰ.①新… Ⅱ.①刘… Ⅲ.①路基—道路工程—高等学校—教材②路面—道路工程—高等学校—教材 Ⅳ.①U416

中国版本图书馆CIP数据核字(2010)第183016号

新编路基路面工程
主编　刘黎萍
责任编辑　凌　岚　　责任校对　徐春莲　　封面设计　陈益平

出版发行	同济大学出版社　www.tongjipress.com.cn
	（地址：上海市四平路1239号　邮编：200092　电话：021-65985622）
经　销	全国各地新华书店
印　刷	江苏句容排印厂
开　本	787mm×1092mm　1/16
印　张	21.25
印　数	9 301—10 400
字　数	530 000
版　次	2011年2月第1版　2019年7月第4次印刷
书　号	ISBN 978-7-5608-4429-9
定　价	40.00元

本书若有印装质量问题，请向本社发行部调换　　版权所有　侵权必究

前　言

《路基路面工程》(第二版)(陆鼎中、程家驹编著)自出版以来,以其浅显、易懂、简明的风格受到广大读者的青睐。但随着路基路面工程技术的发展,已出现了很多新的技术成果,有关部门也对相关的路基、路面设计和施工技术规范进行了修订,为将最新的科技成果纳入教材,遂决定对《路基路面工程》(第二版)进行改版,以满足教学和读者的需要。

考虑到原版教材的使用效果,新版教材是在秉承《路基路面工程》(第二版)编写风格的基础上,根据我国最新颁布的有关道路工程的技术标准、规范,并吸收近年来取得的相关科研成果编著而成。总体上仍保持原来的框架和格局,仍为十二章,但个别章节进行了调整,如将原第10章(路面状况调查与评价)调整为第12章,变动较多的章节是第4,6,8,9,11,12章。

本教材着眼于学生掌握路基、路面工程的基本概念、基本理论和方法,树立道路工程专业意识,通过本课程学习,能分析和解决路基、路面工程中的一些基本问题。但因篇幅、时间和编者能力所限,内容并未涵盖所有路基、路面工程的新技术,读者尚需结合其他相关书籍一并学习。

本书第1~4,8,11章由刘黎萍改(编)写,第5~7,10章由黄琴龙改(编)写,第9章由周玉民编写,第12章由陈长编写。全书由陆鼎中和程家驹老师担任主审。感谢他们对本书的贡献!

限于编者水平,且时间仓促,错误和不足之处难免,恳请读者指正。

编　者
2010年4月

目 录

前言

1 绪论 ………………………………………………………………… 1
  1.1 路基路面的功能和要求 ………………………………………… 1
  1.2 路基路面的构造 ………………………………………………… 2
  1.3 路基路面工程的特点与内容 …………………………………… 7
  1.4 本课程与其他课程的关系 ……………………………………… 9

2 行车荷载分析 …………………………………………………… 11
  2.1 车辆的类型和轴型 ……………………………………………… 11
  2.2 车辆的重力作用 ………………………………………………… 14
  2.3 行车的动态影响 ………………………………………………… 15
  2.4 交通分析 ………………………………………………………… 17

3 自然因素的影响 ………………………………………………… 24
  3.1 公路自然区划 …………………………………………………… 24
  3.2 路面温度状况 …………………………………………………… 27
  3.3 路基湿度状况 …………………………………………………… 33

4 路基路面材料组成及其力学特性 ……………………………… 38
  4.1 粒料类材料的组成 ……………………………………………… 38
  4.2 无机结合料稳定类材料和水泥混凝土的组成 ………………… 41
  4.3 沥青混合料的组成 ……………………………………………… 45
  4.4 变形特性 ………………………………………………………… 47
  4.5 强度特性 ………………………………………………………… 55
  4.6 疲劳特性 ………………………………………………………… 58
  4.7 荷载-弯沉关系 ………………………………………………… 63

5 一般路基设计 …………………………………………………… 69
  5.1 路基的病害和设计要求 ………………………………………… 69
  5.2 填料选择和压实标准 …………………………………………… 73
  5.3 路基边坡和地基要求 …………………………………………… 76

  5.4 路基排水 ·· 82
  5.5 路基防护与加固 ·· 89

6 路基稳定性分析 ·· 99
  6.1 基本分析方法 ·· 99
  6.2 条分法的解 ·· 100
  6.3 稳定性验算 ·· 104
  6.4 软土地基的路基稳定性分析 ··· 108
  6.5 浸水路堤的稳定性分析 ·· 110
  6.6 路基边坡抗震稳定性分析 ·· 115

7 挡土墙设计 ·· 119
  7.1 挡土墙的类型、构造和布置 ·· 119
  7.2 挡土墙土压力计算 ··· 126
  7.3 挡土墙设计原则 ·· 136
  7.4 挡土墙验算 ·· 138
  7.5 加筋土挡土墙设计 ··· 147
  7.6 轻型挡土墙设计 ·· 154

8 沥青路面结构设计 ··· 167
  8.1 沥青路面的损坏类型、设计指标与标准 ···································· 167
  8.2 沥青路面结构的力学分析 ·· 171
  8.3 沥青路面结构组合设计 ·· 178
  8.4 我国公路沥青路面结构设计方法 ·· 185
  8.5 沥青路面加铺层设计 ··· 202

9 水泥混凝土路面结构设计 ··· 210
  9.1 水泥混凝土路面的损坏模式和设计要求 ···································· 210
  9.2 弹性地基板的应力分析 ·· 212
  9.3 结构层组合设计和要求 ·· 224
  9.4 路面结构厚度的确定 ··· 226
  9.5 接缝和配筋设计 ·· 237
  9.6 混凝土加铺层设计 ··· 243

10 路基施工技术 ·· 249
  10.1 概述 ··· 249
  10.2 土方作业 ··· 255
  10.3 石方爆破 ··· 264
  10.4 特殊土质路基施工 ··· 277

11 路面施工技术 ··· 282
11.1 垫层和基层施工 ··· 282
11.2 沥青面层施工 ··· 286
11.3 水泥混凝土面层施工 ··· 297

12 路面状况调查与评价 ··· 304
12.1 概述 ··· 304
12.2 路面行驶质量评价指标与方法 ··· 304
12.3 路面损坏状况调查与评价 ··· 310
12.4 路面结构承载能力测定与评价 ··· 317
12.5 路面抗滑性能测定与评价 ··· 321
12.6 路面管理系统简介 ··· 324

参考文献 ··· 332

1 绪 论

> **提 要**

路基路面是道路的基本组成部分,它们共同承受行车荷载和自然因素的作用。路基路面结构稳固耐久,路面表面平整抗滑,直接关系到道路的正常使用与服务质量。路基路面的构造,除路基基身和路面层次外,还应采取必要的排水、防护与加固等工程措施。路基路面是一种露天的线型工程,其行为受行车荷载和自然因素的影响很大,加之筑路材料多样,性质变化不定,这就增加了设计与修建工作的难度。学习本课程时,必须结合所学的其他课程,密切联系工程实践,注意掌握基本原理和方法,以提高解决实际问题的能力。

通过本章的学习,应该达到以下三个要求:
1. 明确路基路面的功能和对它们的基本要求。
2. 掌握路基路面的断面构造。
3. 熟悉路基路面设计与修筑要解决的问题及其途径。

1.1 路基路面的功能和要求

道路主体主要是由路基和路面组成的。路基是在地表按照道路路线位置和一定技术要求开挖或堆填而成的岩土结构物。路面是在路基顶面用各种筑路材料铺设的层状结构物。有了路基路面,车辆才能沿着预定的路线,通畅、快速、安全、舒适、经济地运行。

在行车荷载和自然因素的作用下,路基路面会产生各种损坏和变形,从而影响道路的使用品质。因此,对路基路面提出下列基本要求:

1. 路基整体应稳定坚固

在地表修筑路基,必然会改变原地层所处的状态。由于各种因素(地质、水文、气候、行车荷载等)的影响,就有可能使高陡的路堑边坡发生崩坍、软弱地层上的路堤出现下沉和滑动、沿河路基受到水毁等,从而导致交通阻断或行车事故。为了道路运输的畅通与安全,就要正确选定路基的断面形状和尺寸,采取必要的排水、防护和加固措施,以保证路基整体结构(包括周围的地层)具有足够的稳定性。

2. 路基上层应密实均匀

在行车荷载作用深度范围内的路基,称为路基工作区。而直接位于路面结构层下 0.8 m 厚的路基部分,则称路床。路床是路面的基础。土质路床,又称土基。如果土基较为松软或水温条件差,在行车荷载作用下就会产生过大的沉陷变形,甚至引起翻浆现象,使路面失去坚强而均匀的支承,导致路面结构过早损坏。为了保证路面的使用性能,减轻路面的负担,降低工程的造价,土基应具有足够的承载能力和水温稳定性。因此,路基上层部分最好选用良好的土填筑,要注意充分压实,必要时,设置隔离层或采取其他处治措施。

3. 路面结构应稳固耐久

在行车荷载作用下,路面结构内会产生拉、压、剪切等应力和变形。如果路面结构整体或某一部分的强度和抗变形能力不足,路面就会出现开裂、沉陷或车辙等损坏现象,使路况迅速恶化,而严重影响道路的服务质量。这就要求路面结构必须具备同行车荷载相适应的强度和刚度。

路面结构处于自然环境中,经常受到水分和温度变化的影响,其性状也会发生相应的改变。例如,沥青路面在夏季高温时会因发软而出现车辙和推移;冬季低温时会因变脆和收缩受阻或土基冻胀而开裂。因此,在设计时,应考虑当地的自然条件,采取合适的材料组成和结构措施,使路面结构在不利季节仍足够坚强和稳定。

在使用过程中,由于行车荷载和气候因素(冷热,干湿)的多次重复作用,路面结构会出现疲劳破坏、塑性变形累积和表面磨损。另外,路面结构还可能因材料的老化衰变而导致破坏。因此,路面在使用一定年限后,就需要进行修复或改建。路面的使用年限过短,将增加养护工作量和费用,并严重干扰路上的正常交通。所以,设计和修建的路面应该经久耐用,具有较高的抗疲劳能力。

4. 路面表面应平整抗滑

不平整的路面会加大行车阻力,造成车辆颠簸,使车速受到限制,机件和油料的损耗过大,同时还影响驾驶的平稳和乘客的舒适。另一方面,车辆的颠簸又反过来对路面施加冲击力,不平整的路面容易积滞雨水,从而加剧路面的损坏。因此,路面表面应保持一定的平整度,以减小冲击力,提高行车速度和舒适性;道路的等级(设计车速)越高,对平整度的要求也越高。平整的路面,要依靠合理选用路面结构、严格控制施工质量和经常及时的养护来获得。

在光滑的路面上,车轮与路面之间缺乏足够的附着力和摩擦阻力,当雨天车辆起动、加速、制动、爬坡或转弯时,容易出现打滑或溜滑现象,迫使车速降低,甚至引起严重的交通事故。为了保证高速行车的安全性,对路面的抗滑性能要求就应提高。路面表面的抗滑能力可以通过选用坚硬、耐磨、粗糙的表层材料或者采取表面拉毛或刻槽等工艺措施来实现。另外,路面上的积雪、浮冰或污泥等,也会降低路面的抗滑性,必须及时予以清除。

此外,路基路面结构物还应满足环境保护和道路景观等方面的要求。

1.2 路基路面的构造

路基路面的构造,通常用横断面图来表示。路基除本体(基身)外,还应包括保证其正常工作所需的排水、防护与加固设施,以及路侧的取土坑和弃土堆等。在各种车道(包括行车道、变速车道和爬坡车道等)、路缘带和硬路肩等处均应铺筑路面。路面设置在路基顶部,可由一层或数层(面层、基层和垫层)组成,并考虑排水等措施。

1.2.1 路基的断面型式

由于路线情况和自然条件的不同,路基横断面型式有多种多样。按照基身的填挖情况,路基可分为路堤、路堑和半填半挖等三种类型。

1. 路堤

路堤是指基身顶面高于原地面的填方路基,有一般路堤、浸水路堤和陡坡路堤等基本型式(图1-1)。一般路堤位于地面横坡平缓的地段。在路堤边坡低矮和迎水的一侧,应设置边沟和截水沟等排水沟渠,以防止地面水浸湿和冲刷路堤。建造路堤时在路侧设置的取土坑,应同排水沟渠或农田水利相结合。路堤堤身与路侧取土坑或水渠之间,以及高路堤或浸水路堤的边坡中部,可视需要设置宽至少1 m(并高出设计水位0.5 m)的平台,称为护坡道,以保证路堤边坡的稳定。高路堤和浸水路堤的边坡,常按其受力情况采取上陡下缓的变坡形式。容易受到水流侵蚀和淘刷的路堤边坡,还应进行适当的防护与加固。在软土地基上的路堤,需要采取加固地基和调整路堤结构等稳定措施。在横坡较陡(陡于1:2.5)的地面上填筑的路堤,称为陡坡路堤,其下侧边坡常需设置石砌护脚或挡土墙,以防止路堤向下滑动,并能收缩填方坡脚,减少填方数量和占地宽度。

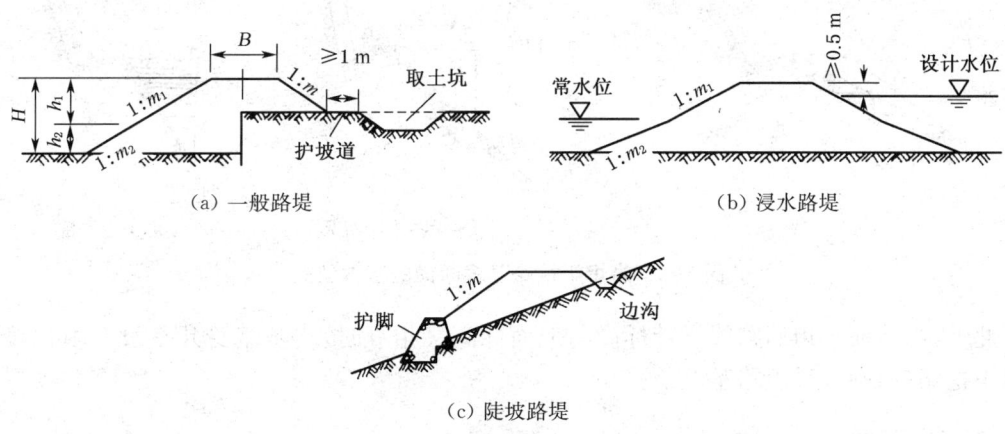

图1-1 路堤横断面的基本型式

2. 路堑

全部为挖方的路基称为路堑。它有全路堑、半路堑(又称台口式)和半山洞三种型式(图1-2)。挖方边坡的坡脚应设置边沟,以汇集和排除路基基身表面的水。路堑上方应设置截水沟,以拦截上侧山坡的地面水。边坡可按地层构造情况采用直线或折线等形式,易风化或碎落时,宜进行抹面防护或设置碎落台(图5-1);破碎或不稳定时,则可采用护墙或挡土墙。路侧弃土堆的设置,应不妨碍路基排水,不危及边坡的稳定。弃土堆内侧坡脚到堑顶之间的距离 d 应随土质条件和路堑边坡高度而定,一般不小于5 m。

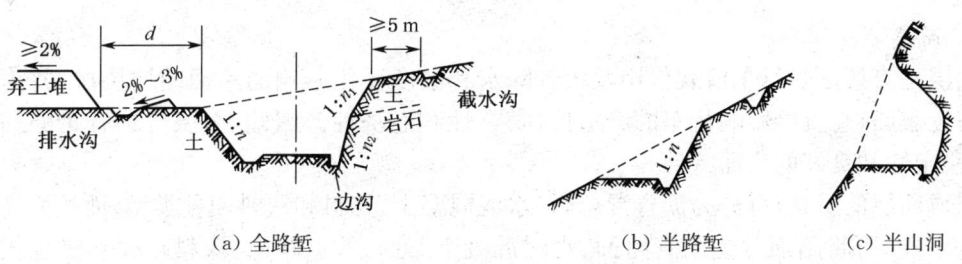

图1-2 路堑横断面的基本型式

3. 半填半挖路基

整个横断面上既有填方又有挖方的路基,称为半填半挖路基。它出现在地面横坡较陡,路基又较宽,而路中线的设计标高与地面标高相差不大的地方。半填半挖路基可看做由半路堤和半路堑组合而成,其横断面的型式同地面横坡与地层情况有密切关系(图1-3),兼有路堤和路堑的设置要求。为提高路基的稳定性,填方部分的地面应挖成台阶或凿毛。有时视需要,填方和挖方部分可设置挡土墙等支挡结构物。如果填方部分遇到地面陡峻出现悬空,而纵向又有适宜的基岩时,则可采用桥梁(如石拱桥)跨越,构成半山桥路基。对于填方高度(或路肩墙等结构物顶面高出地面)大于或等于6 m以及急弯、陡峻山坡、桥头引道等危险路段,应设置护栏(图1-3(b),图1-3(c)),作为指示、诱导交通的安全设施。

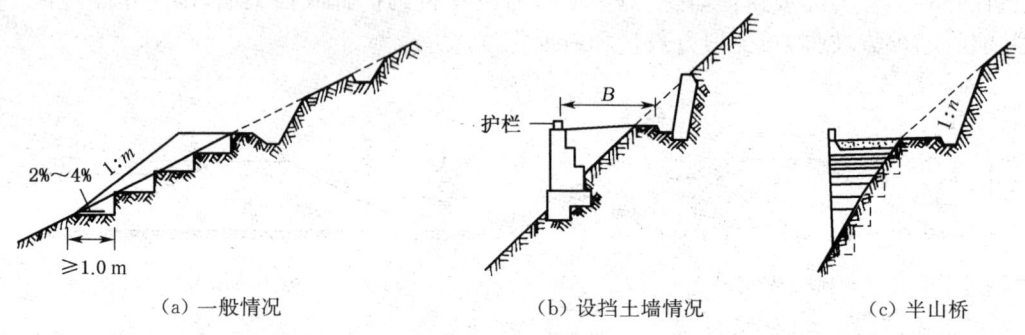

图1-3 半填半挖路基横断面的基本型式

此外,当地面平坦而路线设计标高与地面标高又相等时,路基基身几乎没有填挖,形成不填不挖路基,则称零填路基。

1.2.2 路面的结构组成

行车荷载和自然因素对路面的影响,随深度的增加而逐渐减弱;对路面材料的强度、抗变形能力和稳定性等要求也随深度的增加而逐渐降低。为适应这一特点,绝大部分路面的结构是多层次的,按使用要求、受力状况、土基支承条件和自然因素影响程度的不同,在路基顶面采用不同规格和要求的材料分别铺设垫层、基层和面层等结构层。另外,为侧向支持路面结构,在其外侧设有路肩(或道肩),它使路面结构过渡到无铺面的地表。路肩结构也是多层次的复合结构。为排除降落到路面上的地表水,采用路面表面排水措施;而为排除渗入路面结构内的自由水,可设置路面结构内部排水系统。图1-4绘出了路面结构组成的横断面。

1. 面层

面层是直接承受行车荷载作用及大气降水和温度变化影响的路面结构层次,并为车辆提供行驶表面,它直接影响行车的舒适性、安全性和经济性。因此,面层应具有足够的结构强度、稳定性和良好的表面特性。

组成面层的材料,可分为沥青混合料、水泥混凝土、粒料和块料四种类型;而按面层所用材料的不同,可将路面分为沥青路面、水泥混凝土路面、粒料路面、块料路面和复合式路面五类。

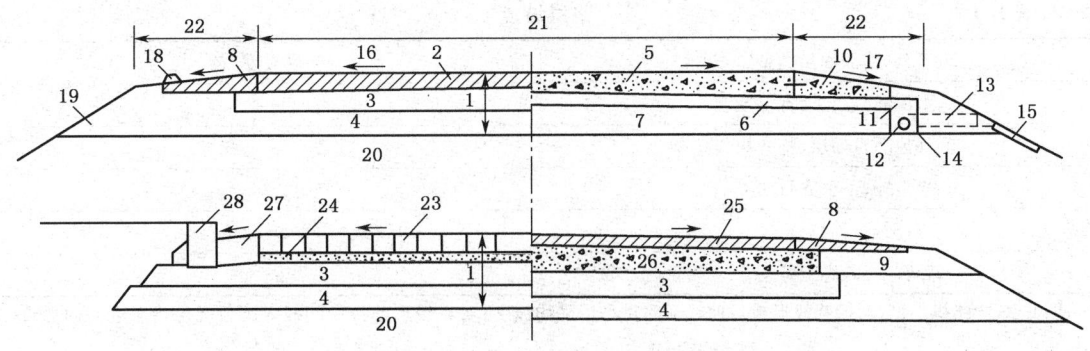

图 1-4 路面结构组成的横断面

1—路面结构;2—沥青面层;3—基层;4—垫层;5—水泥混凝土面层;6—排水基层;7—不透水垫层;
8—沥青路肩面层;9—路肩基层;10—水泥混凝土路肩面层;11—纵向集水沟;12—纵向集水管;
13—横向排水管;14—反滤织物;15—坡面冲刷防护;16—行车道横坡;17—路肩横坡;18—拦水带;
19—路基边坡;20—路床;21—行车道宽度;22—路肩宽度;23—块料面层;24—垫砂层;
25—沥青上面层;26—连续配筋混凝土下面层;27—平石;28—侧石

沥青面层可分为由沥青和集料拌和、碾压而成的沥青混合料,沥青和集料分层撒铺、碾压而成的沥青表面处治以及沥青灌入碎石集料层的沥青贯入碎石三种类型。沥青混合料具有较好的使用品质,可用作高级路面的面层。它们通常分为上、下两层。上面层(或表面层)起磨耗层的作用,它应具有良好的表面特性(抗滑、平整、低噪声),通常采用较细的集料、较多的沥青用量,混合料密实不透水,或者也可做成多孔隙排水性表面层。下面层称作联结层,起承重作用,可采用较粗的集料,在层厚较厚时,需分两层摊铺碾压,这时分别称此两层为中面层和下面层。沥青表面处治主要起封层和磨耗层的作用,用以改善路面的行驶条件。沥青贯入碎石含有较多空隙,用作面层时,应加铺封层,这种面层属次高级路面。

水泥混凝土面层可分为普通水泥混凝土、钢筋混凝土、连续配筋混凝土、钢纤维混凝土和预应力混凝土五种类型。这类面层具有强度高、刚度大、使用寿命长的特点,能承受较繁重的车辆荷载作用。

块料面层可由整齐或半整齐的石块、嵌锁式水泥混凝土模制块料或其他材料块料铺砌而成。面层下需铺设薄垫砂层,以调节砌块高度,形成块料间的嵌挤作用。这类面层可按不同图案和色彩铺筑,能承受较重的荷载,但表面平整度较差。

复合式面层系由水泥混凝土(连续配筋混凝土或设传力杆的水泥混凝土)做下面层、沥青混合料做上面层组成。这类面层综合了水泥混凝土强度高、寿命长和沥青混合料舒适性好、便于修补的长处,是一种经久耐用的优质面层。

粒料面层由各种碎石或砾石混合料组成,其顶面需铺设砂土磨耗层。这类面层只能承受中等或轻交通,属中级和低级路面。

路面面层表面应具有一定的横向坡度,以利排水。除超高路段外,路面横断面通常做成中间拱起的形状,称为路拱。平整度和水稳性较好、透水性也小的路面面层,可采用较小的路拱坡度;反之,则应采用较大的路拱坡度。各种不同面层类型路面的路拱坡度,可按表1-1规定选用。

表 1-1　　　　　　　　　　　　　路拱坡度

路面面层类型	路拱坡度/%
水泥混凝土、沥青混凝土	1～2
其他沥青面层、整齐块料	1.5～2.5
半整齐、不整齐石块	2～3
碎(砾)石等粒料	2.5～3.5
碎石土、砂砾土等	3～4

注：1. 表中路拱坡度，对抛物线形或双曲线形路拱是指平均坡度；对直线形路拱中间插入圆弧者是指靠近路边的直线段坡度。
　　2. 路面较窄，干旱和积雪地区及设有较大纵坡的路段可取低值；反之，宜取高值。

2. 基层

基层是路面结构中的承重部分，它主要承受车辆荷载的竖向力，并把由面层传下来的应力扩散到垫层或土基，故基层应具有足够的强度和扩散应力的能力。基层受自然因素的影响虽不如面层强烈，但仍应有足够的水稳定性，以防基层湿软后变形过大，从而导致面层损坏。水泥混凝土面层下的基层则还应具有足够的耐冲刷性。基层顶面也应平整，具有与面层相同的横坡，以保证面层厚度均匀。

用作基层的材料主要有以下五类：

(1) 贫水泥混凝土，碾压混凝土；
(2) 沥青稳定碎(砾)石混合料；
(3) 无机结合料(水泥、石灰、粉煤灰)稳定碎(砾)石混合料或土；
(4) 碎(砾)石混合料，天然砂砾；
(5) 片石、块石或圆石。

起承重作用的基层有时选用两层，其下面一层称作底基层。对底基层材料(包括集料和结合料)的要求可低于上基层。其设置的目的在于分担承重作用以减薄上基层的厚度，并充分利用地方材料。

为保护面层的边缘，基层每侧应比面层至少宽出 25 cm。底基层每侧宜比基层宽 15 cm。但膨胀土路基上的基层(底基层)或透水性基层(底基层)，其宽度应横贯整个路基，也可在边缘设置排水渗沟，如图 1-4 所示，以排除渗入该层的水分，避免引起路面损坏。

3. 垫层

垫层是介于基层和土基之间的层次，其主要作用为改善土基的湿度和温度状况，以保证面层和基层的强度稳定性和抗冻胀能力；扩散由基层传来的荷载应力，以减少土基所产生的变形。因此，通常在季节性冰冻地区和土基水温状况不良时设置。

垫层材料的强度要求不一定高，但其水稳定性要好。常用的垫层，一类是由松散的颗粒材料如砂、砾石、炉渣等组成的透水性垫层，另一类是低剂量水泥、石灰或粉煤灰稳定土等稳定类垫层。垫层应比基层(底基层)每侧至少宽出 25 cm，或与路基同宽。

对行车道两侧的路缘带和路肩进行加固(铺设路面)，既可增加行车道的有效宽度，便利临时停放车辆，又可改善行车道路面边缘部分的工作条件，延长其使用寿命。高速公路、一级公路的路缘带及硬路肩的路面结构和厚度，宜与行车道部分相同。其他各级公路的路肩加固部分可视交通繁重程度分别采用级配砾(碎)石、沥青表面处治、沥青混合料等铺面。为了保护路面边缘,也有用块石、条石或水泥混凝土预制块设置路缘石,其宽度和厚度为15～25 cm。

路肩横坡一般应比路拱坡度大0.5%～1%,以利排水。

1.3 路基路面工程的特点与内容

1.3.1 工程特点

路基路面是一种设置在地表面,暴露于大自然,由筑路材料构成的线型工程。它具有结构形式简单、影响因素多变、牵涉范围很广、施工安排不易等特点。

一条道路,绵延可达数十公里以至数百公里,沿线的气候、地形、水文和地质等自然条件往往很不一样。即使在较短的路段内,路基填挖情况、岩土和水文条件仍会有较大的差别。各段路面结构层的材料来源和施工状况也很难相同。环境(自然)条件的变迁对土和路面材料的物理力学性质及路基路面结构体系的性状影响很大。作用在路面上的行车荷载,无论是大小、数量或者作用图式和频率,都是因时因地而变的随机因素。路基路面的损坏状态和原因,常是错综复杂的。因此,在路基路面设计时,必须调查沿线的自然条件和交通情况,分析各种不利因素对路基路面的危害,掌握足够的设计资料和确切的计算参数,针对具体情况采取切实可行和经济合理的工程技术措施。但是,这样做的工作量和难度均很大,设计阶段往往不易尽善,需要在施工和养护过程中不断加以修改和补充。

路基路面设计与路线设计是相辅相成的。在选定路线时,除考虑线形外,还要顾及路基路面的工程情况;反之,当路线难以绕避地质不良地段时,也可对路基路面采取恰当的措施,以提高道路的使用质量。路基路面工程,除路基和路面外,还有道路排水、防护和加固等设施,并同桥涵和地下管线相关联,应该相互配合和综合考虑。建造道路时,会涉及生态环境、水土保持和其他地物(如农田、水利、房屋等),必须妥善处理各方面的关系。

路基路面工程的项目和数量,特别是路基土石方,沿线分布常不一致,各段采用的施工方法、劳力和机具配备就有差异,而且工作面狭窄,又受天气的影响,给施工组织和管理带来不少困难。在土石方量集中,水文和地质条件复杂的地段,遇到的技术问题多而难,常成为道路建设的关键。因此,采用先进的施工技术、合理的施工组织、科学的施工管理,对于确保工程质量、提高劳动生产率、缩短工期、降低造价、节省土地、安全生产,都有重要意义。总之,实现上述要求,并非轻而易举的事。

1.3.2 设计与修筑的内容

路基路面设计与修筑的基本任务,在于以最低的代价(包括资金、材料、劳力、时间等方面),提供符合一定使用要求(即足够稳固)的路基路面结构物。

1.3.2.1 路基路面设计的内容

路基路面设计应根据道路使用要求和当地自然情况,参照有关规范和经验,考虑技术和经济条件,选定合理的结构方案,绘出设计图纸,作为施工的依据。其具体步骤和内容如下:

1. 勘察调查

设计前,应收集沿线的地质、水文、气象以及材料和交通等方面的资料,了解现有道路的使用状况,进行必要的测试工作。

2. 路基设计

路基设计的主要内容包含以下几个方面:

(1) 根据路线设计确定的路基填挖高度和顶面宽度,结合沿线的地形和岩土情况,确定路基基身的横断面形状和边坡坡度;

(2) 根据沿线地表径流和地下水埋藏情况,进行道路排水系统的布置以及地面和地下排水结构物的设计;

(3) 根据当地水文、地质、地形及筑路材料等情况,采取边坡坡面防护、堤岸冲刷防护、路基支挡及软弱地层加固等措施,并进行相应的设计(例如,路基支挡用的挡土墙设计)。

3. 路面设计

路面设计的主要内容有以下几个方面:

(1) 根据道路等级、使用任务、交通繁重程度、当地自然环境、路基支承条件和材料供应等情况,选择面层类型,并提出结构层组合方案;

(2) 根据对所选材料的性状要求和当地自然条件,进行各结构层材料的组成设计;

(3) 根据路面结构的破坏标准、力学模型和相应的计算理论,或按经验方法,确定满足交通和环境条件及使用年限要求的各结构层尺寸。对于水泥混凝土路面还要进行接缝和配筋等方面的设计。

从路面力学特性出发,一般把由各种基层(半刚性基层除外)和各类沥青面层或碎(砾)石面层所组成的路面结构,称为柔性路面;用水泥混凝土作面层的路面结构,称为刚性路面。柔性路面(包括半刚性基层沥青路面在内)和水泥混凝土路面,分别采用不同的计算理论和方法。

4. 设计方案比选

对可能采取的若干设计方案,应综合考虑投资、施工、养护和使用性能等几方面因素,进行技术经济分析和比较,最后确定采用的方案。

1.3.2.2 路基路面修筑的内容

路基路面修筑是设计的延续,它把设计方案(图纸)实物化。其主要工作大致分为以下几个阶段:

1. 准备工作

施工前的准备工作如下:落实和培训施工队伍,现场核对设计文件和图纸,必要时对原设计作出某些修改;确定施工方案和施工组织计划;恢复并固定路线,施工放样;清理场地,修建临时设施(如便道、工棚等);配备机具,采购材料,落实水电供应等。

2. 路基施工

修筑路基的基本工作:

(1) 路基土方作业,包括开挖路堑或取土坑、运土填筑路堤或弃土、压实和整修路基表面;

(2) 路基石方爆破,包括凿眼、装药、引爆、清碴和整修等;

(3) 排水、防护与加固工程,例如,开挖截水沟或其他排水沟渠、建造跌水或急流槽、砌筑护坡、护墙和挡土墙、进行地基加固等。

3. 路面施工

路面结构层的铺筑,根据材料性质、施工条件和设计规定,可分别采用层铺(灌浇)、拌和或铺砌三种方式。各种类型结构层的施工工序,主要有清底、拌和、摊铺、整型、压实、养生等。

4. 质量控制和检验

在路基路面施工过程中及完工后,应对工程质量(包括结构物的位置和断面尺寸、材料规格、压实或砌筑及外观质量等)进行控制、检查及验收。

1.4 本课程与其他课程的关系

"路基路面工程"是一门重要的专业课程。它主要介绍路基路面设计与施工的基本知识、原理和方法。

本课程与各基础技术课程及其他专业课程有着密切的联系。例如,路基稳定性和石方爆破效果的分析,需要"工程地质"的基本知识;土质路基的稳定性验算、软土路堤的地基沉降计算、挡土墙的土压力计算和路基土的压实等,均引用"土质学与土力学"的有关内容;道路排水设计,涉及"水力学"和"桥涵水文";路面材料的力学性能和组成设计,同"道路建筑材料"紧密相联;软土路基加固和挡土墙设计,在"桥梁基础工程"的相关部分中也有讨论;路基路面的结构设计,是"道路路线设计"中横断面设计的延续与补充;路基路面设计方案的经济分析、施工组织设计与工程质量管理等,均在"道路工程经济与管理"中介绍,等等。

随着交通运输的发展,科学技术的进步,新材料、新结构、新设备和新工艺的采用,还有弹黏塑性理论、断裂力学、数值分析、可靠性和系统工程等学科内容的相互渗透,使路基路面工程的理论和技术水平不断获得提高,有关的技术规范常常需要加以修改、增补和更新。

在学习本课程时,要注意路基路面工程的特点,结合有关课程的内容并联系工程实践来研读本教材及有关参考资料,通过分析、对比、归纳等方法,掌握基本概念和原理,做到举一反三、融会贯通,提高分析和解决实际问题的能力,以便为今后工作打下扎实的基础。

■ 小 结

路基是道路路线的主体,又是路面结构的基础。只有稳固的路基,才能维持道路的线形,保证路面的质量。路面作为道路行车部分的铺装,应坚固而平糙,以满足车辆的运行要求。

路基路面在使用过程中受到行车荷载和自然因素的影响,会产生各种各样的病害与变形,导致路况逐步恶化。为了保证路基路面具有足够的强度和稳定性,应查明当地的自然条件和交通情况,运用工程地质、筑路材料、岩土力学和弹性理论等学科的知识进行结构分析,相应采取各种工程技术措施。

■ **复习思考题和习题**

1.1 路基和路面在道路上各起什么作用?有哪些基本要求?
1.2 路基通常由哪几部分构成?
1.3 路面结构为何要分层?主要分为哪些层次?各层的作用及其对材料的要求如何?
1.4 路基路面设计与施工的基本任务是什么?有何特点?包括哪些主要内容?

2 行车荷载分析

道路上的行车,主要是指汽车。汽车是路面服务的主要对象,也是使路面结构损坏、路基失稳的主要因素。要设计和修建出使用性能良好又经久耐用的路基路面结构物,必须首先了解汽车对路基路面作用力的大小、特性、分布、持续时间,在使用期内行车的变化情况及数量等。

本章首先介绍汽车的种类和轴型,再从静态的角度来分析汽车荷载的作用图式和大小,接着考察运动着的车轮荷载对路面的影响,并探讨如何分析和考虑在使用年限内所经受的汽车荷载的累计作用次数。学习本章的基本要求如下:

1. 了解车辆的类型、轴型,明确我国设计规范选用的标准荷载。
2. 了解车辆对路面的作用力及动态特点,熟悉轴载、轮压、接触面积的计算和换算,建立荷载的单圆图式和双圆图式的概念。
3. 区分交通量和轴载谱的含义,建立轴载换算和轮迹横向分布的基本概念,掌握累计轴载次数的计算方法。

2.1 车辆的类型和轴型

行驶在道路上的汽车有客车和货车两类。其中,客车可分为小客车、中客车和大客车三类;货车可分为轻型货车、中型货车和重型货车三类。绝大部分客车都为整车(或称单车),而货车则有整车和组合车两类,后者可再分为牵引式半拖车和拖车两类(图 2-1)。

整车的车轴可区分为前轴和后轴。绝大部分整车的前轴为由两个单轮组成的单轴,轴重约为汽车总重的 1/3。整车的后轴有单轴、双联轴和三联轴三种。后轴可由两个单轮或两个双轮组组成,每一根后轴的轴重约为前轴轴重的两倍。

牵引式半拖车由牵引车通过铰接装置附加半拖车。牵引车有前、后轴,后轴可分为单轴或双联轴。半挂车仅有后轴,其前端由牵引车后轴支承,后轴可分为单轴、双联轴或三联轴。各轴由一对单轮或一对双轮组组成。

拖车可附加在整车或牵引式半拖车车后,由一辆或多辆组成;各配有前、后两根单轴,或者前轴为单轴,后轴为双联轴。各轴由一对单轮或一对双轮组组成。

因此,作用在路面上的每一辆汽车,可能包含不同的轴数或轮数,具有不同的轴-轮构形。统计时,需按车辆类型和轴型(轴数)分别进行,如图 2-1 所示。

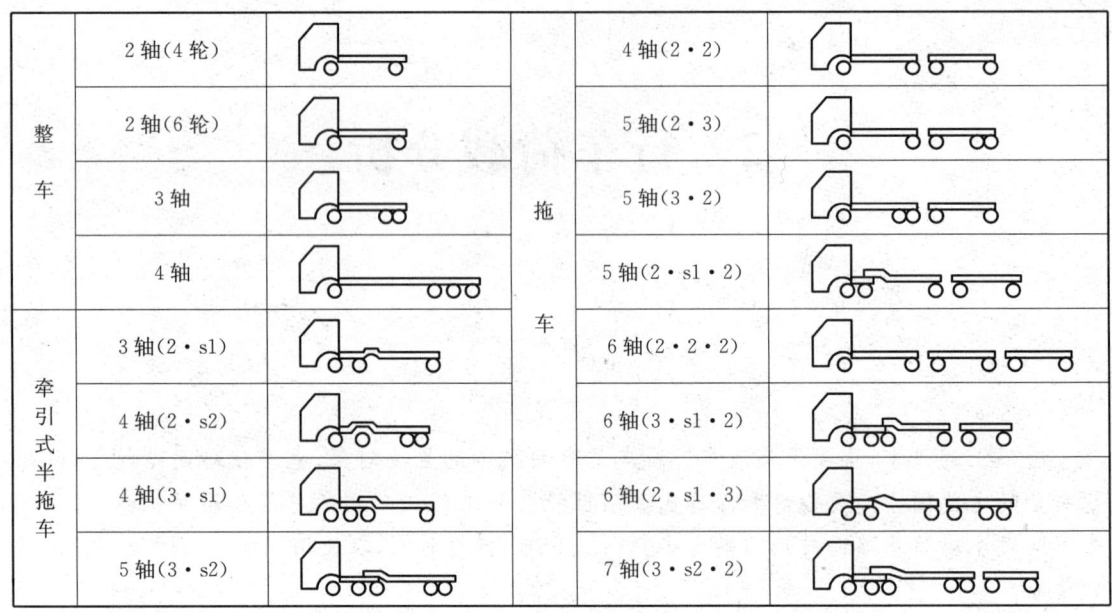

图 2-1 货车按轴型分类

各国对道路上行驶车辆的最大轴重和总重有不同的限制。单轴最大允许轴重变动于 80～130 kN；双联轴最大允许轴重变动于 140～210 kN；三联轴最大允许轴重变动于 180～270 kN。整车的最大允许总重变动于 240～400 kN；半挂车和拖车的最大允许总重变动于 360～500 kN。表 2-1 为部分国家对道路上行驶车辆规定的最大车辆总重和轴重的允许限值。

表 2-1　　　　道路上行驶车辆的总重和轴重最大允许值　　　　单位：kN

国家		中国	美国各州	加拿大	欧洲各国
轴重	单轴	100	82～102	55(前轴),91	90～130
	双联轴	100(单轮),180(双轮)	145～181	170	160～220
	三联轴	120(单轮),220(双轮)	200	240	200～260
车辆总重		400	330～740	237(3轴),316(4轴),395(5轴),465(6轴),535(7轴)	350～500

表 2-2 列示了部分常用汽车的荷载(重量)、轴距和轮压等参数，供参考。

表 2-2　　　　　　　　　部分国内外汽车参数

序号	汽车型号	总重力/kN	载重力/kN	前轴重力/kN	后轴重力/kN	后轴数	轮组数	轴距/cm	出产国
1	解放 CA10B	80.25	40.00	19.40	60.85	1	双		中国
2	解放 CA15	91.35	50.00	20.97	70.38	1	双		中国
3	解放 CA30A	103.00	46.50	29.50	2×36.75	2	双		中国
4	解放 CA50	92.90	50.00	28.70	68.20	1	双		中国
5	解放 CA340	78.70	36.60	22.10	56.60	1	双		中国

续表

序号	汽车型号	总重力/kN	载重力/kN	前轴重力/kN	后轴重力/kN	后轴数	轮组数	轴距/cm	出产国
6	解放 CA390	105.15	60.15	35.00	70.15	1	双		中国
7	东风 EQ140	92.90	50.00	23.70	69.20	1	双		中国
8	黄河 JN150	150.60	82.60	49.00	101.60	1	双		中国
9	黄河 JN162	174.50	100.00	59.50	115.00	1	双		中国
10	黄河 JN162A	178.50	100.00	62.28	116.22	1	双		中国
11	黄河 JN253	187.00	100.00	55.00	2×66.00	2	双		中国
12	黄河 JN360	270.00	150.00	50.00	2×110.0	2	双		中国
13	黄河 QD351	145.65	70.00	48.50	97.15	1	双		中国
14	延安 SX161	237.00	135.00	54.64	2×91.25	2	双	135.0	中国
15	长征 XD160	213.00	120.00	42.60	2×85.20	2	双		中国
16	长征 XD250	189.00	100.00	37.80	2×72.60	2	双		中国
17	长征 XD980	182.40	100	37.10	2×72.65	2	双	122.0	中国
18	长征 CZ361	229.00	120.00	47.60	2×90.70	2	双	132.0	中国
19	交通 SH141	80.65	43.25	25.55	55.10	1	双		中国
20	交通 SH361	280.00	150.00	60.00	2×110.0	2	双	130.0	中国
21	南阳 351	146.00	70.00	48.70	97.30	1	双		中国
22	齐齐哈尔 QQ560	177.00	100.00	56.00	121.00	1	双		中国
23	太脱拉 111	186.70	102.40	38.70	2×74.00	2	双	120.0	捷克
24	太脱拉 111R	188.40	102.40	37.40	2×75.50	2	双	122.0	捷克
25	太脱拉 111S	194.40	102.40	38.50	2×78.20	2	双	122.0	捷克
26	太脱拉 138	211.40	120.00	51.40	2×80.00	2	双	132.0	捷克
27	太脱拉 130S	218.40	120.00	50.60	2×88.90	2	双	132.0	捷克
28	太脱拉 138S	225.40	120.00	45.40	2×90.00	2	双	132.0	捷克
29	吉尔 130	85.25	40.00	25.75	59.50	1	双		俄罗斯
30	斯柯达 706R	140.00	73.00	50.00	90.00	1	双		捷克
31	斯柯达 706RTS	138.00	65.50	45.00	93.00	1	双		捷克
32	日野 KB222	154.50	80.00	50.20	104.30	1	双		日本
33	日野 KF300D	198.75	106.65	40.75	2×79.00	2	双	127.0	日本
34	日野 ZM440	260.00	152.00	60.00	2×100.00	2	双	127.0	日本
35	尼桑 CK10G	115.25	66.65	39.25	76.00	1	双		日本
36	尼桑 CK20L	149.85	85.25	49.85	100.00	1	双		日本
37	尼桑 6TW(I)13SD	219.85	121.95	44.35	2×87.75	2	双		日本
38	尼桑 CW(L)40HD	237.60	141.75	50.00	2×93.80	2	双		日本
39	扶桑 FP101	154.00	94.10	54.00	100.00	1	双		日本

续表

序号	汽车型号	总重力/kN	载重力/kN	前轴重力/kN	后轴重力/kN	后轴数	轮组数	轴距/cm	出产国
40	扶桑 FU102N	214.00	133.80	44.00	2×85.00	2	双		日本
41	扶桑 FV102N	254.00	164.95	54.00	2×100.00	2	双		日本
42	菲亚特 682N3	140.00	75.00	40.00	100.00	1	双		意大利
43	菲亚特 650E	105.00	67.00	33.00	72.00	1	双		意大利
44	依士兹 TD50D	142.95	76.65	46.55	94.40	1	双		日本
45	依士兹 TD50	132.20	76.65	42.20	90.00	1	双		日本

2.2 车辆的重力作用

汽车对路基路面的重力作用,包括自重和载重。车辆通过轮胎与路面的接面,将其重力传递给路面,再由路面扩散至路基。

2.2.1 接触压力

轮胎与路面接触面上的单位压力同轮载的大小、轮胎的充气内压力及其性质有关。一般汽车的轮胎气压为 0.4~0.7 MPa,超载时可达 1.0~1.5 MPa。由于轮胎本身刚度的差异,轮胎与路面接触面上的压力分布并不均匀,也不完全同轮胎气压相等。在路面设计时,通常将接触压力视为均匀分布,并直接采用轮胎气压作为轮胎与路面的接触压力。

2.2.2 接触面积

轮载同路面相接触的是轮胎突出的花纹部分(图 2-2,图 2-3)。作用在轮胎上的荷载较小(相当于其额定负载)时,接触面的形状接近于圆形(图 2-2)。随着荷载增大(充气压力不变),接触面形状变长,见图 2-3。路面设计时,都近似采用圆形接触面假设,其当量圆半径 δ 可按下式确定:

$$\delta = \sqrt{\frac{P}{\pi p}} \qquad (2-1)$$

式中 P——作用在轮上的荷载(kN);
p——轮胎接触压力(kPa)。

当车轴的一侧为双轮组时,其接触面积一般可换算为面积与它相等的一个圆形面积;若将双轮组的每一个轮子与路面的接触面积单独换算为面积相等的圆形面积,则双轮组可换算为两个圆形面积。前者称单圆图式,后者称双圆图式,如图 2-2 所示。

按上式计算得到的接触面积,在荷载较小时(图 2-3(c),图 2-3(d)),同实测接触面积接近;但在荷载较大时,由于胎壁分担了一部分荷载,计算面积要比实测面积偏大许多。

在进行机场水泥混凝土道面设计时,常假设接触面积为椭圆形,其短边 $2b$ 为长边 $2a$ 的 60%,而长边 $2a$ 按下式确定:

$$2a = \sqrt{\frac{1.913P}{p}} \qquad (2-2)$$

式中，$2a$ 为椭圆形接触面积的长边长度(m)。

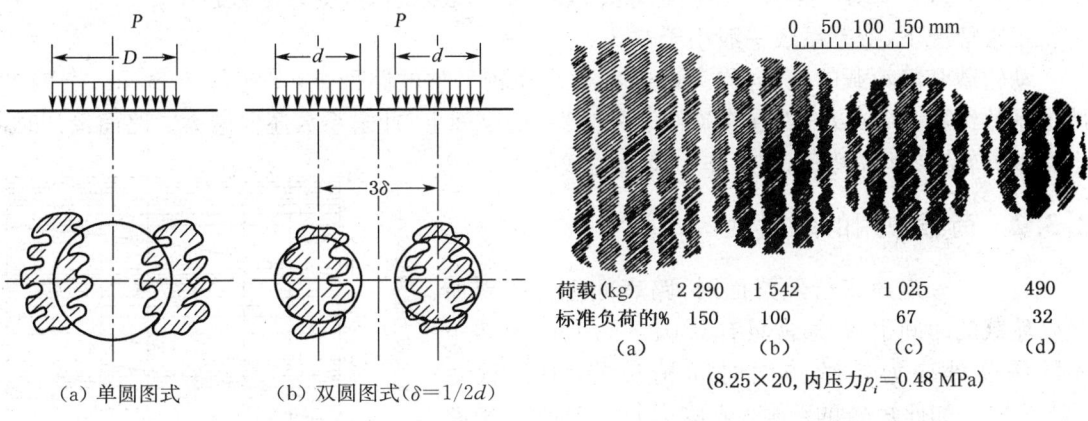

(a) 单圆图式　　(b) 双圆图式($\delta = 1/2d$)

图 2-2　轮迹面积与当量圆

图 2-3　轮胎在路面上的印迹

2.2.3　等代荷载

路基承受的车辆荷载作用，是经由路面传递下来的。所以，在路基稳定性验算中，主要考虑车辆的总重及其分布范围。一般将车辆荷载换算成等代均布土层厚度，见第 6 章和第 7 章。所用的车辆荷载规定如下：高速公路和有集装箱运输的一级公路，用汽车超 20 级、挂车 120；其他一、二、三级公路，用汽车队 20 级、挂车-100；当改建三级公路时，可用汽车 15 级、挂车-80；四级公路，用汽车-10 级、履带-50。

2.3　行车的动态影响

行车对路面除了重力作用外，还有着动态影响，主要表现在荷载作用的瞬时性、荷载的动态变动及水平力的作用三个方面。行车的动态作用主要影响路面的受力状况，对路基的影响较小，在路基设计中一般不予考虑。

2.3.1　荷载的动态变动

车辆在路面上行驶时，由于自身的震动和路面的不平整，车轮实际上是以一定的频率和震幅在路面上跳动着。作用在路面上的轮载呈现时而大于静轮载、时而小于静轮载的波动状态。图 2-4 所示为车速为 60 km/h，轮胎着地长 23 cm(着地时间 0.014 s)，路面中等平整度时的一个轴载波动的实测例子。

轮载的这种动态变动，可近似地看作呈正态分布，其变差系数(标准离差同静轮载的比

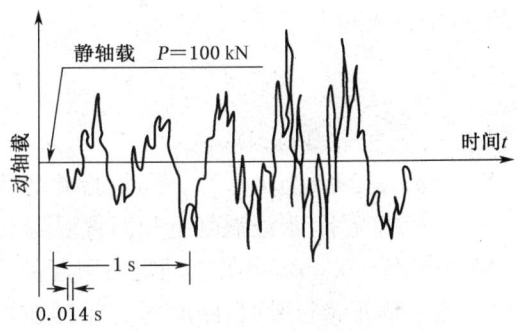

图 2-4　轴载的动态变动

值)主要随以下三方面因素变化:

(1) 行车速率——车速越高,变差系数越大;
(2) 路面的平整度——平整度越差,变差系数越大;
(3) 车辆的震动特性——轮胎越软,减震装置的效果越好,变差系数越小。

正常情况下,变差系数一般小于 0.3。

动轮载和静轮载的比值,称为冲击系数。在较平整的路面上,车速低于 50 km/h 时的冲击系数约在 1.30 以内。在车速高、平整度差的路面上,冲击系数还要增大。路面设计时,也有以静轮载乘以冲击系数后作为设计轮载的。

2.3.2 荷载作用的瞬时性

行车以一定速率行经路面时,路表面上任一点所经受轮载的时间很短,通常只有 0.01~0.1 s。路表下不同深度处应力持续作用时间稍长些,但仍很短(图 2-5)。如此短暂的荷载(或应力)作用时间,使路面结构中的应力来不及传递分布,其变形来不及像静载作用时那样充分。美国公路工作者协会(AASHO)曾在其试验路上对不同车速下沥青路面和水泥混凝土路面表面的变形进行实测,图 2-6 点绘的实测结果表明:当行车速度由 3.2 km/h 增大到 56 km/h 时,柔性路面的总弯沉量减少了 36%;而当行车速度由 3.2 km/h 增大到 96.7 km/h 时,刚性路面的板角挠度和板边应变量降低了 29% 左右。

动荷作用下路面变形量的减少,意味着路面结构的抗变形能力和强度相对提高了。

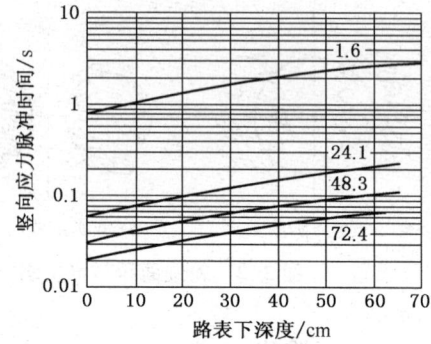

图 2-5 竖向应力脉冲时间随车速和深度的变化(曲线上数字为车速,km/h)

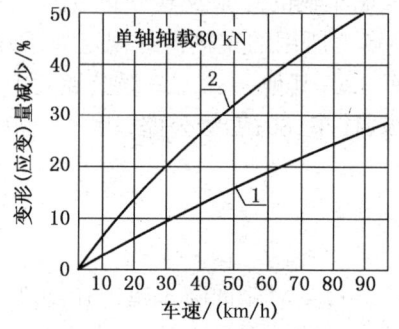

图 2-6 车速和路面变形的关系
1—刚性路面,角隅挠度或边缘应变量随车速的变化;
2—柔性路面,表面总弯沉量随车速的变化

2.3.3 水平力作用

行车对路面体系除了作用有竖直力外,还作用有水平力。

当车辆正常行驶时,车轮受到地面给它的滚动摩阻力,路面也相应地受到一向后的水平力。此水平力 F_0 可由下式确定:

$$F_0 = \mu P \qquad (2-3)$$

式中 P——轮载(kN);
　　　μ——滚动阻力系数。同轮胎类型、路面类型和状况以及车速有关。

一般情况下,水泥混凝土和沥青混凝土路面的 μ 值为 0.01~0.02;碎石、砾石路面的 μ 值为 0.025~0.05。可见滚动阻力引起的水平力很小,仅为竖直力的 5% 以下。

当车辆正常行驶时,路面对轮胎提供向前的牵引力,则轮胎对路面产生向后的水平力 F_d,F_d 可由下式求得:

$$F_d \leqslant \phi P \tag{2-4}$$

式中，ϕ 为附着系数。ϕ 值与路面类型和状态、轮胎类型及车速等有关。一般路面在干燥状态时，ϕ 值为 0.5～0.7；在潮湿状态时，ϕ 值为 0.3～0.5；在泥泞结冰时，则 ϕ 值为 0.1～0.2。一般 $F_d \approx (0.4 \sim 0.7)P$。

当行车制动时，路面对轮胎提供滑移摩阻力，则轮胎对路面产生向前的水平反力 F_s，其值由下式确定：

$$F_s = f_s P \tag{2-5}$$

式中，F_s 为制动时轮胎与路面间的摩阻系数。其最大值不会超过路面的纵向滑移摩阻系数 f_0。

f_0 值同轮胎和路面类型、路表特性和干湿状况以及车速有关，参见表 2-3。从表中可看出，f_0 一般可高达 0.7～0.8。

表 2-3　　　　　　　　　　纵向滑移摩阻系数 f_0

路面状况	路面类型	车速/(km/h)		
		16	32	64
干燥	碎石	—	0.60	—
	沥青混凝土	0.7～1.00	—	0.50～0.65
	水泥混凝土	0.70～0.85	—	0.60～0.80
潮湿	碎石	—	0.40	—
	沥青混凝土	0.40～0.65	—	0.10～0.50
	水泥混凝土	0.60～0.70	—	0.35～0.55

当车辆在加(减)速时，路面受到向后(前)的水平力 $F \approx (0.5 \sim 0.6)P$ 的作用；而当车辆在曲线上行驶时，其对路面的横向水平力约为 $0.1P$。

综上所述，车辆在紧急制动时对路面产生的水平力最大，可达竖直力的 80%，在路面设计时，不容忽视其影响。

水平力分布在与竖直力相同的接触面内，通常假设水平力也是均匀分布的。

2.4　交 通 分 析

路面每天将经受上百、上千甚至上万次的车轮荷载作用，在路面的使用期限内，经受的轮载作用次数更为可观。在重复荷载作用下，路面材料将出现疲劳破坏、变形累积等损坏现象，使路面结构承载能力逐步降低、使用状况不断恶化。为在路面结构设计中计及荷载重复作用的影响，就需要统计与分析道路的交通量以及各种轴型和各级轴载重复作用的累计次数。

2.4.1　交通量及其增长率

在路面设计时，通常以平均日交通量或使用期内累计交通量来表征路面承受的交通负荷。

交通量是指一定时间间隔内通过道路某一断面的车辆总数。可以通过已有交通流量观测站的观测资料获得该设计道路的年平均日交通量;在尚未设置观测站的道路上,也可临时设站观测。观测分连续式(全年昼夜 24 h 观测)和间断式(每月选择若干天观测)两种。连续式可得较全面的资料,了解交通量的日、月、年变化情况,如高速公路收费站就可进行连续式观测。间断式虽较省时省力,但所得结果的代表性较差。实用上可以根据连续观测资料中周和年变化规律特点,选择有代表性的观测日;也可以根据间断观测的结果乘以相应的不均匀系数。如果当地有一日内小时交通量统计关系的资料,也可每天仅观测几个小时,采用相应的换算系数把观测值换算为全日交通量,但精度稍差。调查交通量时,车辆需按类型和轴数分别统计。

一般调查所得为初始年的平均日交通量,要确定路面设计使用期内的总交通量,还需要预估该使用期内交通的发展。要做出准确预估是较为困难的,通常,可根据最近若干年内连续观测到的交通量资料,通过回归分析,整理出这期间交通量年平均增长率的变化规律,而后,利用它外延得到设计使用期内的交通量年平均增长率;或者,依据当地人口、经济和交通的发展趋势,参照其他可类比道路的交通增长资料,选取适当的交通量年平均增长率。

上述交通量为整个行车道上通过的车辆数。路面设计所依据的是车道交通量,它可以通过对行车道交通量乘以方向系数和车道系数后得到。方向系数为一个行车方向的交通量占行车道交通量的比例。一般情况下,方向系数都取用 0.5。但有些专用道路有可能出现一个方向的车辆明显多于另一个方向的情况,这时,需通过调查后确定其值。一个方向的车道数多于一个时,各个车道上的交通量不会相等。通常,慢车道上的交通量占方向交通量的大多数。将慢车道的交通量除以该方向的交通量,便可得到方向系数。由于路面设计所关心的是货车,而绝大部分货车都行驶在慢车道上,因而车道系数往往较大(例如,两个车道时达 0.8 以上)。

2.4.2 轴(轮)载谱

路上行驶的车辆,其轴(轮)重各不相同,对路面结构的损坏作用也不相同。所以,对于路面结构设计而言,不仅需要交通量资料,更需要不同大小的轴载(包括前、后轴)在整个车辆组成中所占的比例即轴载谱的资料。

轴载组成是通过实测行驶车辆的轴重得到的。秤重可采用埋置在路面内的台秤或者铺在路面上的垫片式传感器进行,重量按 10 kN 分级。分别按各类车辆(图 2-1)记下通过的车辆数、轴次数和相应的轴重;而后,按车型分别整理成图 2-7 所示的各级轴重作用频数(频率)的直方图,作为该类车辆的典型轴载谱。现在很多高速公路收费站都有轴重称量设备,获得轴载谱资料已非难事。

据连续式或间断式观测资料,可整理得各级轴载的年平均日作用次数或一典型的轴载谱。由交通调查得到的各类车辆的

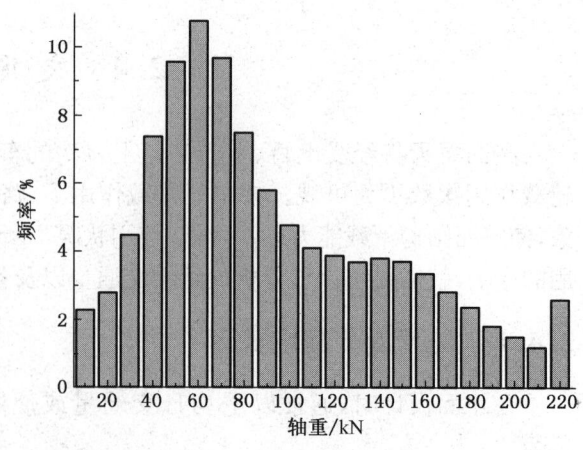

图 2-7 某公路轴载谱

日交通量,乘以该类车辆的轴载谱,即可得到每类车辆各级轴载的日作用次数。

当缺乏在路上实测轴重的设备时,也可借助交通量调查的方法,把车辆按轴型和轴载多分几个级别,用目测估计通过的轴重。据此记录,也能统计出轴载谱,但精度稍差些。

2.4.3 轴载的等效换算

由于不同轴载对路面结构的损坏作用不同,难以直接依据各条道路的轴载谱来判断其对路面的影响和要求。因此,可以按等效原则,将各级轴载的作用次数换算成某一标准轴载的作用次数,根据标准轴载的作用次数就可判断各条道路上交通对路面作用的繁重程度。

各个国家对标准轴载的选定不尽相同,大部分国家规定标准轴载为 100 kN,也有国家规定为 130 kN 或 80 kN。我国路面设计规范中选用双轮单轴轴载 100 kN(以 BZZ-100 表示)为标准轴载。标准轴载的有关计算参数见表 2-4。

表 2-4 标准轴载计算参数

标准轴载	BZZ-100
轴载 P/kN	100
轮胎接地压强 p/MPa	0.70
单轮传压面当量圆直径 d/cm	21.30
两轮中心距/cm	$1.5d$

轴载等效换算的原则是,同一种路面结构在不同轴载作用下达到相同的疲劳损坏程度时,相应的作用次数被认为是等效的。等效换算是一个很复杂的问题,不同的疲劳损坏标准将导致不同的等效换算关系。根据野外或室内不同级位荷载的重复作用试验结果所建立的疲劳方程,可推演出不同轴载作用次数等效换算成标准轴载作用次数的轴载换算系数 f_i 的表达式如下:

$$f_i = \frac{N_s}{N_i} = \alpha \left(\frac{P_i}{P_s}\right)^n \tag{2-6}$$

式中 f_i——i 级轴载换算为标准轴载的换算系数;

P_s 和 N_s——标准轴载重(kN)及其作用次数;

P_i 和 N_i——i 级轴载重(kN)及其作用次数;

α——反映轴型(单轴、双轴或三轴)和轮组轮胎数(单轮或双轮)影响的系数;

n——同路面结构特性有关的系数。

我国学者经多年研究,针对沥青路面和水泥混凝土路面各自的结构特性和损坏标准,提出了相应的系数 α 和 n 值,将分别在第 8 章和第 9 章中介绍。

2.4.4 轮迹的横向分布

按上述方法调查和分析所得的各级轴载或标准轴载的作用次数,为整个车道宽度上所受的总量。事实上,路面横断面上各点实际受到的轴载作用次数并没有那么多。图 2-8 所示为分车道单向行驶宽为 3.75 m 的车道上实测到的轮迹横向分布频率曲线(以每 25 cm 宽条带为统计单元)。可以看到,距路面外侧边缘 0.9 cm 和 3 m 附近的轮迹分布频率分别达到峰值,为该车道总轴载作用次数的 30% 左右;而车道边缘处路面收到的轴载作用次数很小。

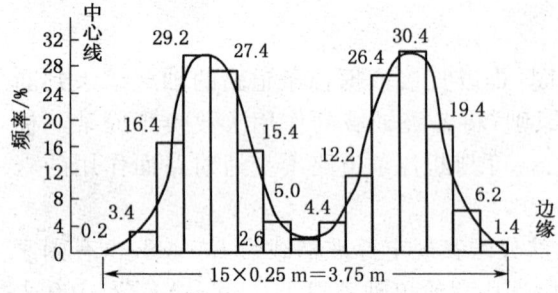
图 2-8　分车道单向行驶时轮迹横向分布频率曲线

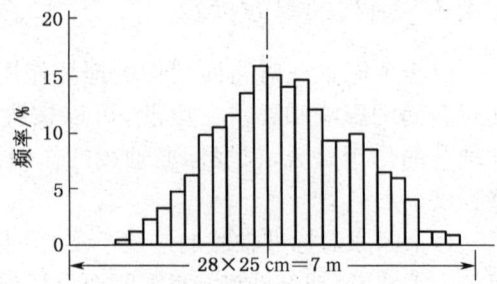
图 2-9　不分车道混合行驶时轮迹横向分布频率曲线

轮迹横向分布的图形和峰值随许多因素变化,诸如,道路横断面型式、车道数和车道宽;交通组织类型(混合交通或分道行驶)、交通密度和交通组成;车速以及司机的驾驶习惯和经验等,图 2-9 中绘示了在不分车道混合行驶的公路上实测到的频率曲线。可以看出,频率曲线的图形由双峰变为单峰,其峰值也随之减低。

通常,轮迹覆盖带宽约为 50 cm(双轮组,每只轮胎宽 20 cm,轮隙宽 10 cm),为图 2-8 和图 2-9 中条带宽的 2 倍,图中相邻两条带频率之和即为其横向分布频率,亦称为轮迹横向分布系数。不同的路面设计方法,对轮迹横向分布的影响有不同的考虑及处理方法,我国路面设计规范中的有关规定将在第 8 章和第 9 章中阐述。

2.4.5　设计年限内累计轴载作用次数

各类车辆可按公式(2-6)把各自的轴载组成换算成标准轴载的等效换算系数。由此,各类车辆的日交通量乘以相应的等效换算系数,并累加后即可得到日标准轴载作用次数。

设计年限内一个车道上标准轴载累计作用次数可按下述几何级数公式确定:

$$N_e = \frac{[(1+\gamma)^t - 1] \times 365}{\gamma} N_1 \eta \tag{2-7}$$

式中　N_e——设计年限内一个车道上的累计当量轴次(次);
　　　N_1——初始年标准轴载的平均日作用次数(次);
　　　t——设计年限(年);
　　　γ——设计年限内交通量年平均增长率;
　　　η——车道系数,按规范取值,见表 2-5。

表 2-5　　　　　　　　　　沥青路面车道系数

车道特征	车道系数	车道特征	车道系数
双向单车道	1.0	双向六车道	0.3~0.4
双向两车道	0.6~0.7	双向八车道	0.25~0.35
双向四车道	0.4~0.5		

公路无分隔时,车道窄宜选高值,车道宽宜选低值。

例 2-1 某沥青路面。由交通调查资料得知,其中 5 轴和 5 轴以上的牵引式半拖车和拖车类车辆的日交通量为 165 辆。由秤重得到的这类车辆的轴载组成列于表 2-6。请确定这类车辆的等效轴载换算系数。

表 2-6 轴载换算系数

	轴载/kN	轴次数 N_i	轴载换算系数 η_i	当量轴次数 N
单 轴	<20	0	0.0016	0
	20~<40	0	0.0081	0
	40~<60	1	0.0625	0.0625
	60~<80	6	0.2401	1.4406
	80~<100	144	0.6561	94.4784
	100~<110	16	1.2155	19.4480
	110~<120	1	1.7490	1.7490
双 轴	<40	14	0.0032	0.0448
	40~<80	21	0.0162	0.3402
	80~<120	44	0.1250	5.5000
	120~<160	42	0.4802	20.1684
	160~<180	44	1.0440	45.9360
	180~<200	21	1.6290	34.2090
	200~<220	101	2.4310	245.5310
	220~<240	43	3.4980	150.4140
累计当量轴次数				619.32

解 取标准轴载为 100 kN。各级轴载按第 8 章中的轴载换算公式(8-19)确定相应的轴载换算系数,列于表 2-6 中。各级轴载的轴次数乘以相应的轴载换算系数,得到当量轴次数。累加各级轴载的当量轴次数,得到该类车辆总的标准轴载当量作用次数为 619.32 次,将其除以车辆数 165 辆,便可得到该类车辆的等效轴载换算系数:

$$\frac{619.32}{165} = 3.75$$

例 2-2 某高速公路双向六车道沥青路面,设计年限为 15 年。由交通量调查资料得到,初始年平均日交通量为 10 000 辆,其中,同路面损坏有关的车辆的交通量列于表 2-7 中。由各类车辆的轴载组成,按例 2-1 中所示的方法得到相应的等效轴载换算系数也列于表 2-7 中。请计算设计年限内标准轴载累计作用次数(交通量年平均增长率按 6% 计)。

解 各类车辆的初始年平均日交通量乘以相应的等效轴载换算系数,可得到初始年平均日标准轴载作用次数 N_2,列于表 2-7 中。累加各类车辆的 N_2,利用式(2-7),便可得到该路面在设计年限内须承受的标准轴载作用次数为 $N_e = 2.87 \times 10^7$ 次。

表 2-7   初始年平均日标准轴载作用次数 N_2 的计算

车辆类型	初始交通量/辆	等效轴载换算系数	标准轴载作用次数 N_1
双轴公共汽车	100	0.512 3	52
三轴公共汽车	120	1.117 8	135
双轴四轮货车	2 605	0.019 2	51
双轴六轮货车	1 018	0.565 5	576
三轴货车	2 195	2.841 0	6 236
三轴牵引式半拖车	100	0.796 5	80
四轴牵引式半拖车	210	6.384 5	1 341
五轴牵引式半拖车	158	2.719 5	430
四轴货车+拖车	258	0.879 0	227
五轴货车+拖车	180	1.617 0	292
六轴以上货车+拖车	100	2.230 3	224
合计	7 044		$\sum N_1 = 9\,644$

$$N_e = \frac{9\,644 \times [(1+0.06)^{15} - 1] \times 365}{0.06} \times 0.35 = 2.87 \times 10^7$$

■ 小　结

本章从行车作为道路的服务对象出发，主要介绍了行车对路面的作用，行车对路面不仅有重力作用，还有各种水平力作用，其中以紧急制动时的水平力影响最大，可达竖直力的80%以上，不容忽视。行车对路面的动态作用及瞬时性和重复性都将对路面结构的工作状态、使用性能以及设计理论和方法带来影响。因此，为了使路面能适应上述受力和工作特点，在路面设计时要考虑的荷载因素主要有轴(轮)载大小、接触面面积、竖直压力和水平力、轴载谱、轮迹的横向分布及使用年限内轴载的重复作用次数等。由于上述因素的不确定性和随机性，目前在设计理论和方法中，都采用近似和简化的方法来考虑这些因素。

■ 复习思考题和习题

2.1　在路基和路面设计中，要考虑哪些行车荷载因素？
2.2　试述荷载单圆图式和双圆图式的含义。
2.3　比较交通量和轴载谱在概念上、观测方法上、用途上有何异同。
2.4　对例 2-1 的计算表格中每一栏计算数字的意义加以说明。

2.5 请计算表2-8中汽车的轮载、接触面积、当量圆半径(包括单圆和双圆图式)。

表2-8 汽车后轴资料

后轴数	轮组数	后轴总重/kN	轮压/MPa	轮载/kN	接触面积/cm²	当量圆半径/cm	
						单圆图式	双圆图式
1	1	23	0.5				
1	2	60	0.5				
1	2	100	0.7				
2	2	220	0.7				

3 自然因素的影响

提　要

我国各地的气候、地形、地貌、水文、地质等自然条件的差别很大,对路基路面结构产生的影响和造成的危害也就各不相同。自然因素对路基路面体系的影响主要表现为湿度和温度引起路基土和路面材料的性状发生变化,从而造成非荷载性损坏(如剥落、滑坡、冻胀、缩裂、老化等)。因此,在路基路面设计时,必须考虑自然因素的影响。

本章主要介绍公路的自然区划;考察在自然因素的影响下路基路面体系内的温度和湿度的变化规律;提出路面温度和路基湿度的预估方法。通过学习,要求如下:

1. 了解公路自然区划的划分原则及其应用。
2. 熟悉自然因素对路基路面体系温度和湿度状况的影响。
3. 掌握预估路基湿度和路面温度的基本方法。

3.1　公路自然区划

对全国进行公路自然区划的划分,是为了区分不同地理区域自然条件对公路工程影响的差异性,并在路基路面的设计、施工和养护中采取合适的设计参数和技术措施,以保证路基路面的强度和稳定性。

3.1.1　区划的原则和分级

公路自然区划以自然气候因素的综合性和主导性相结合为原则,从分析自然综合情况与公路工程的实际关系出发,选出具有分区意义的主导标志,并注意地表气候的地带性(纬度)和非地带性(海拔高程)差异,使在同一区内筑路特点相似。

我国的公路自然区划分为三个等级。

一级区划　根据在大范围内的气候、地理和地貌等条件的差异,以全年均温−2℃等值线、一月份均温0℃等值线及1 000 m和3 000 m两条等高线作为标志,又考虑黄土地区筑路的特殊性,将全国划分为7个一级自然区。

二级区划　在一级区划的基础上,以潮湿系数K(年降水量与蒸发量的比值)为主要指标(按K值的大小分为过湿、中湿、润湿、润干、中干和过干六个等级,其间分界K值为2.00,1.50,1.00,0.05和0.25),还结合考虑气候特征(如雨型、冰冻深度)、地貌类型、自然病害等因素,将全国分为33个二级区和19个副区,共有52个二级自然区。一级和二级自然区的位置、名称和符号,见图3-1和表3-1。

3 自然因素的影响

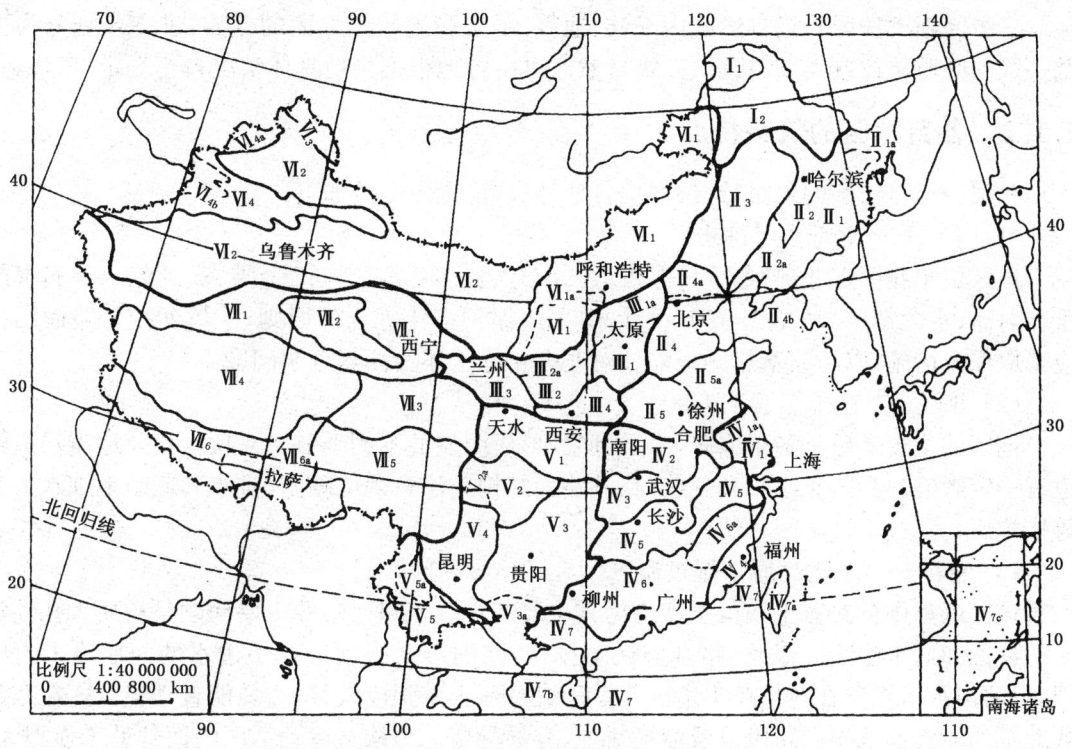

图 3-1 全国公路自然区划简图

表 3-1　　　　　　　　　　　　　公路自然区划名称表

Ⅰ 北部多年冻土区	Ⅲ₄ 黄渭间山地、盆地轻冻区	V₄ 川、滇、黔高原干湿交替区
Ⅰ₁ 连续多年冻土区	Ⅳ 东南湿热区	V₅ 滇西横断山地区
Ⅰ₂ 岛状多年冻土区	Ⅳ₁ 长江下游平原润湿区	V₅ₐ 大理副区
Ⅱ 东部温润季冻区	Ⅳ₁ₐ 盐城副区	Ⅵ 西北干旱区
Ⅱ₁ 东北东部山地润湿冻区	Ⅳ₂ 江淮丘陵、山地润湿区	Ⅵ₁ 内蒙草原中干区
Ⅱ₁ₐ 三江平原副区	Ⅳ₃ 长江中游平原中湿区	Ⅵ₁ₐ 河套副区
Ⅱ₂ 东北中部山前平原重冻区	Ⅳ₄ 浙闽沿海山地中湿区	Ⅵ₂ 绿洲-荒漠区
Ⅱ₂ₐ 辽河平原冻融交替副区	Ⅳ₅ 江南丘陵过湿区	Ⅵ₃ 阿尔泰山地冻土区
Ⅱ₃ 东北西部润干冻区	Ⅳ₆ 武夷南岭山地过湿区	Ⅵ₄ 天山-界山山地区
Ⅱ₄ 海滦中冻区	Ⅳ₆ₐ 武夷副区	Ⅵ₄ₐ 塔城副区
Ⅱ₄ₐ 冀北山地副区	Ⅳ₇ 华南沿海台风区	Ⅵ₄ᵦ 伊犁河谷副区
Ⅱ₄ᵦ 旅大丘陵副区	Ⅳ₇ₐ 台湾山地副区	Ⅶ 青藏高寒区
Ⅱ₅ 鲁豫轻冻区	Ⅳ₇ᵦ 海南岛西部润干副区	Ⅶ₁ 祁连-昆仑山地区
Ⅱ₅ₐ 山东丘陵副区	Ⅳ₇ᵧ 南海诸岛副区	Ⅶ₂ 柴达木荒漠区
Ⅲ 黄土高原干湿过渡区	V 西南潮暖区	Ⅶ₃ 河源山原草甸区
Ⅲ₁ 山西山地、盆地中冻区	V₁ 秦巴山地润湿区	Ⅶ₄ 羌塘高原冻土区
Ⅲ₁ₐ 雁北张宣副区	V₂ 四川盆地中湿区	Ⅶ₅ 川藏高山峡谷区
Ⅲ₂ 陕北典型黄土高原中冻区	V₂ₐ 雅安、乐山过湿副区	Ⅶ₆ 藏南高山台地区
Ⅲ₂ₐ 榆林副区	V₃ 三西、贵州山地过湿区	Ⅶ₆ₐ 拉萨副区
Ⅲ₃ 甘东黄土山地区	V₃ₐ 滇南、桂西润湿副区	

三级区划　按照二级自然区内气候、地貌、水文和土质等方面的差异，进一步划分为更低一级的区域单位或类型单位。三级自然区可由各地根据当地具体情况自行划定。

3.1.2　各自然区的筑路特点

我国一级自然区的筑路特点，根据各地经验，可大致归纳如下：

(1) Ⅰ区——北部多年冻土区

该区位于我国东北部，冬季气温极低，分布大片多年冻土，冻胀、雪害、延流水等病害严重。对冰、水含量较大的冻土路基设计，应采用保护多年冻土的原则，宁填勿挖。路面结构应采取保温措施，以防路基热融沉陷。对非多年冻土还要注意翻浆问题。

(2) Ⅱ区——东部温润季冻区

该区的主要矛盾是冬季冻胀，春季翻浆，形成明显的不利季节。夏秋水毁及地震对道路也有一定影响。为防止冻胀和翻浆，路基路面结构应注意采取隔温、排水和截断毛细水上升等措施。

(3) Ⅲ区——黄土高原干湿过渡区

该区以集中分布黄土和黄土状土为其主要特点。筑路面临的主要问题是粉质大孔性黄土的冲蚀和遇水湿陷。因此，路基应注意排水，路面结构必须选择不透水的面层或上封闭层，以防雨水下渗。在典型黄土地区，地下水位深，土基强度较好，边坡能直立稳定。在东部或北部的河谷盆地潮湿路段以及灌区耕地，容易翻浆。新构造运动活跃的西部处于强震区，黄土砂性较重，滑坡崩塌、泥石流等影响较大，边坡稳定性较差。

(4) Ⅳ区——东南湿热区

该区因春、夏东南季风造成的霉雨和夏雨，形成明显的不利季节。东南沿海台风暴雨多，水毁、冲刷、滑坡是道路的主要病害，应加强排水。该区水稻田多，对软土和潮湿路段的路基应认真处理。又因气温高、热季长，沥青路面应注意热稳定性、抗滑性和不透水性。

(5) Ⅴ区——西南潮暖区

该区为东南湿热区向青藏高寒区的过渡区。一些地区因同时受东南和西南季风影响，雨期较长。加之地势较高，蒸发较少，渗透较大，故土基较湿。该区为我国岩溶集中分布地区，北部和西部新构造强烈，要注意保证路基整体稳定性。该区山地多，石料丰富，有利于就地取材。

(6) Ⅵ区——西北干旱区

该区由于气候干旱，除灌区和绿洲外，一般道路冻害较轻；砂石路面经常出现搓板、松散和扬尘，改铺沥青路面为有效的解决方法。高山区有风雪流危害。沙漠地区应注意风蚀和沙埋等的防治。山区公路通过垂直自然带，选线和修筑均较复杂。

(7) Ⅶ区——青藏高寒区

该区地处高原，气候寒冷，分布有高原多年冻土和现代冰川，东南部由于新构造运动活跃，地形破碎和地震强烈，雪害、滑坡、崩塌、泥石流等自然病害均较严重，应采取措施保证路基的整体稳定性。另外，昼夜温差大，紫外线照射强，沥青老化快。柴达木盆地气候较干旱，氯化盐可作筑路材料。

3.2 路面温度状况

3.2.1 路面温度的变化

路面结构外露在地表,直接感受到大气因素的影响。大气温度、太阳辐射在一日和一年内发生着周期性的变化,路面温度也相应地在一日和一年内发生周期性变化。

路面温度的日变化观测资料(图 3-2,图 3-3)表明,路面表层温度的周期性起伏,同气温的变化几乎完全同步,其温度较气温高。由于部分太阳辐射被路面所吸收,在夏天烈日照射下,沥青路面表层的最高温度可高出气温 23℃左右,水泥混凝土路面也要高出 14℃左右。路面结构内不同深度处的温度同样随气温而呈现周期性变化,但起伏的幅度则随深度的增加而减小,其峰值的出现也随深度增加而越来越滞后。

路面结构内的温度状况,还可用一日内不同时刻的路面温度沿深

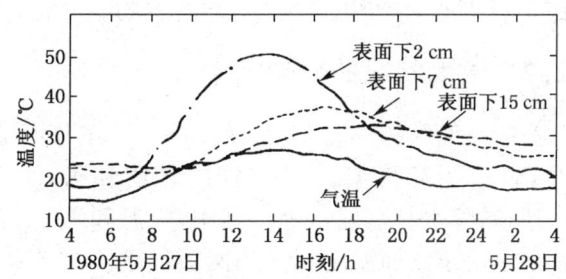

图 3-2 沥青面层温度日变化曲线

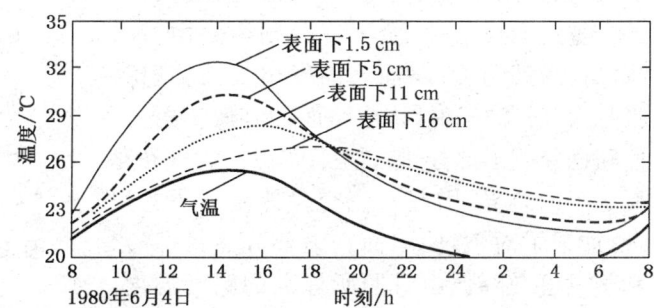

图 3-3 水泥混凝土面层温度日变化曲线

度的变化曲线来表示。路面温度 T 随深度 z 一般均呈曲线分布(图 3-4),也即温度梯度 $\frac{\partial T}{\partial z}$ 不是常数。面层顶面与底面之间的温度差(除以面层厚度,即为平均温度梯度),在一日内的变化,具有同气温变化近乎同步的周期性特点(图 3-5)。通常,在早晨某一时刻(例如 7:00—9:00)温度差(或梯度)为零,午后某时刻(13:00—14:00)正温差(顶温高于底温)达到最大值,而在凌晨某时刻(3:00—5:00)负温差(顶温低于底温)达最大值。

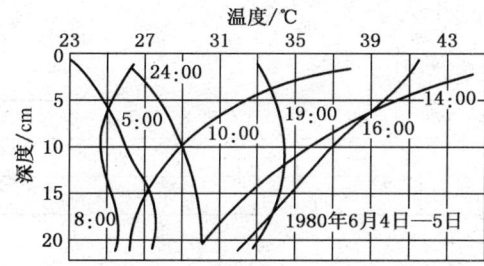

图 3-4 一日内不同时刻沿水泥混凝土面层深度的温度变化曲线

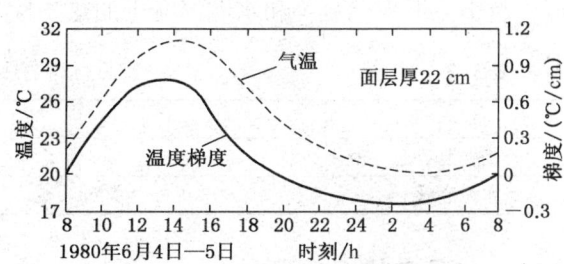

图 3-5 水泥混凝土面层温度梯度日变化曲线

在一年中,路面结构内不同深度处月平均温度的周期性变化与月平均气温的变化基本上是同步的(图3-6)。平均气温为最高和最低的7月份和1月份,路面结构的平均温度也相应为最高和最低值。面层的最大温度梯度在一年内同样呈现周期性变化,最高值出现在5~7月份,最小值出现在12~1月份。

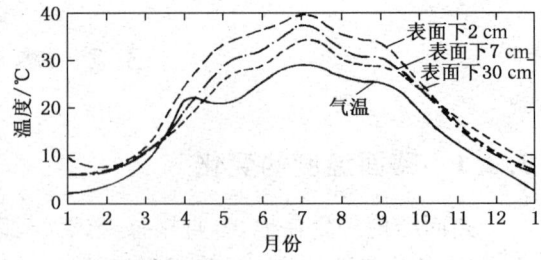

图3-6　沥青面层月平均温度的所变化曲线

3.2.2　温度状况的影响因素

影响路面结构内温度状况的因素,可分为外部因素和内部因素两类。外部因素主要为气候条件,诸如气温、太阳辐射(日照和云量)、风速、降水和蒸发等。其中,气温和太阳辐射是决定路面温度状况的两项最重要的因素。到达路面表面的太阳辐射(属短波辐射,包括太阳直接辐射和天空散射辐射),一部分被路面反射掉,余下部分则为路面所吸收而提高其温度;路面表面发出长波辐射又吸收大气长波辐射,构成路面的有效辐射,而使路面释放出部分热量,见图3-7。大气和路面温度的差异,引起对流交换热量。风的出现,加强了对流,使路面丧失部分热量;降水和蒸发也会降低由日照所提高的路面温度。

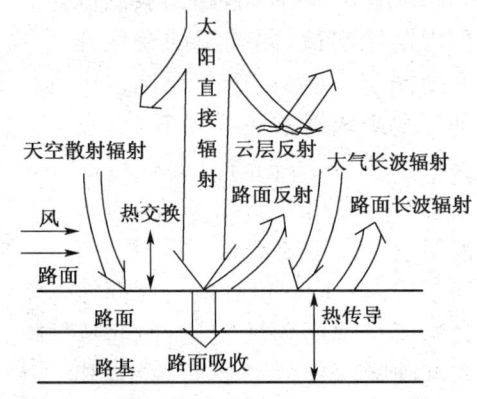

图3-7　路面吸收与反射的辐射情况示意图

另一方面,路面结构还与其下方的路基产生着持续的热交换,如图3-7所示。热量交换是由路面温度和地基温度间的温度差引起的,相对气温、太阳辐射等因素而言,路面下部温度相对稳定,更多是由地温的长周期变化所决定的。因此,路面温度可以说主要受两方面因素影响:一是传统上认为的气温、太阳辐射等短周期变化的气候因素,另一个是地球温度等长周期变化因素。这两方面因素的叠加决定了路面的温度及其变化。

内部因素则为路面结构层的热物性,例如,材料的导热系数和比热容及路面表面对太阳辐射的吸收率等。路面的辐射吸收率同路面面层的类型及表面粗糙度有关。导热系数的大小同材料的结构、孔隙率和湿度有关。面层材料的导热系数或比热容越大,则出现的温度梯度将越小。沥青混凝土和水泥混凝土的热物性参数列于表3-2。

表3-2　　　　　　　　　　　路面材料的热物性参数

材料名称	辐射吸收率 b	导热系数 $\lambda/(W/(m \cdot ℃))$	比热容 $s_h/(J/(kg \cdot ℃))$
沥青混凝土	0.85~0.95	1.21~3.10	835~920
水泥混凝土	0.60~0.65	0.92~3.48	835~1 050

3.2.3　温度状况的预估

路面结构内的温度状况,可通过在外部和内部影响因素之间建立联系的方法来预估,目前主要有理论分析法和经验统计法两类。

1. 理论分析法

理论分析法主要是采用传热学和气象学的基本原理,根据气象资料和路面材料的热特性参数,应用相关假设和边界条件求得路面温度场解析表达式。在气象资料和材料的热学参数可以准确获得的情况下,模型具有较高的预测精度。

假设路面温度在水平方向为均匀分布,则其温度场可用一维热传导方程来表示:

$$\frac{\partial^2 T}{\partial z^2} = \frac{\rho S_h}{\lambda} \frac{\partial T}{\partial \tau} \quad (3-1)$$

式中　T——路面温度场(℃);
　　　z——离开路面表面的深度(m);
　　　τ——时间(s);
　　　ρ——路面材料的密度(kg/m³);
　　　S_h——路面材料的比热容(J/kg·℃);
　　　λ——路面材料的导热系数(W/m·℃)。

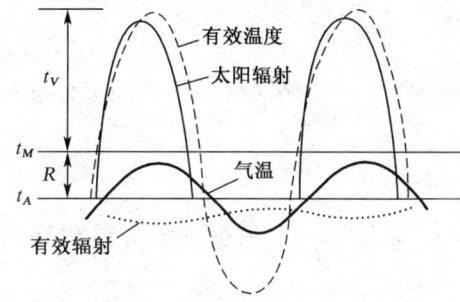

图3-8　作用于路表的有效温度变化规律

应用不同的边界条件和方法解上述偏微分方程,即可得到温度场的解析式或者直接算得不同时刻在不同深度处的温度值。

为简化路面温度场的求解问题,巴伯(E. S. Barber)把路面结构视为均质半无限体(又称半空间体),取有效温度 t_e 代表其表面所受气温、太阳辐射和有效辐射等综合热力作用的温度效应,并认为它随时间呈正弦周期性变化(图3-8):

$$t_e = t_M + t_V \sin\frac{\pi\tau}{12} \quad (3-2)$$

式中　t_M——平均有效温度(℃),

$$t_M = t_A + R; \quad (3-3)$$

　　　t_A——日平均气温(℃);
　　　R——各种辐射作用相当于 t_A 升至 t_M 的增量(℃),估计路面吸收的太阳辐射有1/3损失于有效辐射,则

$$R = \frac{0.67bQ}{24 \times 3\,600 h_c} = \frac{0.67bQ}{86\,400 h_c}; \quad (3-4)$$

　　　b——路面表面对太阳辐射的吸收率;
　　　Q——太阳辐射日总量(J/m²·d);
　　　h_c——路面表面的对流换热系数(W/m²·℃),可近似按下式取用:

$$h_c = 7.38 + 6.44v^{0.75}; \quad (3-5)$$

　　　v——平均风速(m/s);
　　　t_V——有效温度振幅(℃),通常假设

$$t_V = 0.5t_R + 3R; \quad (3-6)$$

　　　t_R——日气温差(℃);

τ——从温度周期起点起算的时间(h)。

根据这些条件解式(3-1),得路面内的温度场为

$$T = t_M + t_V \frac{H}{\sqrt{(H+C)^2 + C^2}} e^{-zC} \sin\left(\frac{\pi\tau}{12} - \arctan\frac{C}{H+C} - zC\right) \qquad (3-7)$$

式中 H——对流换热系数与面层材料导热系数的比值

$$H = \frac{h_e}{\lambda};$$

  C——路面材料热物性综合参数

$$C = \sqrt{\frac{\pi\rho c}{86\,400\lambda}}$$

由式(3-7),根据气象资料和路面材料的热物性参数,就可确定单一路面层内的温度状况。

计算路面表面的最高温度时,以 $z=0$ 和 sin 函数为 1 代入式(3-7),可使之简化为

$$T_{max} = t_A + R + \frac{H}{\sqrt{(H+C)^2 + C^2}}(0.5 t_R + 3R) \qquad (3-8)$$

鉴于均质半无限体的假设,巴伯公式主要适用于估算路面表层的温度状况。对层状路面体系的温度场,已有各类边界条件的解析式。此外,还可采用有限元法或差分法来解算路面温度场。

例 3-1 1980 年 6 月 5 日上海市的最高气温为 27.9℃,最低气温为 19℃,太阳辐射日总量为 26.23 MJ/m²·d。请按巴伯方法估算沥青混凝土面层表面下 2 cm 处的温度。

解 沥青混凝土的热物性参数按一般情况由表 3-2 取:$b=0.95$,$\lambda=1.22$ W/m·℃,$c=920$ J/kg·℃。又取沥青混凝土的密度 $\rho=2\,240$ kg/m³,当地平均风速 $v=2.56$ m/s。

表面下 2 cm 处出现最高温度时,式(3-7)中的 sin 函数必等于 1,由此,该式可改写为

$$T_{max} = T_A + R + \frac{H}{\sqrt{(H+C)^2 + C^2}}(0.5 t_R + 3R) e^{-zC} \qquad (3-9)$$

由给定的参数可得

$$t_A = \frac{27.9 + 19.0}{2} = 23.45℃,\ t_R = 27.9 - 19.0 = 8.9℃$$

$$h_c = 7.38 + 6.44(2.56)^{0.75} = 20.41\ \text{W/m}^2 \cdot ℃$$

$$R = \frac{0.67 \times 0.95 \times 26.23 \times 10^6}{86\,400 \times 20.41} = 9.47℃$$

$$H = \frac{20.41}{1.22} = 16.73\ \text{m}^{-1},\ C = \sqrt{\frac{\pi \times 2\,240 \times 920}{86\,400 \times 1.22}} = 7.84\ \text{m}^{-1}$$

$$\frac{H}{\sqrt{(H+C)^2 + C^2}} = \frac{16.73}{\sqrt{(16.73 + 7.84)^2 + 7.84^2}} = 0.65$$

$$zC = 0.02 \times 7.84 = 0.156\,8;\ e^{-zC} = e^{-0.156\,8} = 0.85$$

于是

$$T_{\max} = 23.45 + 9.47 + 0.65(0.5 \times 8.9 + 3 \times 9.47) \times 0.85 = 51.08\text{℃}。$$

根据实测资料得知,最高温度出现在 14:00 左右。以此时刻作为最高温度出现时刻,可推算温度周期起点的时刻,即

由 $\sin\left(\dfrac{\pi\tau}{12} - \arctan\dfrac{C}{H+C} - zC\right) = 1$,代入上述有关数值,解得出现最高温度时 $\tau = 7.78\,\text{h}$,温度周期起点从 0:00 起算的时间便为 $14 - 7.78 = 6.22\,\text{h}$,即 6 点 13 分 12 秒。

按此起点时刻,可由式(3-7)算出一日内不同时刻的温度。计算结果列于表 3-3,各时刻的实测温度值也列入表内。可看出,最高温度值附近估算温度同实测温度的数值是比较接近的。

表 3-3 　　　　　　　　　　　　路面温度的估算

时刻	τ/h	$\sin\left(\dfrac{\pi\tau}{12} - \arctan\dfrac{C}{H+C} - zC\right)$	估算温度/℃	实测温度/℃
8:00	1.78	0.000	32.92	28.0
10:00	3.78	0.500	42.00	39.0
12:00	5.78	0.866	48.64	49.0
14:00	7.78	1.000	51.08	52.0
16:00	9.78	0.866	48.64	48.0
18:00	11.78	0.500	42.00	38.0
20:00	13.78	0.000	32.92	32.0

用理论法预估路面结构的温度状况时,为了获得满意的结果,关键在于各种假设要符合实际,选取计算参数值要恰当。

2. 经验统计法

该法是在路面结构的不同深度处埋设测温元件,实测年循环内不同时刻的温度变化。同时,收集当地的气象资料,包括气温和太阳辐射等。将测得的路面温度同各气象因素进行逐步回归分析,选择符合显著性检验要求的因素,分别建立路面不同深度处各种温度指标的回归方程。利用这些统计关系,就可以根据以往的气象资料来预估路面结构层内的温度状况。

(1) 沥青路面温度的预估

同济大学在收集了大量实测路面温度资料和气象资料后,通过回归分析得到沥青混凝土路面的温度预估模型的基本形式如式(3-10)所示。式(3-11)和图 3-9 给出了唐山地区的模型和预测结果与实测结果的对比曲线。

$$T_p = (a_1 z + a_2) * \overline{T}_a(N_T) + (a_3 z^2 + a_4 z + a_5) * \dfrac{Q(N_Q)}{S_h \rho} + a_6 z^3 + a_7 z^2 + a_8 z + a_9 \tag{3-10}$$

式中　$\overline{T}_a(N_T)$ —— N_T 小时内气温平均值,$N_T = 0.3212z + 0.1905$;

　　　$Q(N_Q)$ —— N_Q 小时内太阳辐射总量,$N_Q = 0.4311z + 3.8182$;

　　　S_h —— 路面沥青混合料的比热容;

ρ——路面沥青混合料的密度；

z——路面深度(cm)；

a_1—a_9——待定回归系数。

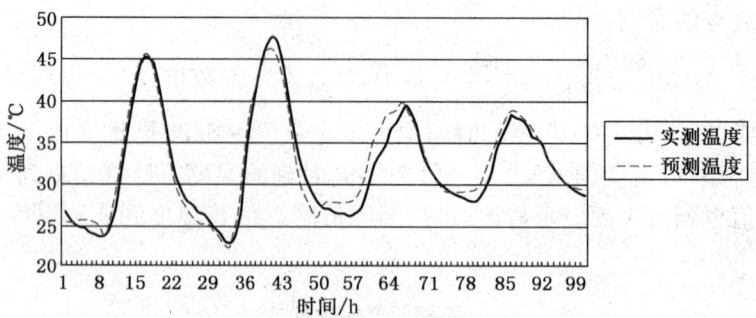

图 3-9 唐山地区模型预测温度和实测温度对比图

$$T_p = (-0.008z + 1.039) \cdot \overline{T}_a(N_T) + (0.017z^2 - 0.456z + 3.748)\frac{Q(N_Q)}{S_h \rho} -$$
$$0.004z^3 + 0.063z^2 + 0.151z - 2.714 \tag{3-11}$$

另外，考虑到不同地区的差异(主要由地温的长周期变化引起)，又在模型中引入历年月平均气温来模拟地区间地温的差异。在综合上海、唐山、苏州、乌鲁木齐等地实测的沥青混凝土路面温度状况资料和相应的气象资料并进行统一回归后，得到适合于不同地区的沥青路面温度的统一预估方程，如式(3-7)所示，模型预测与实测温度对比曲线如图 3-10 所示，预估效果良好。

$$T_p = (-0.028z + 1.103) \cdot \overline{T}_a(N_T) + (0.004z^2 - 0.123z + 1.035)\frac{Q(N_Q)}{S_h \rho} +$$
$$0.005z^3 - 0.145z^2 + 1.025z - 4.747 + (0.038z - 0.311)T_m \tag{3-12}$$

式中，T_m 为预估地区的当月历年月平均气温(℃)，其他参数意义同前。

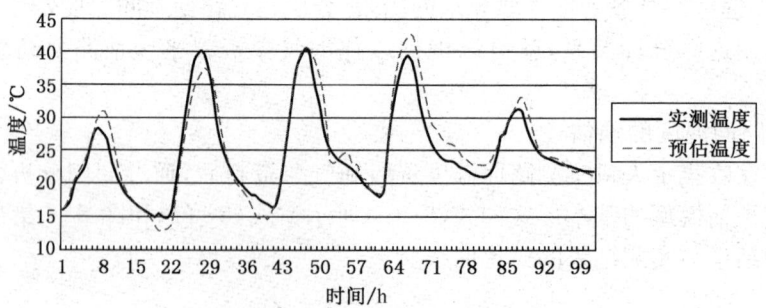

图 3-10 统一模型预测温度和实测温度对比图

（2）水泥路面温度的预估

综合上海、重庆、广州、北京等地观测站实测的水泥混凝土路面温度状况资料，进行统一回归后，得到水泥混凝土面层(22 cm 厚)最大温度梯度 T'_{max}(℃/cm)的回归方程如下：

二元回归
$$T'_{\max} = 0.026\,75Q_c + 0.003\,48t_R + 0.086$$
$$(r = 0.845, s = 0.103\ ℃/cm) \tag{3-13}$$

一元回归
$$T'_{\max} = 0.027\,23Q_c + 0.109$$
$$(r = 0.843, s = 0.104\ ℃/cm) \tag{3-14}$$

式中　Q_c——相当于日照时间为 12 h 的太阳辐射日总量(MJ/(m^2·d));
　　　r——全相关系数或相关系数;
　　　s——标准离差(简称标准差);
　　　t_R——日气温差(℃)。

按均质半无限体假设(不同基层材料对水泥混凝土面层温度状况的影响,一般可忽略不计),由路表热平衡(边界条件)和传热学原理推导,选取合适的水泥混凝土热物性参数值代入得

$$T'_{\max} = 0.025\,56Q_c + 0.013\,5t_R \tag{3-15}$$

经验关系式(3-8)与理论关系式(3-10)十分相近,可用来预估各地的最大温度梯度。式(3-9)和式(3-8)具有相同的精度,但前者使用较简便。根据全国 56 个气象观测站的资料,由式(3-9)和式(3-10),推算出设计频率 P=2‰时的最大温度梯度值,按自然区划归纳后列于表 3-4 中,以供水泥混凝土路面设计时参考。

表 3-4　　　　　水泥混凝土面层最大温度梯度 $T'_{\max}$ 建议值

自然区划	Ⅱ	Ⅲ	Ⅳ	Ⅴ	Ⅵ	Ⅶ
$T'_{\max}$/(℃/cm)	0.83～0.88	0.90～0.95	0.86～0.92	0.83～0.88	0.86～0.92	0.93～0.98

注:1. 夏季日照强烈、气温高者取高值,海拔高者取高值,空气湿度大者取高值;反之取低值。
　　2. 本表适用于面层厚度为 22 cm;其他面层厚度乘以表 3-5 中所列 $α_h$ 修正。

表 3-5　　　　　不同面层厚度时的最大温度梯度修正系数 $α_h$

面层厚度/cm	14	16	18	20	22	24	26	28	30	32	34	36
$α_h$	1.23	1.17	1.11	1.05	1.00	0.94	0.89	0.84	0.79	0.75	0.71	0.67

3.3　路基湿度状况

3.3.1　湿度的来源和变迁

路基受到某些外界因素的影响,其湿度会发生变化。这些因素主要如下(图 3-11):

1. 大气降水和蒸发

降水能浸湿透水的路面、路肩和边坡,并通过毛细润湿作用向路基中部移动;降水还能沿着不透水路面的边缘、接缝或裂隙渗入路基。而蒸发则使水分从路基内逸出。

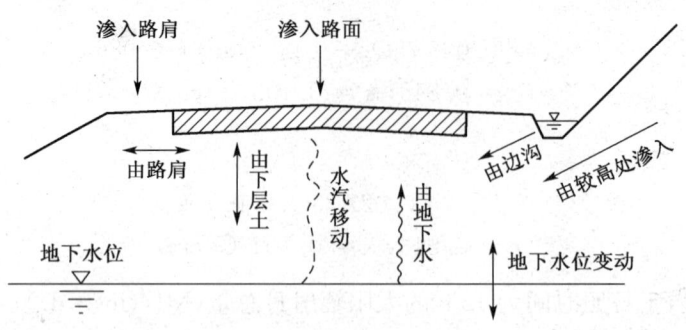

图 3-11 路基的湿度来源

2. 地面水

道路邻近的地表径流、洼地积水、沟渠或河塘中的水均可通过渗透或毛细润湿作用而进入路基。

3. 地下水

路堑边坡较高处土层内滞水的下渗和地下水的毛细上升作用,均会影响路基的湿度状况。

4. 温度

路基内不同深度处的温度差异,将使水分以液态或气态由热处向冷处迁移和积聚(或凝结)。

上述因素对路基湿度的影响情况和程度,同当地的自然条件和道路结构特性(如路基的水位高度、路基和路面的透水性等)有关。

我国北方季节性冰冻地区,路基在冬季冻结过程中,由于负温度坡差的影响,土中未冻结的水分会向冻结线(又称冰冻线)附近积聚,形成冰晶体和冰夹层。春暖化冻时,因路面的导热性较大,使路基上中部的土首先融解,水分无法排除,而呈过湿状态。等到路基冻土全部融化后,随着土中水分的排除和蒸发,路基湿度会逐渐减小。在季节性冰冻地区,路基土中水分积聚现象受到土质、水文、气候等条件的制约。粉性土的毛细作用比砂性土强,渗透性又较黏性土好,容易积聚水分。在地面排水困难或地下水位较高的路段,路基潮湿,为水分积聚提供充沛的水源。秋季多雨,使冻前路基湿度较大;冬季寒暖反复交替,路基冻结缓慢,冻结线长时间徘徊在路基某深度处,使水分有可能大量地向该处积聚;春季化冻时骤热或降雨,也将加剧湿度积聚。路基不受冰冻作用时,因温度梯度引起的水分积聚(以气态为主)不会成为影响路基湿度的主要因素。地面水的影响,只要采取适当的排水设施和及时的养护措施,通常是可以消除的。若路面采用不透水结构,将减少降水和蒸发对路基湿度的影响。此时,在道路建成后二三年内,路基上部中心附近的湿度会逐渐趋向稳定(称为平衡湿度)。当地下水位较浅、路基的湿度随地下水位的升降而波动时,路基的平衡湿度可根据地下水位的深度和土的吸湿能力来确定。若地下水位较深而不控制路基的湿度时,在降水量较高的地区,路基的平衡湿度大致等于当地无覆盖土位于湿度波动区下面的土层湿度;在干旱地区(年降雨量不足 250 mm),其值约等于当地无覆盖土在相同深度处的湿度。对于透水的路面(或路肩),上层路基(或路面边缘下路基)的湿度状况还将受到降水和蒸发的影响,季节性变化较大。

3.3.2 路基的干湿类型

在路基路面设计中,路基的干湿类型是以不利季节(非冰冻区为雨季,冰冻区为春融期)路床表面以下 80 cm 深度内土的平均稠度 w_c,按表 3-5 划分为干燥、中湿、潮湿和过湿四类;也可根据自然区划、土质类型、排水条件以及不利季节路床表面距地下水位或地表积水水位的高度(又称路基的水位高度)H,按表 3-5 的一般特征确定。

土的平均稠度 w_c 按下式计算:

$$w_c = \frac{w_L - \overline{w}}{w_L - w_P} \tag{3-16}$$

式中 $\overline{w}$——路床表面以下 80 cm 深度内土层的算术平均含水量;

w_L——100 g 锥所测土的液限;

w_P——土的塑限。

表 3-5　　　　　　　　　　　路基干湿类型

路基干湿类型	路基平均稠度 w_c 与分界稠度 w_{ci} 的关系	一 般 特 征
干 燥	$w_c \geq w_{c1}$	路基干燥稳定,路面强度和稳定性不受地下水和地表积水影响。路基高度 $H > H_1$
中 湿	$w_{c1} > w_c \geq w_{c2}$	路基上部土层处于地下水或地表积水影响的过渡带区内。路基高度 $H_2 < H \leq H_1$
潮 湿	$w_{c2} > w_c \geq w_{c3}$	路基上部土层处于地下水或地表积水毛细影响区内。路基高度 $H_3 < H \leq H_2$
过 湿	$w_c < w_{c3}$	路基极不稳定,冰冻区春融翻浆,非冰冻区雨季软弹,经处理后方可铺筑路面。路基高度 $H \leq H_3$

注:1. 地表积水是指不利季节积水 20 d 以上。
2. w_{c1},w_{c2},w_{c3} 分别为干燥和中湿、中湿和潮湿、潮湿和过湿状态路基的分界稠度,见表 3-6。
3. H_1,H_2,H_3 分别为干燥、中湿、潮湿状态的路基临界高度(路床表面至水位的最小高度),见表 3-7。

表 3-6　　　　　　　　　路基干湿状态的分界稠度建议值

土 组	路 基 分 界 稠 度		
	w_{c1}	w_{c2}	w_{c3}
土质砂	1.20	1.00	0.85
黏质土	1.10	0.95	0.80
粉质土	1.05	0.90	0.75

表 3-7　　　　　　　路床顶距地下水位的临界高度 H 参考值　　　　　　　单位:m

公路自然区划	砂 性 土			黏 性 土			粉 性 土		
	H_1	H_2	H_3	H_1	H_2	H_3	H_1	H_2	H_3
$II_{1,2}$				2.7~3.9	2.0~2.2		3.4~3.8	2.6~3.0	1.9~2.2
II_3	1.9~2.2	1.3~1.6		2.3~2.7	1.6~2.0		2.8~3.2	2.0~2.4	1.4~1.8
II_4	2.4~2.6	1.9~2.1	1.2~1.4				2.6~2.8	2.1~2.3	1.4~1.6
II_5	1.1~1.5	0.7~1.1		2.1~2.5	1.6~2.0		2.4~2.9	1.8~2.3	

续表

公路自然区划	砂性土 H_1	砂性土 H_2	砂性土 H_3	黏性土 H_1	黏性土 H_2	黏性土 H_3	粉性土 H_1	粉性土 H_2	粉性土 H_3
$III_{1,4}$							2.4~3.0	1.7~2.4	
$III_{2,3}$	1.3~1.7	1.1~1.3	0.9~1.1	2.1~2.7	1.6~2.1	1.2~1.6	2.4~2.8	1.8~2.4	1.4~1.8
$IV_{1,2,3,5}$				1.5~1.9	1.1~1.4	0.8~1.0	1.7~2.1	1.2~1.5	0.8~1.1
IV_4	1.0~1.1	0.7~0.8		1.7~1.8	1.0~1.2	0.8~1.0			
IV_6	1.0~1.1	0.7~0.8		1.6~1.8	1.1~1.5	0.7~1.1	1.8~2.2	1.3~1.6	0.9~1.1
IV_7				1.7~1.8	1.4~1.5	1.1~1.2			
V_1	1.3~1.6	1.1~1.3	0.9~1.1	2.0~2.4	1.6~2.0	1.2~1.6	2.2~2.6	1.7~2.2	1.3~1.7
$V_{2,3,4,5}$				1.7~2.2	0.7~1.1	0.3~0.6	1.9~2.5	1.3~1.6	0.5~0.7

水文及水文地质条件不良地段的路基设计最小填土高度(填土路肩边缘距原地面的高度),应满足路基(路床部分)处于干燥、中湿状态的临界高度要求;当路基设计标高受限制时,应对潮湿、过湿状态的路基进行处理,以符合路面设计的要求。

在无地表积水而地下水位较深的地段,为利于充分排水,保证路基干燥稳定的最小填土高度,见表3-8。挖方路段与填土高度不能符合表3-8规定时,可采用加深边沟的办法,使路肩边缘距边沟底面的高度满足表3-8的规定。

表 3-8   土质路基最小填土高度

土组	砂类土	黏质土	粉质土
最小填土高度/m	0.3~0.5	0.4~0.7	0.5~0.8

注:平均稠度大时取低值,小时取高值。

3.3.3 路基湿度的预估

由于影响路基湿度状况的因素复杂,对它的研究工作开展得不够,因而迄今还没有一种能精确地预估各种情况下路基湿度状况的理论方法。目前,对于新建道路,可采用下述经验方法预估:

1. 按所属自然区划和路基干湿类型预估

按路线所在地的自然区划、路基土质和路面底至水位的高度,查用图3-1、表3-7、表3-5和表3-6,即可大致估出路基的平均稠度。

例 3-2   上海郊区,(粉质)低液限黏土路基,最高地下水位离地面0.9 m,路面底高出地面0.3 m,请预估路基的湿度。

解   查图 3-1,可知上海市属 IV_1 区。路面底至地下水位的高度 $H = 0.9 + 0.3 = 1.2$ m。查表3-7得粉性土路基的临界高度 H_2 和 H_3 相应为 1.2~1.5 m 和 0.8~1.1 m。由表3-5,可知路基属潮湿类。再查表3-6得 w_{c2} 和 w_{c3} 相应为 0.90 和 0.75。因 H 值接近 H_2 和 H_3 之间的均值,估计路基上层80 cm范围内的平均稠度为0.83。

2. 通过沿线的现场调查预估

沿道路设计线,按自然地理特征的不同把全线划分为若干段;每一路段上选取几个断面,钻取试样,测定其含水量 w,并进行土的液塑限试验;钻样的深度超过湿度呈季节性变化的土层深度(例如,3~4.5 m)。由不同深度 z 处土样的试验结果,点绘出含水量或相对含水量断面图(图 3-12)。按照图上季节性变化土层下面所存在的线性关系,外延求得路基不同高程处的平衡湿度。推算各断面的路基平均稠度;由此选择一个供设计用。

3. 通过对条件相似的现有道路调查预估

选择一个或几个条件类似的现有道路路段。在不利季节对所选路段内几个断面,钻取试样,测定其含水量和土的液、塑限。统计分析各断面的测试结果,取一较保守的平均稠度值(例如,90%的保证率),作为所设计道路的路基平均稠度。

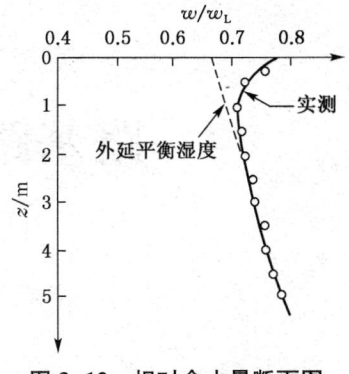

图 3-12 相对含水量断面图

■ 小 结

路基路面体系的水温状况随周围自然因素的变化而变化,使得材料的物理力学性质发生相应的改变,结构内还会产生附加的内应力(即温度和湿度应力)。由于自然条件的复杂多变,其影响带有很大的随机性,目前还无法精确地预估路基路面结构内的湿度和温度状况,特别是湿度状况。然而,根据大量的观测资料和一定的理论分析,仍可初步了解路基路面结构内温度和湿度的变化规律,大致作出定量的预估,以供设计时参考。

■ 复习思考题和习题

3.1 为何要进行公路自然区划?区划的原则是什么?

3.2 影响路面温度状况的因素有哪些?它们的影响有何规律性?

3.3 评述估算路面结构内温度状况的两类方法。

3.4 路基湿度受哪些因素影响?什么是路基平衡湿度?它同上述因素有何关系?

3.5 分析比较预估路基湿度的三种经验方法的优缺点。

3.6 现已知某地的气象资料如下:

8 月 20 日,$t_A = 21.7℃$,$t_R = 10.6℃$,$Q = 21.14 \text{ MJ}/(\text{m}^2 \cdot \text{d})$;

8 月 25 日,$t_A = 25.6℃$,$t_R = 14.4℃$,$Q = 21.23 \text{ MJ}/(\text{m}^2 \cdot \text{d})$;

9 月 23 日,$t_A = 14.4℃$,$t_R = 5.6℃$,$Q = 21.86 \text{ MJ}/(\text{m}^2 \cdot \text{d})$;平均风速 $v = 3.82 \text{ m/s}$。

请按巴伯方法确定当地水泥混凝土路面在上述各天内的表面最高温度,并同实测数据加以比较。

取水泥混凝土面层的 $b = 0.65$,$c = 837 \text{ J}/(\text{kg} \cdot ℃)$,$\lambda = 1.55 \text{ W}/(\text{m} \cdot ℃)$,$\rho = 2400 \text{ kg}/\text{m}^3$。

表面实测的最高温度为:8 月 20 日,41.1℃;8 月 25 日,41.1℃;9 月 23 日,28.3℃。

3.7 已知温州市属 Ⅳ_4 区,有一段黏土路基,路面底面高出地面 0.3 m,地下水位距地面 0.8 m,请确定该路基的干湿类型和平均湿度。

4 路基路面材料组成及其力学特性

提　要

路基路面材料大致可分为四大类型:①土和颗粒材料;②沥青结合料类;③无机结合料稳定类;④水泥混凝土类。这些材料按不同的方式——嵌锁(嵌挤)或密实,组成各种路面结构层。随着材料性质和组成方式的不同,各种路面结构层在力学性能上表现出很大的差异。路基路面结构的损坏,不外乎是变形过大或应力超过材料强度而引起的。为了对路基路面结构进行受力分析,并做到合理地使用材料,必须研究材料受力时的反应。

本章主要讨论上述各类路面材料的组成特性(路基土材料组成及特性见5.2节)及其同路基路面结构设计相关的两方面力学性质,即变形特性(包括应力-应变关系和变形累积)和强度特性(包括抗剪强度、抗拉强度、抗弯拉强度和疲劳强度),以及表征这些性质的指标和测定方法;另外还介绍反映路基(路面)顶面在局部荷载作用下荷载-变形关系的指标及其评定方法。本章学习要求如下:

1. 了解各类路面材料的组成原则、特点和要求。
2. 认识各类材料在变形和强度方面的特点及其影响因素。
3. 了解路面材料的极限强度与模量的测定方法。
4. 掌握路基回弹模量的物理概念及其测定方法,并了解地基反应模量和加州承载比的含义。

4.1　粒料类材料的组成

无结合料稳定的颗粒材料称为粒料,它主要有嵌锁型碎石以及碎石或砾石混合料两种类型。

4.1.1　嵌锁型碎石

用粒径较单一的轧制碎石作主骨料,通过碾压形成嵌锁作用,并以石屑嵌缝后组成嵌锁型碎石层。将碎石材料撒铺后直接碾压而成的结构层,称作干压碎石。为了提高压实效果,可在碾压前适量洒水,以降低碎石颗粒间的摩阻力,这种做法称作水结碎石。水结碎石在碾压过程中会产生一部分碾碎的石粉,它可起少量粘结作用。干压碎石或水结碎石也称作填隙碎石。此外,有采用黏土浆或石灰土作为灌缝材料,以提供粘结力,这种碎石层称作泥结碎石或泥灰结碎石。

碎石层结构强度的形成,主要依靠碎石颗粒间通过压实而形成的嵌锁作用,同时,对于泥结或泥灰结碎石而言，还部分依靠灌浆材料所提供的粘结作用。嵌锁作用的大小，主要取决于碎石的粒径和形状、石料的强度以及压实度。因此，碎石应带有棱角，形状近于立方体，具有较高的强度和韧度，其压碎值不大于26%（用作基层时）或30%（用作底基层时）；较弱或扁平细长颗粒的含量不应超过15%。碎石的最大粒径，按层厚、层位和石料强度选定，一般为层厚的50%~70%；用作基层时，最大粒径不应超过53 mm；用作底基层时，不应超过63 mm。

碎石的颗粒尺寸和组成范围，可参考表4-1。

表4-1　　　　　　　　　　　　填隙碎石类集料的颗粒组成

编号	通过质量百分率/% 标称尺寸/mm	筛 孔 尺 寸/mm							
		63	53	37.5	31.5	26.5	19	16	9.5
1	30~60	100	25~60		0~15		0~5		
2	25~50		100		25~50	0~15		0~5	
3	20~40			100	35~70		0~15		0~5

嵌缝料起填充空隙、增加密实度和稳定性的作用。通常采用5 mm以下的石屑填隙颗粒组成，可参考表4-2。

表4-2　　　　　　　　　　　　嵌缝（填隙）料的颗粒组成

筛孔尺寸/mm	9.5	4.75	2.36	0.6	0.075	塑性指数
通过质量百分率/%	100	85~100	50~70	30~50	0~10	<6

填隙碎石适用于底基层或基层；泥结碎石或泥灰结碎石适用于中级或低级路面的面层。

4.1.2　碎石或砾石混合料

由粗、细碎石集料和石屑或者粗、细砾石集料和砂组成的混合料，当混合料的颗粒组成符合密实级配要求时，称作级配碎石或级配砾石。

碎石或砾石混合料的抗变形能力，取决于粗、细集料的颗粒组成、细料（<0.075 mm）的性质和含量以及混合料的密实度。混合料如仅含有少量细料或者不含细料时，主要依靠集料颗粒间的摩阻力获得其稳定性，故其密实度较低。混合料含有适量细料以及填充集料间的空隙时，仍主要依靠集料颗粒间的摩阻力获取其稳定性，但施工时易于压实，密实度得到提高，其抗剪强度也相应提高。混合料中细料含量过多时，集料悬浮于细料中，彼此失去接触，抗剪强度下降，水稳定性也较差。

图4-1所示为不同细料含量的砾石混合料的密实度和抗变形能力（CBR）试验结果。图中密实度值为各相应压实曲线上的最大密实度值；而CBR值为试件浸湿后的测定结果。由图上可看出，随压实功增加，密实度和CBR值均增加；同一压实功条件下，其值随细料含量而变，存在一最佳含量，当细料含量低于或超过此最佳值时，密实度和CBR值均下降。这种类型的混合料，其最大密实度在细料含量为8%~10%时达到；而最大CBR值则出现在细料含量为6%~8%时，低于前者。由上述试验结果可知，混合料中的细料含量需适中，过多的细料含量显然是不利的。

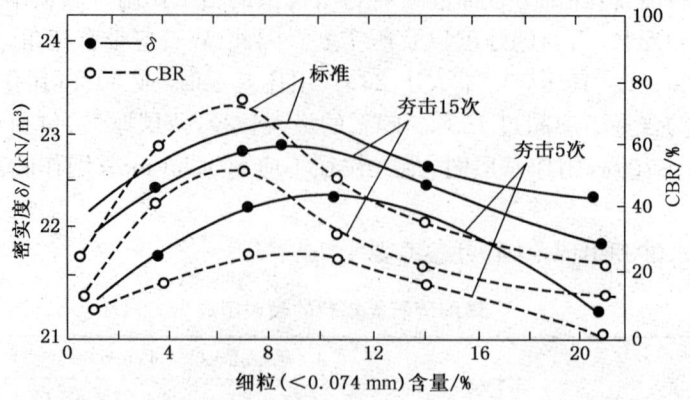

图 4-1 细粒含量对砾石混合料密实度和 CBR 值的影响

除了细料含量外,0.5 mm 以下细粒的物理性质(塑性指数)对混合料的强度和水稳定性也有影响,特别是在细粒含量多的情况下。随着 0.5 mm 以下的细粒的塑性指数的增大,混合料的强度下降,细粒含量越多,强度下降得越多。通常,限定细粒的液限小于 28%,塑性指数小于 6(潮湿多雨地区)或小于 9(其他地区)。

粗、细集料具有良好的级配时,可提高混合料的密实度和抗变形能力。表 4-3 所示为规范建议的级配碎石和级配砾石混合料的颗粒组成。碎石或砾石集料应具有一定的强度,其压碎值应不大于 26%(用于一级公路和高速公路的基层时),或不大于 30%(用于一级公路和高速公路的底基层及二级公路的基层时),或不大于 35%(用于二级公路底基层和二级以下公路的基层时),或不大于 40%(用于二级以下公路的底基层时)。

表 4-3　　　　　　　　　级配碎(砾)石类混合料的颗粒组成

项目	通过百分率/%　编号	1	2
筛孔尺寸/mm	37.5	100	
	31.5	90~100	100
	19.0	73~88	85~100
	9.5	49~69	52~74
	4.75	29~54	29~54
	2.36	17~37	17~37
	0.6	8~20	8~20
	0.075	0~7[2]	0~7[2]
液限/%		<28	<28
塑性指数		<6(或 9[1])	<6(或 9[1])

注:1. 潮湿多雨地区塑性指数宜小于 6,其他地区塑性指数宜小于 9。
　　2. 对于无塑性的混合料,小于 0.075 mm 的颗粒含量应接近高限。

级配碎石适用于基层和底基层:用于高速公路和一级公路的基层时,碎石的最大粒径应控制在 31.5 mm 以下;用于二级和二级以下公路的基层时,其最大粒径应控制在 37.5 mm 以下。级配砾石适用于二级和二级以下公路的基层以及各级公路的底基层;用作基层时,砾石的最大粒径不宜超过 37.5 mm;用于底基层时,其最大粒径不宜超过 53 mm。

4.2 无机结合料稳定类材料和水泥混凝土的组成

掺加各种结合料,通过物理、化学作用,可使各种土或碎石(砾石)粒料的工程性质得到改善,成为具有较高强度和稳定性的路面结构层次。常用的无机结合料有水泥、石灰、粉煤灰等。这里主要介绍石灰稳定土、石灰-粉煤灰稳定粒料、水泥稳定土或粒料及水泥混凝土的组成特性。

4.2.1 石灰稳定土

掺入湿土中的石灰和土主要发生两类物理-化学反应:第一类是胶体反应,石灰浆中游离的钙离子同粘土矿物中的钠、氢离子交换,从而减薄水膜厚度,促使土粒凝集和凝聚,形成团粒结构,由此改变了土的塑性,使塑限增加而塑性指数下降(图 4-2),并改变了土的压实性,使最佳含水量增加而最大密实度降低(图 4-3);第二类是凝胶反应,或称火山灰反应,从黏土矿物中析出的活性二氧化硅和三氧化二铝在水溶液中同石灰发生作用,形成不溶于水的硅酸钙和铝酸钙凝胶而把土颗粒胶凝在一起,从而提高了土的强度。

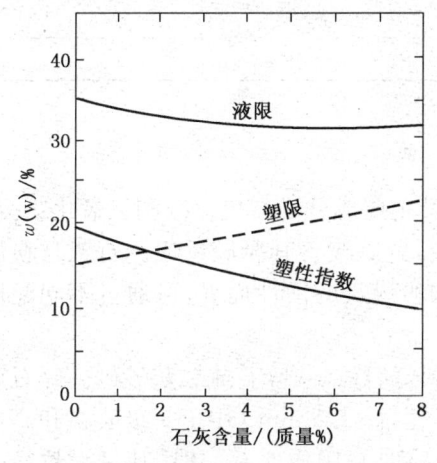

图 4-2 石灰对黏土塑性的影响

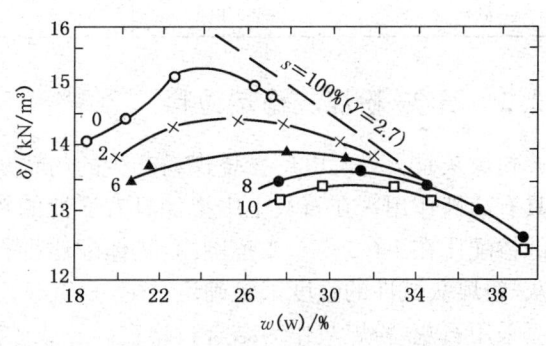

图 4-3 石灰土的压实曲线(曲线上的数值为石灰的剂量,以干土重的%表示)

由上述反应机理可知,石灰的稳定效果同土中黏土颗粒的矿物成分和含量有关。因而,对不同的土类,可取得不同的效果。一般说来,黏土颗粒含量多,其矿物成分以蒙脱土为主,则稳定效果较好。图 4-4 显示了几种土用石灰稳定后的强度情况,从图中可以看出,粉质黏土的稳定效果最佳。重黏土虽然黏土含量多,由于不易被破碎拌合,稳定效果反而差些。一般认为,塑性指数在 7~17 范围内的土最合适。石灰对砂土、特别是均匀砂的稳定效果最差,故通常规定塑性指数小于 4 的土不宜用石灰稳定。砾石混合料也可用石灰稳定,其效果取决于其中黏土组分的含量和矿物成分。此外,还规定有机质含量大于 10%、硫酸盐类含量大于 0.8% 的土,不宜用石灰稳定。

石灰稳定土的强度随石灰含量的增加而增长(图4-5)，但超过一定含量后，强度反而有下降的趋势，这表明存在最佳含量，此最佳含量与土质有关，须通过试验确定。同时，石灰含量的选定还应考虑对石灰土的强度要求，也即考虑石灰土的用途(结构层位)。表4-4列出了不同土类和用途的石灰含量参考范围，可供试验设计或估算用。

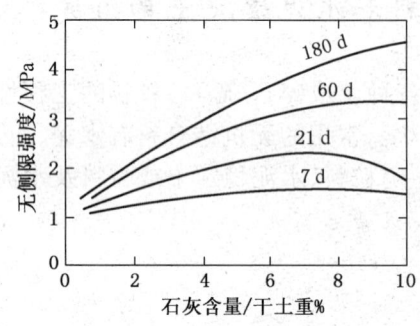 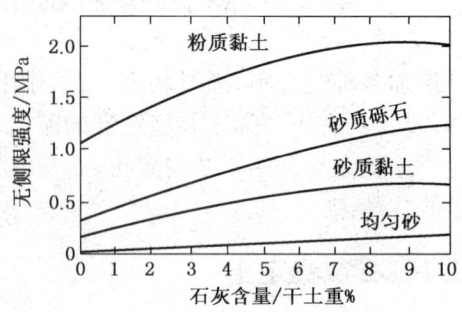

图4-4 各种土的强度(7 d龄期)随石灰含量的变化　　图4-5 石灰土强度同石灰含量的关系

石灰稳定主要用于作底基层和垫层，或中、低级路面的基层。

表4-4　　　　　　　　　　石灰含量(干土重%)参考范围

土　类	用　途			
	基　层	底基层	垫　层	改善过湿土基
粉性土、黏性土	10~12	8~10	6~8	2~4
砂性土	12~14	10~12	8~10	—

4.2.2　石灰-粉煤灰稳定粒料

粉煤灰是火力发电厂燃烧煤粉产生的粉状灰渣，其主要成分是二氧化硅和三氧化二铝，它具有活性作用。在石灰土中掺加具有活性的粉煤灰，可以改善其凝胶反应。石灰与粉煤灰的掺配比在1∶2~1∶4范围内，具体配比视石灰和粉煤灰的活性而异，可通过不同配比石灰-粉煤灰试件的强度试验确定。

采用石灰-粉煤灰作为结合料稳定碎石或砂砾集料，简称二灰碎石或二灰砂砾。碎石或砂砾集料应符合级配要求，用作基层时，其最大粒径不超过31.5 mm(用于一级公路和高速公路时)，或不超过37.5 mm(用于二级和二级以下公路时)；用作底基层时，其最大粒径不超过37.5 mm(用于一级公路和高速公路时)，或不超过53 mm。集料的压碎值应不大于30%(用于一级公路和高速公路基层时)，或不大于35%(用于二级和二级以下公路基层时)。石灰-粉煤灰结合料与集料之间存在最佳配合比。当集料含量较少时，集料悬浮于二灰中，混合料的强度主要依赖于二灰的强度；随着集料含量的增加，集料颗粒相互接触，逐步形成骨架，集料间的嵌锁作用在混合料的强度组成中发挥作用，使混合料的强度得到增长；但集料含量继续增多时，嵌锁作用不再增长，而二灰结合料不足以填充集料间的空隙，其粘结强度降低，因而混合料的强度出现下降。石灰-粉煤灰与集料的最佳配合比通常变化在20∶80~15∶85范围内，视集料的级配状况而异，可通过不同配比混合料试件的强度试验确定混合料的设计配合比。

4.2.3 水泥稳定土或粒料

水泥稳定土或粒料具有较其他稳定土高的强度和水稳定性。水泥稳定土用于底基层或垫层,水泥稳定粒料可用于基层。

水泥颗粒分散于水中,随着水化过程的进行,在土粒的部分孔隙间生成硅酸钙凝胶体,凝结后形成骨架结构,使水泥变硬。此外,在细粒土中,水泥水解过程中生成的氢氧化钙溶液中的钙离子同黏土颗粒吸附综合体中的低价阳离子发生交换,由此减少了黏土的亲水性和塑性。但是由于离子交换,$Ca(OH)_2$ 溶液不易达到饱和而析出 $Ca(OH)_2$ 凝胶体,因而使水泥的硬化过程延缓,强度增长的速度降低。在水泥土中掺加少量氧化钙或石灰,有助于提高其稳定效果和稳定土的强度。

除有机质或硫酸盐含量高的土以外,各种砂砾土、砂土、粉土和黏土均可用水泥稳定。但是,稳定的效果不尽相同。土越黏,稳定所需的水泥用量越多,但强度却越低。重黏土由于难以粉碎和拌合,且水泥用量过高而不经济,不宜用水泥稳定。通常,限定水泥稳定土的适用范围为液限不大于 40、塑性指数不大于 17 的土。

水泥稳定粒料的碎石或砂砾集料应符合级配要求,其最大粒径和压碎值要求,与二灰稳定碎石和砂砾相同。

水泥稳定土或粒料的强度随水泥用量的增加而增长,不存在最佳水泥含量。过多的水泥用量,虽可获得较高的强度增长,但经济上是不合理的,且会引起较大的湿度和温度收缩。因而,所需的水泥用量,须按强度要求及经济考虑,通过试验确定。

4.2.4 水泥混凝土

水泥混凝土混合料由粗集料、细集料、水泥、水和外掺剂组成。水泥混凝土主要用于路面结构的面层或复合式面层的下面层;有时也用作基层,这时可降低强度要求及水泥标号和含量,并称作贫混凝土。

粗集料(粒径 4.75 mm 以上)可采用碎石、砾石或轧碎砾石。其最大粒径可为 31.5 mm。在混凝土面层分两层浇筑时,其上层宜采用最大粒径为 19 mm 的粗集料。此外,在修建连续配筋混凝土或钢纤维混凝土面层,或者在采用滑模摊铺机或碾压式铺筑混凝土时,也宜采用最大粒径为 19 mm 的粗集料。粗集料的颗粒组成可采用连续级配或间断级配。集料的强度不应低于三级;其磨耗率,用双筒式磨耗机测量时,应不大于 4%。集料中针片状颗粒的含量不大于 15%,泥土杂物含量不大于 1%。

细集料(粒径 4.75~0.15 mm)可采用天然砂、砂颗粒要求坚硬耐磨,表面粗糙而有棱角,以提供良好的抗滑能力;砂应洁净,泥土和杂物含量不多于 3%,硫化物和硫酸盐含量(折算为 SO_3)不大于 1%。砂的颗粒组成既影响混凝土的技术性质,也影响水泥和水的用量,它是评定砂质量的一个重要指标,故应具有良好级配,其细度模数应在 2.5 以上。

水泥的质量和用量不仅对混凝土的强度有直接的影响,而且对新鲜或硬化混凝土的某些性质,如凝结、硬化速率、混凝土的早期收缩开裂及磨耗等,也会带来一定的影响。目前,路面上最常用的是标号为 525 或以上的硅酸盐水泥或普通硅酸盐水泥。等级低或交通荷载较轻时,也可采用标号为 425 的普通硅酸盐水泥或矿渣水泥。水泥用量一般为 300~360 kg/m³。

用于拌制和养护混凝土的水,不应含有影响水泥正常凝结和硬化的有害杂质、油酸及盐类等。工业废水、污水、沼泽水、pH值小于4的酸性水、硫酸盐含量(按SO_3计)超过水重1%的水,都不宜使用。

在混凝土内可添加各种外掺剂以改善其性能。外掺剂可分为三类,主要在下述情况下采用:

(1) 引气剂。在寒冷地区,为增加混凝土的耐久性,防止冻害和除冰盐分的影响,在混凝土内应掺加3%~6%的引气剂(如松香热聚物等阳离子表面活性剂)。掺加引气剂引起的混凝土强度降低,应在混合料设计中予以考虑。如分两层修建,可仅在上层混凝土中掺加引气剂。

(2) 塑化剂或减水剂。为改善混凝土拌和物的和易性,但仍维持较低的水灰比时,可掺加塑化剂或减水剂,如木质素系、萘系或水溶性树脂类减水剂等。

(3) 缓凝剂和早强剂。为调节水泥凝结时间或强度增长速度,可掺加缓凝剂(在夏天拌制混凝土时)、速凝剂(在冬天拌制混凝土时)或早强剂等。

(4) 水泥混凝土面层混合料的组成,应满足强度、耐久性及和易性三方面的要求。此外,其表面还需满足抗滑和耐磨耗的要求。

混凝土面层板主要承受动轮载及温度和湿度变化产生的反复弯曲的作用。面层混凝土必须具有足够的抗弯拉强度。混凝土的抗弯拉强度远低于抗压强度,通常约为后者的10%~16%。提高混凝土的抗弯拉强度,对于延长路面的使用寿命有重大的影响。各等级道路所要求的混凝土抗弯拉强度值变动于4.0~5.5 MPa的范围内。交通越繁重,所要求的强度值应越高。

影响混凝土抗弯拉强度的关键因素,主要为水灰比和压实度。图4-6所示为混凝土在不同水灰比时得到的强度值。可看出,水灰比越高,强度越低。混凝土的压实程度对其强度也有很大影响。从图4-7中所示的试验结果可看出,即使只含5%空隙(此含量一般不算大),强度也将下降30%。因此,为保证混凝土的强度,其水灰比应尽可能低,而施工时的压实程度应尽可能高。

降低水灰比可以提高混凝土的强度和耐久性,但水灰比过低,混凝土的和易性降低;当振捣能力不足以使混凝土得到充分压实时,其强度和耐久性反而下降。因而,存在最佳水灰比,其值取决于振捣能力、混合料组成、集料的类型和级配,一般变动于0.40~0.55范围

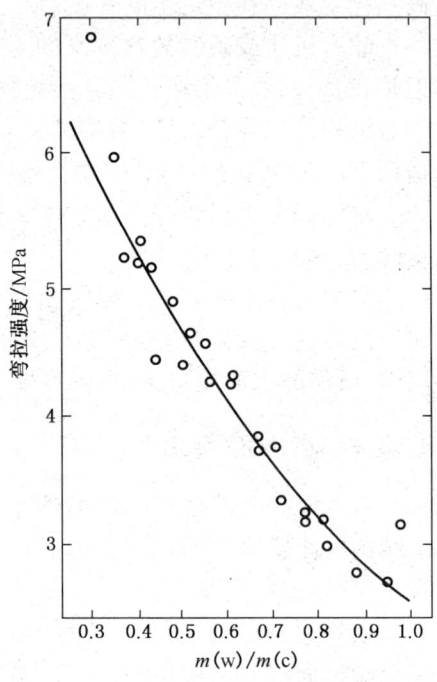

图4-6 水灰比和抗弯拉强度的关系

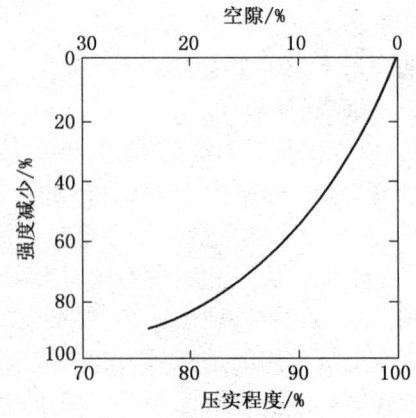

图4-7 压实程度对弯拉强度的影响

内。水灰比低而和易性较差时,可掺加塑化剂或减水剂以提高其和易性。

为保证混凝土能拌和均匀,运输和摊铺时不发生离析,振捣后不出现麻面和蜂窝,混凝土应具有一定的施工和易性。要求的和易性,随施工机具(方法)和施工时的气候条件而定。通常,坍落度选用 $0\sim2.5$ cm,工作度为 30 s 以上。

水泥混凝土混合料配合比设计方法,已在"道路建筑材料"课程中阐述,可参阅有关教材或著作。

4.3 沥青混合料的组成

沥青混合料由粗集料、细集料、填料和沥青(包括普通沥青和改性沥青)按不同比例拌制而成,有时为改善混合料性能也会掺加一些外掺剂。目前按组成原则和性能的不同,常用的沥青混合料主要有密级配沥青混凝土、沥青玛蹄脂碎石混合料和开级配沥青混合料三种。

4.3.1 密级配沥青混凝土

由级配连续的集料与沥青和矿质填料拌和和碾压而成的密实型沥青混凝土,是沥青面层最常用的一种沥青混合料。按混合料中粗集料最大公称粒径的不同,将沥青混凝土分为粗粒式(最大公称粒径 26.5 mm)、中粒式(最大公称粒径 16 mm 以上)、细粒式(最大公称粒径 9.5 mm 以上)和砂砾式(最大公称粒径 4.75 mm)。可依据压实层的厚度选用相适应的集料最大公称粒径。通常,压实层厚宜为集料最大公称粒径的 $2\sim3$ 倍。表 4-5 为国内常用沥青混合料类型和施工适宜厚度。

表 4-5 国内常用沥青混合料类型和施工适宜厚度

沥青混合料类型		最大粒径 /mm	公称最大粒径 /mm	级配类型与设计孔隙率/%			施工适宜厚度 /mm
				密级配		开级配	
				3~5	3~4	>18	
AC	砂粒式	9.5	4.75	AC-5			15~30
	细粒式	13.2	9.5	AC-10			25~40
		16	13.2	AC-13			40~60
	中粒式	19	16	AC-16			50~80
		26.5	19	AC-20			60~100
	粗粒式	31.5	26.5	AC-25			80~120
SMA	细粒式	13.2	9.5		SMA-10		25~50
		16	13.2		SMA-13		35~60
	中粒式	19	16		SMA-16		40~70
		26.5	19		SMA-20		50~80
OGFC	细粒式	13.2	9.5			OGFC-10	20~30
		16	13.2			OGFC-13	30~40

注:SMA 用于夏热区或重交通、特重交通公路时,设计空隙率高限可适当放宽至 4.5%。

沥青混凝土含有较多的细料,特别是含有一定数量的填料,使集料同沥青相互作用的表面积大大增加,从而使混合料的粘结力大为提高,它在沥青混凝土的强度构成中占主导地位。需予注意的是粘结力受温度影响很大,如配料失当,则易出现各种损坏。

沥青混凝土面层应具有良好的技术性能:高温下有足够的抗变形能力,低温时有足够的抗缩裂能力,有抗疲劳开裂的能力及抗老化和抗水损害的能力,面层表面还要有足够的抗滑能力。然而,混合料组成设计时,上述要求往往不能同时得到充分的满足。例如,就稳定性而言,希望选用稠度大的沥青,但对低温缩裂来说,则宜选用稠度稀的沥青;从耐久性的要求出发,沥青含量应高些,但高沥青含量对稳定性和抗滑性不利。因而混合料组成设计须依据环境、荷载和层位条件,寻找能同时满足各方面技术性能的平衡点。

4.3.2 沥青玛蹄脂碎石混合料

沥青玛蹄脂碎石混合料(Stone Matrix Asphalt)简称为SMA。它是一种以沥青、矿粉、纤维稳定剂组成的沥青玛蹄脂胶泥结合料,填充并裹覆矿料表面和粗集料骨架空隙从而形成沥青混合料。

SMA的构成特性,俗称"三多一少"。三多为沥青用量多达6%左右,矿料用量多达8%~12%,4.75 mm以上粗集料用量高达70%~80%;一少则是4.75 mm以下细集料用量少,约为12%~20%。所以,为使混合料能保持较高的沥青用量、施工中不发生析漏,在混合料中需添加纤维稳定剂(纤维素纤维或者矿质纤维),一般为混合料总用量的0.3%~0.5%。

SMA特别强调粗集料在沥青混合料中的嵌挤骨架作用和沥青玛蹄脂胶结料的粘结裹覆作用,这是构成SMA的两个条件。SMA的构成,决定着其与传统的沥青混合料相比,具有更好的耐久性、抗高温稳定性、抗低温开裂性及抗滑性能。可以说,SMA是一种优质的沥青混合料。

由于SMA中沥青用量多,矿粉用量大,以及木质纤维的加入,导致沥青混合料中裹覆在矿料比表面积上的沥青玛蹄脂胶泥厚度可达80~100 μm;而在一般沥青混合料中,裹覆在矿料比表面积上的沥青胶泥厚度多在25~35 μm范围内,这也决定了SMA具有更好的抗疲劳性能。一般用于SMA的集料品质要求高于普通沥青混凝土,如细集料要求由100%轧碎机制砂组成。其常用级配和施工厚度见表4-5。

4.3.3 开级配沥青混合料

由级配连续的集料与沥青拌和碾压而成的多孔隙沥青混合料(孔隙率15%以上),具有良好的排水性能,可用作透水性表面层(称作开级配沥青抗滑层),以改善路表面的抗滑性,减少溅水、喷雾和头灯眩光现象;或者用作排水基层(称作开级配沥青碎石排水基层),以疏干积滞在路面结构内部的渗入水。

沥青混合料的多孔隙是通过控制细集料含量来实现的,通常,粒径在2.36 mm以下颗粒的含量不宜超过20%,粒径在0.075 mm以下颗粒的含量不宜超过5%。沥青用量是依据集料的表面积和所能涂覆的沥青膜厚度确定的。由于细料含量少,沥青用量不能太多,否则会引起析漏;而沥青含量过少,易出现混合料松散和沥青剥落等病害。为增加沥青膜厚度,宜选用较稠的沥青,并适当降低拌和温度。同时,也可添加外掺剂(抗剥落剂、纤维稳定剂或聚合物改性剂)来减少沥青的剥落,增加集料间的粘结力,防止抗滑层混合料在行车作用下出现松散。其常用级配和施工厚度见表 4-5。

4.4 变 形 特 性

变形特性主要包括应力-应变特性和变形累积。对路基路面结构进行应力、应变和位移分析时,必须了解在荷载作用下材料达到破坏或极限条件前的应力-应变-时间性能,把握表征材料变形性的模量(劲度)、泊松比和变形累积特性等。

4.4.1 路基土的应力应变特性

材料在荷载作用下的应力-应变关系,习惯上,采用应力与应变之比的模量 E 来反映:

$$E = \frac{\sigma}{\varepsilon} \tag{4-1}$$

式中 σ——三轴试验时为偏应力($\sigma_1-\sigma_3$),拉伸(压缩)试验时为轴向拉(压)应力,弯曲试验时为弯拉应力;

ε——相应于上述应力作用方向的应变。

各种土的应力-应变关系可由三轴压缩试验得到,在某一不变的侧限应力作用下,逐级施加竖向应力,并量取该级应力下的竖向应变量,其结果可点绘成应力-应变关系曲线,见图 4-8。许多工程材料(如钢、水泥混凝土等)的应力-应变关系,在一定的应力(或相应的应变)范围内呈现出线性特征,并且在应力卸除后试样恢复其原先的尺寸。而土的应力-应变关系曲线,一般没有直线段,在应力卸去后试样也恢复不到原先的形状,如图 4-8 所示。这就是说,土是非线性弹-塑性变形体。因而,表征弹性体材料应力-应变关系的比例常数——弹性模量这一术语,用在土上是不确切的。但是,习惯上仍采用下述模量公式来反映土的应力-应变关系:

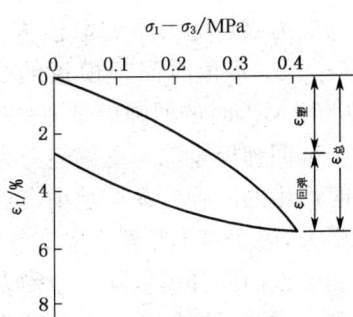

图 4-8 土的应力应变关系曲线 ($\sigma_3 = 0.1$ MPa)

$$E = \frac{\sigma_1 - \sigma_3}{\varepsilon_1} \tag{4-2}$$

式中 σ_1——竖向主应力(MPa);

σ_3——侧限应力(MPa);

ε_1——σ_1 方向上的应变。

这时,按应力-应变曲线上应力取值方法的不同而赋以不同的模量定义,见图 4-9。

(1) 初始切线模量 E_{it}。应力值为零时的应力-应变曲线的斜率,代表加荷开始时的应力-应变状况。

(2) 切线模量 E_t。某一应力级位处应力-应变曲线的斜率,反映该级位应力-应变变化的关系。

(3) 割线模量 E_s。反映土在某一工作应力范围内应力-应变的平均状况。

（4）回弹模量 E_r。应力卸除阶段应力-应变曲线的割线模量。

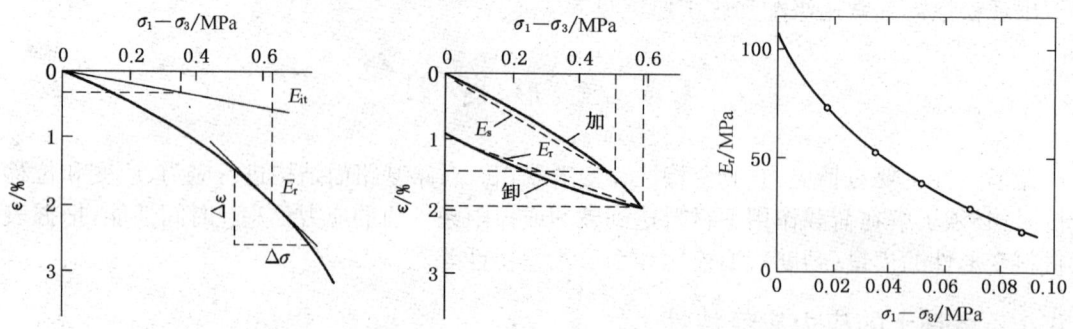

图 4-9　应力应变曲线和模量的确定　　　图 4-10　回弹模量随偏应力大小的变化

前三种模量中的应变量为包括塑性（永久）和回弹（可恢复）应变部分在内的总应变。这三项模量指标，特别是割线模量 E_s（又称作形变模量），常用于路基沉降计算；而回弹模量则仅包括可恢复应变，它部分反映了土的弹性性质。由于采用弹性理论分析路基和路面结构内的应力和应变，并且由于在沥青路面中回弹应变量的大小同面层的疲劳损坏有关，回弹模量便成为路面结构分析中一项常用的参数。

由于土的应力-应变关系的非线性特性，上述后三项模量参数都是条件性指标，其量值随应力级位的大小和取值方法而异。图 4-10 所示的试验结果，显示了按不同的偏应力 $(\sigma_1-\sigma_3)$ 取值时回弹模量的变化情况；偏应力值越小，回弹模量值越高（例如，偏应力为 0.02 MPa 时的回弹模量值是偏应力为 0.08 MPa 时的三倍）。

回弹模量除了受偏应力大小的影响外，还随侧限应力 σ_3 而变。σ_3 越大，相同偏应力值时产生的回弹应变量越小，也即回弹模量值越高；但侧限应力对黏性土模量值的影响程度并不大，因而对于黏性土常常忽略其影响。

土的回弹模量除了随受力状况而变化外，它还是土的类型和湿密状况的函数。一般说来，土的颗粒越细，相应的回弹模量值越低。对于黏土，模量值大致为 20~30 MPa；而对于砂土，模量值可达 150~200 MPa。

回弹模量值通常随密实度增加而增大，而随含水量增加而减小。其中，含水量对模量值的影响特别大，根据试验，含水量由 17.8% 增大到 30.6% 时，回弹模量值可下降 1/10 左右。鉴于含水量的这种影响，路基的回弹模量值在一年内将受降水、地下水位和冻胀的影响而出现较大的波动。路面结构分析时，应采用按照路基土的实际湿密状态制备的试件测定的回弹模量值。通常，试件在接近最佳含水量值时压实到规定的最低密实度，随后浸水饱和后进行试验。

综上所述，路基土并不是线性弹性体，表征其应力-应变关系的参数——形变模量和回弹模量是一项随应力取值的方法和范围而变的条件性指标。进行结构分析时，应按路基土实际受到的应力级位来选取回弹模量值。同时，试验条件还应符合路基的实际湿密状态。

4.4.2　颗粒材料的应力-应变特性

对于用作基层和垫层的无结合料碎（砾）石材料，由三轴试验所得到的应力-应变关系曲线具有同黏性土相似的非线性特性，但其应力应变关系的曲线与土不同，见图 4-11 所示。

因而，表征其应力-应变关系的回弹模量值 E_r 随偏应力 $\sigma_d(\sigma_1-\sigma_3)$ 的增大而增大，随侧限应力 σ_3 的增大也增大，但侧限应力的影响要比黏性土的情况大得多。

根据大量试验结果，碎（砾）石材料，由三轴试验所得到的回弹模量值可用下式表示：

$$E_r = k_1 \theta^{k_2} \text{(MPa)} \qquad (4-3)$$

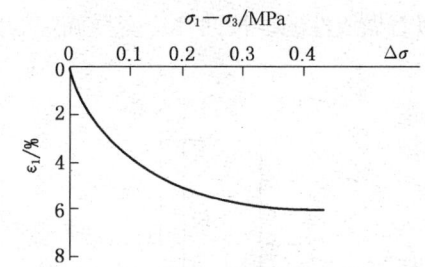

图 4-11 颗粒材料的应力应变关系曲线

式中 θ——主应力之和（kPa），三轴试验中，
$\theta = \sigma_1 + 2\sigma_3 = \sigma_d + 3\sigma_3$；

k_1，k_3——同材料性质有关的系数，由试验确定。

图 4-12 所示为某碎石集料的试验结果。由回归分析可得到，$k_1 = 3.77$，$k_2 = 0.71$。一般情况下，碎石集料的 k_1 变动于 $7.0 \sim 15.7$ 之间，k_2 变动于 $0.46 \sim 0.64$ 之间。

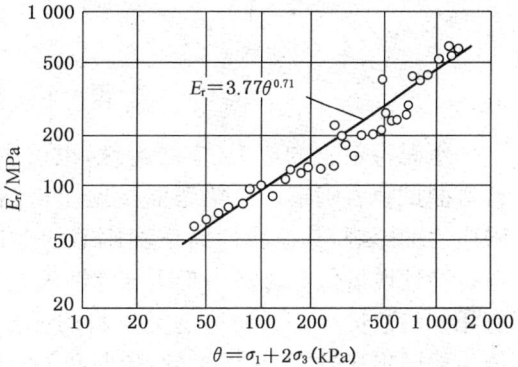

图 4-12 碎石集料的回弹模量 E_r 随主应力之和 θ 变化的试验曲线

除了受应力状况的影响外，碎（砾）石材料的模量值同材料的级配、颗粒形状和密实度等因素有关，其在 $100 \sim 700$ MPa 范围内变动。通常，密实度越高，模量值越大；颗粒棱角多者有较高的模量；当细料含量不多时，含水量的影响很小。

材料的泊松比取决于主应力比或偏应力 σ_d 与平均法向应力 $p(=\theta/3)$ 的比值，其值随 σ_d/p 的增加而增加；设计计算时，可近似取用 $0.30 \sim 0.35$。

设计路面结构时，碎（砾）石材料模量值的取用较为复杂。面层结构较厚时，传给粒料层的应力级位较小，碎（砾）材料的应力-应变关系可近似看成线性。但当面层结构较薄时，必须考虑粒料层的上述非线性特性。碎（砾）石基（垫）层所能达到的密实度，依赖于其下面的支承结构的刚度，同时，由于其非线性和缺乏抗拉强度，粒料层底部的模量值，随路面结构层组合及其毗邻结构层的刚度而异，因此，不宜在应力-应变计算中简单直接地采用单独试验时得到的模量值，而可以按粒料层所受到的应力状况采用迭代的方法来确定相应的模量值，通常可取为路基模量值的一定倍数，此倍数同粒料层的厚度和路基模量有关，大体上变动在 $1.5 \sim 7.5$ 的范围内，一般情况下，采用 2.5 较合适。

4.4.3 水泥稳定类材料的应力-应变特性

水泥稳定类材料包括水泥土和水泥稳定碎石或砾石粒料，它常用作路面的基层和垫层。其应力-应变关系可通过单轴或三轴压缩试验或小梁弯曲试验得到（图 4-13）。图 4-14 所示为由三轴试验得出的水泥稳定细粒土和砾石土的一些典型应力-应变关系曲线。可以看出，应力-应变关系也呈现出非线性状态，表征其关系的模量值，同土一样，是应力（偏应力 σ_d 和侧限应力 σ_3）的函数。然而，在应力力级位较低（低于极限荷载的 $50\% \sim 60\%$）时，应力-应变曲线可近似看做线性的。按回弹应变量确定的回弹模量值,基本上可看成一个常数。

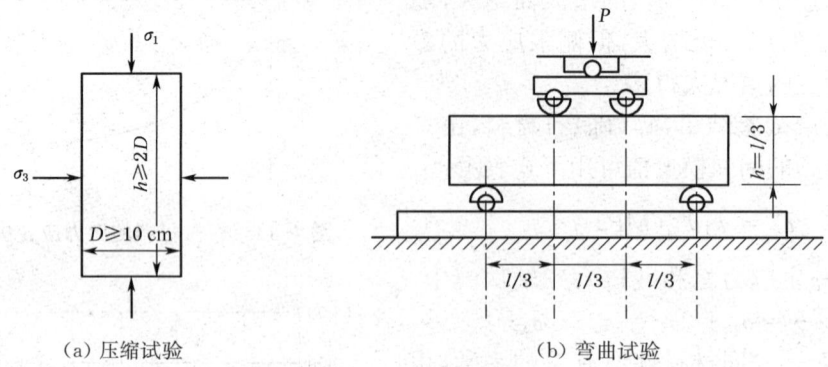

(a) 压缩试验　　　　　　　　(b) 弯曲试验

图 4-13　水泥稳定材料试验

水泥稳定土的应力-应变特性,也可用小梁试件进行弯曲试验后确定。小梁弯曲试验所得结果不反映侧限应力的影响,其他特性同三轴压缩的上述结果相似。弯拉弹性模量值有时略小于压缩弹性模量值,但他们具有相同的数量级。水泥稳定类材料的弹性(回弹)模量值主要同集料类型、水泥含量、龄期和侧限压力有关,变动在较大的范围内。水泥稳定细粒土的模量大致为 $(0.7 \sim 7) \times 10^3$ MPa,泊松比变动于 $0.15 \sim 0.35$ 之间;而水泥稳定碎(砾)石的模量为 $(7 \sim 28) \times 10^3$ MPa,泊松比为 $0.10 \sim 0.20$。

石灰稳定土和石灰-粉煤灰稳定粒料的应力-应变特性,同水泥稳定类材料相似。

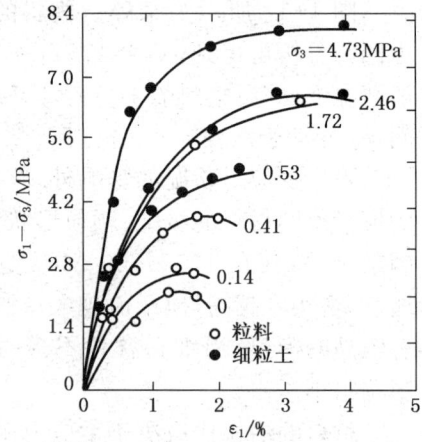

图 4-14　水泥稳定类材料的应力-应变关系曲线[5]

4.4.4　沥青混合料的应力-应变特性

沥青混合料的应力-应变特性与上述材料有很大区别。由于沥青混合料中所含沥青具有依赖于温度和加荷时间的黏-弹性性状,故沥青混合料在荷载作用下也具有随温度和荷载作用时间变化的特性。

1. 应力-应变关系

对沥青混合料进行三轴压缩试验,在不变应力的作用下,可以得到应变同应力作用时间的关系曲线,如图 4-15 所示。其中,图 4-15(a)为施加应力相当小的情况,一部分应变在施荷后立即产生,而卸载后这部分应变又立即消失,这是混合料的弹性应变,应力同应变成正比关系。另一部分应变(ε_v)随加荷时间增加而增加,卸荷后则随时间增长而逐渐消失(或基本消失),这是混合料的黏弹性应变。这一现象说明,沥青混合料在受力较小时,特别是受荷时间短促时,处于或基本上处于弹性状态并兼有弹黏性的性质。图 4-15(b)表示应力足够大的情况。这时,除有瞬时弹性应变和滞后弹性应变外,还存在着随时间而发展的近似直线变化的黏性流动和塑性流动。卸荷后,这部分应变不再恢复而成为塑性应变。这说明,沥青混合料受荷达一定值,特别是受荷时间又较长时,不仅出现弹性应变,而且有随时间而发展的塑性应变。对比图 4-15(a) 和图 4-15(b) 可看出,随施加应力的级位和作用时间的不同,沥青混合料的应力-应变关系分别呈现出弹性、弹-黏性和弹-黏-塑性等不同的性状。

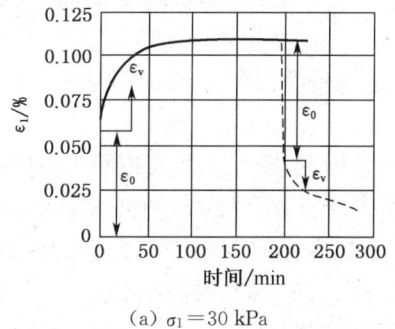
(a) $\sigma_1 = 30$ kPa

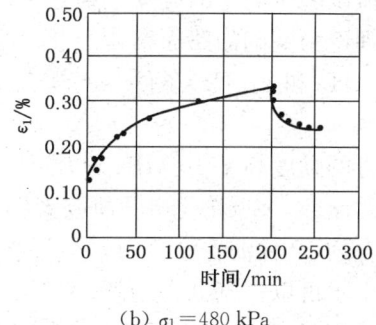
(b) $\sigma_1 = 480$ kPa

图 4-15 沥青混合料压缩蠕变试验(温度 60℃,侧限应力 $\sigma_3 = 0$)

沥青材料的黏滞度受温度的影响很大,但温度对沥青混合料的性状也有较大的影响。当其他条件相同时,同一材料在高温和低温时的应变量(反映在模量上)可相差几十倍。在低温时,混合料基本上属于弹性体,而在常温和高温时,则可能相应变为黏-弹性体或弹-黏-塑性体。

2. 劲度

劲度(S)是反映沥青和沥青混合料在给定温度和加荷时间条件下的应力-应变关系的参数,可表示为

$$S = \left(\frac{\sigma}{\varepsilon}\right)_{t, T} \tag{4-4}$$

式中,脚标 t 和 T 分别表示加荷时间和温度。

加荷时间和温度对沥青劲度 S 的影响情况,可由图 4-16 所示的试验曲线看出。加荷时间短或(和)温度低时,曲线接近水平,表面材料处于弹性性状;而加荷时间长或(和)温度较高时,便表现为黏滞性性状;处于二者之间时,则兼有弹-黏性性状。各种温度下的 S-t 关系曲线对劲度的影响同一定量的加荷时间对劲度的影响效果相当。温度和加荷时间对劲度影响的这一互换性,是沥青材料的一个重要性质。利用这一性质,可以通过采用变换试验温度的方法,把在有限时间范围内得到的试验结果扩大到很长的时段。

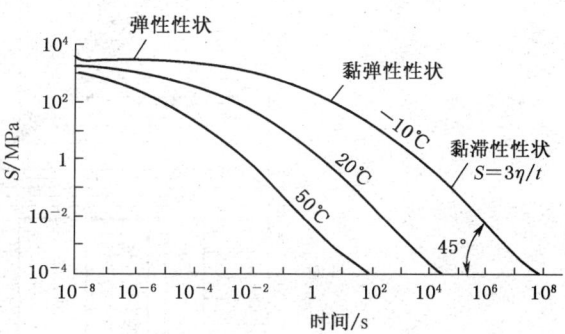

图 4-16 沥青劲度随时间和温度的变化(η 为沥青的动态黏度)

沥青的劲度可依据其软化点和针入度指数以及加荷时间数据,利用 Van der poel 诺谟图确定。

沥青混合料的劲度可以采用不同试验方法得到。如采用蠕变模量试验可得到蠕变模量,采用动态模量试验可得到动态模量,采用回弹模量试验可得到回弹模量,具体试验方法可参考相关书籍。

蠕变试验所测定的应变包含大量塑性应变,因而在一定温度和加荷时间条件下的蠕变模量反映了沥青混合料抗塑性变形的能力。这一指标可用于分析沥青路面的车辙量。动态和重复加荷试验所测定的应变主要是弹性和黏弹性应变,因而其动态模量和回弹模量可用于以弹性理论为基础的路面结构分析。通常建议采用在一定温度(5℃,25℃和40℃)和加荷频率(1.4Hz 和 1.6Hz)条件下的动态模量试验结果作为结构分析时对沥青混合料参数选择的依据。

当沥青的劲度高于 10 MPa 时,沥青混合料的劲度是沥青劲度及混合料中集料数量和沥青含量的函数。Shell 公司的研究者们使用劲度大于 5 MPa 的各种沥青材料组成了适用于不同场合的 12 种沥青混合料,并对他们进行了参数变化范围较广的大量劲度试验。由试验结果得出了可以根据沥青劲度(按 Van-der poel 诺谟图)、沥青体积含量 $V_b(\%)$ 和混合料中集料的体积 $V_g(\%)$ 预估沥青混合料劲度的诺谟图,见图 4-17。

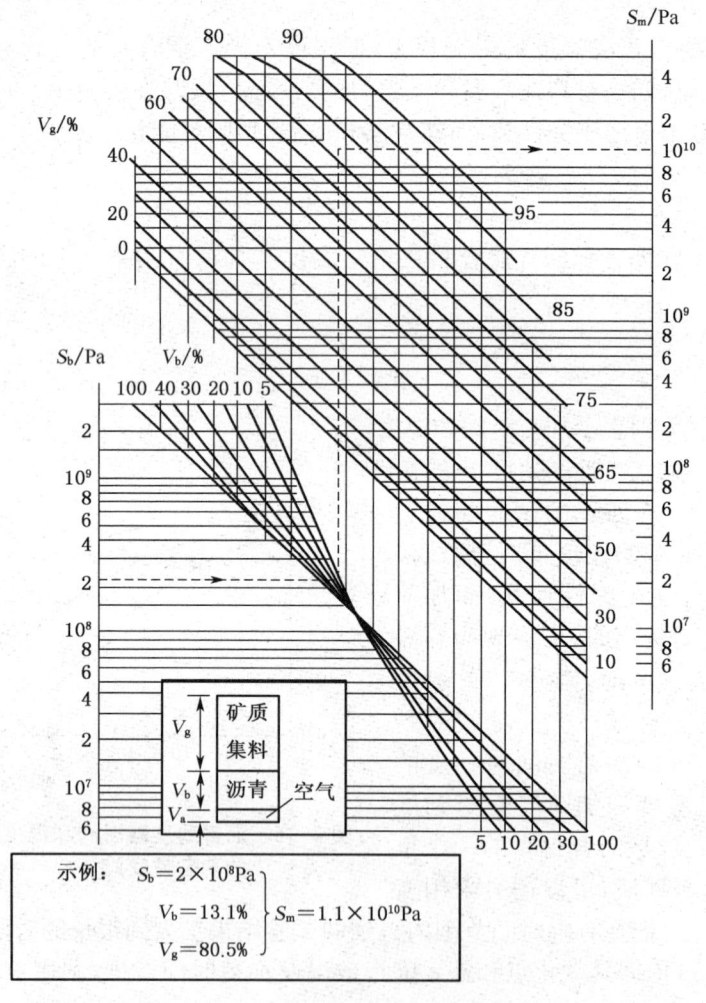

图 4-17 预估沥青混合料劲度的诺谟图

当温度较高或加荷时间较长时,沥青劲度低于 10 MPa,这时,沥青的作用减弱,混合料的劲度除了受 S_b,V_g 和 V_b 的影响外,下列影响因素逐渐显得重要:①集料的类型、形状和级配;②压实的方法和空隙率;③侧限条件。当沥青劲度极低时,混合料的劲度,即抵抗变形的能力便完全由集料骨架承担。

3. 泊松比

材料受力后,除应力作用方向产生应变(称轴向应变 ε)外,在它的垂直方向也会产生应变(称侧向应变 ε′)。材料的泊松(Poisson)比 μ,是反映这两个垂直方向应变关系的参数,即

$$\mu = -\frac{\varepsilon'}{\varepsilon} \tag{4-5}$$

式中的负号表示轴向应变时伸长(或缩短)的话,侧向应变就是缩短(或伸长)的。

沥青混合料的泊松比受温度变化的影响较大,随温度的升高和(或)受荷时间的加长(即劲度的下降)而增大,并同应力状态有关,通常平均处于 0.25~0.50 范围内(图 4-18)。实际上,大部分混合料的泊松比大于 0.50。

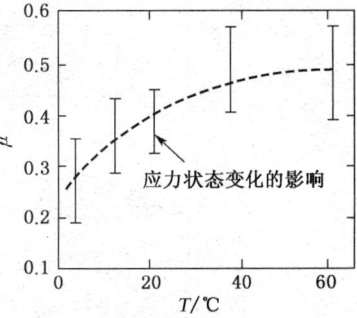

图 4-18 沥青混凝土温度对泊松比的影响

4.4.5 变形累积特性

沥青路面在行车荷载反复作用下会因塑性变形累积而产生沉陷或车辙,这是沥青路面的一种主要病害。路面的这种永久变形,是路基和路面各结构层材料塑性变形的综合。它不仅同荷载大小、作用次数和路基土的性状有关,也受路面各结构层材料的变形特性的影响。

1. 土的变形累积特性

荷载应力重复施加于土上时,由于每一次作用后产生塑性应变的累积,其总应变将随应力重复作用次数的增加而增长。重复应力值低时(相对于其静抗压强度,以二者的比值表示),总应变增长的速率近于稳定;而重复应力值高时,则总应变的增长速率随重复作用次数的增加而增长,直到剪切破坏为止(图 4-19(a))。此重复应力临界值,同土的类型和状态(湿度和密实度)有关,通常在土的湿度小于 70%液限时,其值约为静抗压强度的 45%~55%。在重复应力低于此临界值的范围内,总应变的累积规律在半对数(或对数)坐标上一般呈现线性关系(特别在应力值低时),也即可表示为

$$\varepsilon_1 = a + b \lg N \tag{4-6}$$

式中　a——应力一次作用下的初始应变;
　　　b——应力增长率;
　　　N——应力重复作用次数。

应力重复作用过程中,回弹应变随作用次数而略有变化,但没有随之而增长(累积)的明显征兆;而回弹应变值则随重复应力值的增大而增加,见图 4-19(b)。

按多次重复作用后的总应变量确定的形变模量,显然要比初次作用下确定的数值低,见图 4-19(c)。回弹模量由于回弹应变值在应力重复作用过程中的波动而随之变化,并且在路基土通常的工作应力范围内(例如,小于 0.1 MPa),随重复应力的增加而急剧降低,见图 4-19(d)。

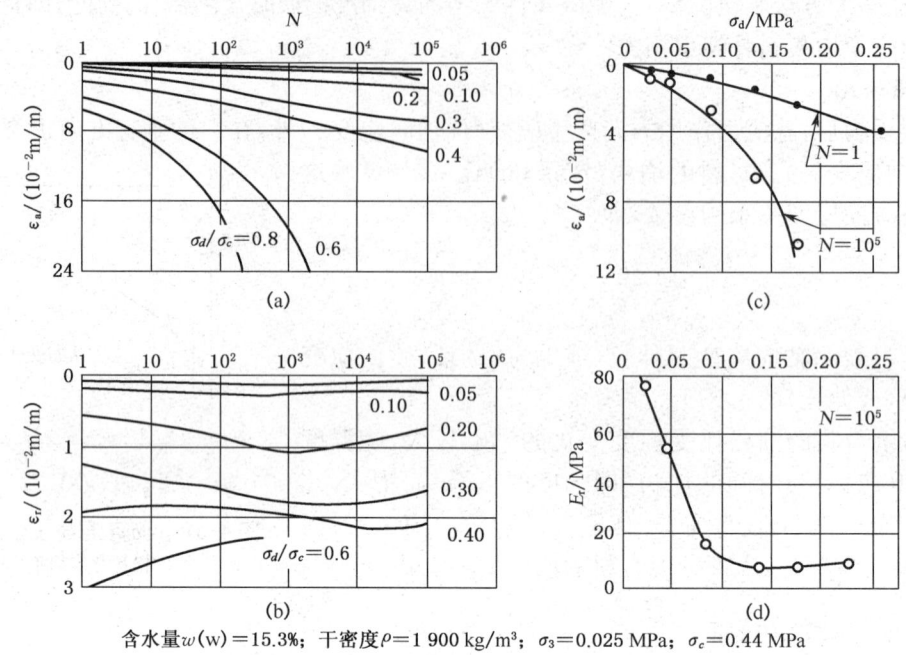

含水量 $w(w) = 15.3\%$；干密度 $\rho = 1\,900 \text{ kg/m}^3$；$\sigma_3 = 0.025 \text{ MPa}$；$\sigma_c = 0.44 \text{ MPa}$

图 4-19　应力重复作用对应变特性的影响

路基承受动轮载的重复作用。为适应这一特点，宜采用重复加载的三轴试验来确定土的回弹模量值。应力施加频率一般为 20～30 次/min，每次作用的持续时间为 0.2～0.1 s；按重复应力反复作用 600～1 000 次后的回弹应变量定 E_r 值。

2. 颗粒材料

碎(砾)石材料在重复压力作用下的塑性变形累积规律同细粒土相似。图 4-20 中绘示了一种级配良好的颗粒材料的重复加载试验结果。由图可见，当偏应力 σ_d 低于某一数值时，随应力重复作用次数的增加而增加的塑性变形量逐渐趋于稳定，重复次数大于 10^4 次后，达到一平衡应变量，此平衡应变量的大小同 σ_d/σ_3 的比值大小有关。但偏应力较大时，则塑性变形量随作用次数的增加不断增长，直到破坏。

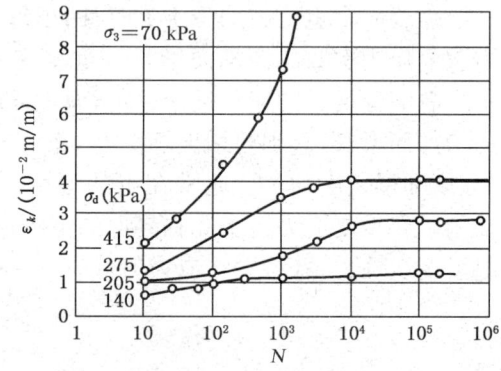

图 4-20　级配良好的颗粒材料的塑性应变累积

级配差、颗粒尺寸单一的粒料，即便在应力重复作用多次以后，塑性变形仍继续发展。因此，这种材料不适宜用于修建路面。含有细料的颗粒材料，如果细料含量过多而要影响到混合料的密实度，将使变形累积增大。

3. 沥青混合料

当沥青稠度低、加荷时间长或温度较高时，沥青混合料表现为弹-黏-塑性体，应力重复作用下将会出现较大数量的累积变形。

对沥青混合料永久变形特性的研究，可利用静态蠕变(单轴压缩)试验或重复三轴压缩试验进行。前一种试验较简单，而后一种同实际受力状况较符合，但二者所得到的累积应变-时间关系的规律基本一致，因为重复应力下塑性应变的逐步累积实质上也是一种蠕变现象。

图 4-21 为一密实型沥青混合料经受重复三轴试验的结果。可由此看出，塑性应变量随重复作用次数的增加而增加的情况——温度越高，塑性应变累积量越大。许多试验结果表明，在同一温度条件下，控制累积应变量的是总加荷时间，而不仅是重复作用次数；加荷频率以及应力循环间的停歇时间对累积应变-时间关系的影响都不大。

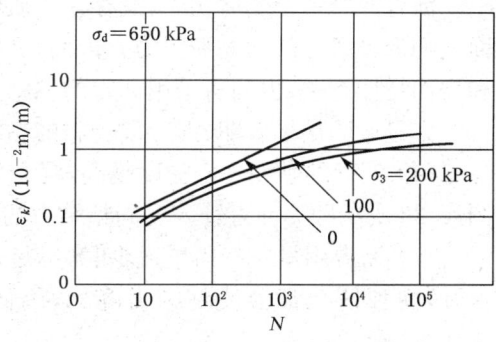

图 4-21 密实型沥青碎石混合料的塑性应变累积

影响累积量的因素，除了温度、应力大小和加荷时间外，还同集料的情况有关。有棱角的集料比圆形集料能提供较高的劲度，即塑性变形累积量较低；密级配沥青碎石，由于集料具有良好的级配特性，其变形累积量低于含沥青较多的沥青混凝土。压实的方法和程度会影响混合料的空隙率和结构，因而也会影响变形累积规律。此外侧限应力的大小也有影响，这可从图 4-21 中看出。

4.5 强度特性

强度是指材料达到极限状态或出现破坏状态时所能承受的最大荷载（或应力）。组成各路面结构层的混合料，往往具有较高的抗压强度，而抗拉或抗剪强度则较弱，特别是在缺乏结合料或结合料粘结力较低时。因而，路面材料可能出现的强度破坏通常为：①因剪切应力过大而在材料层内部出现沿某一滑动面的滑移或相对变位；②因拉应力或弯拉应力过大而引起的断裂。因此，本节主要介绍材料的抗剪强度、抗拉强度和抗弯拉强度。

4.5.1 抗剪强度

当沥青面层厚度较薄而刚度较低时，传给土基的应力较大，有可能出现土基承载力不足而引起的剪切破坏。但对于等级较高的路面，这种情况一般不大会出现。当面层较厚但刚度较低（如高温下的沥青类面层）时，就有可能因沥青混合料的抗剪强度不足而出现车辙、由上到下的开裂、推移等破坏，若受到较大的水平力（如紧急制动），则损坏更为严重。

抗剪强度为材料受剪切时的极限应力或最大应力。按 Mohr-Coulumb 强度理论，抗剪强度由两部分组成：其一是摩擦阻力部分，它同作用在剪切面上的法向应力成正比；另一是同法向应力无关的粘结力部分，即

$$\tau = c + \sigma \tan\varphi \tag{4-7}$$

式中 c——材料的粘结力；

φ——材料的摩阻角。

c 和 φ 是表征材料抗剪强度的两项参数，可通过直剪试验，绘出 $\tau\text{-}\sigma$ 曲线后，按上式确

定;也可由单轴贯入试验方法确定。

沥青混合料经受剪切时,既存在矿质颗粒间的相互位移和错位阻力,又有涂敷在颗粒表面上的沥青膜之间的黏滞阻力。因而,沥青混合料的抗剪强度不仅同粒料的级配组成、形状和表面特性有关,也同所采用沥青的粘结力和用量有关。

大量试验结果表明,沥青混合料的粘结力取决于以下因素:

(1) 沥青的黏度——黏度越高,混合料受剪时的黏滞阻力就越大,因而粘结力也越大,图 4-22 所示即为沥青针入度同粘结力的试验关系;

(2) 沥青用量——用量过少时,不足以充分涂敷矿质颗粒,用量过多时,又将使颗粒被挤开,两种情况都会使粘结力降低,因而,存在一最佳沥青用量,使粘结力达到最大,如图 4-23 所示;

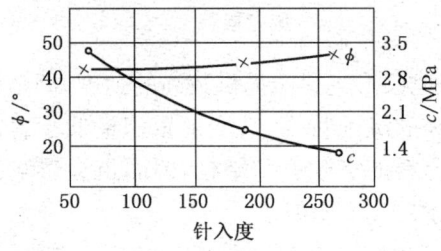

图 4-22 c 和 φ 随沥青针入度的变化

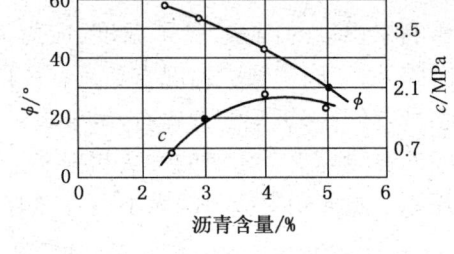

图 4-23 c 和 φ 随沥青含量的变化

(3) 温度和剪切速率——沥青的黏度受温度和应力作用时间的影响很大,随着温度的升高和剪切速率的下降,混合料的粘结力下降,见图 4-24;

(4) 细料——细料(特别是矿粉)的含量增多,有棱角的集料增多,矿粉同沥青的吸附性好等因素,都有助于提高粘结力。

混合料中的矿质颗粒因有沥青涂敷,其摩阻角比纯粒料有所降低。沥青含量越多,φ 值降低越甚,见图 4-22。而集料级配良好,富有棱角时,有助于提高摩阻角。

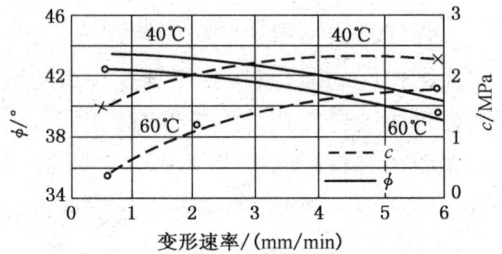

图 4-24 c 和 φ 随温度和剪切变形速率的变化

4.5.2 抗拉强度

车辆紧急制动时,车轮后侧的路面将受到很大的径向应力;当气温骤降,面层收缩受下卧层的摩阻约束时,也会产生较大的拉应力。当材料的抗拉强度不足以抵抗上述荷载或非荷载应力时,面层便会出现断裂。

材料的抗拉强度主要由混合料中结合料的粘结力所提供,其大小可通过直接拉伸或间接拉伸试验,由所测得的应力—应变曲线上的最高应力或破坏应力值确定。直接拉伸试验是将混合料做成圆柱体试件,其两端用环氧树脂粘于金属盖帽上,通过安置在试件上的变形传感器,测定试件在各级拉应力下的应变值,见图 4-25。间接拉伸试验,即劈裂试验,其测试方法较简单:将材料做成较矮的圆柱形试件(直径 D,长度 t),测试时沿着试件的直径方向,经试件两侧的垫条按一定速率施加压力,见图 4-26,直到试件开裂破坏。抗拉强度由下式决定：

$$f_t = \frac{2P_{\max}}{\pi t D} \tag{4-8}$$

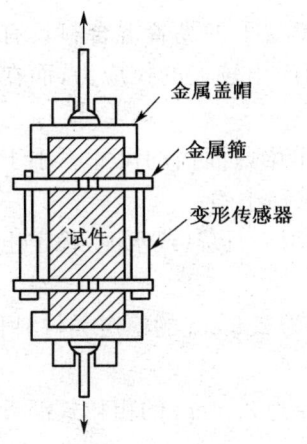

图 4-25 直接拉伸试验示意

图 4-26 劈裂试验示意

劈裂试验传递荷载的两端垫条，对试件中的应力分布和极限荷载 $P_{\max}$ 有显著影响。通常，取垫条宽为 1.27 cm，由硬质橡皮或金属做成，其一面的弧度与试件相同。

在常温下，沥青混合料的抗拉强度，在一定范围内随沥青含量和施荷速率的增加而增加，随针入度和温度的增加而下降。此外，增加混合料拌和及压实温度，增加矿粉含量，都有助于提高其抗拉强度。而在低温（负温）下，其强度随各影响因素变化的规律略有不同。图 4-27 为中粒式沥青混凝土加荷时间为 0.5 s 的一些试验结果。由此可看出，在负温下，抗拉强度随沥青针入度和温度的降低而下降。

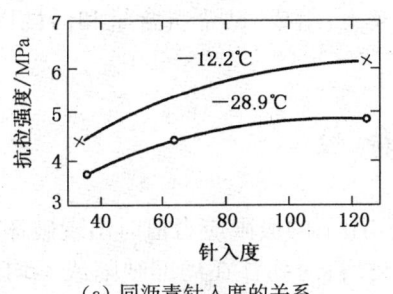

(a) 同沥青针入度的关系

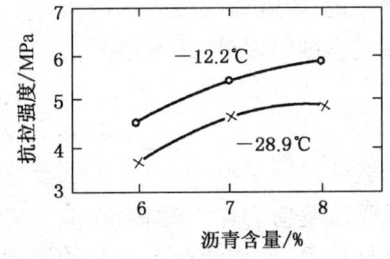

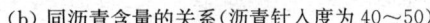

(b) 同沥青含量的关系（沥青针入度为 40～50）

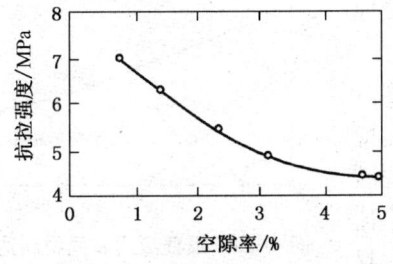

(c) 同空隙率的关系（沥青针入度为 40～70）

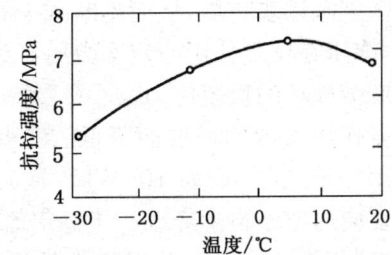

(d) 同温度的关系（沥青针入度为 60～70）

图 4-27 沥青混合料抗拉强度同各影响因素的关系

劈裂试验也用于测定水泥混凝土和水泥稳定土(或粒料)的抗拉强度。

4.5.3 抗弯拉强度

整体性材料(如水泥混凝土、无机结合料稳定类材料)及常温下的沥青混合料具有一定的抗弯刚度,在超过允许荷载的作用下,有可能在结构层底面产生较大的拉应力,而在材料的抗弯拉强度不足时将出现断裂破坏。

路面材料的抗弯拉强度,大多通过简支小梁试验评定。小梁截面边的尺寸不小于混合料中集料最大粒径的四倍。根据材料组成情况,可做成以下三种小梁:

(1) 5 cm×5 cm×24 cm,测试时支点的跨度为 15 cm,可用于石灰(或水泥)稳定土和沥青砂;

(2) 10 cm×10 cm×40 cm,跨度为 30 cm,用于最大粒径为 2.5 cm 的稳定类材料和中、细粒式沥青混合料;

(3) 15 cm×15 cm×55 cm,跨度为 45 cm,用于最大粒径为 3.5 cm 的粗粒式沥青混合料、稳定类材料和水泥混凝土。

通常采用三分点加荷,见图 4-13(b)。材料的抗弯拉强度 f_r(MPa)按式(4-9)计算:

$$f_r = 0.001 \frac{Pl}{bh^2} \tag{4-9}$$

式中 P——破坏时荷载(kN);
l——支点间距(m);
b,h——试件宽度和高度(m)。

试验时,可根据需要,同时测取材料的极限弯拉应变、弯拉回弹模量和形变模量。

影响沥青混合料抗弯拉强度的因素,同抗拉强度相似。对于水泥(石灰)稳定类和工业废渣类材料来说,影响弯拉强度的因素,除了集料(或土)组成、结合料含量和活性以及拌制均匀性和压实程度等以外,还有龄期。

4.6 疲劳特性

材料承受重复应力作用时,会在低于静载一次作用下的极限应力值时出现破坏,材料强度的这种降低现象,称作疲劳。疲劳的出现,是由于材料内部存在局部缺陷或不均质,荷载作用下在该处发生应力集中而出现微裂隙;应力的反复作用使微裂隙逐步扩展,从而不断减少有效承受应力的面积,终于在反复作用一定次数后导致破坏。

出现疲劳破坏的反复应力大小(或称疲劳强度),随应力重复作用次数的增加而降低。有些材料在应力反复作用一定次数(例如 $10^6 \sim 10^7$ 次)后,出现破坏时的反复应力值不再下降或趋于稳定值,此稳定值称作疲劳极限(图 4-28)。反复应力低于此值时,材料可经受应力无限多次的作用而不出现破坏。

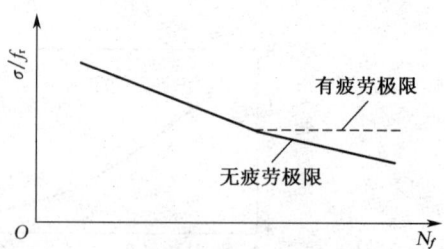

图 4-28 反复应力 σ 同材料达到破坏时的反复作用次数 N_f 的关系

4.6.1 水泥混凝土和无机结合料稳定类材料的疲劳特性

水泥混凝土疲劳性能的研究,大多是在室内通过对小梁试件施加反复力进行的。如果把此反复弯拉应力值 σ_r,同该试件在一次荷载作用下的极限弯拉应力(抗弯拉强度) f_r 值相比(称作应力比),可以将此值同试件达到破坏时所经受的重复作用次数 N_f 点绘成一曲线图(图 4-29)。由疲劳曲线可发现下述规律:

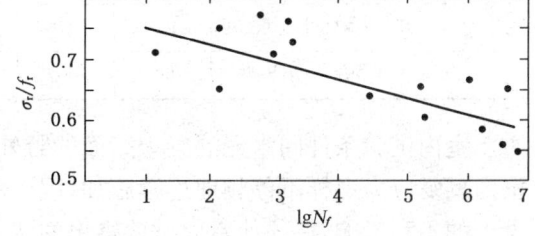

图 4-29 水泥混凝土疲劳试验曲线

(1) 随着应力比的增大,出现疲劳破坏的重复作用次数 N_f 降低。

(2) 相同反复应力级位时,出现疲劳破坏的作用次数 N_f 变动幅度较大,也即试验结果的离散性较大,但其概率分布近似服从对数正态分布,这说明要得到一可靠的均值,必须进行大量的试验。

(3) 通过回归分析,可得到描述应力比和作用次数关系的疲劳方程,它在半对数坐标纸上 $N_f = 10^2 \sim 10^7$ 次之间一般呈线性关系,也即可用式(4-10)表征:

$$\frac{\sigma_r}{f_r} = \alpha - \beta \lg N_f \tag{4-10}$$

式中,α, β 为由试验确定的系数。

α 和 β 为由混凝土的性质(类型和不均匀性等)和试验条件而定。Kesler 得到的结果为 $\alpha = 0.954, \beta = 0.049$;Tepfer 得到的结果为 $\alpha = 1.0, \beta = 0.0685$。

(4) 当作用次数为 $N_f = 10^7$ 次时,σ_r 一般约为 $0.55 f_r$,此时,尚未发现有疲劳极限。

(5) 在 $\sigma_r < 0.75 f_r$ 的范围内,反复应力施加的频率对试验结果(所得到的疲劳方程)的影响很微小。

上述试验是在反复应力由 σ_{max}(最大)变动到零(或接近于零)的循环内进行的。如果反复应力的低值不是零,则随着低应力 σ_{min}(最小)的增大,达到疲劳破坏时的作用次数也相应增大。通过大量不同低应力水平下的疲劳试验,证实了考虑反复应力变化

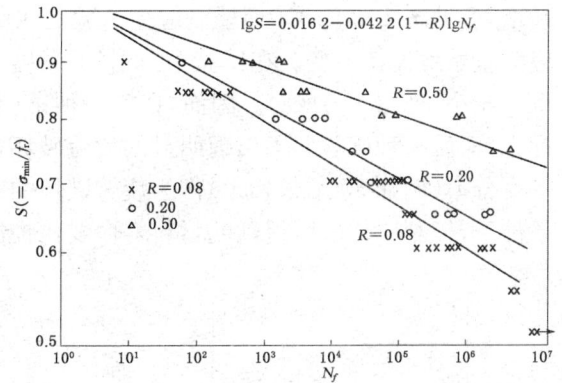

图 4-30 不同 R 值时的疲劳曲线

幅度的疲劳方程可用下述半对数或对数形式表示(图 4-30):

$$\sigma_{max}/f_r = \alpha - 0.0724(1-R)\lg N_f \tag{4-11}$$

$$\lg(\sigma_{max}/f_r) = \lg A - 0.0422(1-R)\lg N_f$$

式中,$R = \sigma_{min}/\sigma_{max}$;

α，A 为由试验确定的系数；不同失效概率时的系数值列于表 4-6。

表 4-6　　水泥混凝土疲劳方程系数 α 和 A 值

失效概率	0.05	0.10	0.15	0.20	0.25	0.30	0.35	0.40	0.45	0.50
α	0.9425	0.9601	0.9686	0.9767	0.9814	0.9857	0.9895	0.9928	0.9958	0.9993
A	0.961	0.984	0.996	1.007	1.013	1.019	1.024	1.029	1.033	1.038

室内试验条件同水泥混凝土路面的野外实际工作状况有较大出入。虽然车辆荷载不像室内反复应力那样不停顿地连续施加，因而对混凝土的疲劳寿命有利，但野外自然环境对混凝土的不利影响，往往使室内试验得出的疲劳方程偏于不安全。因而，此室内试验得到的疲劳方程还应通过路面实际使用情况予以修正。

水泥稳定类材料的疲劳特性同水泥混凝土的相似，但疲劳方程的系数 α 和 A 则有所不同。

4.6.2　沥青混合料的疲劳特性

1. 试验方法和疲劳方程

沥青混合料疲劳特性的室内研究，是在简支小梁或梯形悬臂式试件（弯曲疲劳）或者圆柱体试件（间接拉伸疲劳）上施加正弦或脉冲式变化的反复应力进行的，见图 4-9。由于沥青混合料的劲度模量较低，应力反复施加过程中，试件的实际应力状态和应变量不断发生变化，为此，常采用控制应力试验或控制应变试验两种试验方法。

控制应力试验是在试验过程中保持荷载或应力值始终不变。这时，由于试件内的微裂隙逐步扩展，材料的劲度不断下降，因而荷载或应力量虽然未变，而应变量的增长速率却不断增大，见图 4-31(a)。而控制应变试验是在试验过程中不断调节所施加的荷载或应力，使应变量始终保持不变。在试验中，材料的劲度仍不断下降，维持系统应变所需要的应力值不断减小，见图 4-31(b)。因而，在前一种试验中，材料的疲劳破坏往往以试件出现断裂为标志，而后一种试验并不出现明显的疲劳破坏现象，只能主观地以劲度下降到初始劲度的某一百分率（例如 50% 或 40%）作为疲劳破坏的统一标准。同时，在采用同一初始应力和应变条件下，控制应变法所得到的材料寿命要比控制应力法的大得多。

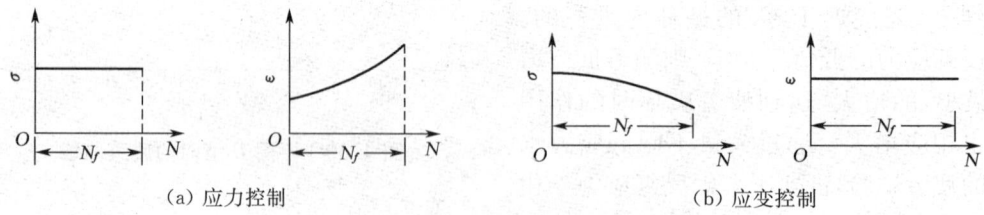

(a) 应力控制　　　　　　　　　(b) 应变控制

图 4-31　控制应力和控制应变疲劳试验

采用控制应力试验方法得到的一组 σ_r（或者按初始劲度值 S_m 转变成应变 ε_r）和疲劳破坏时作用次数 N_f 的数据，在双对数坐标上可以相当满意地回归成直线方程，见图 4-32。也即，可以用下述方程来估计材料的疲劳寿命：

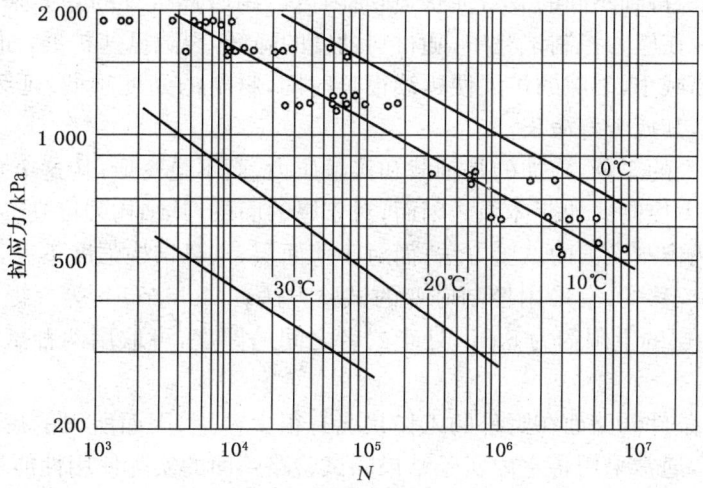

图 4-32 控制应力条件下热碾压沥青混凝土的疲劳试验结果

$$N_f = A\left(\frac{1}{\sigma_r}\right)^b \tag{4-12}$$

或

$$N_f = C\left(\frac{1}{\varepsilon_r}\right)^d \tag{4-13}$$

式中,A 和 b 或 C 和 d 取决于混合料性质、温度和其他试验条件。许多试验结果表明,至少在应力重复作用 10^8 次之前,没有出现疲劳极限的迹象。

采用控制应变试验方法,也可得到同式(4-13)相似的疲劳方程,见图 4-33。但从图 4-33 中几条不同试验温度下的疲劳曲线可看出,它们具有同控制应力试验法相反的规律,即随着温度的升高(劲度降低),材料的疲劳寿命反而增加。

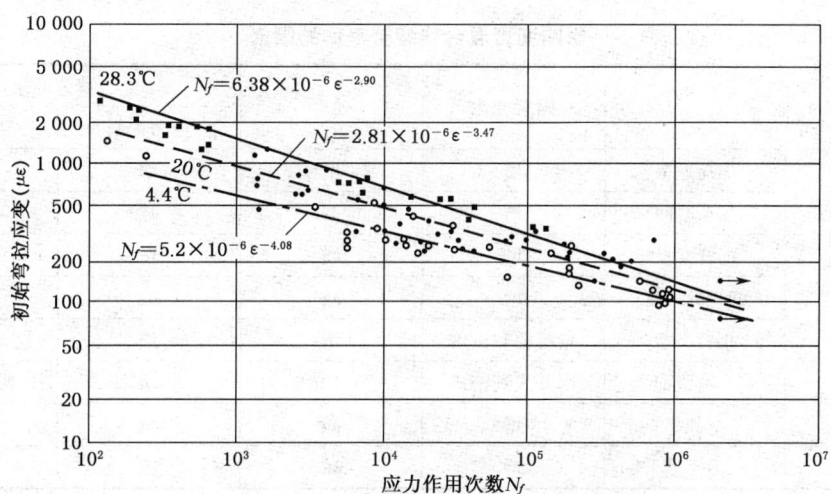

图 4-33 控制应变条件下密级配沥青混凝土的疲劳试验结果

两种试验方法得到不同的疲劳性状,其原因可以用破坏机理的差异来说明。应力集中点产生微裂隙后,在应力控制试验中,随材料劲度的降低,裂隙迅速扩展,而在应变控制试验过程中,应力不断减小,裂隙的扩展便延续很长时间,材料的劲度越低,延续的时间越长,于是劲度低的材料,其疲劳寿命长。

作用在路面上的车辆,施加的是轴载和接触压力,而不是变形,从这个意义上说,整个路面结构是受到应力控制的加荷体系。因而,对于厚的面层,其结构强度在整个路面体系中起主要作用,应采用控制应力的试验方法;而对于薄面层,本身结构强度不大,基本上是跟着下面各结构层一起位移的,宜采用控制应变的试验方法。Monismith 等人提出厚面层的下限约为 15 cm,薄面层的上限约为 5 cm,处于二者之间的厚度,可取用两种试验方法之间的某一加荷形式。

室内试验的条件同路面在野外的工作状况有很大差别,因而所得的疲劳方程在定量上会同实际有出入,通常采用将室内实验结果同试验路路面的实际使用性能进行对比的方法,提出比较符合实际的疲劳方程。

2. 混合料组成对疲劳性状的影响

从疲劳方程式(4-12)或式(4-13)可明显地看出,决定沥青寿命长短的关键因素是路面材料所承受的最大主拉应力或应变值。主拉应力或应变越大,出现疲劳破坏时所能经受的反复作用次数越少。在相同的荷载级位下,材料的劲度大小对于所产生的主拉应变值往往有决定性的影响。因而,混合料的劲度对于材料的疲劳性状也有关键性作用,任何影响混合料劲度的因素也同样会影响到材料的疲劳性状。表 4-7 汇总列出了影响混合料劲度的各方面因素(如混合料组成、施荷条件和环境等)对疲劳性状的影响,为反映混合料劲度的影响,许多单位采用 Monismith 等提出的下列形式的疲劳方程:

$$N_f = k \left(\frac{1}{\sigma_r}\right)^a \left(\frac{1}{S_m}\right)^b \tag{4-14}$$

式中,k,a,b 为由试验确定的系数。

表 4-7　　　　　　　　影响沥青混合料疲劳寿命的因素

因素		因素变化	劲度	疲劳寿命	
				应力控制	应变控制
荷载	加荷速率	增	增	增	减
	加荷时间	增	减	减	增
材料组成	沥青含量	增	增	增	—
	沥青针入度	增	减	减	增
	集料类型	增粗糙和棱角	增	增	减
	集料级配	由开式到密式	增	增	影响可忽略
	空隙率	增	减	减	减
环境	温度	增	减	减	增

一般来说,沥青含量多、针入度低和空隙含量少的密实型沥青混合料,其劲度高,对疲劳开裂的抵抗能力强,使用寿命长;而空隙含量多、沥青含量少的沥青碎石混合料,疲劳寿

命低。

4.6.3 Miner 定律

在疲劳试验中,为简化试验条件和便于分析试验结果,都采用单一不变的荷载(应力)或应变作为反复施荷的模式。路面上实际受到的是轻重不一的车辆荷载。要把室内单一施荷方式得到的疲劳方程应用于路面结构分析,还须解决如何考虑不同荷载的综合疲劳作用问题。

目前,常借用 Miner 在研究金属疲劳时所作出的假设来处理这个问题:各级荷载(应力)作用下材料所出现的疲劳损坏可以线性叠加。假设某一荷载 P_i 作用 N_i 次后使材料达到疲劳损坏,则此荷载作用一次就相当于耗去了材料疲劳寿命的 $1/N_i$。现有荷载 P_1, P_2, …, P_j,各作用 N_1, N_2, …, N_j 次后达到疲劳破坏;而如果这些荷载实际作用 n_1, n_2, …, n_j 次,则相应地各消耗材料疲劳寿命的份额为 n_1/N_1, n_2/N_2, …, n_j/N_j。这些荷载综合作用后,材料达到的疲劳损坏程度为

$$D = \sum_{i=1}^{j} \frac{n_i}{N_i} \tag{4-15}$$

4.7 荷载-弯沉关系

在车轮荷载作用下,路基路面结构内各点的应力(包括竖向和水平向)都不一样,而路基土和路面材料的模量又随作用应力的大小而变,即使土和材料本身是均质和各向同性的,它们的模量值在各点仍不相同。要在设计计算中考虑这样一种模量变化的路基路面结构,目前还有困难。因此,比较可行的办法是直接研究路基(或者层状地基)顶面在局部荷载作用下的竖直变形(又称弯沉)特性,采用承载板试验测得的荷载-弯沉关系确定一个单一的当量模量值。这种模量值是相应于整个路基(或者层状地基)内某种应力场的平均模量值。此外,还常用地基反应模量和加州承载比,作为表征荷载-弯沉关系的参数。

4.7.1 半无限体的荷载-弯沉关系

研究一水平表面的半无限均质弹性体,竖直荷载和弹性弯沉之间可以借助于布西奈斯克(Boussinesq)公式建立起理论关系式。

对于集中荷载 P 作用下半无限体表面距荷载作用点 r 处的弯沉 l_r,可由下式确定:

$$l_r = \frac{P(1-\mu_0^2)}{\pi E_0 r} \tag{4-16}$$

式中,E_0,μ_0 分别为土的弹性模量和泊松比。

压强为 p 和半径为 δ 的圆形均布荷载,可划分为若干个作用于微小面积上的集中力,利用上式,通过积分建立距荷载中心作用点 r 处的弯沉表达式。

在荷载中心点处($r = 0$)的弯沉为

$$l_0 = \frac{2p\delta(1-\mu_0^2)}{E_0} \tag{4-17}$$

荷载边缘处 ($r = \delta$) 的弯沉为

$$l_\delta = \frac{4p\delta(1-\mu_0^2)}{\pi E_0} \tag{4-18}$$

当所求弯沉点位于荷载圆外 ($r \geqslant \delta$) 时,则弯沉为

$$l_r = \frac{2p\delta(1-\mu_0^2)}{E_0}\left(\frac{m}{2} + \frac{m^3}{16} + \frac{3m^5}{128} + \cdots\right) \tag{4-19}$$

其中,$m = \delta/r$。

如果半无限体表面承受两个压强 p 和半径 δ 均相同的圆形均布荷载的作用(相当于车辆后轴一侧双轮组荷载),两荷载圆中心间距为 3δ,则此两荷载圆间隙中点处(即 $r = 1.5\delta$)的弯沉 l_e 可代入式(4-19)中,再叠加而得

$$l_e = \frac{2p\delta(1-\mu_0^2)}{E_0} \times 0.712 \tag{4-20}$$

采用刚性圆形承载板加载时,由于压板本身不变形,板下的表面弯沉为等值,而板底的压力呈鞍形分布。在刚性承载板鞍形压力作用下,平均压强为 p 时的弯沉 l 是相当的圆形均布压力 p 作用下中心点处的弯沉值乘以 $\pi/4$,故得

$$l = \frac{2p\delta(1-\mu_0^2)}{E_0} \times \frac{\pi}{4} \tag{4-21}$$

4.7.2 路基回弹模量

为了模拟路基顶面承受的车轮荷载作用,通常都用圆形承载板压入路基的方法测定其回弹模量。回弹变形从可恢复的意义上也反映了土体的弹性性质,因而常把路基看做均质弹性半无限体,通过承载板试验测得路基顶面的荷载(单位压力)-回弹变形(弯沉)关系曲线,用上述理论表达式来确定代表整个路基的回弹模量。

试验时,一般采用钢质的刚性承载板,以逐级加载卸载法量测各级荷载作用下的回弹变形值,点绘出荷载-回弹变形曲线(图4-34)。试验曲线大多呈微凸形,少数(土较干而接近密实时)接近线性关系。因而,路基回弹模量值仍是随荷载压力增大而减小的变量,应按路基实际受到的压力或可能产生的回弹弯沉大小来取值。柔性路面设计时,通常按 1.0 mm(对较干密的土路基,可取 0.5 mm)弯沉值来确定路基回弹模量值。承载板直径的大小对测定结果也有影响,规定采用标准轴载一侧双轮组轮胎传压面的当量圆直径。

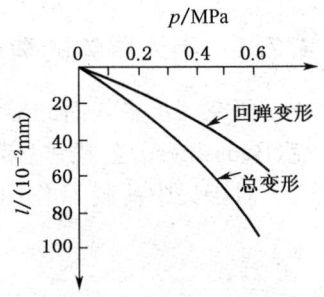

图 4-34 承载板试验的荷载-变形曲线

路基回弹模量 E_0 或地基当量(综合)回弹模量值 E_t,规定取回弹变形不超过 1 mm(0.5 mm)的点,用线性归纳法进行计算:

$$E = \frac{\pi}{4}(1-\mu_0^2)\frac{\sum p_i}{\sum l_i} \tag{4-22}$$

式中　E——回弹模量,可以是 E_0 或 E_t(MPa);
　　　D——承载板直径,规定用 30 cm;
　　　μ——泊松比,土路基取 0.35,层状地基取 0.30;
　　　p_i——各级荷载的单位压力(MPa);
　　　l_i——各对应于 p_i 的回弹变形(cm)。

当用百分表直接量测变形(承载板的竖向位移)时,回弹变形等于加载与卸载时百分表读数之差;若用弯沉仪(杠杆比为 2∶1)测量,则回弹变形等于加载与卸载读数之差再乘以 2。

我国路面设计中,规定用上述大型承载板试验测定路基的回弹模量。对于细粒土路基,还可采用室内小型承载板试验(承载板直径为 5.0 cm;试筒内径为 15.2 cm,高 17.0 cm)研究不同土类和湿密状态下回弹模量的变化规律,寻求它同大型承载板试验结果之间的关系,以便进行换算。

另外,在路基顶面把弯沉仪测头放在汽车后轴双轮轮隙中间,用前进卸荷法测得表面回弹弯沉值,可以按式(4-20)反求路基回弹模量。但弯沉测定法和压入承载板法所得的回弹模量值并不相同。在野外还可采用施加震动荷载的方法,测得路基的动弹模量。路基动弹模量比回弹模量值大 30%～50%。

4.7.3　地基反应模量

在水泥混凝土路面设计中,采用文克勒(Winkler)地基时,假设地基(路基)顶面任意点的下沉量 l 仅同作用于该点的单位压力值 p 值成正比;反映压力和下沉关系的比例系数称为地基反应模量 k (MN/m³):

$$k = \frac{p}{l} \quad (4-23)$$

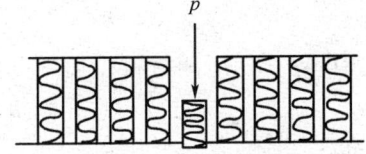

图 4-35　文克勒地基模型

符合上述假设的地基,好像由许多各不相连的弹簧所组成(图 4-35),或者如同稠密的液体(k 值相当于该液体的单位重,混凝土路面板受到的地基反力相当于液体所产生的浮力)。这种假设虽与实际有出入,但便于分析路面板的应力,国外使用仍较多。

地基反应模量 k 值也用承载板试验测定。通过逐级加载法测得荷载-总变形曲线(图 4-34),可知 k 值随所取的压力(或下沉变形)值而变(图 4-36),考虑到水泥混凝土路面板下地基(基层)顶面可能达到的下沉量或压力值,通常规定按 $l = 1.27$ mm(地基较软弱时)或 $p = 0.07$ MPa(地基较为坚强时)由式(4-23)确定 k 值。

承载板直径 D 的大小对测得的 k 值也有一定影响。D 值越小,k 值越大。但试验得知,若 $D \geqslant 76$ cm,k 值的变化就小(图 4-36)。

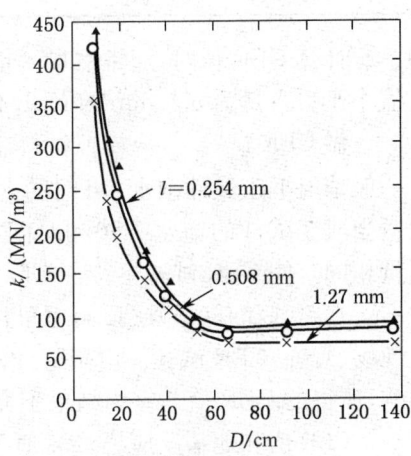

图 4-36　地基反应模量同承载板
　　　　　直径的关系

因此,规定 k 值以 76 cm 直径的承载板试验为准。当承载板直径采用 30 cm 时,可按图 4-36 得到的下列关系式进行换算:

$$k_{76} = 0.4 k_{30} \tag{4-24}$$

式中,k_{76},k_{30} 分别为 76 cm 和 30 cm 直径的承载板测定的地基反应模量。

如果只考虑回弹变形,则可得地基回弹反应模量 k_r。美国 AASHO 试验路曾测得它同常用的 k 值之间的关系为

$$k_r = 1.77 k \tag{4-25}$$

4.7.4 加州承载比(CBR)

CBR 是美国加利福尼亚(Califonia)州提出的一种评定路基土和路面材料承载能力的指标。它用来表征材料抵抗局部荷载压入变形的能力,并以标准碎石承载能力的相对值表示。

CBR 试验是在一内径为 15.24 cm、高为 17.78 cm 的金属筒内(试样高 11.43 cm),用直径 5.0 cm 的刚性压头进行(图 4-37)。路基土试件按施工时的含水量和压实度要求在试筒内制备,并于加载前浸泡在水中饱水 4 d。为模拟路面的约束作用,在浸水和压入试验时试件顶面附加相应重的环形砝码。压头以 1.27 mm/min 的速率贯入试件内,测得不同贯入深度时的荷载值,按下式计算 CBR 值:

$$\text{CBR} = \frac{p}{p_s} \times 100\% \tag{4-26}$$

式中 p——所测材料在某一贯入量时的单位压力;
p_s——标准碎石在相同贯入量时的单位压力,其值如表 4-8。

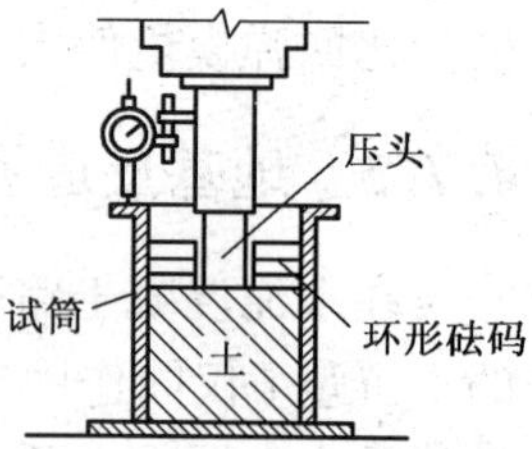

图 4-37 CBR 试验装置

表 4-8		CBR 的标准压力			
贯入量/mm	2.5	5.0	7.5	10.0	12.5
标准压力/MPa	7.0	10.5	13.4	16.2	18.3

计算 CBR 值时,通常取贯入量为 2.5 mm 时的数值;但当贯入量为 2.5 mm 时的 CBR 值小于贯入量为 5.0 mm 的 CBR 值时,应以后者为准。

做 CBR 试验时,应模拟材料在使用过程中所处的最不利状态。如当地路基潮湿程度和一般情况下土试件饱水 4 d 时的含水量有明显差异,则可适当改变试件的饱水方法和时间(以与不利时期的含水量相同),使 CBR 试验更符合实际状况。

在路基和基(垫)层顶面也可用同样直径的压头进行现场(野外)CBR 试验。由于野外试验不受试筒侧限的影响,所得的 CBR 值与室内结果不完全相同。

CBR 值和地基反应模量 k 值都在一定程度上反映了某一变形级位时荷载同变形(包括回弹变形与残余变形在内)的关系,二者之间可建立试验统计关系曲线,如图 4-38

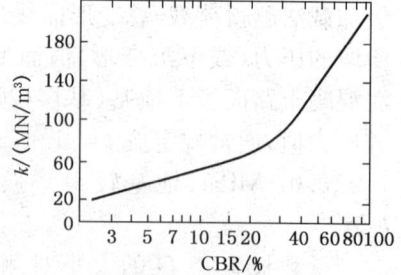

图 4-38 地基反应模量 k 同 CBR 的关系曲线

所示。同样，CBR 与回弹模量之间也可建立这种经验关系，以便利用路基土的 CBR 试验资料估算大型承载板的路基回弹模量值。

■ 小　结

　　粒料类材料可按嵌锁原则或密实原则组成。无机结合料稳定类材料主要依靠结合料和土之间的物理-化学反应以及粗集料的骨架作用（稳定粒料时）获得结构强度。水泥混凝土按密实原则组成。影响混凝土强度和耐久性的关键因素是水灰比和压实度。沥青混合料可分别按密实、骨架密实和多孔隙的原则组成，它们在高温稳定性、抗疲劳性、耐久性、抗低温断裂、抗滑性和透水性方面具有不同的使用品质。应按环境、交通、结构层位和使用要求并依据相应的组成原则进行面层混合料的组成设计，寻求同时满足各方面技术性能要求的配合比。

　　路基路面材料的力学性能同材料的类型、组成和状态以及荷载等条件有关。土和颗粒材料主要是靠粗颗粒之间的摩擦和嵌挤作用及细颗粒的黏聚作用形成强度的，其受力反应对应力状态有较明显的依赖性。沥青混合料以沥青为结合料，研究其力学性质还应注意温度和荷载作用时间的影响。水硬性材料的力学特性又同龄期有很大关系，凝结硬化后具有较高的强度和抗变形能力。另外，路基土和路面材料都不同程度地呈现出非线性的弹-黏-塑性性质，表征其应力-应变关系的模量（劲度）值是一个条件性指标。按路基（地基）顶面的荷载-弯沉关系确定的模量值，是代表整个路基（地基）处于某种应力场时的当量平均值。因此在路基路面结构设计时，应根据实际工作情况来正确选择试验测定的方法和条件，合理选用材料的力学参数。

　　在重复荷载作用下，路面会因疲劳开裂和变形累积而损坏。路面结构层的疲劳破坏是在低于材料极限强度的应力反复作用下，材料内部的微裂隙不断扩展，其强度贮备逐渐耗损而引起的。材料的疲劳寿命主要取决于反复应力（应变）的最大值及其变化幅度。路面的累积变形是路基和路面各结构层材料压密和剪切流动的综合结果。沥青混合料的疲劳寿命和累积变形量同其劲度的大小密切相关。通过现有路面实际使用状况的调查观测，对室内试验得到的疲劳方程进行验证和修正，可用来预估路面的使用寿命。利用室内试验的结果，估算沥青路面在不同条件下实际出现的车辙量，还存在一定的困难。

■ 复习思考题和习题

4.1　试分析路基土和沥青混合料的强度构成及其影响因素。
4.2　路面材料的抗拉和抗弯强度有哪几种测试方法？其强度大小取决于哪些因素？
4.3　分析比较沥青混合料和水泥混凝土疲劳特性的异同。
4.4　何为 Miner 定律？它对路面结构分析有何用处？
4.5　为什么说表征路基土和路面材料应力-应变关系的模量值是一个条件性指标？影响模量值大小的因素有哪些？
4.6　什么叫劲度？沥青混合料的劲度主要同哪些因素有关？

4.7 在重复荷载作用下,路基路面材料的变形有何规律性?

4.8 在选用沥青混合料时,应如何考虑提高疲劳寿命和减小累积变形量?

4.9 路基土用承载板试验测得的回弹模量和三轴试验测得的回弹模量,在概念上有何差别?

4.10 地基反应模量和加州承载比各代表什么?有何异同点?

4.11 双圆均布竖直荷载作用于路基上,如图 4-39 所示。荷载的单位压力 $p=0.7\,\text{MPa}$,直径 $d=21.3\,\text{cm}$;路基土的弹性参数 $E_0=40\,\text{MPa}$,$\mu_0=0.35$。试计算并绘出图中 0,1,2,…,10 各点的竖向位移曲线。(提示:应用叠加原理)

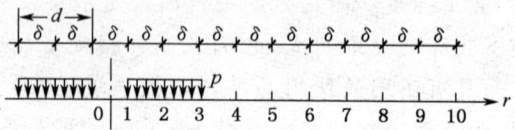

图 4-39 荷载作用图示

5 一般路基设计

路基设计,通常包括路基基身、排水、防护与加固等方面。路基基身设计,主要涉及填料选择、压实标准、路基边坡及地基要求等问题。一般路基是指工程地质和水文条件良好的地段修筑的填挖不大的路基。其设计可直接参照现行规范的有关规定或者标准图,结合当地实际情况进行,而不必进行个别验算分析或采用特殊处理措施。否则就属于特殊路基范畴。

本章首先分析常见的路基病害,然后介绍路基设计的内容、要求和措施。路基稳定性分析(验算)和挡土墙设计,将分别在后两章阐述。对于特殊路基设计,请参阅有关设计规范和手册。本章学习的基本要求如下:
1. 了解路基病害的形成原因和路基设计的一般要求。
2. 能正确地运用规范进行路基断面设计。
3. 掌握路基排水系统设计的要求和方法。
4. 学会如何去选择合适的防护与加固措施。

5.1 路基的病害和设计要求

5.1.1 路基病害的类型

路基在自重、行车荷载及许多自然因素的作用下,会产生各种各样的破坏、变形及其他缺陷(统称病害)。常见的路基病害主要有以下几种类型:

1. 剥落和溜塌

路基边坡的坡面暴露在大气中,经常受到气候因素引起的干湿、冷热、冻融、冲刷和吹蚀等作用,会出现多种病害。例如,易风化的软质岩石(如泥灰岩、泥质页岩等)边坡或含易溶盐多的土质(如黄土等)边坡,其表面薄层岩土因物理风化易松碎而同母体分离,在重力等作用下呈片状碎屑逐渐脱落下来,称为剥落(图 5-1);严重风化破碎的岩石路堑边坡较陡时,会产生块状岩屑的剥落现象,又称碎落;土质或严重风化的软质岩石边坡较高时,坡面易被地表径流冲蚀成"鸡爪"沟;黏土质边坡的表层土被水饱和或迅速融化而沿坡面下溜,称为溜塌(图 5-2)。

坡面的剥落、碎落、冲蚀或溜塌等表浅病害,起初可能不妨碍交通,但堵塞边沟,则影响排水,并会逐渐扩展,危及路基的稳定,导致更严重的病害。

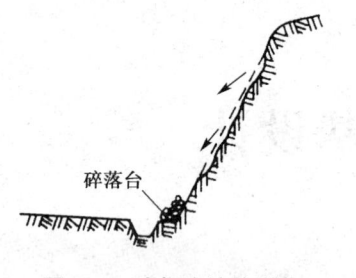
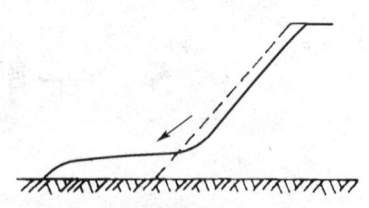

图 5-1 路堑边坡的剥落　　　　图 5-2 路基边坡的溜塌

2. 崩塌

在陡峻的斜坡上，岩土体在自重作用下突然而迅猛地从高处崩落和倒塌下来的现象，称为崩塌。在崩塌过程中，岩土块有翻滚和跳跃现象，运动结束后崩塌体基本稳定。崩塌属于坡体破坏，其规模与危害程度均较碎落更为严重。崩塌大多出现在路堑边坡高陡、岩石节理（裂隙）发育，并有软弱面或软硬互层倾向路线且倾角较大的地段（图 5-3）。渗入裂隙中水分的破坏作用（如浸蚀和冻胀等），坡脚被挖动或淘空，地震和大爆破的震动等，都会促使发生崩塌现象。

3. 坍塌

坍塌是指路基边坡的土体（包括土石混杂的堆积层和松软破碎的岩层）发生推移和坍落的现象（图 5-4），亦称为堆塌。坍塌时，土体的运动速度较快（但比崩塌慢），很少有翻滚现象；无固定滑动面，也无明显的软弱面。边坡坡度太陡，路基排水不良（坡体被水浸湿软化），坡脚受水流冲淘等，都能使坡体在重力（还有水压力和地震力）作用下失去平衡而坍塌。

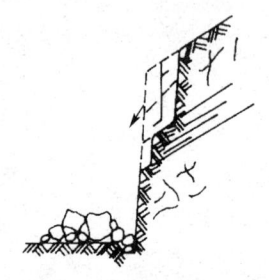
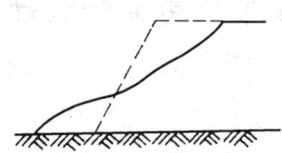
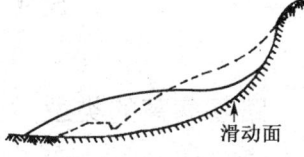

图 5-3 路堑边坡的崩塌　　图 5-4 路基边坡的坍塌　　图 5-5 滑坡

4. 滑坡

山坡（边坡）岩土体因被水浸湿或下部支撑力量受到削弱，在重力作用下沿着一定的软弱面（滑动面）整体向下滑动的现象，叫做滑坡（滑塌），如图 5-5 所示。规模大的滑坡体移动常是缓慢的、间歇性的，但有时也会急剧下滑。在山谷间缓坡地带和有软弱面倾向路线的地段，特别还有地下水或地面水的活动，以及不恰当的填挖路基，均易形成滑坡。

5. 滑移

在较陡的山坡上填筑路基，如果原地面（基底）未经处理而为水所浸湿，下侧边坡坡脚又未加以必要的支挡，则堤身就可能在自重等作用下沿原地面向下滑移（图 5-6）。

崩塌、坍塌、滑坡和滑移等坡体失稳，由于规模较大，破坏

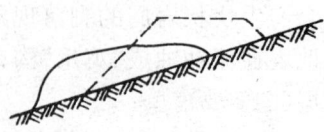

图 5-6 陡坡路堤的滑移

性较强,严重地威胁着行车的安全,往往造成交通受阻或中断,需要投入较大的力量来抢险和修复,甚至被迫改线。

6. 沉落

在泥沼及软土地基上填筑较高的路堤时,由于地基土压缩性大和抗剪强度不足,路堤的自重作用使地基沉降或在侧向挤出(隆起),而引起堤身向下沉落,如图5-7所示。

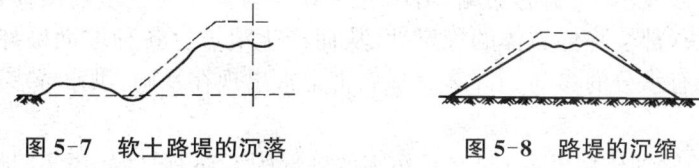

图5-7 软土路堤的沉落　　　　图5-8 路堤的沉缩

7. 沉缩

路基因填料不当、填筑方法不合理和压实不足,在水分、自重和行车作用下,基身会逐渐压密,而出现沉缩(图5-8)。其下沉量同压实程度和填土高度有关。用透水性不同的土杂乱、未分层填筑和压实的路堤,或者用冻土块及过湿土填筑的路堤,都会出现较大的不均匀下沉。填石路堤亦因石块规格不一,性质不匀,或就地爆破堆积,乱石中空隙很大,在一定期限内(例如,经过一个雨季)可能产生局部的明显下沉。半填半挖路基,由于一侧为挖方和堤身横向填土高度不一致,产生的下沉常不均匀,致使路表面容易出现平行路线方向的裂缝。

8. 冻胀与翻浆

在季节性冰冻地区,路基土质不良(如粉质土)并有水分供给(地下水位较高、地表长期积水)时,冬季的负气温作用使路基内的水分不断向上积聚而冻结,导致路基体积膨胀和路面隆起开裂,这就称为冻胀;春融期间,路基上层的土首先化冻,因含水过多而变得稀软,在行车作用下泥浆沿路面裂缝冒出,形成翻浆(图5-9)。以上两种病害,统称为冻害。

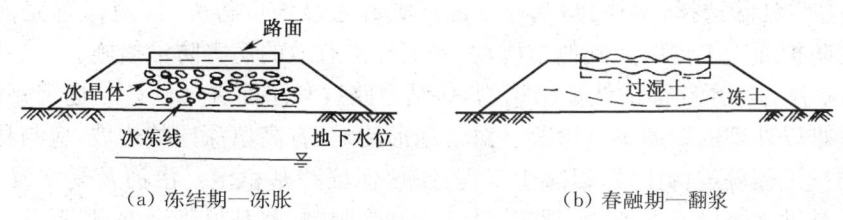

(a) 冻结期—冻胀　　　　(b) 春融期—翻浆

图5-9 路基的冻胀与翻浆

路堤的沉落和沉缩,会改变路基的标高,使路面逐渐损坏,影响道路的使用品质;局部路段的大量下沉,还会中断交通。路基的冻胀与翻浆,往往使路面遭到严重破坏,行车受到阻塞。

由此可见,为确保道路的畅通和安全,提高路面的使用性能和寿命,应该尽力避免路基产生各种病害。

5.1.2 病害原因的综合分析

根据以上所述,路基病害的形成原因是多方面的、错综复杂的,但可归纳如下:

(1)路基的岩土条件是产生病害的内部原因和基本前提。路基的病害多出现在土质较差、岩性松软、风化严重以及地质构造不利等的路段。黄土因具有竖直或斜的节理,其边坡会产生崩塌现象,其他土坡一般不会出现崩塌。

(2) 水往往是路基病害的直接肇因。降落和汇集在坡面上的水,会浸湿土坡坡体,使其自重增加和强度下降,以致剪切力超过抗剪力而滑坍。水分渗入岩层节理裂隙,会带走或软化其中填充的次生矿物,削弱岩块之间的联结,使不稳定的岩块脱离母体产生崩塌。水流冲淘坡脚,使坡体失去支承,而引起崩塌、坍塌或滑坡等病害。地下水的活动,如水位上升、水量增大和流速加快,都会降低坡体的稳定性,从而产生滑坡。各种坡面破坏、路堤下沉以及冻胀和翻浆,也都有水分的参与。许多路基病害常常出现在暴雨、洪水或多雨季节就是这个道理。

(3) 除了水的侵蚀作用外,引起路基病害的外部因素还有气温、风雪、地形、地震和荷载等。例如,微凹的坡顶地形,为地面水汇集并浸湿坡体提供了便利的条件,从而不利于路基的稳定。地震引起的岩体结构松散破碎、土层液化以及地震惯性力作用,会激发和加剧路基的损坏现象。春融时,路面较薄,交通繁重,则翻浆就严重。

(4) 此外,设计不合理、施工不妥当、养护不及时等人为因素(边坡过陡,填筑不当,压实欠佳,排水不畅,防护与加固不妥等),也会促使路基产生病害。

因此,路基设计前必须充分收集沿线的地质、水文和气象等方面的资料,进行全面分析研究,从而针对具体情况采取正确的设计方案与施工方法,以消除或尽可能减轻路基病害,确保路基工程达到规定的要求。

5.1.3 路基设计的一般要求

路基设计应做到下列几点:

(1) 路基应根据道路等级、行车要求和当地自然条件,并综合考虑施工、养护和使用等方面的情况,进行精心设计,既要坚实稳定,又要经济合理。

(2) 路基设计除选择合适的路基横断面形式和边坡坡度等外,还应设置完善的排水设施和必要的防护加固工程以及其他结构物,采取经济有效的病害防治措施。

(3) 路基作为支承路面的线形结构物,应结合路线和路面进行设计。选定路线时,应尽量绕避一些难以处理的地质不良地段。对于地形陡峭、有高填深挖的边坡,应与移改路线位置及设置防护工程等进行比较,以减少工程数量,保证路基稳定。沿河及受水浸淹路段,应注意路基不被洪水淹没或冲毁。当路基设计标高受限制,路基处于潮湿、过湿状态和水温状况不良时,就应采用水稳性好的材料填筑路堤或进行换填并压实,使路面具有足够的防冻总厚度,以及设置隔离层和其他排水设施等。

(4) 路基设计应兼顾当地农田基本建设及环境保护等的需要。尽可能与当地农田水利建设相配合,不得任意减、并农田排灌沟渠,还要照顾到近期发展。需要借土和弃土时,应与挖塘、造田相结合,减少土地占用,防止河道堵塞。路基结构物应该与周围环境协调,要充分考虑地区特点,尽量有效地利用自然地形和原有景点,加强园林绿化,改善变化后的地形和景观,努力保护生态环境。

5.2 填料选择和压实标准

路基应尽量选用当地良好的岩土材料填筑,并按规定的要求进行压实,以保证结构稳定和变形量小。

5.2.1 填料选择

填筑路基的材料(简称填料)以采用强度高、水稳性好、压缩性小、施工方便以及运距短的岩土材料为宜。在选择填料时,一方面要考虑料源和经济性,另一方面要顾及填料的性质是否合适。

为节省投资和少占耕地或良田,一般应利用附近路堑或附属工程(如排水沟渠等)的挖方作为填料;若要外借,应将取土坑设在沿线的荒山、高地或劣田上。从山坡上取土时,应考虑取土处坡体的稳定性,不得因取土而造成水土流失,危及路基和附近建筑物的安全。

一般,不含有害物质的矿质材料,均可用作路基填料。但铺筑高级路面时,填料的强度和粒径应符合表 5-1 的规定,方可使用;铺筑其他路面时,填料亦宜按表 5-1 的规定选用。

表 5-1 路基填料的技术要求

路基部位 (路面底面以下深度)	填料最小强度 CBR/%		填料最大粒径 /cm
	高级路面	其他路面	
上路床(0～30 cm)	8	6	10
下路床(30～80 cm)	5	4	10
上路堤(80～150 cm)	4	3	15
下路堤(>150 cm)	3	2	15

注:1. 当路床填料 CBR 值达不到表列要求时,可采取掺石灰或其他稳定材料处理。
2. 巨粒土(石块)填料的最大粒径,不应超过压实层厚的 2/3。

根据填料性质和适用性,可将路堤填料分为下述几类:

(1) 砾石、不易风化的石块——渗水性很强,水稳定性极好,强度高,为最好的填料;石块空隙间用小石塞密实时,路堤的残余下沉量很小,车辆荷载作用下的塑性变形小。

(2) 碎石土、卵石土、砾石土、粗砂、中砂——渗水性强、水稳定性好。施工性能良好的一类优质填料,但其中黏性土含量过多时,水稳定性下降较多。

(3) 砂性土——既含有一定数量的粗颗粒,使之具有足够的强度和水稳定性,又含有一定数量的细颗粒,把粗颗粒粘结在一起,为修筑路堤的良好填料。

(4) 黏性土——渗水性很差,干燥时较硬而不易挖掘,浸水后水稳定性差,强度低,变形大;在给予充分压实和良好排水设施的情况下,可用作路堤填料。

(5) 极细砂、粉性土——毛细现象严重,在季节性冰冻地区易产生湿度积聚而造成冻胀和翻浆;水饱和时有振动液化问题。为稳定性较差的填料,应采取一定措施改善其性质。

(6) 易风化的软质岩石块——为稳定性较差的填料,浸水后易崩解成土或砂,强度显著降低,变形量大,一般不宜用作路堤填料。

(7) 重黏土——渗水性极差,干时坚硬,难以挖掘,湿式膨胀性和塑性都很大,不宜用作路堤填料。

此外,含有较多有机质或特殊有害物质的土类,如泥炭、硅藻土、腐殖土或含有石膏等易溶盐类,均不宜用来填筑路堤。

5.2.2 填筑规则

用不同填料填筑路基时,须遵守下列规则:

(1) 不同性质的填料应分层铺筑,不得混杂乱填(但可掺配后使用),以免形成水囊或滑动面。每种填料层累计总厚不宜小于 0.5 m。

(2) 不同填料的层位安排,应考虑路基工作条件。凡不因潮湿或冻融影响而变更其体积的优质土应填在上层;路堤的浸水或受水位涨落影响的部分,宜尽可能选用透水性较好而不易被水冲蚀的材料,如漂(卵)石、砂砾、片(碎)石等;当路堤稳定受到地下水或地表长期积水影响时,路堤底部也应填以水稳性好、不易风化的砂石材料或采用无机结合料处治的土。

(3) 透水性较小的土填筑路堤下层时,其顶面应做成 4% 的双向横坡,以保证上层透水性土有排水出路(图 5-10(a))。

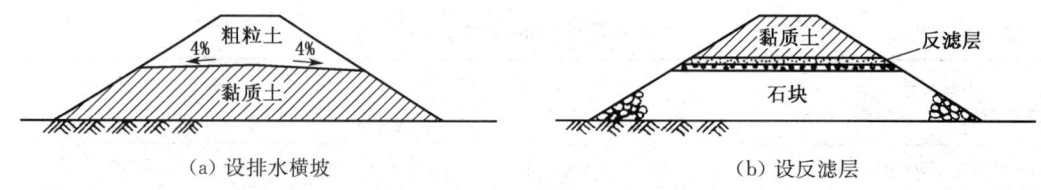

(a) 设排水横坡　　　　　　　(b) 设反滤层

图 5-10　不同类土的路堤断面

(4) 当用吹填砂或粉煤灰填筑路堤时,为了防止雨水浸蚀冲刷,可采用透水性较小的土包边(图 5-11),但包边部分的土应与中间部分一起分层压实,并设置盲沟,以利排水。盲沟的断面尺寸常用 50 cm×40 cm,水平间距 10~15 m,竖向间距 1.0~1.5 m,呈梅花形交叉布置。

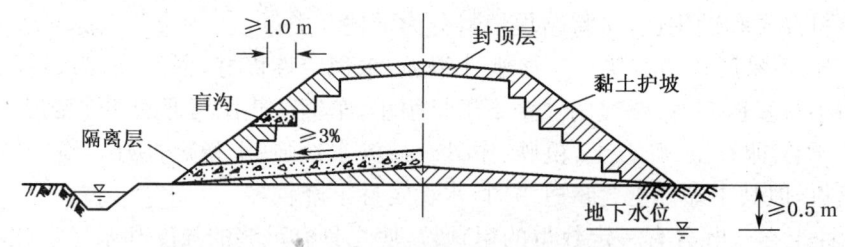

图 5-11　吹(填)砂或粉煤灰路堤

(5) 当路堤两部分填料的颗粒尺寸相差较大时,应在其间加设反滤层(图 5-10(b)),以防止两部分填料相互混入,而引起路堤下沉,反滤层可采用砂、砾及碎(卵)石等材料,并按两部分填料的粒径差别情况,分别作成一层或多层,每层厚度为 0.10~0.15 m。

5.2.3 压实标准

实践证明,提高路基的密实度,可以增加强度和稳定性,降低土体的压缩性、透水性和膨胀性,控制水分积聚和侵蚀引起的病害。因此,对路基应提出一定的密实度要求。

通常,土的密实度(指土粒排列的紧密程度)可用它的干密度 ρ_d(或干容重 γ_d)来表示。但不同土的土粒密度 ρ_s(或比重 G_s)和颗粒组成往往相差较大,就无法采用统一的干密度值来评定密实程度。而土在最佳含水量 w_0 条件下压实到最大干密度 ρ_{dmax} 时,土浸湿后的刚度(或强度)最高,湿度和体积变化也最小。此最佳含水量是一相对值,随压实功能的大小和土的类型而变。所施加的压实功越大,压实土的细粒含量越少,则最佳含水量越小,而最大干密度越高。人们常用土压实后达到的干密度与室内标准击实试验所得的最大干密度的比值来表征土的密实程度,称作压实度,作为压实要求的指标。

标准击实试验分轻型和重型两种方法(表 5-2)。重型击实试验方法的压实功能相当于 12~15 t 压路机的碾压效果,而轻型击实试验方法的压实功能相当于 6~8 t 压路机的碾压效果。重型击实试验方法单位击实功是轻型击实试验法的 4.5 倍,该法测得土的最大干密度比轻型击实法提高约 5%~14%,而最佳含水量降低约 1~9 个百分点。上述差别随土类而异,通常均匀级配的粗粒土相差较小,黏土则相差较大。因此,压实度数值相同(甚至稍有降低)时,采用重型击实标准的压实要求比轻型击实标准来得高。

表 5-2　　　　　　　　　　标准击实试验的种类

试验方法	类别	锤底直径/cm	锤质量/kg	落高/cm	试筒尺寸			层数	每层击数	单位击实功/(MJ/m³)	最大粒径/mm
					内径/cm	高/cm	容积/cm³				
轻型 (Ⅰ法)	Ⅰ.1	5	2.5	30	10.0	12.7	997	3	27	0.598	25
	Ⅰ.2	5	2.5	30	15.2	12.0	2 177	3	59	0.598	38
重型 (Ⅱ法)	Ⅱ.1	5	4.5	45	10.0	12.7	997	5	27	2.687	25
	Ⅱ.2	5	4.5	45	15.2	12.0	2 177	3	98	2.677	38

路基压实度标准是通过对原有道路的大量调查研究,并考虑路基的实际工作情况和使用要求以及施工条件等因素而制订的。路基上层受行车荷载和气候因素的影响大,压实要求应高些;路基下层影响较小,要求可适当降低。道路(路面)等级高时,对行车平稳性的要求也高,路面容许产生的变形量要小,压实要求应提高;路面等级低时,可相应下降。在特殊干旱地区(平均年降雨量不足 150 mm)或多雨潮湿地区(平均年降水量超过 1 000 mm,潮湿系数大于 2)的天然稠度小于 1.1、液限大于 40、塑性指数大于 18 的黏性土,因土的天然含水量往往过低或过高,很难压实到较大的密实度,再考虑当地水分的影响,压实要求也可适当低些。

现行规范规定,土质路基(包括土石路基)的压实度应不低于表 5-3 所列的数值。使用此表时,首先应对路基土进行标准击实试验,求得其最大干密度,然后根据情况查取表 5-3 中相应的压实度,二者相乘便可得到要求达到的干密度值。

填石路基(包括分层填筑及倾填爆破石块)的密实程度很难用压实度来判定。通常,采用 12 t 以上震动压路机进行压实试验,当压实层顶面稳定,不再下沉(无轮迹)时,作为合格标准。采用重锤夯实时,可按夯锤下落时不下沉而发生弹跳现象进行压实检验。

此外,结合路面设计时路基的回弹模量或计算弯沉值,还可在路基顶面进行大型承载板试验或弯沉测定,以检验路基的压实质量。

表 5-3　　　　　　　　　　　　路基压实度

路基部位 （路表以下）		压 实 度/%		
		高速公路或一级公路	二级公路	其他路面
路堤	上路床(0～30 cm)	96	95	94
	下路床(30～80 cm)	96	95	94
	上路堤(80～150 cm)	94	94	93
	下路堤(>150 cm)	93	92	90
零填及挖方路基	0～30 cm	96	95	94
	30～80 cm	96	95	—

注：路基压实应采用重型压实标准控制，当路堤采用特殊填料或处于特殊气候地区时，压实度标准可根据试验路的论证，在保证路基强度的前提下适当降低。

5.3　路基边坡和地基要求

确定路基边坡的形状和坡度，是路基设计的基本内容。它关系到路基稳定和工程造价。路基的稳定性，不仅取决于边坡的稳定性，还同整个基身和周围地层的稳定性有关。对路堤就要判定其地基的强度与沉降是否符合要求，并进行必要的基底处理。

5.3.1　边坡形状

路基边坡的形状，一般可分为直线形、折线形和台阶形三种。

1. 直线形

路基边坡采用单一坡度，这是最常用的一种。它施工简便，但不太符合坡体受力状况（一般均质边坡应上陡下缓）。边坡高度大时，直线形式显得不太经济。

2. 折线形

边坡各部可按岩土性质和工作条件采用不同的坡度。变坡点宜设在上部边坡坡度用足的高度处，或者岩（土）层分界处和外界条件变化处。但变坡点不宜多，以利施工，并减少坡面冲蚀。

3. 台阶形

在边坡上每隔一定高度(6～10 m)或变坡点处设置一道平台，可以提高边坡的稳定（起护坡道作用），减轻坡面水的冲刷，拦挡上方边坡剥落下坠的碎屑（起碎落台作用），还便于施工和养护。边坡平台一般宽为 1～3 m，常用浆砌片石或水泥混凝土预制块防护，并做成 2%～5% 向外倾斜的横坡，以利排水。必要时，边坡平台还可设排水沟，以拦截和排除上方来水。

填方边坡，一般都采用直线形；但边坡较高或浸水时，常用上陡下缓的折线形或台阶形（图 1-1）。

挖方边坡，对于单一岩（土）层而风化（密实）程度相差不大的坡体，可以采用直线形；若在坡高范围内上下的风化或密实程度差别显著，则可采用适应各自稳定性要求的折线形；当边坡较高易受雨水冲蚀时，宜采用台阶形。对于软硬岩石互层的情况，若交互层次多且薄，或软层厚而硬层薄，则可按软层岩石的性质设计成直线形；若软层薄而硬层厚，则按硬层设计成直线形,而对软层坡面采取防护措施;若软硬各层均很厚,常采用台阶形。

5.3.2 边坡坡度

路基边坡坡度,应根据当地自然条件、岩土性质、填挖类型、边坡高度、使用要求和施工方法等情况,并综合考虑排水与防护工程,加以合理确定。

1. 填方边坡

路基填方边坡坡度与填料种类、边坡高度、水文和基底工程地质条件等密切相关。

路堤基底(地基)良好时,边坡坡度可按表5-4确定。对边坡高度超过表列数值的路堤,其边坡坡度应结合当地经验进行路基稳定性验算。

表5-4　　　　　　　　　　　填方边坡坡度

填料种类	边坡高度/m			边坡坡度		
	全部	上部	下部	全部	上部	下部
黏质土、粉质土、砂类土	20	8	12	—	1:1.5	1:1.75
砂、砾	12	—	—	1:1.5	—	—
砾(角砾)类土、卵(碎)石土、漂(块)石土	20	12	8	—	1:1.5	1:1.75
不易风化的石块	20	8	12	—	1:1.3	1:1.5

注:1. 采用台阶形边坡时,下部边坡可采用与上部边坡一致的坡度。
　　2. 填石边坡坡面选用大于25 cm的石块进行台阶式码砌(厚度为1~2 m)时,边坡坡度可采用1:1,但高度也不宜超过20 m。
　　3. 易风化岩石及软质岩石用作填料时,应按土质边坡设计。

路堤受水浸淹部分的边坡,除了考虑土体自重和行车荷载的作用外,还要考虑水的浮力和渗透动水压力的不利影响,应通过稳定性验算确定其合适坡度。一般,在设计水位(路基设计洪水频率的计算水位,还应加壅水高和波浪侵袭高)再加0.5 m安全高度以下部分,视填料情况可采用1:1.75~1:2.0,在常水位以下部分,可采用1:2~1:3。如用透水性好的土填筑或设边坡防护时,可采用较陡的边坡。

为便于车辆在必要时驶离道路,在平丘区高度不超过1.0 m的路堤,如用地条件允许,也可采用不陡于1:3的边坡。

在地震基本烈度较高的地区,考虑到地震力的影响较大,应注意路基边坡的抗震稳定性验算。高速公路和一级公路的路堤,边坡高度大于表5-5的规定时,应放缓边坡坡度。

表5-5　　　　　　　　　　地震地区填方边坡高度限值　　　　　　　　　　单位:m

填料种类	基本烈度(度)	
	8	9
岩块和细粒土(粉质土及有机质土除外)	15	10
粗粒土(细砂除外)	6	3

2. 挖方边坡

路基挖方边坡坡度,应根据边坡高度、土的密实程度和成因类型及生成时代、岩石的种类(岩性)和风化破碎程度、地质构造、水文地质和地面排水条件等因素综合分析确定。在一般情况下,挖方边坡坡度应结合路线附近已建工程的人工边坡及自然山坡稳定状况,参照表

5-6 选用。当挖方边坡高度超过 30(20)m 或水文地质情况不良时,其边坡坡度可根据现场情况再进行边坡稳定性分析,参考表 5-6 确定。

表 5-6 挖方边坡坡度

土、岩石种类	密实、风化程度	边坡高度/m	
		<20	20~30
各类土(黄土等特殊土除外)	胶结	1:0.3~1:0.5	1:0.5~1:0.75
	密实、中密	1:0.5~1:1.25	1:0.75~1:1.5
	较松	1:1.25~1:1.75	1:1.5~1:2.0
各类岩浆岩、硬质灰岩、砾岩、砂岩、片麻岩、石英岩	微风化、弱风化	1:0.1~1:0.3	1:0.2~1:0.5
	强风化、全风化	1:0.3~1:1.0	1:0.5~1:1.25
各类页岩、泥岩、千枚岩、片岩等软质岩石	微风化、弱风化	1:0.25~1:0.75	1:0.5~1:1.0
	强风化、全风化	1:0.5~1:1.25	1:0.75~1:1.5

注:1. 高速公路、一级公路挖方边坡应采用较缓的边坡坡度。
2. 边坡较矮,土质较干或岩石坚硬的路段,可采用较陡的边坡坡度;相反,宜采用较缓的边坡坡度。
3. 路基开挖后,密实程度很易变松的砂类土、砾类土以及受雨水浸湿易于失稳的土或易风化的岩石,应采用较缓的边坡并设置必要的防护工程。
4. 软质岩石当边坡稳定并防护时,可采用较陡边坡。
5. 当土方调配出现借方时,可适当放缓边坡。
6. 砂类土、细粒土的挖方边坡高度不宜超过 20 m。
7. 非均质地层中,挖方边坡可采用适应于各自稳定的折线形或台阶形。
8. 土的密实程度划分表 5-7;岩石风化程度分级见表 5-8。

表 5-7 土的密实程度划分

分级	试坑开挖情况
较松	铁锹很容易铲入土中,试坑坑壁很容易坍塌
中密	天然坡面不易陡立,试坑坑壁有掉块现象,部分需用镐开挖
密实	试坑坑壁稳定,开挖困难,土块用手使力才能破碎。从坑壁取出大颗粒处能保持凹面形状
胶结	细粒土密实度很高,粗颗粒之间呈弱胶结,试坑用镐开挖很困难,天然坡面可以陡立

表 5-8 岩石风化程度分级

分级	主要特征				
	颜色光泽	矿物成分	结构构造	破碎程度	强度
微风化	较新鲜	无变化,表面稍有风化迹象	无变化	节理不多,基本上是整体,节理基本不张开	风化系数 k_f > 0.8,用锤敲很容易回弹
弱风化	造岩矿物失去光泽,色变暗	基本不变,仅沿节理面出现次生矿物	无显著变化	开裂成 20~40 cm 的大块状,大多数节理张较小	$0.4 < k_f \leq 0.8$,用锤敲声音仍较清脆,石块不易击碎
强风化	显著改变	显著变化	结构已部分破坏,构造层理不甚清晰	开裂成 2~20 cm 的碎石状,有时节理张开较多	$0.2 \leq k_f \leq 0.4$,用锤敲声音低沉,碎石可用手折断
全风化	变化极重	除石英外,均变质成次生矿物	只具外形、矿物质间已失去结晶联系	节理极多,爆破以后多呈碎石土状,有时细粒部分已具塑性	k_f < 0.2,用锤敲不易回弹,碎石可用手捏碎

注:风化系数 k_f 等于风化岩石与新鲜(未风化)岩石的饱和单轴抗压强度之比。

大爆破施工和较高烈度的地震作用时,将使坡体受到剧烈的震动,增加岩体的破碎程度和裂隙的张开程度,故挖方边坡应适当放缓。

岩石挖方边坡应注意岩体结构面的情况,若受结构面控制的挖方边坡,则应按结构面的情况设计边坡(详见有关设计手册)。如软质岩层倾向路基,倾角大于 25°,走向与路线平行或交角较小时,边坡坡度宜与倾角一致。

5.3.3 地基要求

路堤应坐落在具有足够强度(承载力)和低压缩性的地基上,以免引起滑动破坏和过大沉降。在软弱地基上建造路堤,应进行稳定验算与沉降计算。

1. 路堤的极限高度

在天然的软土地基上,用快速施工方法(即不控制填筑速率)建造一般断面的路堤所能达到的最大高度,称为极限高度。路堤的设计高度超过极限高度时,表示地基承载力不足,必须采取加固或处理措施,以保证路堤的安全填筑和正常使用。

路堤的极限高度,取决于地基的特征(软土的性质和成层情况)及填料的性质等,可由稳定性分析确定,有条件时也可在工地进行填筑试验确定。

对于均质软土地基,通常近似地假设内摩擦角 $\phi = 0$,可借用均质土坡稳定分析中稳定因数的表达式来估算路堤的极限高度 $H_c(\text{m})$:

$$H_c = N_s \frac{c}{\gamma} \tag{5-1}$$

式中 c——软土的快剪(不排水剪)黏聚力(kPa);

γ——填料的容重(kN/m^3);

N_s——稳定因数,与路堤边坡坡角 β 和深度因数 η_d($\eta_d = \dfrac{H+d}{H}$,其中,H 为路堤高度,d 为软土层厚)有关,可由图 5-12 查得。

由于 η_d 与 H 有关,所以需要用试算法确定 H_c。但软土层很厚(即 η_d 很大,在常用的路堤边坡坡度范围内,由图 5-12 可知,只要 $\eta_d > 4.0$)时,$N_s = 5.52$ 为一常数,又填土的容重 γ 一般为 17.5~19.5 kN/m^3,代入式(5-1),可近似取 $H_c = 0.3c$。

例 5-1 有一地基,上部为 3 m 厚的软弱黏土层,由快剪试验测得其黏聚力 $c = 16 \text{ kPa}$。现欲填筑路堤,其边坡坡度取 1:1.5,填料容重 $\gamma = 18 \text{ kN/m}^3$。试求路堤的极限高度。

解 先假设路堤高 H 为 6 m,则 $\eta_d = \dfrac{6+3}{6} = 1.50$,又 $\beta = 33°41'$(边坡坡度 1:1.5),从图 5-12 中查得 $N_s = 6.0$,再按式(5-1)计算:

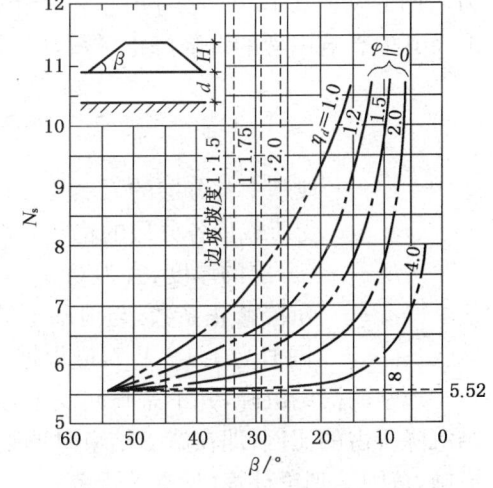

图 5-12 软土路堤极限高度计算用图

$$H_c = 6.0 \times \frac{16}{18} = 5.3(\text{m}) < 6(\text{m})$$

再改设 H 为 5.3 m，$\eta_d = \frac{5.3+3}{5.3} = 1.57$，按上述相同步骤可得 $N_s = 5.95$，故

$$H_c = 5.95 \times \frac{16}{18} = 5.29(\text{m}) \approx 5.3(\text{m})$$

由此得路堤的极限高度为 5.3 m。

如果软土层底部的硬层顶面具有较大的横向坡度，则路堤的极限高度将比式(5-1)的计算结果要小一些。

有硬壳层(即覆盖在软土层上强度稍高的表土层)的软土地基，当硬壳层厚度 D 大于 1.5 m 时，可考虑其应力扩散、提高承载力、减少地基沉降的效应。此时，路堤极限高度可比式(5-1)估算的增加 $0.5D$。

非均质软土地基，土层比较复杂，各层性质互异，其路堤极限高度，需用圆弧条分法(见第 6 章)计算确定。

上述极限高度的计算未考虑施工或预压过程地基固结的作用。因此，不能简单地用验算极限高度来代替路堤(在施工期及营运期)的稳定计算(详见有关规范)。

2. 地基沉降

软土地基上的路堤(简称软土路堤)在填料重力作用下，会逐渐产生较大的沉降，而引起施工时填方量的增加，以及使用时道路纵断线形的改变和路面结构的破坏。由于达到压实度要求的路堤堤身压缩(压密下沉)量常可忽略不计，路堤沉降计算实际上就是地基沉降问题。

地基的沉降是由路堤荷载作用下地基土的压缩(固结)及剪切(侧向)变形引起的。地基从开始加荷到下沉稳定为止的总沉降量，又称最终沉降 S。通常，先利用地基各层土的压缩试验资料(e-p 曲线或 e-$\lg p$ 曲线)，取压缩层底面在路堤荷载附加应力与地基有效自重应力之比不大于 0.15 处，按分层总和法计算地基的(主)固结沉降 S_c，再乘以考虑地基剪切变形及其他影响因素的沉降修正系数，即得总沉降为

$$S = m_s S_c = m_s \sum \frac{e_0 - e_1}{1 + e_0} h \tag{5-2}$$

式中 e_0——地基中各分层的天然孔隙比；

e_1——受荷载后各分层的稳定孔隙比；

h——各分层的厚度，宜为 $0.5 \sim 1.0$ m；

m_s——沉降修正系数，与地基土的变形特性、荷载条件、加荷速率等因素有关，其范围值为 $1.1 \sim 1.7$，应根据现场沉降观测资料确定。

地基的固结沉降，并不是瞬间发生，而是随时间逐步完成的。在路堤填筑阶段产生的固结沉降所占的比例，即在施工结束时地基的平均固结度，可根据地基的性质和所采取的处理措施，按固结理论计算(见有关规范)。

根据工程的实际经验，施工期的沉降 S_t 与最终沉降 S 有如下关系：

$$S_t = K_B S \tag{5-3}$$

式中,K_B 为施工期沉降的经验系数,参考表 5-9 选用。

表 5-9　　　　　　　　　　施工期沉降经验系数 K_B

最终沉降量/cm	4	6	8	10	15	≥20
K_B/%	55～75	45～65	35～60	25～45	20～40	15～35

现场观测表明,地基表面的沉降曲线形状,可近似地按抛物线考虑,在路堤中线处为最大值(见图 5-13)。因此,每延米路堤在施工期间因基底下沉而增加的填方数量 ΔV 为

$$\Delta V = \frac{2}{3} S_t B \qquad (5\text{-}4)$$

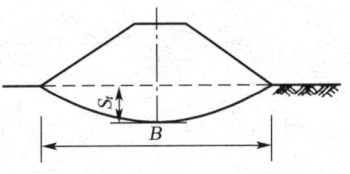

图 5-13　软土路堤的超填土方

式中　S_t——施工期路堤中线处的地基沉降量;
　　　B——路堤的底宽。

道路竣工后路面设计使用年限内发生(残余)的沉降量,称为工后沉降(或剩余沉降)S_r。它也可根据实测的沉降-时间曲线加以推算。为避免路面的变形破坏,以及连接桥梁、涵洞等结构物的引道路堤产生不均匀沉降,高等级道路应严格控制工后沉降量。容许工后沉降的取值,要考虑道路技术要求和工程投资效益两个方面。通常,工后沉降大于表 5-10 规定的容许值时,应考虑变更工期或采取减小沉降、加速固结等措施。

表 5-10　　　　　　　　　　容许工后沉降

工 程 位 置	容许工后沉降/cm	
	高速公路、一级公路	二级公路(采用高级路面)
桥台相邻处	10	20
涵洞或箱型通道处	20	30
一般道路	30	50

5.3.4　基底处理

路堤基底,系指地基与堤身的接触部分,应视不同情况分别予以处理,以保证堤身稳固。

(1)基底土密实稳定、地面坡度缓于 1:5 时,路堤可直接填筑在天然地面上。但地表有树根草皮或腐殖土等应予清除,以免日后形成滑动面或产生较大的沉陷。

(2)路堤基底为耕地或较松的土时,应在填筑前进行压实。路基填土高度小于路面和路床总厚度时,应将地基表层土进行超挖并分层回填压实,其处理深度不得小于重型汽车荷载作用的工作区深度。

(3)路线经过水田、池塘或洼地时,应根据积水和淤泥层等具体情况,采取排水疏干、清淤换填(二级以下公路可抛填砂砾或石块等压、挤淤,见图 5-14)、晾晒或掺灰等处理措施,经碾压密实后再填路堤。受地下水影响的低填方路段,还应考虑在边沟下设置渗沟等降、排地下水的措施。当基底土质湿软而深厚时,应按软土地基处理(见 5.5.4 节)。

(4)在地面坡度 1:5～1:1.25 之间的稳定斜坡上填筑路堤(或半堤)时,为使填方部分与原地面紧密结合,基底应挖成台阶(图 1-3(a)),以防堤身沿斜坡下滑。台阶宽度不

得小于2.0 m,台阶高度宜为路堤分层填土厚度的两倍,台阶底应有2%~4%向内倾斜的坡度。若地面横坡陡于1∶2.5(考虑地震作用时为1∶3),则应进行滑动稳定性验算,并采取必要的支挡措施。

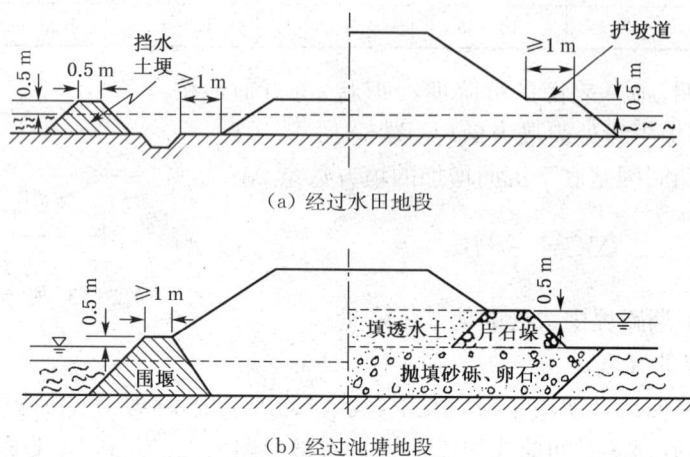

图 5-14 水田或池塘地段基底处理方案

5.4 路基排水

道路路基应设置完善的排水设施,以排除可能危害道路的地面水(又称地表水)和地下水,保证路基路面结构稳固,防止路面积水影响行车安全。道路排水可分为地表排水和地下排水两大类。路面(含路肩)和中央分隔带范围内的排水,又称路面排水。路基排水设计应根据道路等级、沿线自然条件以及桥涵设置等情况进行综合考虑,注意充分利用地形和天然水系,合理布置各项设施,形成良好的排水系统,确保排水通畅和养护方便。排水设计包括排水系统的规划和排水结构物的设计。

5.4.1 排水设施分类

为全面完成路基的排水任务,需要采用不同的排水设施。

1. 地表排水沟渠

主要用来排除降水在路界范围内形成的地表径流,以及毗邻地带可能进入路界的地表径流和影响路基稳固的地表积水。通常有边沟、截水沟、排水沟、跌水与急流槽等。

(1) 边沟。又称侧沟,设置在挖方及低填方(高度小于边沟深度)地段的路肩外侧,以汇集和排除路面、路肩和挖方边坡上的径流及少量流向道路的地表水,从而减轻路基路面的浸湿程度。

(2) 截水沟。也称天沟,设置在路基上方适当处,用以拦截和排除流向路基的地表径流,防止冲刷和侵蚀挖方边坡和填方坡脚,还可减轻边沟的排水负担。对于降水量小、坡面低缓和不怕冲蚀,或者植被茂密的地段,可不设置截水沟;反之,必要时亦可设置多道大致平行的截水沟。

(3) 路侧取土坑。常与路基排水综合考虑,使其起到边沟或截水沟的作用。

(4) 排水沟。或称引水沟,用来将边沟、截水沟和取土坑汇集的水、边坡坡面水及路基附近的积水,引排至桥涵、天然河沟或远离路基的指定地点。

(5) 跌水与急流槽。系地表排水沟渠的特殊形式,设置在水流通过陡坡地段(沟底纵坡大于7%),采用浆砌片石或混凝土结构,进出口有相应的防护加固措施。跌水是底部呈阶梯形的沟槽,有单级和多级之分,水流以瀑布形式通过,可消能、减速或改变水流方向。急流槽是纵坡很陡的沟槽,水流沿槽底急速通过,出口处常设置消力池等消能设施。跌水和急流槽适用于水位落差较大的排水沟渠连接部位或出水口以及涵洞进出水口等处。当急流槽纵坡陡于1∶1.5时,宜采用金属管,又称急流管。

2. 地下排水沟管

主要用来排出路基范围内的地下水或降低地下水位,有明沟、暗沟、渗沟等。

(1) 明沟。设置在路基的上方或两侧,以拦截、引排或降低浅层地下水,并可兼排地表水。考虑到冻结会影响水流,在寒冷地区不宜采用。

(2) 暗沟(管)。埋设在地面下,用来排出泉水或地下集中水流,无渗水和汇水的功能。

(3) 渗沟。系在沟内填以透水性好的材料或加设排水管(孔),用来拦截(切断)地下含水层中的水流,降低地下水位,疏干(支撑)及(或)引排坡体内的地下水。

(4) 隔离层。也是一种防水、排水设施。它用透水材料或不透水材料建造,设置在路基内部,以隔断水分向路基上层移动,使路基处于干燥或中湿状态。

3. 路面排水设施

专指为路面和中央分隔带部位排水而采取的工程措施。

路面(含路肩)表面排水,一般公路由路面横坡和路肩横坡,汇集于边沟或以横向漫流形式向路堤坡面分散排放;高速公路、一级公路以及较高边坡的路堤,可在硬路肩或加固路肩外侧边缘设立拦水带形成集水沟,或埋置路肩边沟(也称路肩排水沟),通过泄水口和边坡急流槽,集中排放到路堤坡脚外或经坡脚排水沟排出;城镇街道,则由街沟(偏沟)、雨水井、连管引入排水干管。

中央分隔带排水,同它的布置形式、路线线形等有关。凹形中央分隔带,可采用浅平式纵向排水沟,经集水井和地下横向排水管,排去表面水。凸形中央分隔带,可用预制混凝土小块封面,而将降水排到两侧路面上。在弯道超高地段,上半幅路面水会汇集于凸形中央分隔带旁的路缘带,对于干旱少雨(雪)地区,可在分隔带上设开口明槽,使水流经下半幅路面排出;而一般地区,则设路拦式排水沟或雨水口(井),通过地下管道排出。多雨地区的中央分隔带,表面不作封闭时,降水会下渗,可在路床顶部设置纵向排水渗沟,并由横向排水管引出路基。

路面内部排水,为排除通过路面缝隙,或者由路基或路肩渗入并滞留在路面结构内的自由水,可设置路面边缘渗沟或排水基(垫)层(图1-4)。它属于路面结构排水设计的范围。

4. 泄水和蓄水结构物

其作用是将路基上方的水流宣泄至下方或拦蓄于路基范围以外。

(1) 泄水结构物。是使水流穿越路基的设施,如桥梁、涵洞(管)、倒虹吸、渡水槽、渗水路堤和过水路面等。

(2) 蓄水结构物。有阻水堤和蓄水池(蒸发池)等,系将山坡的地表水或排水沟渠汇集的水,拦蓄在一定的地点,任其蒸发或下渗。雨量较小、排水困难地段,可利用沿线的集中取土坑或专门设置蓄水池,以容纳排出路基范围内的水。

5.4.2　排水系统设计

路基排水设计,应先进行总体规划和综合设计,将针对某一水源和满足某个要求而设置的各项排水设施组成统一完整的综合排水系统,以提高排水效果和降低工程造价。图5-15表示一段山区公路路基排水系统的布置。

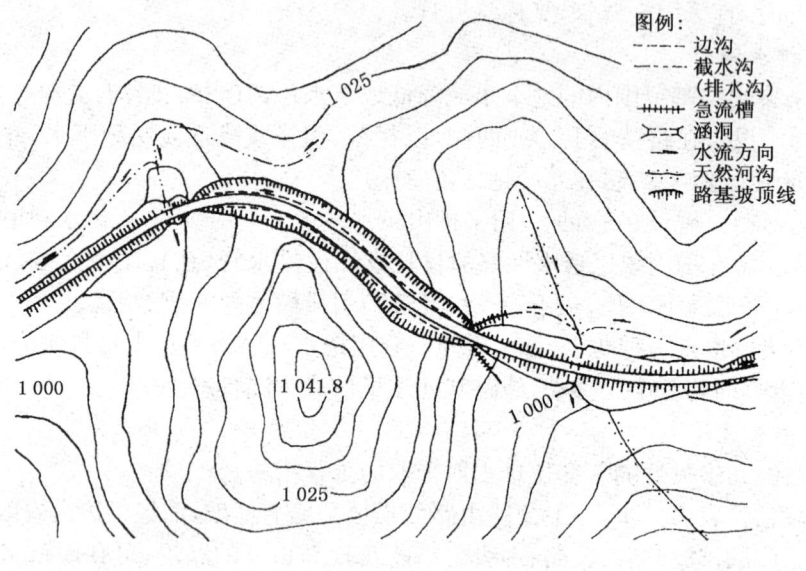

图 5-15　路基排水系统平面布置

布置路基排水系统时,应联系道路的平纵面和横断面,查明各种水源,并分析它们对路基路面的危害程度,再根据沿线的地形、地质等条件,因势利导、因地制宜布置适当的排水设施,完善对进出水口的处理,使各项设施衔接配合,形成排水网络,把有害水及时排除掉。同时,要周密考虑每一排水设施的功能,以及在位置和构造等方面的要求,使它们充分发挥预期的效用。

在规划道路排水系统时,要注意地表、地下排水的相互协调,路基、路面排水的综合考虑,排水沟管与沿线的天然水系及桥涵等泄水结构物的密切配合。地表排水设计与坡面防护工程也要协调配合,例如,路表面水采用横向分散漫流排水时,若土路肩和边坡易被浸蚀、冲刷,就要进行有效防护处理;否则,应采用路肩纵向集中排水方式。

道路排水还应与当地的农田水利等建设规划结合起来考虑。路基排水要防止冲毁农田或危害其他水利设施,道路侵占的排灌沟渠应予恢复,可设置涵管等加以接通或进行迁移,以保证农田排灌系统正常运行。当灌溉沟渠必须沿道路通过时,如流量较小、纵坡适宜,一般公路不得已可考虑同路基边沟合并,但边沟断面应适当加大;如在路基边坡上或路堑坡顶附近通过,沟渠必须具有足够的横断面,并应采取必要的防渗措施,以免水流溢漏危害路基。对路基上侧山坡的地面水,也可结合水土保持工作,采取逐级拦蓄的措施,使"泥不下山,水不出沟",既有利于农业生产,又保证路基的稳固。城镇路段的排水,应与现有的排水设施及建设规划相协调。另外,路表面水常含有有害物质,不得直接排入饮用水水源,也不宜直接排入养殖池、农田等，必要时应进行净化处理。

路基排水系统的布置，一般利用路线平面图按下列步骤进行：

(1) 在路线平面图上绘出必要的路堑坡顶线和路堤坡脚线，标明路侧弃土堆和取土坑的位置等。

(2) 在路基的上侧山坡上可设置截水沟等拦截地表径流。为提高截流效果，截水沟宜大体沿等高线布置，与地面水流方向接近垂直。

路堑上侧有弃土堆时，弃土堆应连续而不中断，并在其上方设置截水沟。下坡一侧的弃土堆，应每隔 20～100 m 设不小于 1 m 宽的缺口，以利排水。

(3) 路基两侧按需要设置边沟或利用取土坑，必要时采用路肩排水系统和中央分隔带排水系统，汇集并排除道路表面的水。

(4) 根据沿线地下水的情况，设置必要的地下排水设施。

(5) 将拦截或汇集的水流，用排水沟管引排到指定的低地、河沟或桥涵等处。排水沟应力求短捷、远离路基，与其他水沟的连接应顺畅。

(6) 选定桥涵的位置，使这些沟管同桥涵连成一个完整的排水系统。对穿过路基的河沟，一般均应设桥涵，不要轻易改沟并涵。考虑到路基排水或农田排灌的需要，也可增设涵洞。

路基综合排水系统设计，除在一般的路线平纵面图上分别标明排水设施的名称（类型）、地点、中心里程桩号、沟底纵坡、跨径或宽度、长度、流向、进出口、挡水结构等有关事项外，特殊复杂的排水地段应绘制细部设计图。

5.4.3 地表排水沟渠设计

布置好路基排水系统后，应对各排水结构物进行具体设计。地表排水沟渠的设计内容包括：确定平面位置、沟底纵坡、断面尺寸和结构形式等方面。这几方面是相互关联的，在设计时必须统一考虑。

地表排水沟渠的平面设置，应根据排水系统设计要求加以确定。边沟和路肩排水沟（槽）等沿路边缘设置，多与路中线平行。截水沟与路堑坡顶或路堤坡脚之间应有一定的距离（图 1-2(a)和图 5-16），以防沟内的水浸湿坡体或坡脚；但也不能太远，否则无法充分拦截山坡上的水，而对路基稳固亦不利。排水沟沿路线布设时，距填方路基坡脚一般不宜小于 3～4 m；高速公路、一级公路的填方路基设置的坡脚排水沟，距路基坡脚也不宜小于 2 m。排水沟渠一般应设置在地质良好和地形平缓的地方，以保证沟渠本身稳固并减少工程量。沟渠的平面线形应力求顺直，需拐弯时要尽量采用较大半径（不小于 10 m）的曲线，以防冲刷破坏。

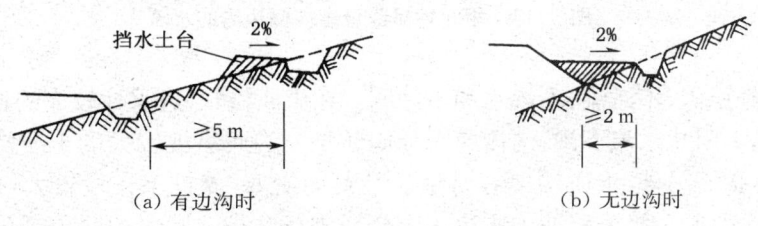

图 5-16 山坡路堤的截水沟位置

排水沟渠应具有一定的纵坡,使沟内的水流能尽快排出,以防发生漫溢或引起冲刷。沟底纵坡一般不宜小于 0.5％。在特殊困难地段,土质沟渠的最小纵坡为 0.25％;沟壁铺砌的沟渠可减小到 0.12％。当纵坡大于 3％时,土质沟渠常需进行冲刷防护。边沟和路肩排水沟(槽)的沟底纵坡,一般应与道路路线纵坡相同。但当路线纵坡不能满足排水要求时,则要调整边沟纵坡或采取其他措施。弯道超高路段的边沟,沟底纵坡应与弯道前后段平顺衔接,不允许有积水或外溢现象发生。

沟渠的横断面形状,有梯形、矩形和三角形等。土质沟渠,大多采用梯形,其边坡坡度取 1∶1.0～1∶1.5,视土质类别而定。石质沟渠或浆砌片石沟渠(包括急流槽等),宜做成矩形断面。少雨浅挖地段的土质边沟,为便于机械施工,可用三角形断面,其内侧边坡坡度常取 1∶2～1∶3。路堑边沟的外侧边坡坡度应与路基挖方边坡一致。路肩、边坡平台和中央分隔带设置的纵向排水沟,还可采用 U 形(或其他形状)水泥混凝土预制构件砌筑。

沟渠的断面尺寸,应能满足所需排泄的设计流量。设计流量,可根据所在地区、设计重现期(取决于道路等级和排水类型)及汇水范围情况等,按小流域暴雨径流流量推理公式确定。沟渠的泄水能力(容许通过流量),与断面情况及沟底纵坡有关,则用明渠均匀流公式(或修正公式)求算。上述水文、水力计算,请参见有关设计规范。为防止水流溢出,路面表面排水计算泄水口(或雨水口)流量时,水深不宜超过沟深(拦水带高度,一般取 12 cm)的 2/3;路基排水沟渠的沟顶,应高出沟内设计水位 0.2 m。考虑施工方便和满足排水要求,高速公路、一级公路边沟的深度及底宽不应小于 0.6 m,其他等级公路不应小于 0.4 m;截水沟和排水沟的深度及底宽均不宜小于 0.5 m。一般边沟可以不进行水文水力计算,而用规定的最小断面尺寸足以排除其份内的水量。

为防止沟渠内因水流的流程太长和流量过大而造成冲刷或积水,其长度应有所限制。沟渠排水长度,一般不宜超过 500 m;多雨地区的边沟,不宜超过 300 m;三角形边沟和沟底纵坡小于 0.5％时,因水流条件较差,不宜超过 200 m。沟渠过长或纵向低凹部位,应结合地形条件,增设出水口或涵管(图 5-17),将水引走。路面排水的泄水口(或雨水口)间距,可根据流量计算确定,一般为 20～50 m。

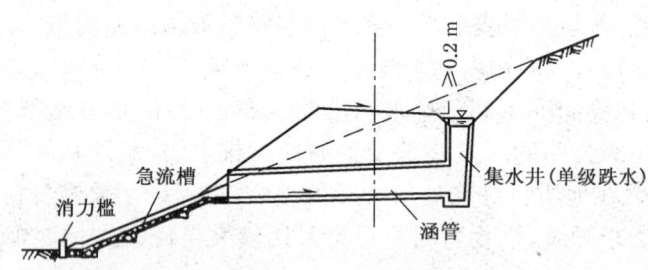

图 5-17　用涵管排除弯道内侧边沟的水流

沟槽应平整稳固、不滞流、不渗水和不冲刷。在土质松软、透水性较大的地段,或裂隙较多的岩石地段,为阻止水流下渗,沟槽应予加固防护。沟底纵坡较大的土质沟渠,为避免冲毁,也应加以防护。另外,土质沟渠容易生长杂草而淤塞,养护工作量较大,外容也较难齐整,因此,高速公路和一级公路的土质边沟应全部进行防护。常用的防护措施有浆砌片石、栽砌卵石、水泥混凝土预制构件等。拦水带(拦水路缘石),可采用浆砌片石、水泥混凝土预制块(整个高度有一半以上埋入路肩内)或沥青混凝土(使用路缘石成型机现场铺设)筑成。急流槽的槽底宜做成粗糙面,可消能和降低流速;背部设置凸榫嵌入地基中,以防槽身滑移。

5.4.4 地下排水沟管设计

路基地下排水设计时,必须先做好调查研究,摸清地层和地下水的情况(包括埋藏深度、流向、流量和流速等),再根据排水需要,选定地下排水结构物的类型、位置、埋深、构造与尺寸等。

对地下水的处治,可分为拦截、疏干、降低和引排等。

1. 拦截

当路基范围内有含水层出露时,可在地下水流的上方设置明沟或渗沟(图 5-18),将其截断并引离,以免潜蚀(含水层内水渗流出来将其中细颗粒带走)而引起坡体坍塌和上覆土层下沉。截水明沟和渗沟,应尽量与地下水流方向垂直,还必须埋入含水层下的透水层。

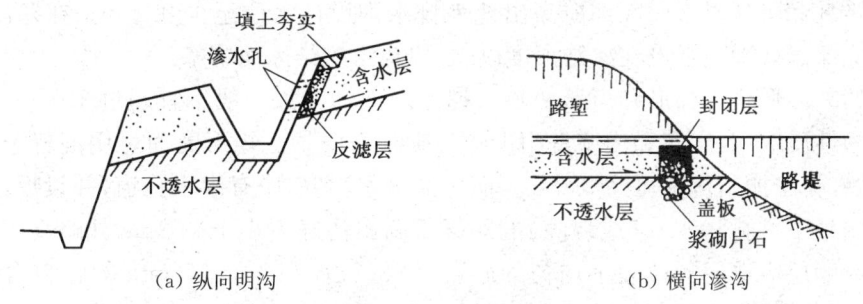

图 5-18 拦截地下水流的明沟和渗沟

2. 疏干

路基边坡坡体为上层滞水或降水浸湿而容易产生坍塌或滑坡等病害时,可采用在坡体(堆积体或滑坡体)内设置 Y 形或拱形边坡渗沟(图 5-19)的方法,以疏干和排除其中的地下水。边坡渗沟的底部应位于潮湿层、滑动面或冻结线以下至少 0.5 m 处的稳定层内,并宜做成台阶形式。如果边坡渗沟埋得深(不小于 2 m),底部较平缓(坡度为 1‰~2‰),则除起疏干作用外还能支撑坡体,称为支撑渗沟。

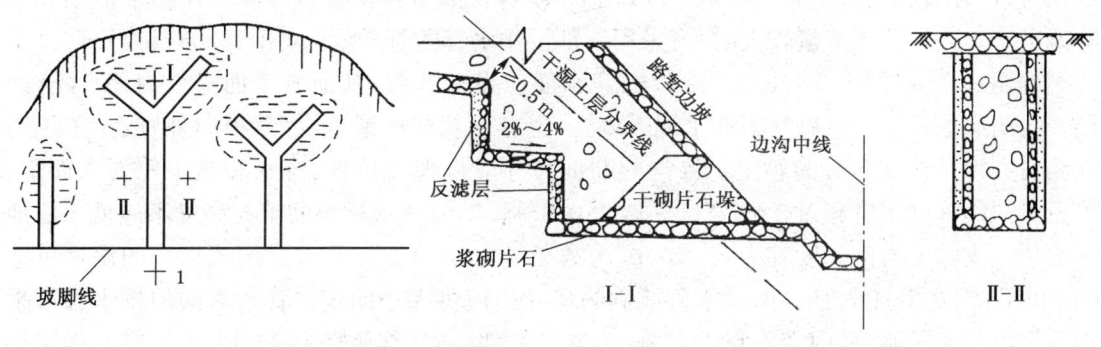

图 5-19 边坡渗沟

3. 降低（地下水位）

当地下水位较高，影响路基稳固时，可在边沟下设置纵向渗沟（图 5-20），以降低地下水位，使路基处于较干燥的状态。此时，渗沟的埋置深度视地下水位需要下降的高度而定。

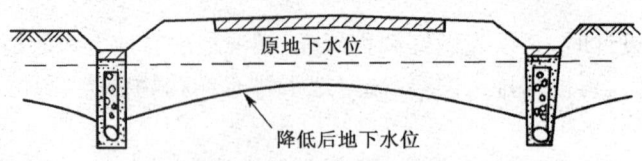

图 5-20　降低地下水位的渗沟

4. 引排

在路基范围内有泉眼出露或汇集的地下水流时，可用地下排水沟管将水引出并排除。引水渗沟和暗沟的布置，宜使排出的通道为最短，并尽可能设在不透水层中。为保证泄水顺畅，水流不致倒灌，其出水口底部应高出地表排水沟设计水位至少 0.2 m。在寒冷地区，沟管应作防冻保温处理或者设在冻结深度以下，以免水流结冰而堵塞。

明沟的断面形式有梯形和矩形两种。梯形断面的沟深一般不宜超过 1.2 m，其边坡按所在土层的性质取用，沟底和沟壁常用干(浆)砌片石防护。矩形断面可用混凝土或浆砌片石筑成(又称排水槽)，沟深可达 2.0 m。明沟的进水沟壁，应有渗水孔道，并设反滤层，以防淤塞。沟壁最下一排渗水孔(或缝隙)的底部宜高出沟底不小于 0.2 m，并略高于沟中的设计水位。反滤层应选用颗粒大小均匀的砂石材料(粒径小于 0.15 mm 的颗粒含量应小于 5%)，分层填筑，相邻层颗粒直径比不宜小于 1:4，层厚不宜小于 15 cm，填料的粒径应为含水层材料最大粒径的 8～10 倍。另外，沟壁外侧也可铺设渗水土工织物作为反滤层。为保证水流能及时排除，沟底纵坡宜适当大一些。

暗沟的断面一般为矩形，沟槽用浆砌片石或水泥混凝土预制块砌筑，上设盖板。为防止泥土或砂粒落入而淤塞，沟顶可铺碎(卵)石层，再填砂砾。沟底纵坡不宜小于 1%。采用混凝土圆管排水时，管底纵坡也不宜小于 0.5%。

渗沟可分为填石渗沟(也称盲沟)、管式渗沟和洞式渗沟等形式。填石渗沟是用坚硬的粗粒材料(碎石、卵石或片石)填筑而成(图 5-19)，它依靠颗粒材料的渗透作用来汇集和排除地下水。当地下水流量较大时，可采用下部设排水管的管式渗沟(图 5-20)或设石砌排水孔洞的洞式渗沟(图 5-18(b))。渗沟的迎水面应设反滤层，其他各个面应设封闭(隔渗)层。封闭层通常采用浆砌片石或水泥混凝土，也有用双层反铺草皮(草根向外)或土工织物外面再夯填厚约 0.5 m 的黏土。渗沟的断面尺寸应视埋设位置、排水和施工等要求而定。填石渗沟的深度不宜超过 3 m，宽度一般为 0.6～1.0 m；渗水材料的填充高度不应低于原地下水位。支撑渗沟的深度宜为 2～10 m，沟宽一般为 2～4 m。管式或洞式渗沟的深度可达 6 m 以上，沟宽不宜小于 1 m；排水管或洞的尺寸视流量大小而定。管式渗沟的排水管可采用水泥混凝土预制管(内径不宜小于 20 cm)、带孔塑料管(直径宜为 8～15 cm)、带有钢圈用滤布和加强合成纤维制成的加劲软管(直径为 8～30 cm)等。渗沟的沟底纵坡，在保证不产生冲刷的前提下，宜采用陡一些，以加大排水效能。填石渗沟，因排水层阻力大，只宜用于渗流不长的地段,且纵坡不能小于1%,一般可采用5%。管式及洞式渗沟的沟底纵坡不宜小于0.5%,其设置长度视实际需要确定,通常间隔100~300 m设横向排水管,分段排除汇集的地下水。

暗沟和渗沟延伸较长时,在直线段每隔30~50 m或在平面转折和纵坡由陡变缓处,宜设置检查井,作为检查维修用。检查井直径不宜小于1 m,井壁处排水管应高出井底0.3~0.4 m,井口顶部应高出附近地面0.3~0.5 m,并设井盖。

5.5 路基防护与加固

路基防护与加固是防治路基病害、保证路基稳固、改善环境景观、保护生态平衡的重要工程技术措施。路基设计时,应根据道路性质和当地条件,结合路基基身和排水情况,采取相应的防护加固措施。路基防护与加固,按其作用与对象的不同,可分为坡面防护、堤岸防护、支挡结构及地基加固等。

5.5.1 坡面防护

坡面防护,又称边坡防护,主要是保证路基边坡表面免受降水、日照、气温、风力等自然力的破坏,从而提高边坡的稳固性,还可美化路容,增加行车的舒适感。坡面防护工程,一般不考虑承受坡体的侧压力,故应设置在稳定的边坡上。路基边坡应根据当地气候环境、工程地质和材料及坡面等情况,选用合适的防护类型。常用的坡面防护类型有植物防护、灰浆防护和砌体防护等。

1. 植物防护

植物防护系利用植被覆盖坡面,其根系又能固结表土,以防止水土流失,调节坡体湿温,确保边坡稳定,并有绿化道路和保护环境的作用。因此,在适宜于植物生长的土质边坡上,应优先采用种草、铺草皮、植树等植物防护措施。

种草,适用于坡度不陡于1:1和坡高不大而坡面径流速度缓慢的边坡防护。草种的选择,应考虑防护的目的、气候、土质、施工季节等因素。仅以防止坡面侵蚀为目的时,应采用易成活、生长快、根系发达、茎叶矮茂的多年生耐旱草种;但以与周围环境协调为目的时,则需要选用乡土草种。种草宜用几种草籽混合播种,使之生成一个良好的覆盖层。对不利于草类生长的土坡上,应先铺一层10~15 cm厚的种植土,再栽植或播种;暴雨强度较大的地区,可在坡面上铺设植生袋,将草籽、肥料和土均匀拌和并裹于土工织物内。

铺草皮,较种草防护收效快,常用于边坡较高陡和坡面冲刷较重以及需要迅速绿化的地方。铺草皮主要有叠铺(分水平、垂直和倾斜叠置)、平铺(平行于坡面满铺)和方格式铺等形式(图5-21),应根据边坡坡度、水流速度和草皮来源等具体条件选用。叠铺草皮可用于坡度不小于1:1的坡面上,每块草皮的尺寸以20 cm×40 cm为宜,考虑施工方便,多采用水平叠置方式。平铺草皮,应由坡脚向上铺设,并用竹木尖桩(最好是新砍伐的带皮柳梢)固定草皮;边坡缓于1:1.15时,也可不钉桩。路堑边坡铺草皮时,应铺过坡顶1.0 m或铺至截水沟边;路堤边坡,应铺过坡顶(路肩外缘)0.2 m。方格式铺,系将草皮平铺成与路线方向成45°斜交的方格状,坡顶和坡脚部分则铺设几条水平的带状,方格内栽草或撒草籽。这种铺法最为经济,但其坚固程度不及前述两种满铺形式,常用于草皮供应有限制的场合。

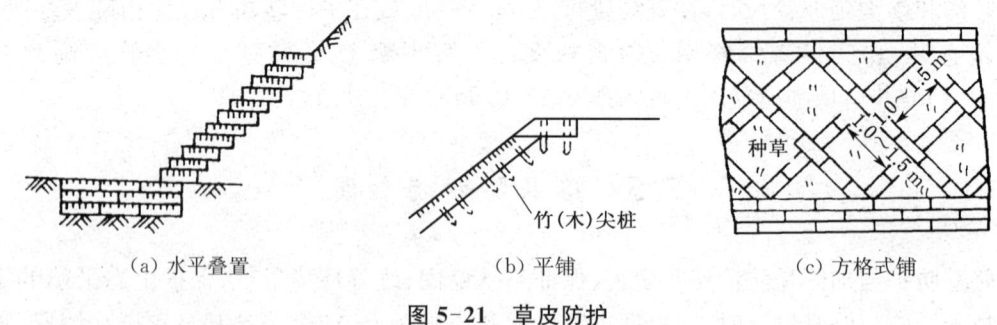

图 5-21 草皮防护

植树,适用于坡度不陡于1:1.5的各种土质边坡和极严重风化的岩石边坡。也可与种草、铺草皮配合应用,使坡面形成良好的防护层。植树可以加强路基的稳定性,还能保护路基免受风、沙、水、雪的侵蚀,并有改善路容、调节气候等作用。边坡植树,宜选用在当地土质和气候条件下能迅速生长、根深枝密的低矮灌木类树种。植树的形式,可按梅花形和方格形布置,栽成条带状或连续式,视防护要求等因素而定。为确保行车安全,在高速公路、一级公路以及弯道内侧的边坡上,严禁栽植高大的树木(乔木)。

植物防护宜安排在气候温暖、湿度较大的季节施工。铺、种植物后,还应适时进行洒水施肥、清除杂草等养护管理,直到植物成长覆盖坡面。

2. 灰浆防护

灰浆防护系采用拌制的水泥、石灰类矿质混合料对边坡进行封面和填缝,以防止软弱岩土表面进一步风化、破碎和剥落,避免雨水侵蚀坡体,并能增强边坡的整体性,通常用于不宜植物防护的坡面。

封面包括抹面、捶面、喷浆和喷射混凝土等防护形式。抹面防护适用于表面比较完整而尚未剥落的易风化软质岩石挖方边坡。抹面材料常用石灰炉渣(煤渣)灰浆(体积比1:2～1:4)、石灰炉渣三合土(质量比1:5:1)或水泥石灰砂浆(体积比1:2:9)。为防止抹面开裂,增强抗冲蚀能力,可在表面涂软化点稍高于当地气候的沥青保护层,用量为0.3 kg/m^2。抹面厚度视材料与坡面状况而定,宜取3～7 cm;其使用年限一般为6～8年。捶面防护适合坡度不陡于1:0.5的易冲蚀土质边坡和易风化岩石边坡。常用的捶面材料有水泥炉渣混合料(加砂或再加石灰配成)、石灰炉渣三合土或四合土(由石灰、炉渣加黏土和砂配成)。捶面的厚度为10～15 cm,其使用年限可达10～15年。喷浆和喷射混凝土防护,适用于易风化、裂隙和节理发育、坡面不平整的岩石挖方边坡。喷浆防护采用的砂浆强度不应低于M10,厚度宜为5～10 cm。喷射混凝土防护系采用骨料最大粒径不宜超过15 mm而强度不应低于C15的水泥混凝土,厚度宜为10 cm,当岩石表面凹凸明显或气候条件恶劣时,可增至15 cm。为防止喷射的混凝土(砂浆)硬化收缩产生裂缝或脱落,特别是坡面岩体切割破碎时,应在混凝土(砂浆)内设置菱形金属网或高强度聚合物土工格栅并通过锚杆或锚固钉固定在边坡上,这就称为锚喷混凝土(砂浆)防护。重点工程或高速公路、一级公路,要求封面防护稳固和耐久,宜选用锚喷混凝土。

封面防护,考虑排水需要,应间隔 2~3 m 交错设置泄水孔,孔径为 10 cm。防护工程的周边,应严格封闭,并嵌入未防护坡面内。大范围的封面,应设伸缩缝,其间距规定如下:对抹面及捶面,不宜超过 10 m;对喷浆及喷射混凝土,不宜超过 20 m。伸缩缝宽 1~2 cm,缝内用沥青麻筋或油毛毡填塞紧密。封面不宜在严寒季节、雨天及日照强烈时施工,并注意做好洒水养生工作。对新开挖的易风化岩石边坡,要及时进行封面,以防风化剥落。

填缝,分勾缝和灌缝,适用于较坚硬不易风化的岩石挖方边坡,避免水分渗入岩体缝隙造成病害。岩体节理裂缝多而细者,宜用勾缝,将水泥砂浆(或水泥石灰砂浆)嵌入缝中。缝隙较大而深者,可用水泥砂浆灌缝;缝隙又宽又深时,常用混凝土灌缝。

3. 砌体防护

因受自然力影响易发生严重剥落(碎落)、冲蚀或溜方等坡面变形的路基边坡,均宜采用框格、护坡和护墙等砌体防护形式。

框格防护,可采用预制混凝土砌块、浆砌片(块)石、栽砌卵石等做骨架,框格内宜采用植物防护或其他辅助防护措施。骨架能对边坡表层和框格内其他防护起支撑稳固作用,并防止边坡受雨水侵蚀而产生病害。在降雨量大且集中的地区,还可将骨架做成沟式,以分流排除坡面水,使边坡免受冲蚀。不宜植物防护和封面防护的土质边坡或风化岩石挖方边坡,可采有框格防护;对风化较重的岩石边坡和较高陡(坡度大于 1∶1)的挖方边坡,宜用浆砌片(块)石或现浇混凝土做骨架,并根据边坡状况在框格的交点处设置固定桩或锚固钢筋。骨架宽度宜采用 0.2~0.3 m,嵌入坡面深度应视边坡岩土性质及当地气候条件而定,一般可取 0.15~0.20 m。框格的大小可根据边坡坡度和岩土情况确定,并应考虑与景观的协调。方形框格的边长宜为 1~3 m;如做成拱形骨架,圆拱的直径宜为 2~3 m。框格防护在边坡坡顶及坡脚应采用与骨架部分相同的材料加固,其宽度宜为 0.4~0.5 m。

砌石(混凝土块)护坡,常用于易受水流侵蚀的土质边坡、严重剥落的软质岩石边坡。干砌片石护坡,适用于边坡较缓或经常有少量地下水渗出的坡面。路基边坡较陡(坡度不大于 1∶1)的坡面防护采用干砌片石不适宜或效果不好时,可用浆砌片(卵)石护坡,但对湿软或冻害严重的土质边坡,应先采取排水措施或待沉实(压实)后再行施工,以免护坡变形而破坏。砌石层厚度规定如下:干砌时,一般为 0.25~0.35 m;浆砌时宜为 0.25~0.40 m,视边坡高度和坡度而定。砌石层下应设厚为 0.10~0.15 m 的碎石或砂砾垫层(具有平整、反滤、缓冲等作用),当坡面土的粒径分配曲线上通过率为 85% 的颗粒粒径大于或等于 0.074 mm 时,可以用反滤效果等效于砂砾层的土工织物代替。砌石护坡的坡脚应选用较大的石块砌筑墁石基础,埋置深度一般为护坡砌石厚度 h 的 1.5 倍(图 5-22(a))。干砌片石护坡的基础与边沟相连时,应采用浆砌片石铺筑。砌筑用砂浆强度不应低于 M5,寒冷地区则为 M7.5。浆砌片(卵)石护坡还应每隔 10~15 m 设置 2 cm 宽沉降伸缩缝,并留有泄水孔。水泥混凝土预制块护坡,施工方便又可拼成各种图案,常用于石料缺乏的地区或需要美化的路段。预制块的混凝土强度不应低于 C15,在严寒地区,应提高到 C20;其厚度不应小于 6 cm,板块边长宜取 0.4~0.6 m,当边长大于 0.6 m 时,需配置构造钢筋。砌缝宽 1~2 cm,并用沥青麻筋、沥青木板或聚合物合成材料填塞。混凝土块护坡底面亦应设置碎石、砂砾垫层或土工织物,但垫层厚度规定如下:干燥边坡为 0.10~0.15 m;较湿边坡为 0.15~0.25 m;潮湿边坡为 0.25～0.35 m。

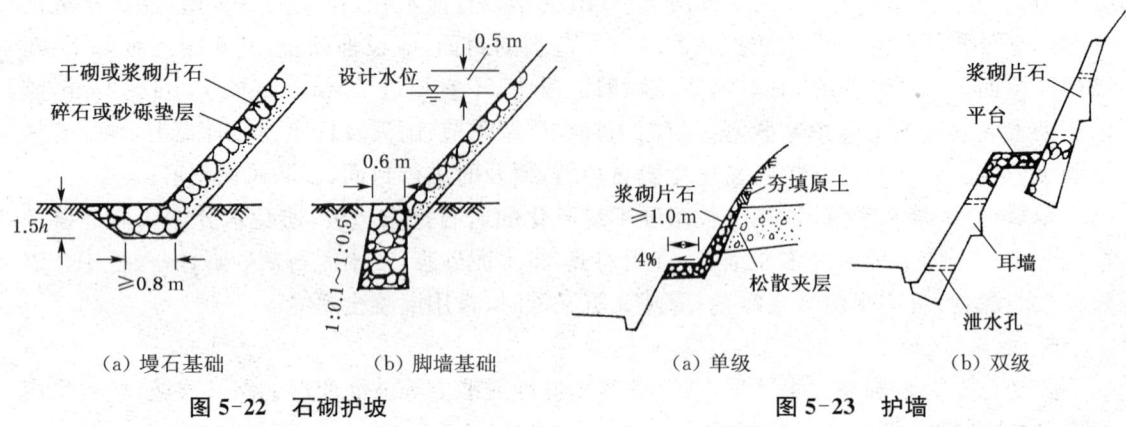

图 5-22　石砌护坡　　　　　　　　图 5-23　护墙

　　护面墙,简称护墙,是一种墙体形式的坡面防护,适用于坡度较陡(但不宜陡于 1∶0.5)而易风化或较破碎的岩石挖方边坡以及坡面易受侵蚀的土质边坡。护墙不承受墙后坡体的侧压力,故所防护的边坡坡度应符合极限稳定边坡的要求。墙体常采用浆砌片(块)石结构,在缺乏石料的地区,也可采用现浇或预制混凝土结构。墙宽视墙高、边坡坡度和地基承载力等条件而定,顶宽一般为 0.4～0.6 m,底宽为顶宽加 1/10～1/5 墙高。基础应设在稳固的地基上,并埋置在冻结线以下不小于 0.25 m,墙趾需低于边沟铺砌的底面。沉降伸缩缝和泄水孔的布置与浆砌片石护坡相同。为增加护墙的稳定性,防护松散夹层时,最好在夹层底部,留出平台,并进行加固(图 5-23(a));护墙较高时,应分级设置,视坡面的地质条件,每 6～10 m 的高为一级,其间设 1～2 m 的平台,顶部予以封闭;墙背与坡面要密贴结合,每 3～6 m 高设一耳墙,底宽为 0.5～1.0 m(图 5-23(b));防护的边坡较陡时,可采用肋式护墙,视具体情况,设置外肋、里肋或柱肋。若边坡不陡于 1∶0.75,则可用窗孔式护墙,通常为半圆拱型窗孔(高 2.5～3.5 m,宽 2～3 m,圆拱半径 1.0～1.5 m),窗孔内干砌片石、植草或捶面(坡面较干燥时)。边坡下部岩层较完整而需要防护上部边坡或遇到个别软弱地段时,可设拱跨过,而墙建在拱圈上,成为拱式护墙。在软弱岩层或局部凹陷处镶嵌填补的石砌圬工,需支托突出的岩层,又称支补墙。

5.5.2　堤岸防护

　　沿河路基和河滩路堤等堤岸,容易遭受水流的浸蚀、冲刷和淘刷,波浪的侵袭以及流冰、漂浮物等撞击而破坏,应根据河床特征、水流情况、施工条件等,采取直接防护堤岸边坡,或设置导治结构物(如丁坝、顺坝等间接防护措施),必要时,也可改移河道。

　　常用的岸坡直接防护措施有植物防护、砌石护坡、抛石、石笼和挡土墙等。防护高度应按路基设计水位再加安全高度(0.5 m)确定。

1. 植物防护

　　水流方向与路线接近平行,不受各种洪水主流冲刷的季节性浸水的路堤边坡,可采用铺草皮等植物防护。平铺草皮的容许(不冲刷)流速为 1.2 m/s;叠砌草皮,可达 1.8 m/s。在河岸漫滩上植树,还可降低水流速度,促使泥沙淤积,改变水流方向,起保护堤岸的作用。

2. 砌石护坡

干砌片石护坡,可按流速大小分别采用单层或双层铺砌。单层和双层上层的干砌片石厚度一般为 0.25～0.35 m,下层为 0.15～0.25 m。这种措施适用于水流方向较平顺的河岸滩地边缘或不受主流冲刷的路堤边坡,容许流速为 2～4 m/s。

受主流冲刷、波浪作用强烈或有流冰、漂浮物撞击的堤岸边坡,可用浆砌片石护坡。浆砌片石的厚度,应按流速及波浪的大小等因素确定,一般取 0.35～0.50 m,容许流速为 4～6 m/s。

当石料缺乏时,可采用混凝土板块防护岸坡。板块的尺寸取决于所经受的荷载,一般厚 0.08～0.20 m,边长 1～2 m,容许流速可达 4～8 m/s。

堤岸护坡的基础,应埋置在冲刷线以下 0.5～1.0 m 处。当冲刷较轻时,可用墁石铺砌基础;较重时,宜采用浆砌片石或混凝土脚墙基础(图 5-22)。若基础埋置深度不足,则应采取合适的防淘措施(如抛石、石笼等)。

3. 抛石

抛石适用于防护经常浸水且水深较大的路基边坡或坡脚以及挡土墙和护坡的基础。抛石的边坡坡度和石料块径,视水深、流速和波浪情况而定,坡度不应陡于所抛石料浸水后的天然休止角(常用 1∶1.25～1∶3.0),最小石料块径应大于 0.3 m(一般不超过 0.5 m)。抛石的顶宽,不应小于所用最小石料块径的两倍。抛石防护的容许流速为 3～5 m/s。

在水流或波浪作用强烈的河段以及缺乏大块石料的地区,可用预制混凝土块体作为抛投材料,或者改用石笼防护。

4. 石笼

沿河路堤坡脚及河岸因防护工程基础不易处理或沿河挡土墙、护坡基础局部冲刷深度过大时,可采用石笼防护。一般河段,常用镀锌铁丝、高强度聚合物土工格栅或竹木石笼;急流滚石河段,可在铁丝笼内灌注小石子水泥混凝土,或采用钢筋混凝土框架石笼。用于防止冲刷淘底时,一般在河床上将石笼平铺并与坡脚线垂直;若防护岸坡或坡脚,则用垒码形式,但岸坡较缓时,也可平铺于坡面(图 5-24)。石笼内装填的石料块径,应大于石笼的网孔。单个石笼的大小,以不被相应速度的水流或波浪冲移为宜。石笼防护的容许流速可达 5～6 m/s。

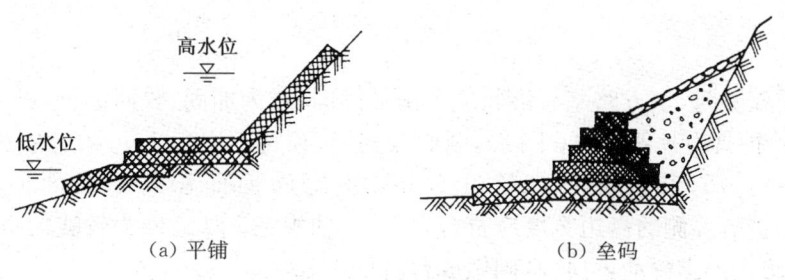

图 5-24 铁丝石笼防护

5. 浸水挡土墙

在峡谷急流和水流冲刷严重的河段,或为防止路基挤占河床,可采用挡土墙防护。浸水挡土墙大多采用浆砌片石或混凝土结构,基础应埋设在冲刷线以下的坚实地基上,必要时,可采取防淘措施。其容许流速为 5～8 m/s,并能抵抗强烈的波浪和流冰等的冲击。

5.5.3 支挡结构

为防止坡体坍滑,减少路基占地,可采用支挡结构。路基的支挡结构,除各类挡土墙外,还有能承受坡体侧压力作用的砌石路基(或称叠砌边坡)、护肩、护脚和矮墙等。

1. 砌石路基

陡山坡上的半填半挖路基,当填方较大,边坡伸出较远填筑困难,而附近又有较多不易风化的开山石料时,可采用砌石路基。其边坡表层选取较大片石砌筑,内侧填石。砌石的各部分尺寸,可参照图 5-25 和表 5-11 确定。基础设置在稳固的地层上,外侧还应留出足够的襟边宽度(表 5-12),基底面做成向内倾斜。砌石部分能支挡填方,稳定路基,但因其内侧边坡仰斜,且坡度较缓,不像挡土墙能独自稳立,需边填边砌。为使路肩整齐稳固,砌石顶部 0.5 m 高度范围内应采用 M5 水泥砂浆砌筑。为提高砌石的整体性和稳定性,砌石高度超过 8 m 时,底部 0.5 m 高度范围内应浆砌;从上往下每隔 4 m 左右浆砌一条厚度为 0.5 m 的水平加强肋带。受水浸淹的砌石路基,应视水流冲刷情况,予以勾缝或浆砌。

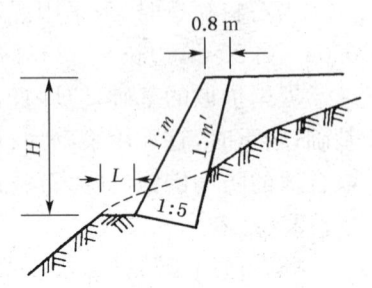

图 5-25 砌石路基

表 5-11 砌石边坡坡度

高度 H/m	边坡坡度 $1:m$	内坡坡度 $1:m'$
≤5	1:0.5	1:0.3
≤10	1:0.67	1:0.5
≤15	1:0.75	1:0.6

表 5-12 襟边宽度

地基地质情况	襟边宽度 L/m
弱风化的硬质岩石	0.2~0.6
强风化岩石或软质岩石	0.6~1.5
密实的粗粒土	1.0~2.0

2. 护肩

当砌石的高度不超过 2 m 时,其内、外坡均可直立,就称为护肩。但护肩高度大于 1 m 时,顶宽宜采用 1 m。高速公站、一级公路的护肩,应全部高度均采用 M5 的水泥砂浆砌筑。

3. 护脚

地面横坡较陡时,填方路基有沿斜坡下滑的倾向,或为加固、收回坡脚,可采有护脚路基(图 1-1(c))。护脚由片石砌筑(干砌),断面为梯形,顶宽不小于 1 m,内外侧边坡坡度可取 1:0.5~1:0.75,其高度不宜超过 5 m。护脚断面面积与路堤面面积之比应为 1:6~1:7。护脚外侧的襟边宽度应符合表 5-12 的规定。如地面为较陡的坚实岩层,为节省砌石体积,防止护脚滑动,可将基础做成台阶形。

4. 矮墙

在土质比较松散,容易产生碎落或坡面滑坍的挖方坡脚,以及水稻田地段的填方坡脚,均宜设置矮墙(图 5-26),以保护坡脚不被侵蚀,还可方便养护,少占耕地。矮墙可用浆砌(浸水时)或干砌片石,高

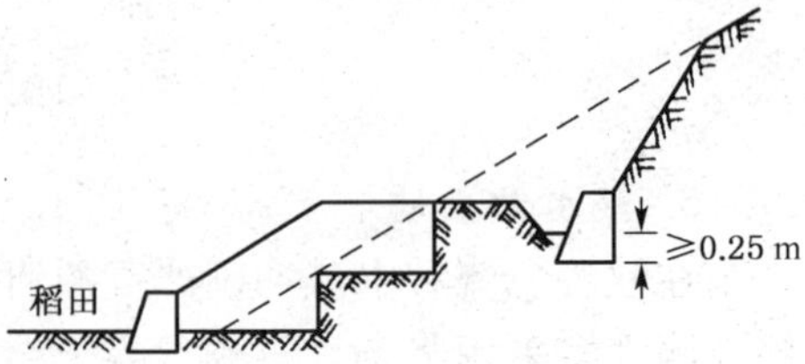

图 5-26 矮墙路基

度一般不超过 2 m。顶宽 0.5～0.8 m,墙内坡直立,外坡为 1∶0.2～1∶0.5。

5.5.4 地基加固

在软弱地基上填筑路基,为保证路堤稳定或(和)控制工后沉降,应考虑地基、道路及施工等条件,采取适宜的加固处理方法。软弱地基的加固处理方法很多,按其作用机理可大致分为换填材料、排水固结、挤压密实、胶结硬化、调整结构等类型。

1. 换填材料

将地基软弱层的全部或部分换填为强度较高和透水性好的材料,可提高地基的承载力,减小沉降量。在工期较紧、优质填料有来源时,常宜采用这种较为有效的处理措施。换填的方法有挖填、抛石、爆破等。

(1) 开挖换填法。简称挖填法,系将需要处理的软弱层土挖除,用适宜的材料回填并压实。此法适用于软弱土层位于地表而挖换深度不超过 3 m 的场合。

(2) 抛石挤淤法。一般采用不小于 30 cm 的片石,沿路中线向前抛填,再渐次向两侧扩展,或者自软弱层底面(横坡陡于 1∶10 时)高侧向低侧抛投,而将基底的泥炭或淤泥挤出。待抛石外露后,应用小石块填塞找平,用重型机械碾压紧密,在其上铺设反滤层,再行填土。这种方法适用于排水困难的洼地,而软弱层土易于流动,厚度又较薄(不宜超过 3 m),表层也无硬壳,但石料来源要充足。

(3) 爆破排淤法。系将炸药放在软弱层土中爆炸,把淤泥或泥炭排走,而用良好的填料置换。它的换填深度大,工效较高,但仅适用于爆破对周围环境无不良影响的地区。对稠度较大而回淤较慢的软土或泥沼,可先爆后填,爆破一段,立即回填一段;对稠度较小的软土或泥沼,可先填后爆,填料随爆下沉,以避免回淤。

2. 排水固结

软弱地基通过加载预压,可减少工后沉降,提高承载能力。一般利用路堤填料自重(必要时,可超载)进行加压。路堤的预压高度(荷载强度)超过极限高度时,应分级加载填筑,各级荷载始填时间是由地基固结后路堤的稳定性决定的。为加速排水固结,常设置透水性垫层(多用砂垫层)和竖向排水体(砂井、袋装砂井、塑性排水板等)。

(1) 砂垫层法 系在路堤与地基之间铺设厚度一般为 0.5～1.0 m 的中砂、粗砂或砂砾层,以增加排水面,可缩短固结的过程,还能改善施工机械的作业条件。它适用于软土层不很厚和路堤高度小于两倍极限高度的情况。但施工中需严格控制路堤填筑的速率,工期也较长。

(2) 砂井排水法 采取螺钻、沉管或射水等方式在地基中形成竖向排水井孔,再灌入粗砂、中砂,以缩短排水距离,加速固结沉降,并提高抗剪强度。当软土层较厚(一般超过 5 m)、路堤较高时,可采用砂井排水法。砂井的直径、间距和长度(深度),主要取决于地基情况、路堤高度和施工条件。砂井直径通常取 0.2～0.3 m,井距(中心间距)一般为井径的 8～10 倍,常用的范围为 2～4 m,平面上呈三角(梅花)形或正方形布置。井深应穿过地基的最危险滑动面和主要受压层;若软土层较薄或下卧透水层时,则砂井贯穿整个软土层,对排水固结更有利。砂井顶

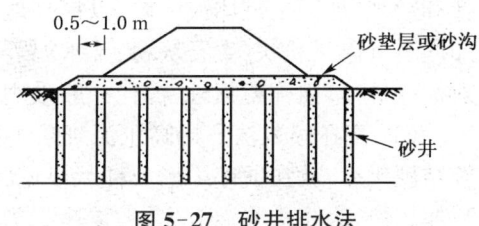

图 5-27 砂井排水法

部(地基表面)应铺设砂垫层或十字交叉的砂沟,以排除砂井中流出的水(图5-27)。

(3) 袋装砂井 系把砂装入长条形透水性好(用聚丙烯等材料)的编织袋内,一般用导管式震动打桩机成孔,再将砂袋置于井孔中。这样,可保证砂井的连续性,避免颈缩现象。袋装砂井的直径可做到7 cm(一般不超过10 cm),井距1~2 m,相当于井径的15~30倍。袋装砂井,因直径小,材料消耗少,成本低,设备轻型,施工速度快,质量又稳定,常用来代替普通大直径砂井。

(4) 塑料排水板 通常由芯板(或芯体)和滤套(或滤膜)组成(图5-28)。它作为竖向排水体时,土层中孔隙水通过化纤无纺布滤套渗入到塑料芯板的纵向凹槽内,再排入砂垫层。塑料排水板的常用断面尺寸,见图5-28,此时,其作用与直径7~10 cm的袋装砂井相当。塑料排水板可以用插板机置于软土中,而无需灌砂,施工就更简快,对地基的扰动也小,成为具有发展前途的排水材料。

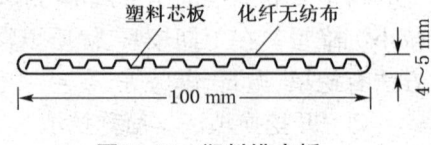

图5-28 塑料排水板

3. 挤压密实

地基土通过压实,可提高强度和降低压缩性。对松软地层,一般压实方法(见第10章)难以达到要求时,常采取强夯、挤密等措施。

(1) 强夯法 又称动力固结法,它是以8~12 t(甚至200 t)的重锤和8~20 m(最高达40 m)的落距,对地层表面进行强力夯击,利用冲击波和动应力使地基土密实,达到加固的目的。饱和软黏土地基使用时,应在地面上先铺相当厚(有时达2.5 m)的砂砾垫层,然后间歇地夯打,以提高其效果。这种方法可使地基加固深度达10~20 m,甚至更深,但对周围环境的影响较大。

(2) 挤密法 是指在地基中用锤击、震冲、爆破等方法成孔,然后向孔内逐层夯填砂、碎石或石灰等材料,形成直径较大的桩体,并与桩间挤密的土共同组成复合地基。粒料桩是通过置换地基土、加速排水固结及应力集中作用,以提高地基强度,减小沉降量。石灰桩是依靠生石灰的吸水、膨胀、发热以及离子交换作用,使地基土疏干、挤实和凝固。挤密桩的直径及设置深度、间距应经稳定、沉降验算确定。桩径一般为0.3~0.5 m,最大深度为30 m左右,间距常用0.75~1.5 m,平面上按三角形布置。

4. 胶结硬化

松软地层可采用搅拌混合、高压喷射或压力灌注结合料及化学浆液,通过填充孔隙、离子交换和结硬反应,而获得加强。

(1) 浅层搅拌法 将石灰、水泥等结合料掺入表层土内,加以拌和,并进行压实,而形成硬层。一般处治深度不超过1.5 m。

(2) 深层搅拌法 利用特制的搅拌机械在地层内将喷入的加固(结合)料与地基土强制拌和,形成加固土桩体或墙体,以提高地基承载力,限制软土侧向挤动及阻止地下渗透水流。加固料可以是粉状(生石灰粉、干水泥等)或者浆状(如石灰浆、水泥浆、二灰浆等)。粉体喷射搅拌桩体,简称粉喷桩,桩径一般采用0.5 m,桩距为1.5 m,加固深度可达20 m以上。

(3) 高压喷浆法 用高压泥浆泵将化学浆液通过特殊喷嘴高速喷出,使浆液和土混合、胶结硬化后,就在地基中形成柱状或壁状的加固体。喷射的浆液常用水泥浆液,如果地下水流速较快,为防止浆液流失,需掺速凝剂(如三乙醇胺和氯化钙等)。

（4）灌浆法　是指利用压力或电化学原理通过注浆管把浆液均匀地注入地层内，浆液以填充、渗透等方式，赶走土颗粒或岩石裂隙中的水分和空气并占据其位置，经过一定时间后，将原岩土层胶结成整体。这种方法，除加固地基外，还可用来整治坍方滑坡，防护坡面和堤岸等。

5. 调整结构

软土地基的加固处理，还可采用改变路堤结构，调整地基应力的办法。

（1）轻质路堤　路堤填筑可以通过选用较常规路基填料容重轻的材料如粉煤灰、EPS（Expanded Polystyrene，发泡聚苯乙烯）、发泡珍珠岩等，大幅降低路堤的自重，从而降低地基土的附加应力，提高路堤的稳定和减小沉降。

（2）反压护道　是在路堤两侧填筑一定宽度和高度的护道，使路堤下的地基土向两侧隆起的趋势得到平衡（压住），从而保证路堤的稳定性。这种方法施工简便，但占地广，土方量多，路堤沉降大。反压护道一般采用单级形式（图5-29），其高度宜为路堤的1/2，但

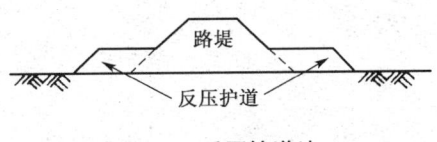

图5-29　反压护道法

不得超过天然地基所容许的极限高度；宽度应通过稳定计算确定，且应满足路堤工后沉降要求。

（3）加筋路堤　将能承受一定拉力的土工织物、塑料格栅和筋条等材料铺设在路堤的底部，以增加路堤强度，扩散基底应力，阻止侧向挤出，从而提高地基承载力和减小差异沉降。加筋的层数应按稳定计算确定。此外，土工织物还有反滤、排水和隔离等作用。

不少地基加固方法，往往具有多种处理效果。如粒料桩就有挤密、置换、排水和加筋等多重作用。当单一的处理方案无法满足稳定与沉降的要求时，也可考虑多种措施组合应用。

■ 小　结

路基在自然因素和车辆荷载的反复作用下会产生各种各样的病害。为保证路基具有足够的强度、稳定性和耐久性，应从路基断面形式和尺寸、基底处理、填料和压实要求、排水、防护与加固等几个方面进行综合考虑和设计。对填方路基来说，关键是稳固的地基、优质的填料、合适的边坡和充分的压实，而这些方面的要求，规范均有明确规定。挖方路基的主要问题是边坡，虽然规范对其坡度值有所规定，但范围较大，还须根据当地具体情况进行选择。在设计时应充分重视路基排水，设置必要的地面排水和地下排水设施，并与沿线的桥涵等配合，形成完善的排水系统。路基防护与加固亦是防治路基病害和确保路基稳固的重要措施。各种防护加固方法应根据实际条件，合理选用。

■ 复习思考题和习题

5.1　路基的常见病害有哪些？形成的原因是什么？在设计中应如何考虑？

5.2　对路基填料有什么要求？用不同性质的土填筑路堤时，要注意哪些问题？

5.3　路基压实标准应根据哪些要求制定？

5.4 分析比较影响土质和岩石边坡坡度的因素。在确定坡度时,应怎样考虑这些因素?

5.5 什么叫路堤的极限高度?它同哪些因素有关?

5.6 在什么情况下,填筑路堤前应对其基底进行处理?怎样处理?

5.7 具体布置和设计各种路基排水结构物时应注意哪些问题?怎样才算形成排水系统?

5.8 为什么要对路基进行必要的防护?有哪些具体措施?如何选用?

5.9 地基加固可采取哪些方法?各适用于什么场合?

5.10 地基为潮湿的黏土层,厚 25 m,由快剪试验得 $c=14\text{ kPa}$,$\varphi=4.5°$。路堤高 7 m,边坡 1∶1.5,填料容重 $\gamma=19\text{ kN/m}^3$。试判断地基承载力是否够。

6 路基稳定性分析

> **提　要**

路基的崩塌、坍塌、滑坡、滑移或沉落等失稳现象,通常表现为岩土体因失去侧向和竖向支撑而倾倒,或者沿某一剪切破坏面(软弱面)滑动及塑性流动。路基稳定性分析,可采用工程地质法和力学验算法。对滑动稳定问题,力学验算法目前大多根据极限平衡原理,并常用条分法求算安全系数,来判断路基是否属于稳定。若路基可能或已出现失稳,应采取有效的预防和整治措施。

本章着重介绍路基滑动稳定性的验算方法。学习要求如下:
1. 了解路基稳定性分析的基本方法(工程地质法和力学验算法)。
2. 掌握路基稳定性的验算方法(特别是简单条分法和传递系数法)及其应用。
3. 能正确选用路基失稳的防治措施。

6.1　基本分析方法

路基(或连同周围的地层)能否稳定,取决于路基的断面形状和尺寸(边坡坡度和高度等)是否与内在条件(岩土性质、地层情况等)及外界因素(水文、气候、地震、荷载等)相适应。路基稳定性的分析方法,有工程地质法和力学验算法。这两种方法常相辅相成,所得结果也可互相核对,以便作出正确的综合评价。

6.1.1　工程地质法

工程地质法就是对照当地具有类似工程地质条件而处于极限稳定状态的自然山坡和稳定的人工边坡,以判别路基的设计断面是否稳定。路基挖方边坡的坡度常用这一方法来确定。由于影响挖方边坡稳定的因素很多,对比分析时,应抓住其控制因素,并综合考虑各方面的影响。

分析岩石挖方边坡的稳定性时,应注意岩体中结构面(地质界面)的情况。结构面对坡体稳定性的影响程度,取决于结构面的延展性及其规模,结构面的形状和密集程度,结构面的充填和胶结情况,结构面的产状和组合等。但其中最关键的首先是结构面与边坡面的关系(见《公路工程地质》)。根据调查和统计,当结构面的走向同路线的夹角小于 40°,且倾向路线而倾角大于其摩擦角又小于边坡坡角,还有地下水浸润时,就很容易产生顺层滑坍。此时,挖方边坡受结构面控制,可通过调查分析进行力学验算来判断其稳定性。若结构面的走向同路线的夹角较大,或者倾向背离路线,或者倾角很小时,则可按岩石的种类和风化程度等情况来确定边坡坡度(表 5-6)。

6.1.2 力学验算法

许多路基失稳,如滑坡、坍塌、滑移或沉落等现象,往往表现为岩土体失去力学平衡而沿某一破坏面的剪切滑动。对路基(坡体)稳定性的力学分析和验算,通常都采用极限平衡(安全系数)法。

极限平衡法,近似地把岩土看作刚塑性材料,计算坡体在破坏面(又称滑动面或剪切面)上达到极限平衡时的安全系数,以判断其稳定性。求算安全系数时,系将材料的强度下降到坡体开始失稳(满足极限平衡条件)为止,而材料强度的降低倍数(储备系数)即为安全系数。破坏面可为已知的,如各种地质界面等;也可为未知的,如均质土坡的破裂面等。当可能的滑动面不止一个时,应分别计算各自的安全系数,取其中最小值作为该坡体实有的安全系数。一般采用条分法来估计可能滑动面上的受力状况,并求得其安全系数。

6.2 条分法的解

路基是一种线型结构物,通常沿道路纵向截取单位长度(1 m)进行稳定性分析计算,并对前后两个竖直截面上的力不予考虑(偏于安全)。这样就把路基稳定性作为平面问题来研究。

条分法是将滑动体用 $n-1$ 个竖直面划分为 n 个条块(见图 6-1(a))。作用在任取第 i 条块上的力(见图 6-1(b))有:已知的竖直力 W_i(有条块自重和车辆荷载等)与水平力 Q_i(如水平地震惯性力等),未知的条间力(条块之间的相互作用力 F_i,可分解为水平推力 E_i 和竖直剪力 T_i)及条块滑动底面反力(分为法向反力 N_i 和抗滑反力 S_i,假定作用点位置已知,为条块滑动底面的中点)。现取用同一安全系数 K_s(为待定的未知量),也即假定各条块一起滑动,由极限平衡条件(安全系数的定义)得

$$S_i = \frac{1}{K_s}(c_i l_i + N_i f_i) \tag{6-1}$$

式中 c_i, f_i ——条块滑动底面处岩土的粘聚力和摩擦系数;而 $f_i = \tan\varphi_i$,φ_i 为岩土的内摩擦角;

  l_i——条块滑动底面的长度。

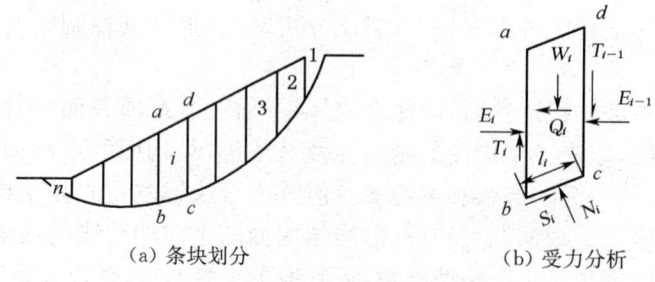

图 6-1 条分法

另外,每一条块有三个静力(力和力矩)平衡条件。这样,总计有 $5n-2$ 个未知量,$4n$ 个

条件方程，故为 $n-2$ 次超静定问题。因此，若不考虑岩土的应力-应变关系，只能对条间力作出某些假设，或者再另加条件，才能使问题有解答。下面介绍几种常用的方法。

6.2.1 简单条分法

简单条分法是瑞典工程师费伦纽斯（W. Fellenius）首先提出来的，故又称瑞典法。此法假定滑动面为一圆弧面，且不考虑条间力的作用。

现分析一坡体，其圆弧滑动面的圆心为 O 点，半径为 R（图6-2）。根据上述各条块同时达到极限平衡（整体滑动）的假设，可只考虑整个滑动体绕 O 点转动的力矩平衡条件（$\sum M_O = 0$），得

$$\sum S_i R = \sum W_i x_i + \sum Q_i z_i$$

其中，x_i 和 z_i 分别为 W_i 和 Q_i 对 O 点的力臂（注意 x_i 值的正负号）。又将式（6-1）代入上式，则得该坡体的安全系数：

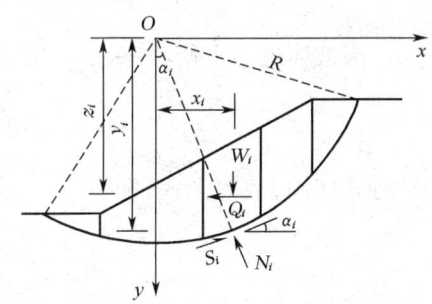

图 6-2 简单条分法

$$K_s = \frac{\sum (c_i l_i + N_i f_i)}{\sum \left(W_i \sin \alpha_i + Q_i \dfrac{z_i}{R} \right)} \tag{6-2}$$

式中，$\alpha_i = \arcsin \dfrac{x_i}{R}$，为条块滑动底面的倾角，即法向反力与竖直线的夹角。

未知力 N_i，可由条块在滑动底面法线方向力的平衡条件求得：

$$N_i = W_i \cos \alpha_i - Q_i \sin \alpha_i$$

代入式（6-2），得

$$K_s = \frac{\sum [c_i l_i + (W_i \cos \alpha_i - Q_i \sin \alpha_i) f_i]}{\sum \left(W_i \sin \alpha_i + Q_i \dfrac{z_i}{R} \right)} \tag{6-3}$$

在一般情况下，Q_i 同 W_i 相比很小，或者 z_i 同 N_i 作用点的坐标 y_i 相差不大，因而 $Q_i \dfrac{z_i}{R}$ 可近似地用 $Q_i \cos \alpha_i$ 代替，式（6-3）改写为

$$K_s = \frac{\sum [c_i l_i + (W_i \cos \alpha_i - Q_i \sin \alpha_i) f_i]}{\sum (W_i \sin \alpha_i + Q_i \cos \alpha_i)} \tag{6-4}$$

简单条分法完全不考虑条间力的影响，所得到的安全系数往往偏低，而偏低可达10%～20%。但此法计算简单，故仍获得广泛应用，不过仅适合于圆弧滑动面的情况。

6.2.2 毕肖普法

毕肖普（A. W. Bishop）将条间力简化为水平推力 E_i，而忽略 E_i 作用点位置和竖直剪

力 T_i 的影响。此假设造成安全系数值的误差一般为 $2\%\sim7\%$。

现任取第 i 条块(图 6-3),由滑动底面切线方向上力的平衡方程:

$$S_i + (E_i - E_{i-1})\cos\alpha_i = W_i\sin\alpha_i + Q_i\cos\alpha_i$$

可得到

$$\Delta E_i = E_i - E_{i-1} = W_i\tan\alpha_i + Q_i - S_i\sec\alpha_i$$

因坡体处于平衡状态,$\sum \Delta E_i = 0$,故

$$\sum(W_i\tan\alpha_i + Q_i) = \sum S_i\sec\alpha_i$$

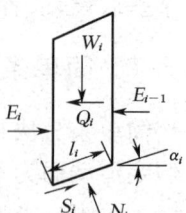

图 6-3 毕肖普法的条块作用力系

又将式(6-1)代入上式,则得

$$K_s = \frac{\sum(c_i l_i + N_i f_i)\sec\alpha_i}{\sum(W_i\tan\alpha_i + Q_i)} \tag{6-5}$$

再引用条块在竖直方向上力的平衡方程:

$$N_i\cos\alpha_i + S_i\sin\alpha_i = W_i$$

并将式(6-1)代入,得到

$$N_i = \frac{W_i - \dfrac{1}{K_s}c_i l_i\sin\alpha_i}{\cos\alpha_i + \dfrac{1}{K_s}f_i\sin\alpha_i} \tag{6-6}$$

代入式(6-5),整理后可得

$$K_s = \frac{\sum[c_i l_i + (W_i\sec\alpha_i)f_i]m_i\sec\alpha_i}{\sum(W_i\tan\alpha_i + Q_i)} \tag{6-7}$$

式中

$$m_i = \left(1 + \frac{1}{K_s}f_i\tan\alpha_i\right)^{-1} \tag{6-8}$$

式(6-7)的推导,不受滑动面形状的限制。若为圆弧滑动面,可将式(6-6)代入式(6-2),得

$$K_s = \frac{\sum[c_i l_i + (W_i\sec\alpha_i)f_i]m_i}{\sum\left(W_i\sin\alpha_i + Q_i\dfrac{z_i}{R}\right)} \approx \frac{\sum[c_i l_i + (W_i\sec\alpha_i)f_i]m_i}{\sum(W_i\sin\alpha_i + Q_i\cos\alpha_i)} \tag{6-9}$$

由于上述安全系数公式中的 m_i 包含 K_s,只能采用试算法(迭代法)求解 K_s 值。一般情况下,迭代时收敛是迅速的。

6.2.3 传递系数法

传递系数法,又称推力传递法,假设条间力 F_i 的作用方向,但不考虑其作用点位置的影

响。通常把推力 F_i 作用方向取为沿上侧条块滑动面的方向(见图 6-4),即 $\dfrac{T_i}{E_i} = \tan \alpha_i$,称为滑动面方向推力法。

现将作用在第 i 条块上的诸力投影于滑动底面切线方向上,由平衡方程可得

$$F_i = W_i \sin \alpha_i + Q_i \cos \alpha_i + F_{i-1} \cos(\alpha_{i-1} - \alpha_i) - S_i$$

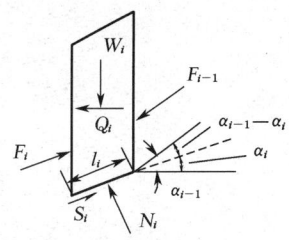

图 6-4 滑动面方向推力法

再以式(6-1)代入上式,则

$$F_i = W_i \sin \alpha_i + Q_i \cos \alpha_i + F_{i-1} \cos(\alpha_{i-1} - \alpha_i) - \frac{1}{K_s}(c_i l_i + N_i f_i)$$

由投影于滑动底面法线方向上力的平衡方程,得

$$N_i = W_i \cos \alpha_i - Q_i \sin \alpha_i + F_{i-1} \sin(\alpha_{i-1} - \alpha_i)$$

代入上式,得

$$F_i = (W_i \sin \alpha_i + Q_i \cos \alpha_i) - \frac{1}{K_s}[c_i l_i + (W_i \cos \alpha_i - Q_i \sin \alpha_i) f_i] + F_{i-1} \psi_{i-1} \quad (6\text{-}10)$$

式中,ψ_{i-1} 称为传递系数

$$\psi_{i-1} = \cos(\alpha_{i-1} - \alpha_i) - \frac{1}{K_s} f_i \sin(\alpha_{i-1} - \alpha_i) \quad (6\text{-}11)$$

式(6-10)中等号右边第一项为该条块的下滑力,第二项为该条块的抗滑力,而第三项则表示上一条块传下来的剩余下滑力(条间推力)的影响。求算时,先假设一个 K_s 值,利用该式自上而下逐块计算其剩余下滑力。若算得某一条块的剩余下滑力为负值时,则可不列入下一条块的计算。如果求得最后一个条块的剩余下滑力 $F_n \neq 0$,需重新假设 K_s 值($F_n > 0$, K_s 减小;$F_n < 0$, K_s 增加),再行计算,直到 $F_n = 0$ 为止,此时的 K_s 值即为所求的安全系数。

这种方法常用于折线滑动面情况的稳定性验算,如陡坡路堤或顺层滑坡等。验算时,可不必求算安全系数,只需按所规定的容许安全系数值,算出 F_n 值,据此来判断坡体的稳定性。当 $F_n \leqslant 0$ 时,认为是稳定的;$F_n > 0$ 时,则不稳定,必要时可采取支挡措施(此 F_n 值可作为支挡结构物所承受的推力)。

对于图 6-5 所示的直线滑动面情况,因 $\alpha_i = \alpha_{i-1}$,由式(6-11)可知传递系数 $\psi_{i-1} = 1$。将式(6-10)表示的各条块的剩余下滑力 F_i 相加,设 $F_n = 0$,则得

$$K_s = \frac{\sum [c_i l_i + (W_i \cos \alpha - Q_i \sin \alpha) f_i]}{\sum (W_i \sin \alpha + Q_i \cos \alpha)} \quad (6\text{-}12)$$

其中,α 为直线滑动面对水平面的倾角。

此外,还有杨布(Janbu)法(假设各条块间推力作用点的位置,据此可为各条块建立其力矩平衡式,从而能解出安全系数值)、分块极限平衡法(假设各条块的竖直分界面上也达到极限平衡状态)等。这些方程所考虑的因素更为完善,但目前在路基稳定性分析中还很少使用。

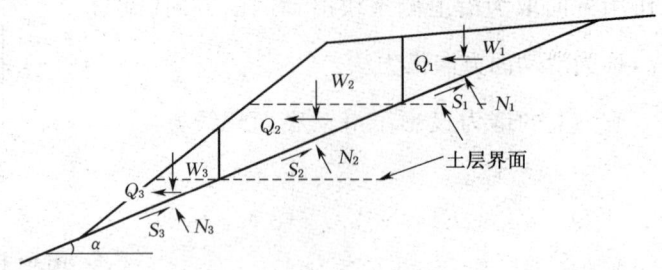

图 6-5 直线滑动面法

对同一坡体而言,上述各种条分法采用的假设不同,求得的安全系数 K_s 值也有差异。一般情况下,简单条分法因其完全忽略条间力,得到的 K_s 值最小;毕肖普法考虑条间的水平推力,K_s 值就较大;传递系数法计及条间竖向剪力的影响,所得 K_s 值更大些。由此看来,如果容许稳定安全系数取用同一数值,则简单条分法的分析结果往往偏于保守。

6.3 稳定性验算

路基稳定性验算的基本程序如下:
(1) 选择可能破坏面的形状和位置;
(2) 选择合适的分析方法;
(3) 将破坏面上的土体划分为若干土条;
(4) 计算作用在土条上的各项力;
(5) 选择抗剪强度参数的试验方法,由试验确定参数值;
(6) 计算破坏面上土体的安全系数;
(7) 分别为几个可能破坏面进行验算后确定最危险破坏面的安全系数值,并同要求的安全系数值相比较,以判断路基的稳定性。

6.3.1 荷载组合

路基稳定性分析时,通常考虑下列三种可能同时出现的荷载组合情况。
(1) 主要组合 包括滑动坡体的重力(自重)、汽车荷载、常水位时的浮力(对浸水路基而言)。
(2) 附加组合 系将主要组合中的汽车荷载改用平板挂车或履带车,或者考虑在最不利水位时的浮力和渗流力。
(3) 地震组合 包括滑动坡体的重力和地震力以及常水位条件下水的浮力。在地震基本烈度为 8 度及 8 度以上(可能发生较大规模的滑坡、崩坍地段和液化土及软土地基时,为 7 度;三、四级公路,为 9 度)地区的路基,需进行抗震验算。

对于上述荷载组合,应根据路基工作条件依次进行验算,若均能满足要求,才可认为路基是稳定的。

6.3.2 滑动面的形状和位置

由透水性材料(如砂、砾石、碎石等)填筑的路堤,边坡坍塌时破坏面的形状近于平面,可以按直线破坏面验算边坡稳定性(图6-6)。

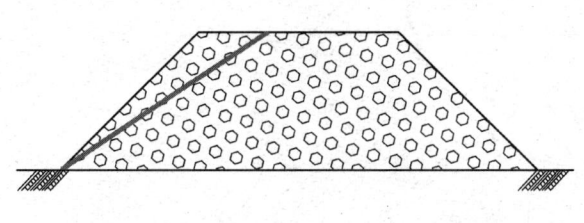

图6-6 透水性材料填筑路堤的破坏面   图6-7 寻找最危险破坏面圆心位置的4.5H法

由均质黏土填筑的路堤,坍塌时的破坏面形状为一曲面,可近似地假设为圆弧性滑动面。根据大量的计算经验,最危险破坏面圆弧的圆心位置在一条辅助线附近。此辅助线的位置可按图6-7中所示的4.5H法绘出:由同坡脚和坡顶线各夹角α_1和α_2角的直线相交得O点,再由距坡脚4.5H远和H深处(H为路堤填土高度)得D点,连接O,D点得辅助线,最危险破坏面的圆心就在OD线的延长线上。夹角α_1和α_2同边坡坡度有关,其值列于表6-1。

表6-1　　　　　　　　　　　　　α_1和α_2角数值

边坡坡度	1:0.5	1:0.75	1:1	1:1.25	1:1.5	1:1.75	1:2	1:2.25	1:2.5	1:3	1:4	1:5
边坡坡角	63°26′	53°08′	45°	38°40′	33°41′	29°45′	26°34′	23°58′	21°48′	18°26′	14°03′	11°19′
α_1	29°30′	29°	28°	27°	26°	26°	25°	25°	25°	25°	25°	25°
α_2	40°	39°	37°	35°30′	35°	35°	35°	35°	35°	35°	36°	37°

软弱地基上的路堤,其破坏面也接近于圆弧面。当软土层深度不大于路堤高度时,其破坏面圆弧的下限常切于软土层的底部(图6-8);而当软土层较深时,破坏面的深度常限于1.0~1.5倍路堤高度范围内(图6-9)。

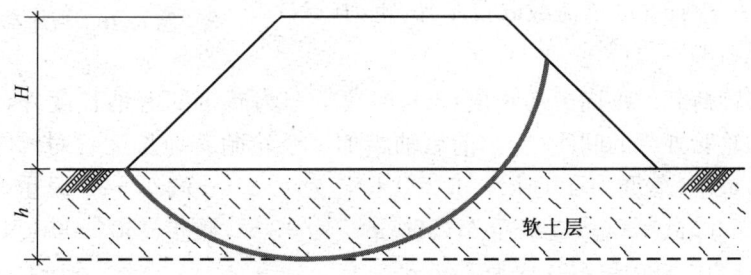

图6-8　软基上路堤破坏面($h<H$)

陡坡路堤除了堤身填料的坍塌外,有可能沿山坡坡面出现滑塌。有软弱夹层或构造面的坡体,常沿夹层面或构造面出现滑坡。这类破坏面的位置往往为已知的,其形状大多为直线或折线形。

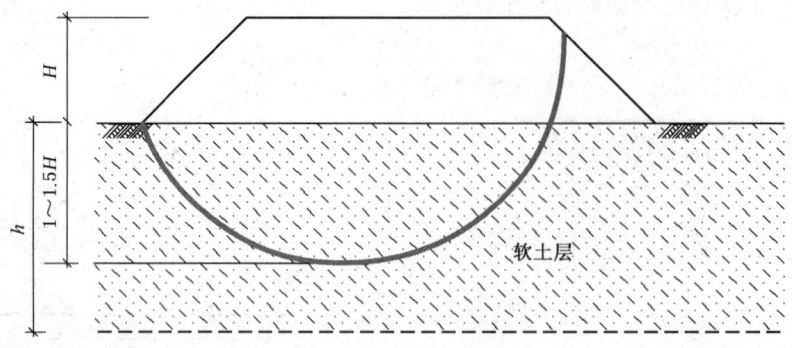

图 6-9 软基上路堤破坏面($h>H$)

6.3.3 条块的划分和自重计算

将滑动坡体划分为条块时,应注意选择滑动面的形状和土质变化处作为条块的界限,以便分析计算。对于圆弧滑动面,条块宽度一般取 2~6 m,条块常数取 10 左右,过少则精度差。

各条块的自重可按其面积乘以土的容重求得。由几层土组成的条块,应分层计算其重力,然后相加得该条块的总重。

6.3.4 车辆荷载的换算

在路基稳定性验算时,需将车辆荷载按最不利情况排列(图 6-10),并换算成相当的土层厚度(又称土柱高),再计入条块面积内一起进行重力计算。

车辆荷载可按下式换算为土柱高 h_0(m):

$$h_0 = \frac{nG}{\gamma B l} \quad (6-13)$$

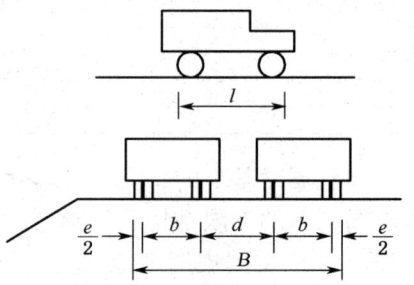

图 6-10 汽车荷载的布置

式中 n——横向分布的车辆数,一般取车道数;
 G——每一辆车(汽车荷载取重车)的重力(kN);
 γ——填料的容重(kN/m³);
 l——车辆荷载的纵向分布长度(m),除履带车为履带的着地长度外,均取车辆前后轴轮胎外缘的间距(等于前后轴距加一个轮胎着地长度),对汽车-10 和 15 级的重车(车重为 150 kN 和 200 kN)为 4.2 m,汽车-20 级重车(300 kN)为 5.6 m,汽车-超 20 级重车(550 kN)为 13 m,履带-50(500 kN)为 4.5 m,挂车-80,100 和 120 均为 6.6 m;
 B——车辆荷载的横向分布宽度(m),取横向并行车辆轮胎(或履带)着地最外缘的间距,即

$$B = nb + (n-1)d + e \quad (6-14)$$

式中 b——每一车辆两侧车轮(或履带)的中距(m),各级汽车为 1.8 m,履带车为 2.5 m,

平板挂车为 2.7 m；

d——并行车辆相邻车轮（或履带）的中距(m)，一般取最小值为 1.3 m；

e——轮胎（或履带）着地宽度(m)，汽车-10 级重车和平板挂车的双后轮为 0.5 m，其他各级重车为 0.6 m，履带车为 0.7 m。

上述换算土柱荷载（高 h_0），可按宽度 B 布置在道路行车部分范围内；或者考虑到路肩上有可能驶入或停歇车辆，而分布在整个路基宽度上。这两者虽有差异，但计算结果出入不大。

确定最危险滑动面圆心位置时，亦可将换算土柱荷载的顶端作为边坡坡顶处理，土柱高 h_0 则计入边坡高度内，再绘出圆心位置的辅助线，并在此辅助线上及其附近加以寻求。

6.3.5 土工参数的选取

路基稳定性验算时，需要知道滑动体的容重（又称重度）γ，滑动面上的抗剪强度指标 c，φ（或 f）等土工参数。

路基处于复杂多变的自然环境中，其稳定性随着土的性状改变而变化。测定土的物理力学性质指标时，取样、试验条件和方法应尽可能同路基的实际工作情况相一致。对挖方路基和天然坡体，应考虑最不利的湿度状态和受力状态等因素，取原状土样试验的数据；而填方路基，则取压实土样（按规定压实要求制备）试验的数据。土的容重可通过试验或凭经验确定，其值变化范围较小，即使有所出入对稳定性分析的结果影响并不大。但抗剪强度指标的离散性较大，不同试验方法测得的结果差别也大，而选取不适当所引起的误差要比分析计算方法大得多。因此，抗剪强度指标值，应根据试验、经验数据及（类似的极限稳定坡体）反算结果，考虑实际可能发生的最不利情况，进行综合分析确定。

一般验算路基稳定性时，常使用总应力分析方法。在分析路堤稳定性时，宜采用快剪（或不排水剪）强度指标，但软土地基部分还应参照路堤填筑速率和地基土固结程度而酌情取用；对挖方边坡和天然坡体，则可采用固结快剪（或固结不排水剪）或快剪（或不排水剪）强度指标。

陡坡路堤的稳定性验算时，若基底地面开挖台阶，可在填土与地基土的 c，φ 值中选择较低的一组，并按滑动面受水浸湿的程度再予适当的降低。

6.3.6 容许安全系数

当求得的安全系数 $K_s \geqslant 1.0$ 时，按理表明了坡体是处于稳定和极限稳定状态，但实际上仍有可能发生失稳现象。这种情况产生的原因主要是取用的 c，φ 值和分析计算方法不尽符合实际。为此，必须考虑工程的安全与经济，规定要求达到的最低（容许）安全系数值，以评价路基的稳定性。容许安全系数值应按结构物的重要性（破坏带来的危害程度）、荷载作用的经常性（对各种荷载的考虑程度）、分析方法的近似性（对实际情况的把握程度）、强度指标的可靠性（对有关资料的了解程度）、工程经济的合理性等因素而定。根据实践经验，容许安全系数值一般变动在 1.00～1.50 范围内。荷载情况为主要组合时，容许安全系数取 1.25；为附加组合时，可取 1.15；为地震组合时，则取 1.10（但路基边坡高度大于 20 m 时，需取 1.15；而三、四级公路路基，均取 1.05）。软土路堤和滑坡稳定验算时见有关规范。

例 6-1 某三级公路有一段陡坡路堤，其横断面如图 6-11 所示。已知填料容重 $\gamma = 18.7 \text{ kN/m}^3$，基底摩擦系数 $f = 0.38$，堤顶荷载为汽车-15 级。试验算该路堤是否稳定。

解 按式(6-13)计算汽车-15级荷载的换算土柱高：

$$h_0 = \frac{2 \times 200}{18.7 \times 5.5 \times 4.2} = 0.93(\text{m})$$

布置在全路基顶宽上。

设路堤沿原地面滑移，采用传递系数法，将堤身划分为4块，取安全系数 $K_s = 1.25$（符合稳定条件的最低要求），按式(6-10)和式(6-11)计算各块的剩余下滑力 F_i，列于表6-2。

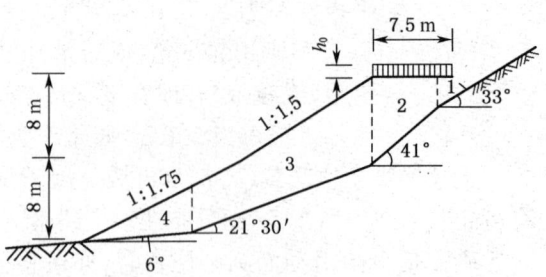

图 6-11 用传递系数法验算陡坡路堤的稳定性

表 6-2　　　　　　　　陡坡路堤的稳定性计算

土块编号	A_i /m²	W_i /kN	α_i	$\alpha_{i-1} - \alpha_i$	$W_i \sin \alpha_i$	$W_i \cos \alpha_i \dfrac{f}{K_s}$	$\cos(\alpha_{i-1} - \alpha_i)$	$\sin(\alpha_{i-1} - \alpha_i) \dfrac{f}{K_s}$	ψ_{i-1}	$F_{i-1}\psi_{i-1}$	F_i /kN
1	5.25	98.2	33°	—	53.5	25.0	—	—	—	—	28.5
2	36.00	673.2	41°	−8°	441.7	154.5	0.990 3	−0.042 3	1.033	29.4	316.6
3	97.50	1 823.3	21°30′	19°30′	668.2	515.7	0.942 6	0.101 5	0.841	266.3	418.8
4	20.19	377.6	6°	15°30′	39.5	114.2	0.963 6	0.081 2	0.882	369.4	294.7

最后一块的剩余下滑力 $F_4 = 294.7$ kN，路堤不稳定，需加以处理（可采取支挡或加固措施）。

6.4 软土地基的路基稳定性分析

软土是由天然含水率大、压缩性高、承载能力低的淤泥沉积物及少量腐殖质所组成的土，主要有淤泥、淤泥质土及泥炭。软土按沉积环境分为四类：河海沉积、湖泊沉积、江滩沉积和沼泽沉积。

软土的抗剪强度低，填土后受压，可能产生侧向滑动或较大的沉降，从而导致路基的破坏，一般要求采取适当的稳定措施。对于薄层软土，原则上应清除换土；软土层较厚时，如果填土高度 H 超过软土所容许的填筑临界高度 H_c，换土量较大，应采取加固措施。

软土地基的路堤滑动成圆弧滑动面，稳定验算方法应采用圆弧条分法。根据计算过程中参数选择不同，可分为总应力法、有效固结应力法和有效应力法等。

6.4.1 总应力法

当采用总应力法时，地基的抗剪强度采用总强度 τ（天然十字板抗剪强度）或采用直剪快剪指标 c_q，φ_q 值，而路堤填料的抗剪强度则用直剪快剪指标，如图6-12。此时安全系数 K 的表达式为

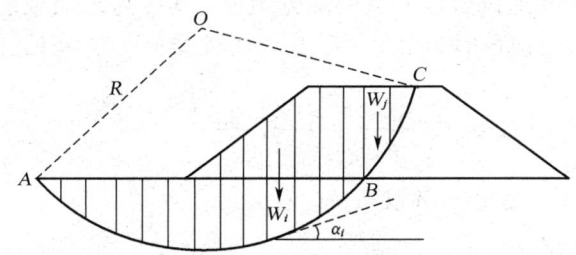

图 6-12 软土地基稳定性计算图式

$$K = \frac{\sum S_i + \sum (S_j + P_j)}{P_T} \tag{6-15}$$

式中　i, j—— 如图 6-12 所示,下标 i, j 是区分土条底部的滑裂面是在地基土层内(AB 弧)还是在路堤填料内的分条编号;

P_T—— 各土条在滑弧切线方向下滑力的总和,$P_T = \sum(W_i \sin\alpha_i) + \sum(W_j \sin\alpha_j) + M/R$;

S_i—— 地基土内(AB 弧)抗剪力,$S_i = \tau_i L_i = W_i \cos\alpha_i \tan\varphi_{qi} + c_{qi} L_i$;

S_j—— 路堤内(BC 弧)抗剪力,$S_j = W_j \cos\alpha_j \tan\varphi_{qj} + c_{qj} L_j$;

W—— 滑裂体某一土条(下标可为 i 或 j)的总重力,$W_i = W_{oi} + W_{li}$;

W_{oi}, W_{li}—— 当第 i 土条的滑裂面处于地基内(AB 弧)时,分别为滑裂面以上该土条中的地基自重及路堤自重(kN);

α_i, α_j—— 土条底部滑裂面对水平面的夹角;

L_i, L_j—— 土条底部滑弧长(m);

R—— 滑裂面圆弧半径(m);

τ_i—— 当第 i 土条的滑裂面处于地基土层内时,该土条滑裂面所处地基土层的天然十字板抗剪强度;

c_{qi}, φ_{qi}—— 当第 i 土条的滑裂面处于地基内(AB 弧)时,分别为该土条所在土层的快剪(直剪)粘结力 c_q(kPa)及快剪内摩擦角 φ_q;

c_{qj}, φ_{qj}—— 当第 j 土条的滑裂面处于地基内(AB 弧)时,分别为该土条所在土层的快剪(直剪)粘结力 c_q(kPa)及快剪内摩擦角 φ_q;

P_j—— 当第 j 土条的滑裂面在路堤填料内时,若该土条滑裂面与设置的土工织物相交,则 P 为该层土工织物每延米宽(顺路线方向)的设计拉力;

M—— 某些外力(如水平向地震力)产生的对滑裂面圆心的滑动力矩。

总应力法中抗剪强度指标可由十字板原位测定,也可从静力触探的 P_s 换算取得。在不少地区有经验公式可供参考。总应力法计算的 K 值主要是为快速施工瞬时加载情况下提供的安全系数,而未考虑在路堤荷载作用下,土层固结所导致的土层总强度的增长。

6.4.2　有效固结应力法

有效固结应力法可以求固结过程中任意时刻已知固结度的安全系数,但其本身不计算固结度,只是把固结度作为已知条件。在路堤荷载作用下,达到某一固结度时,滑裂面上某一土条底面所处土层的软土抗剪强度由两部分组成,其一为未加载前的土层天然强度 S_i,其二为路堤填筑后,固结过程所增加的强度 ΔS_i。此时安全系数 K 的计算式如下:

$$K = \frac{\sum (S_i + \Delta S_i) + \sum (S_j + P_j)}{P_T} \tag{6-16}$$

$$\Delta S_i = W_{1i} U_i \cos \alpha_i \tan \varphi_{gi}$$

式中　　S_i——$W_{oi} \cos \alpha_i \tan \varphi_{qi} + c_{qi} L_i$ 或 $S_i = \tau_i L_i$;

$\quad\quad U_i$——地基的固结度;

$\quad\quad \varphi_{gi}, U_i$——当第 i 土条的滑裂面处于地基内(AB 弧)时,分别为该土条所在土层的快剪(直剪)的内摩擦角及滑裂面所处位置的固结度。

在公式(6-16)中,$\tan \varphi_{gi}$ 是土基在路堤自重作用下,在固结过程中其强度随路堤附加应力增长的增长率,因而可以采用固结快剪(直剪)指标。此时的安全系数考虑了固结作用,但属于瞬时破坏的情况;也可采用有效抗剪指标 φ',但此时的安全系数表示考虑固结,且破坏是缓慢发生的(滑裂时由剪切引起的孔隙水压力能消散)。用有效抗剪强度指标比固结快剪指标所得的安全系数应大一些。值得注意的是,当固结度较小时,用有效固结应力法计算的安全系数不一定比用快剪指标的总应力法计算的安全系数大。

6.5　浸水路堤的稳定性分析

浸水路堤除承受自重和行车荷载作用外,还受到水浮力和渗透动水压力的作用。水的浮力取决于浸水深度,渗透动水压力则视水的落差(坡降)而定。

水位变化对路堤的影响如图 6-13、图 6-14 所示。其中对路基边坡不利的为水流向外,如果落水迅猛,渗透流速高,坡降大,则易带出堤内的细土粒,动水压力使边坡失稳。

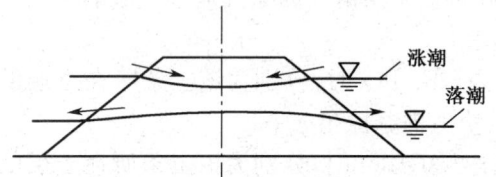
图 6-13　双侧渗水路堤水位变化示意图

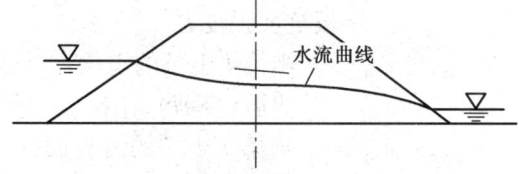
图 6-14　单侧浸水路堤水位变化示意图

透水性强的砂性土路堤,其动水压力较小;黏性土路堤经人工压实后,透水性差,动水压力亦不大。介于两者之间的土质路堤,如粉质亚砂或粉质亚黏土等,浸水时的边坡稳定性较差。遇水膨胀及易溶或风化严重的岩土,浸水路堤边坡的稳定性更差。

浸水路堤的设计中,一般按设计洪水位及考虑壅水和浪高等因素,选定路堤高程。浸水部分采用较缓边坡(1∶2 或更缓),必要时设置护坡道,流速较大时予以防护加固,或设置导流结构物。为使设置更加合理,浸水路堤的边坡需进行稳定性计算。

浸水路堤的边坡稳定性计算,通常亦假定滑动面为圆弧,最危险的滑动面通过坡脚,圆心位置的确定与条分法相似。稳定性计算方法有多种,常用方法有:假想摩擦角法、悬浮法和条分法。

6.5.1 假想摩擦角法

通过适当改变填料的内摩擦角,利用非浸水时的常用方法,进行浸水时的路堤稳定性计算。

由库伦定律知,滑动土体的总强度为

$$S = Q\tan\varphi + cL$$

路堤浸水时,土体的抗剪强度有所降低,表示为 S_B,其中部分原因是浮力作用下重力减轻,Q 降为 Q_B,假想相当于 φ 减小为 φ_B。此时如果其他条件不变,浸水后的土条总强度有两种数值相等的表示方法,即

$$Q_B \cdot \tan\varphi + cL = Q \cdot \tan\varphi_B + cL$$

得

$$\tan\varphi_B = \frac{Q_B}{Q}\tan\varphi$$

同一滑动体浸水前后的重力之比,实际上就相当于干与湿的重度之比。

所以

$$\tan\varphi_B = \frac{\gamma_B}{\gamma}\tan\varphi$$

以 φ_B 代替 φ 值,代入有关圆弧滑动面的稳定性计算式,即可求得稳定系数。此法适用于全浸水路堤,是一种简易方法,粗略估算时可供参考。

6.5.2 悬浮法

通过假想用水的浮力作用间接抵消水压力对边坡的影响。即在计算抗滑力矩时,用降低后的内摩擦角 φ' 反映浮力的影响(抗滑力矩相应减小),而在计算滑动力矩时,不考虑浮力作用,用以抵偿动水压力的不利影响。

图 6-15 中,未浸水时的作用力为

$$Q = \gamma F = \gamma(F_1 + F_2)$$

$$N = Q \cdot \cos\alpha_0, \quad T = Q \cdot \sin\alpha_0$$

$$\alpha_0 = \arcsin\frac{a}{R}$$

路堤浸水后的附加作用力为:
浮力

$$\Sigma_q = W = F_2 \cdot \gamma_0$$

水重的法向力:

$$N' = W \cdot \cos\alpha_0', \quad \alpha_0' = \arcsin\frac{a'}{R}$$

浸水后抗滑力矩 M_y 由两个部分组成:
浸水前

$$M_{y1} = (Q \cdot \cos\alpha_0 \tan\varphi + cL)R$$

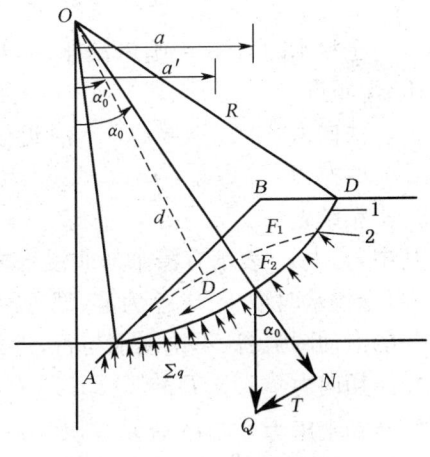

图 6-15 悬浮法计算图式
1—滑动面;2—降水曲线

浸水后附加
$$M_{y2} = -(W\cos\alpha_0'\tan\varphi' + c'L)R$$

水的浮力作用向上，M_{y2} 取负值，近似取 φ，c 及 α_0 不变，所以
$$M_y = [(Q-W)\cos\alpha_0\tan\varphi + cL]R$$

对于滑动力矩 M_0：

浸水前
$$M_{01} = (F_1 + F_2)\gamma a$$

浸水后附加作用和动水压力作用，前者为负值：
$$M_{02} = D \cdot d - F_2\gamma_0 \cdot a$$

为简化计算，本法取 $M_{02} = 0$，即假设相互抵偿，则有

$$K = \frac{M_y}{M_{01}} = \frac{[(Q-W)\cos\alpha_0\tan\varphi + cL]R}{(F_1+F_2)\gamma \cdot a} \tag{6-17}$$

此法亦较粗略，适用于方案比较时估算参考。

6.5.3 条分法

该法的基本原理和计算步骤，与非浸水时的条分法相同，但土条分成浸水与干燥两部分，并直接计入浸水后的浮力和动水压力作用。比上述两种方法更符合实际，结果也更精确。

图 6-16 为滑动体的某一部分浸水土条，其重力 Q_i 由上干和下湿二者组成。

$$Q_i = F_{i1} \cdot \gamma_d + F_{i2} \cdot \gamma_w$$

全浸水时，$F_{i1} = 0$，未浸水时，$F_{i2} = 0$；γ_d 与 γ_w 分别为填土的干、湿重度。

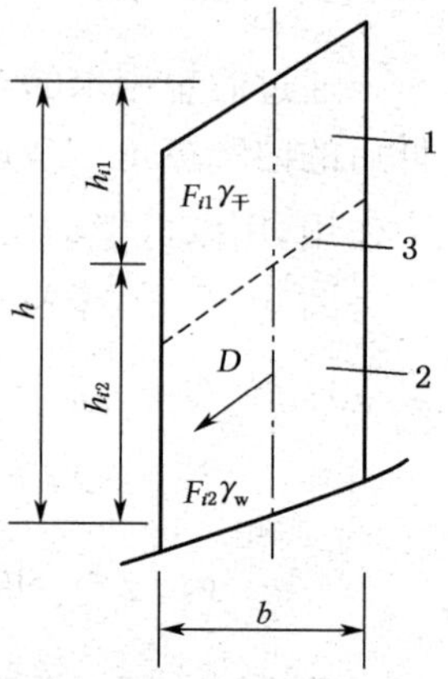

法向力　　$N_i = Q_i\cos\alpha_i$（近似取 $\alpha_i = \alpha_i'$）
摩擦力　　$N_i \cdot f_x$
粘结力　　$c_x \cdot l_i$

其中，f_x 与 c_x 表示有浸水与非浸水之分，而且未浸水时取 f_2 与 c_2 为零，全浸水时取 f_1 与 c_1 为零，部分浸水时 $f_1 > f_2$ 及 $c_1 > c_2$。l_i 为土条的滑动圆弧长，不论浸水与否，近似取同一数值。

切向力　　$T_i = Q_i\sin\alpha_i$（有正、负之分）
动水压力　$D = F_2 \cdot \gamma_0 \cdot I$

其中，γ_0 为水的相对密度，I 为浸水线的水力坡降，d 为动水压力的力臂。

已知填土的渗透系数 K_w(m/s)时

$$I = \frac{1}{3000\sqrt{K_w}}$$

图 6-16　浸水土条示意图

1—未浸水部分；
2—浸水部分；3—降水线

浸水路堤的边坡稳定系数

$$K = \frac{\sum N_i f_x + \sum c_x l_i}{\sum T_i + D(d/R)} \tag{6-18}$$

例 6-2 某浸水路堤 $H_1 = 13.0 \text{ m}$,堤顶宽 $B = 10.0 \text{ m}$,设计最大水深为 7.0 m,拟定横断面见图 6-17。试验得知:土的重度 $\gamma = 25.48 \text{ kN/m}^3$,干重度 $\gamma_d = 18.13 \text{ kN/m}^3$,孔隙率 $\eta = 31\%$,$\varphi_1 = 26°$,$c_1 = 14.7 \text{ kPa}$,$c_2 = 7.84 \text{ kPa}$,换算土柱高 $h_0 = 1.0 \text{ m}$。试计算其边坡稳定性。

解 按条分法的步骤如下:

(1) 按 1:50 比例作图,用 $4.5H$ 法作圆心辅助线,定圆心 O(本例仅计算一个滑动面)划分九个土条;量得:$R = 29.6 \text{ m}$,$d = 25.0 \text{ m}$,干土条 $l_1 = 7.3 \text{ m}$,取 $I = 0.08$。

(2) 分别量取各土条重心与竖轴的间距 a_i(右正左负),计算 a;计算面积 F_i(干与湿分开),分别计算重力 Q_i。

其中湿重度

$$\gamma_w = (\gamma - \Delta_0)(1 - \eta) = (25.84 - 9.80)(1 - 0.31) = 10.82 \text{ kN/m}^3$$

(3) 计算滑动圆弧两端点对竖轴的间距,计算圆心角 α_0 和全弧长 L,浸水圆弧长 $l_2 = L - l_1 = 38.7 \text{ (m)}$。

(4) 分别计算各土条圆弧面上的法向力 N_i 与切向力 T_i(区分正负)。

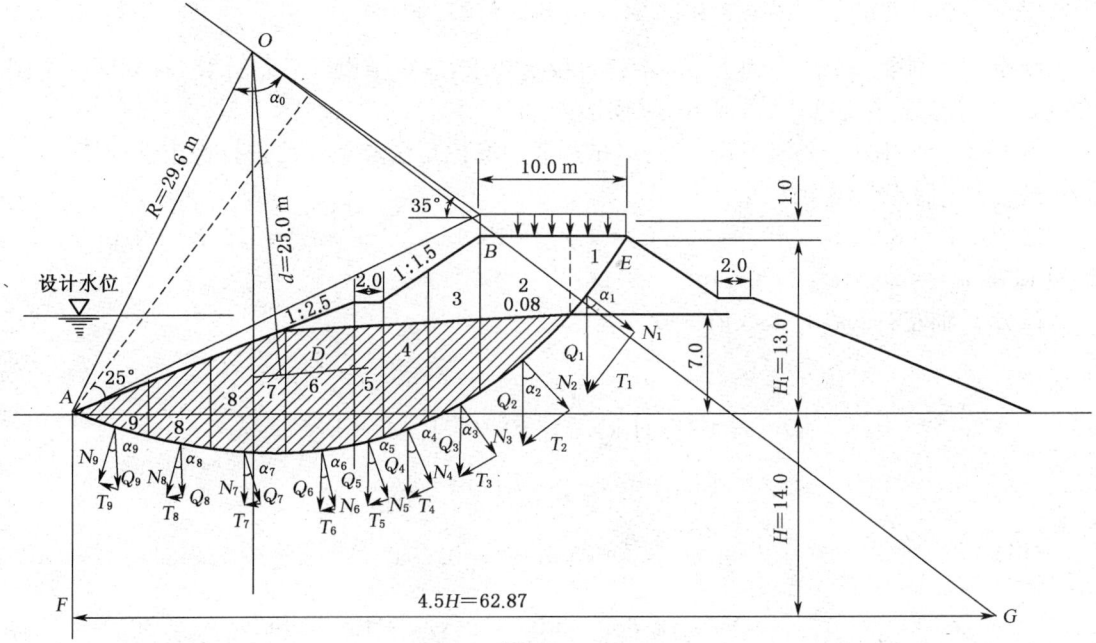

图 6-17 浸水路堤稳定性计算图式(单位:m)

以上所有计算结果,列于表 6-3 中。

表 6-3　　　　　　　　　　　条分法浸水路基稳定性验算表

土条号	X/m	α	$\sin\alpha$	$\cos\alpha$	F_i/m^2		Q_i/kN		Q_1+Q_2	$N_1=Q_1\cdot\cos\alpha$		$T_1=Q_1\cdot\sin\alpha$		L/m
					F_1	F_2	Q_1	Q_2		N_{i1}	N_{i2}	T_{i1}	T_{i2}	
1	24.1	54°30′	0.814 2	0.580 7	20.0	—	362.2	—	362.2	210.3	—	271.3	—	7.3
2	19.3	40°41′	0.652 0	0.758 3	28.0	15.0	870.2	162.3	1 032.5	—	782.9	—	673.2	
3	14.5	29°20′	0.489 9	0.871 8	20.4	22.6	369.9	244.5	614.4	—	535.6	—	301.0	
4	10.8	21°24′	0.364 9	0.931 1	10.5	25.1	190.4	271.6	462.0	—	430.2	—	168.6	
5	8.0	15°40′	0.270 3	0.962 8	4.0	26.4	72.5	285.6	358.1	—	344.8	—	96.8	38.7
6	5.5	10°42′	0.185 8	0.962 6	6.5	42.7	117.8	462.0	579.8	—	563.7	—	107.7	
7	−0.5	0°58′	0.016 9	0.999 9	0.3	39.7	5.4	429.6	435.0	—	435.0	—	−7.4	
8	−4.5	8°44′	0.152 0	0.988 4	—	27.5	—	297.6	297.6	—	294.1	—	−44.7	
9	−8.7	17°05′	0.293 8	0.955 9	—	10.0	—	108.2	108.2	—	103.4	—	−30.4	
合计					—	209.0	—	—	—	210.3	3 489.7	271.3	1 264.8	46.0

注：表中 x 是指各土条重心对竖轴的横距，右为正，左为负。

(5) 计算动水压力 $D = I\cdot\gamma_0\cdot\sum F_2 = 0.08\times 209.0\times 9.8 = 163.9\text{ kN}$

$$f_1 = \tan\varphi_1 = 0.487\,7,\quad f_2 = \tan\varphi_2 = 0.404\,0$$

(6) 得 K 值为

$$K = \frac{210.3\times 0.487\,7 + 3\,489.7\times 0.404\,0 + 14.7\times 7.3 + 7.84\times 38.7}{271.3 + 1\,264.8 + 163.9(25/29.6)} = 1.15$$

结论　本例第一个圆心的 K 值，不符合稳定要求，应重新设计后再计算，直到同一个图式经 3~5 个以上圆心试算后，取 $K_{\min}$ 判别稳定性。

例 6-3　利用例 6-2 的图式与数据，试用假想摩擦角法和悬浮法进行稳定性计算。

解　(1) 假想摩擦角法

已知：$F_1 = 89.7\text{ m}^2$，$F_2 = 209.0\text{ m}^2$，$\gamma_d = 18.13\text{ kN/m}^3$，$\gamma_w = 10.82\text{ kN/m}^3$，$c_1 = 14.7\text{ kPa}$，$\varphi_1 = 26°$，$L = 46.0\text{ m}$。

区分 Y 轴左右二者有关数值：

$$\alpha_{右} = 27°22',\qquad \alpha_{左} = 5°48'$$

$$Q_{右} = 4\,373.1\text{ kN},\qquad Q_{左} = 1\,405.1\text{ kN}$$

$$F_{右} = 131.8\text{ m}^2,\qquad F_{左} = 77.2\text{ m}^2$$

计算

$$\tan\varphi' = \frac{\gamma_w}{\gamma_d}\cdot\tan\varphi_1 = 0.291\,1$$

$$N_{右} = 3\,883.7\text{ kN},\qquad N_{左} = 1\,397.9\text{ kN}$$

$$T_{右} = 2\,010.0\text{ kN},\qquad T_{左} = 142.0\text{ kN}$$

$$W_{右} = 1\,291.6\text{ kN},\qquad W_{左} = 756.6\text{ kN}$$

得 K 值为

$$K = \frac{f \cdot \sum N_i + cL}{\sum T_i} = \frac{(3\,883.7 + 1\,397.9) \times 0.291\,1 + 14.7 \times 46}{2\,010.0 - 142.0} = 1.18$$

(2) 悬浮法

已知数值同上,得 K 值为

$$K = \frac{[(Q_右 - W_右) \cdot \cos\alpha_右 + (Q_左 - W_左)\cos\alpha_左] \cdot \tan\varphi_1 + c_1 L}{T_右 - T_左} = 1.24$$

结论 两法计算结果与条分法计算结果相差分别为 3% 和 8%。

例 6-4 利用例 6-2 的资料,如果是非浸水路堤,试计算其边坡稳定性。

解 由表 6-1 可知

$$\sum N_i = 210.3 + 3\,489.7 = 3\,700.0 \text{ kN}$$

$$\sum T_i = 271.3 + 1\,264.8 = 1\,536.1 \text{ kN}$$

$$f = \tan 26° = 0.467\,7$$

$$c = 14.7 \text{ kPa}$$

$$L = 46.0 \text{ m}$$

$$K = \frac{f \cdot \sum N_i + cL}{\sum T_i} = \frac{3\,700 \times 0.467\,7 + 14.7 \times 46}{1\,536.1} = 1.57$$

可见,不浸水情况下路堤的稳定性是浸水情况下的 1.37 倍。

6.6 路基边坡抗震稳定性分析

6.6.1 震害与震力

地震会导致软弱地基沉陷、液化,挡土墙等结构物破坏,还会造成路基边坡失稳。路基边坡遭致震害的程度,除了地震烈度之外,主要取决于岩土的稳定状况,其中包括岩土的结构与组成等,同时亦与路基的形式与强度有关,其中包括路基的高度、边坡坡度及土基的压实程度等。

《公路工程抗震设计规范》(JTJ 004—89)规定,对于地震烈度为 8 度或 8 度以上的地区,路基设计应符合防震的要求,其中包括软弱地基加固,限制填挖高度,提高路基压实度,以及放缓边坡坡度等。

震级是衡量地震自身强度大小的等级,通常是根据地震仪的记录并按下列关系表示:

$$M = \tan A$$

式中 M——震级(一般分为 9 级);

A——距震中 100 km 处,标准记录的最大振幅(μm)。

地震烈度是地表面遭受地震影响的强弱程度。一次地震仅有一个震级,但有几个烈度。

世界各国的烈度划分不一,我国分为12度,并对全国各地的设计烈度作出规定。

我国对震级、震中烈度及震源这三者之间关系的规定见表6-4所列。

表6-4　　　　　　　　　震中烈度与震级、震源的关系

震级 \ 震源深度/km \ 震中烈度	5	10	15	20	25
2	3.5	2.5	2.0	1.5	1.0
3	5.0	4.0	3.5	3.0	2.5
4	6.5	5.5	5.0	4.5	4.0
5	8.0	7.0	6.5	6.0	5.5
6	9.5	8.5	8.0	7.5	7.0
7	11.0	10.0	9.0	9.0	8.5
8	12.0	11.5	11.0	10.5	10.0

地震时,地面产生地震波的加速度有水平与竖向之分。根据观测资料分析,地震波的最大水平加速度,约为最大竖向加速度的1.0~1.5倍,而且较多的记录资料是偏向大一倍,设计时以此为准。

对于路基边坡,水平加速度a产生的水平力P危险性最大,设计时假定P垂直于边坡面,而且作用的方向朝外,此时对于边坡稳定最不利。

设边坡滑动体的重力为Q,则

$$P = ma = \frac{Q}{g}a = K_H Q \tag{6-19}$$

式中　m——滑动体的质量(kg);
　　　g——重力加速度(m/s²);
　　　K_H——水平地震系数。

滑动体在重力Q与水平地震力P的共同作用下,将产生一个偏移θ_s,称为地震角,由此得$\tan\theta_s = K_H$。实际工程中,该理论关系还需要引入修正系数C_H,称为综合影响系数或结构系数,对公路边坡而言,抗震设计时$C_H = 0.25$,故得

$$\tan\theta_s = 0.25 K_H \tag{6-20}$$

路基边坡稳定性分析中,实际采用的地震水平力为

$$P = 0.25 K_H \cdot Q$$

6.6.2　边坡抗震稳定性的计算

首先按照非地震地区的路基边坡稳定性分析方法,确定最危险的滑动面(直线或圆弧等),如图6-18所示,然后再考虑地震的作用力。

根据作用力及静力平衡原理,可得

$$K = \frac{(\sum N - \sum N_s)f + cL}{\sum T + \sum T_s} \tag{6-21}$$

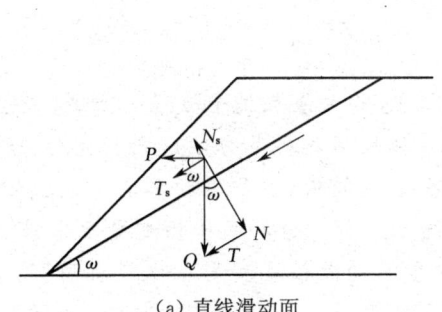 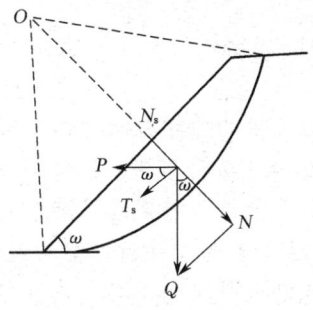

(a) 直线滑动面　　　　　　(b) 圆弧滑动面

图 6-18　地震区边坡稳定性计算

例 6-5　某地区地震设计烈度为 9 度,已知路基边坡最危险滑动体 $Q = 2\ 047.20$ kN, $c = 14.70$ kPa,$L = 36.0$ m,$\omega = 33°41'(1:1.5)$。试计算其稳定性。

解　(1) 按非地震条件下计算

$$\sum N = Q \cdot \cos \alpha = 1\ 736.12 \text{ kN}$$

$$\sum T = Q \cdot \sin \alpha = 1\ 084.85 \text{ kN}$$

$$K = \frac{\sum N \cdot f + cL}{\sum T} = \frac{1\ 736.12 \cdot \tan 28° + 14.70 \times 36}{1\ 084.85} = 1.34$$

(2) 按抗震设计要求计算

K_H 与设计烈度的关系见表 6-5。

表 6-5　　　　　　　　　　K_H 与设计烈度的关系

设计烈度	7 度	8 度	9 度	设计烈度	7 度	8 度	9 度
K_H	0.1	0.2	0.4	θ_s	1°30′	3°	6°

由表 6-5,烈度为 9 度时,$K_H = 0.4$,$P = 0.25 K_H \cdot Q = 204.72$ kN

$$N_s = P \cdot \sin \omega = 113.54 \text{ kN}$$

$$T_s = P \cdot \cos \omega = 170.35 \text{ kN}$$

$$K = \frac{(\sum N - \sum N_s)f + cL}{\sum T + \sum T_s} = \frac{(1\ 736.12 - 113.54) \cdot \tan 28° + 14.7 \times 36}{1\ 084.85 + 170.35} = 1.11$$

结论　由计算结果可知,该路基边坡在非地震条件下稳定,而在地震时且烈度为 9 度条件下,稳定系数 K 由原来的 1.34 减小至 1.11。考虑到该路基并非十分重要(技术等级低,目前交通量不大),将地震力作为附加力进行组合,稳定系数 K 为 1.05,所以路基边坡不再改变设计,采用 1:1.5 边坡值,暂不采取其他加固措施。

■ 小　结

　　路基稳定性的力学分析，常用各种条分法。这些方法都属于极限平衡法，其主要差别在于对条间力和滑动面形状的假设不一样。同一路基用各种条分法进行稳定性验算，可得到不同的安全系数值。稳定路基所容许的最低安全系数值，应积累按各种方法设计结构物的使用经验，综合考虑工程的安全与经济，对不同的荷载组合和结构物重要性分别予以确定。

　　路基稳定性分析的结果是否正确，关键在于滑动面位置和形状以及抗剪强度指标的确定是否反映路基工作的实际情况。但影响路基挖方边坡稳定的因素很多，力学验算法往往难以考虑周全，还需用工程地质法进行检核。

　　当设计的路基断面不符合稳定要求，或在施工和使用过程中产生失稳现象时，就应采取提高抗滑力和减小滑动力的措施。

■ 复习思考题和习题

6.1　路基稳定性分析所采用的工程地质法与力学验算法之间有何联系？

6.2　对简单条分法、毕肖普法及传递系数法的异同进行比较。它们各自适用于什么场合？

6.3　用条分法分析路基稳定性时，作用于条块上的各已知力是如何考虑和计算的？

6.4　在路基稳定性验算中，土工参数和容许安全系数值应怎样合理确定？

6.5　采用减重和反压措施防治滑坍时，应注意哪些问题？

6.6　在例6-1中，若该路堤未浸水，试计算所示滑动面的安全系数。

6.7　设例6-2的路堤位于地震基本烈度为9度的地区，基底摩擦系数 $f = 0.53$。试验算其抗震稳定性。

7 挡土墙设计

挡土墙(简称挡墙)是支挡土体而承受其侧压力的墙式结构物。在设置挡土墙的地段，应根据当地情况和设计要求，合理选定挡土墙的位置、型式和构造，并绘制布置图。挡土墙断面(结构)设计时，若无标准图可套用，则需进行滑动、倾覆稳定和基底应力(以上统称全墙或外部稳定)以及墙身截面应力(加筋土挡墙为内部稳定)验算。为此，需要确定作用于挡土墙上的力系，特别是计算所承受的土压力。

本章的学习要求如下：

1. 了解各类挡土墙的特点和适用场合，熟悉挡土墙的布置。
2. 懂得朗金和库伦主动土压力的计算原理和使用条件，并能运用土压应力图进行土压力计算。
3. 掌握挡土墙的外部稳定验算和加筋土挡墙的内部稳定计算。

7.1 挡土墙的类型、构造和布置

7.1.1 类型

挡土墙具有阻挡墙后土体坍滑，保护与收缩边坡等功能。在路基工程中，挡土墙常用来防止路基填土或挖方坡体变形失稳，克服地形限制或地物干扰，减少土方量或拆迁和占地面积，避免填方侵占河床和水流冲淘岸坡(这时，简称浸水墙)，整治滑坡等病害(简称抗滑墙)。

按照墙的设置位置，路基挡土墙可分为路肩墙、路堤墙和路堑墙等，如图7-1所示。

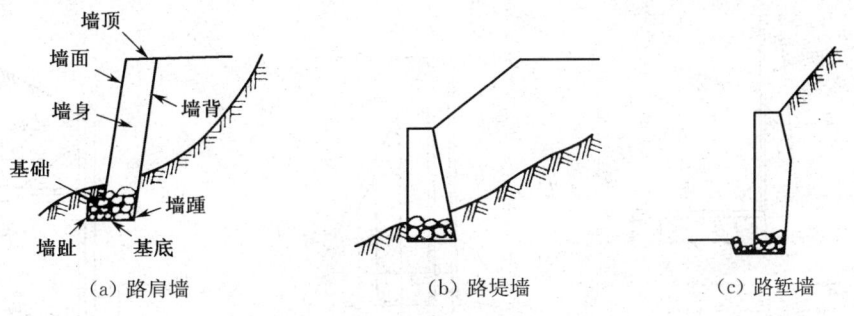

图7-1 挡土墙设置位置的分类

挡土墙按结构形式与特点的不同可划分为重力式、薄壁式、锚固式、垛式和加筋土式等。

1. 重力式

重力式挡土墙多采用片(块)石浆砌或干砌而成,在缺乏石料地区也可用混凝土建造。它主要依靠墙身自重来抵御(平衡)墙后土体的侧压力(土压力)作用,故墙身断面尺寸较大。其结构简单,取材较易,施工方便,因而使用较广。但干砌挡土墙,仅适用于地震烈度较低,不受水流冲淘,地基条件良好和墙高一般小于 6 m 的地段。

重力式挡土墙各部位的名称,如图 7-1(a)所示。其墙背可做成直线形(比照人站立时的仰俯情况,分为仰斜、竖直和俯斜三种)或折线形(有凸形和衡重式等),以适应不同的使用场合。

仰斜墙背(图 7-1(a))在墙高等条件相同时,所承受的土压力比俯斜墙背的小,故其墙身断面较为经济;用于路堑墙时,墙背与开挖的边坡较吻合,因而开挖量和回填量均较少。

俯斜墙背(图 7-1(b))常用于地面横坡陡峻处的路肩墙或路堤墙,它可借陡直的墙面,以减小墙高。另外,俯斜墙背还可做成台阶形(图 7-3(b)),以增加墙背与填料之间的摩阻力,并提高挡土墙的稳定性。

如果将仰斜墙背的上部做成俯斜,就称为凸形墙背(图 7-1(c)),它可减小上部墙身的断面尺寸(包括高度),多用于路堑墙,也可用于路肩墙。

衡重式挡土墙(图 7-2)系在凸形上下墙背间再增设衡重台(称为衡重式墙背),并采用陡直的墙面,借助于台上填土的自重和全墙重心的后移,以提高墙体的稳定性,适用于地面横坡陡峻处的路肩墙和路堤墙,也可用于路堑墙。

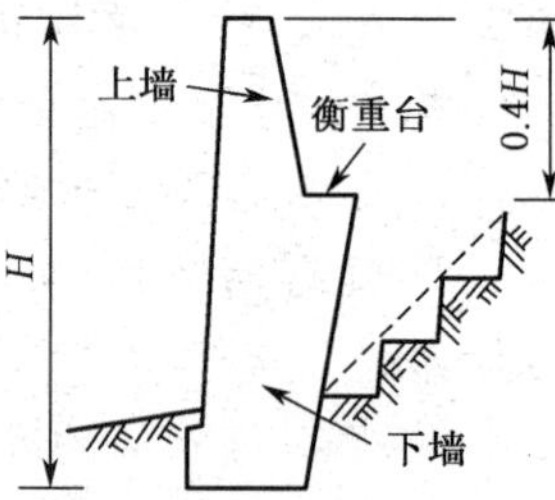

用混凝土浇筑的挡墙,为减小断面尺寸,可在受拉区(墙背和墙趾处)设置少量钢筋,就称半重力式,一般适用于低墙。

图 7-2 衡重式挡土墙

2. 薄壁式

薄壁式挡土墙采用钢筋混凝土结构,墙身断面较薄,所承受的侧向土压力主要依靠底板上的土重来平衡,通常包括悬臂式、扶壁式和柱板式等。

悬臂式挡土墙是由立壁、趾板(趾部底板)和踵板(踵部底板)三个悬臂部分组成,如图 7-3(a)。它利用踵板上的填土重量来保持稳定,而趾板还可增加抗倾覆能力和减小基底应力,常用于地基情况较差的路肩墙。当墙高超过 6 m 时,在侧向土压力作用下立壁底部的弯矩迅速变大,钢筋和混凝土的用量急剧增加,就不经济。此时,可沿墙长方向每隔一定距离加设扶壁(又称肋板),把立壁与底板连接起来,起到加劲作用,成为扶壁式挡土墙(图 7-3(b))。

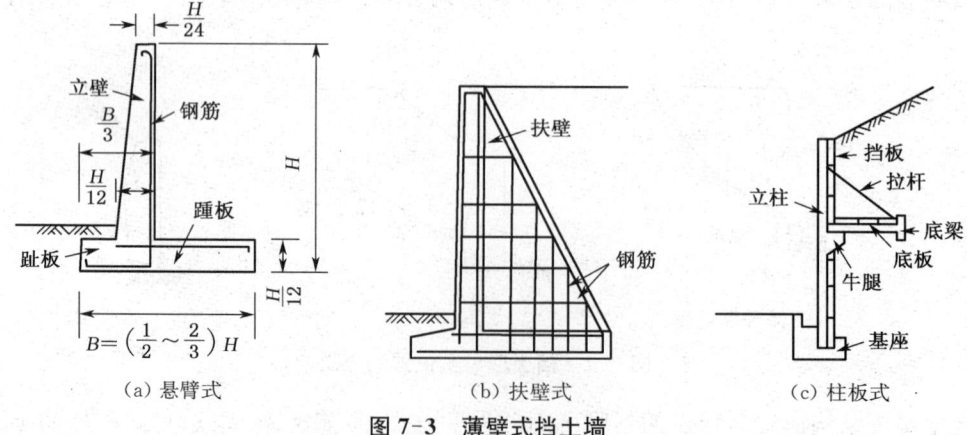

(a) 悬臂式　　(b) 扶壁式　　(c) 柱板式

图 7-3 薄壁式挡土墙

柱板式挡土墙(图7-3(c))是由立柱、挡板、底梁、底板(又称卸荷板)、基座和拉杆拼装而成。因其底板位置升高,基础开挖量较悬臂式和扶壁式少,故适用于支挡土质路堑高边坡或处治边坡坍滑,也可用于路堤墙。

3. 锚固式

(1) 锚固式挡土墙 是由钢筋混凝土墙面部分和锚固构件连接而成。它依靠埋设在稳定岩土层内锚固件的抗拔力,承受从墙面传来的土压力,保持全墙稳定(平衡)。墙面常用预制的立柱(又称肋柱)和挡板拼成,也可就地浇筑成整体板壁。挡板采用断面为矩形或槽形的直板,有时也用混凝土拱板。这类挡土墙属轻型结构,材料节省,占地较少,地基要求不高,有利于机械化施工。按照锚固方式的不同,又可分为锚杆式、锚定板式和桩板式等。

(2) 锚杆式挡土墙 采用锚入稳定地层内的钢杆(也有用钢丝束),称为锚杆,拉住肋柱或板壁。墙高时,可分级建造(图7-4(a))。它适用于高度较大、挖基困难、具有锚固条件的路堑墙、路肩墙或抗滑墙。

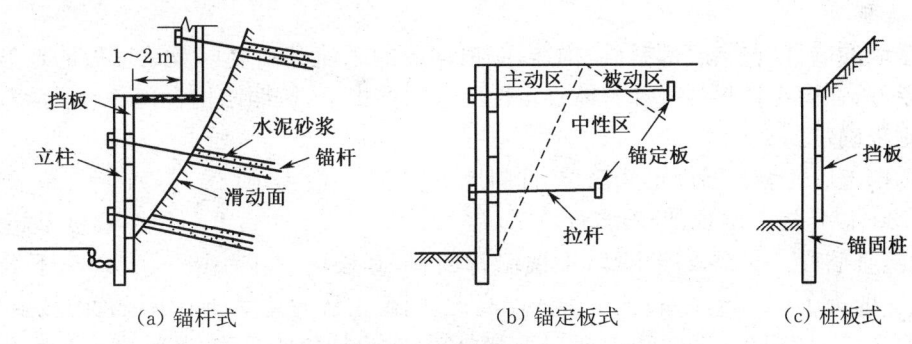

图7-4 锚固式挡土墙

(3) 锚定板式挡土墙 结构形式与锚杆式基本相同,只是钢杆(称为拉杆)的锚固端改用锚定板,并埋在填料稳定区(被动区和中性区)内(图7-4(b))。它的柔性较好,特别适用于地基不良的高路肩墙或路堤墙。

(4) 桩板式挡土墙(图7-4(c)) 系将支承挡板的立柱改为深埋地下的桩柱(又称锚固桩)。这种形式适用于墙后土体下滑力较大而要求基础埋置又深的滑坡整治地段,施工时,可避免大面积开挖,对山体稳定有利。

4. 垛式

垛式挡土墙(图7-5)通常采用钢筋混凝土预制杆件纵横交错拼装成框架,内填以土石,借其自重抵抗墙后土体的推力。这种挡土墙,允许地基产生一定的变形,施工迅速,修复较易,常用作高路肩墙和路堤墙以及抗滑墙。

5. 加筋土式

加筋土式挡墙是一种由竖直面板、水平拉筋和内部填土三部分组成的加筋体(图7-6)。它通过拉筋与填土间摩阻力,拉住面板,稳定填土,形成一个整体结构,再依靠其自重抵抗墙后(拉筋尾部后面)填土所产生的侧压力。面板一般用混凝土预制,国外也用半椭圆形的金属板;拉筋常用钢带、钢筋混凝土带或聚丙烯土工带,还可用金属或聚合物材料做的网格等。加筋土挡墙,构件轻巧、施工简便、柔性较大、抗震性大、外型美观、造价较低,适用于较高的路肩墙和路堤墙。

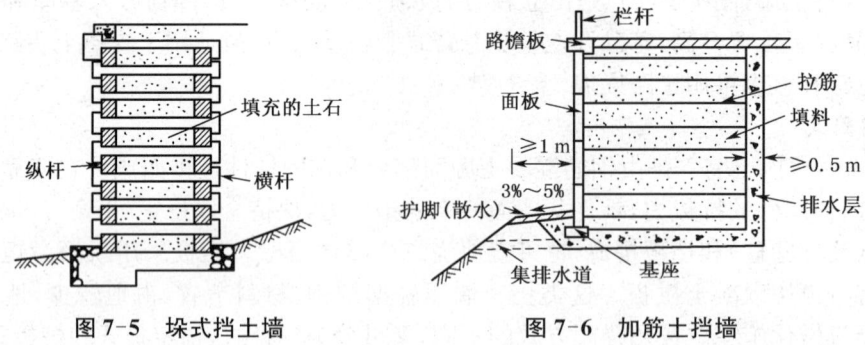

图 7-5 垛式挡土墙　　　　图 7-6 加筋土挡墙

7.1.2 构造

挡土墙包括墙身、基础、填料、排水设施和沉降伸缩缝等方面。

1. 墙身

挡土墙的墙身(包括底部基础)构造,应根据墙的用途和高度以及墙址处的地形、地质、水文等条件,在满足材料强度和整体稳定性要求的前提下,按照结构合理、断面经济、施工方便的原则来确定。

石砌挡土墙的墙身断面形式简单,仰斜墙背坡度,一般为 1∶0.15～1∶0.25,但不宜缓于 1∶0.30,以免施工困难;俯斜墙背坡度,常用 1∶0.15～1∶0.40;低墙(高度不超过 4 m)时,可取竖直墙背。衡重式挡土墙,上墙墙背俯斜,其坡度为 1∶0～1∶0.45;下墙墙背仰斜,坡度一般为 1∶0.25 左右;上下墙的墙高比,同衡重台的宽度和上下墙背的坡度相关联,通常可取 2∶3(图 7-2)。墙面(基础以上部分)一般为仰斜的平面,其坡度应与墙背坡度相协调。地面横坡较陡时,墙面可用 1∶0.05～1∶0.20;地面横坡平缓时,墙面也不宜缓于 1∶0.3。墙顶宽度,浆砌时不应小于 0.5 m;干砌时不应小于 0.6 m。干砌挡土墙顶部 0.5 m 高度内,用砂浆砌筑,以利稳定。

悬臂式挡土墙的墙身断面各部分尺寸,可参照图 7-3(a)选用。立壁的面坡常用 1∶0.02～1∶0.05,背坡则可直立;顶宽不得小于 0.15 m,路肩墙不宜小于 0.20 m。踵板采用等厚,趾板端部厚度可减薄,但不小于 0.30 m。扶壁式挡土墙的立壁,通常为等厚的竖直板,又称墙面板;扶壁的间距常取墙高的 1/3～1/2,厚度约为扶壁间净距为 1/8～1/6,但不小于 0.30 m。墙身断面内的钢筋配置,示意如图 7-3(a)、图 7-3(b)。

锚杆式挡土墙,为便于立柱和挡板的安装,大多采用竖直墙面。立柱间距按吊装设备和锚杆的抗拔能力而定,一般可选用 2.5～3.5 m。每根立柱视其高度布置 2～3 根锚杆,锚杆的位置应尽量使立柱所受的弯矩分布均匀。锚杆一般沿水平方向向下倾斜 10°～45°,倾角的大小视施工机具、稳定地层的情况和立柱受力条件而定,并使锚杆长度尽可能最短。锚杆的有效锚固长度,在岩层中,一般不小于 4 m;在稳定土层内,应有 9～10 m。锚孔内灌以膨胀水泥砂浆;锚孔口至墙面间一段锚杆,采用沥青麻丝包扎防锈。锚杆与立柱的连接,可采用螺丝端杆、焊头连接等方式。挡墙分级设置时,每级高度不大于 6 m,两级之间留有 1～2 m 的平台(图 7-4(a)),以利施工操作和安全。

加筋土挡墙,面板应坚固、美观、便于运输与安装。混凝土预制面板,一般有十字形、六角形和长条形(断面有矩形、槽形和 L 形等)几种,其尺寸主要由受力情况和起吊能力来决定。十字形面板的常用尺寸,高与长为 50～150 cm,厚(宽)为 8～22 cm。在墙面的边角处,还需采用半块面板和异形面板拼装(图 7-7)。拉筋应采用抗拉强度高、蠕变量小、柔韧性和耐久性好的材料,能与填料产生较大的摩阻力,且施工方便及价格较低。钢带分光面和有肋两种,常镀锌防锈,断面呈扁矩形,厚度应不小于 3 mm,宽度应不小于 30 mm。钢筋混凝土带,应分节预制,每节长度不宜大于 3 m,平面呈矩形或楔形,断面厚 6～10 cm,宽 10～25 cm。聚丙烯土工带,表面应压有粗糙花纹,宽度应大于 18 mm,厚度应大于 0.8 mm。拉筋的长度,一般取 $(0.8～1.0)H$,但底部拉筋长度应不小于 3 m,同时不小于 $0.4H$(H 为加筋体高度)。拉筋(与面板结点)的间距,通常横向为 0.50～1.00 m;竖向为 0.25～0.75 m,面板与拉筋的连接,可用螺栓或焊接等方法。相邻面板间的连接,常用企口和插销等。墙高超过 12 m 时,中部宜设置宽度不小于 1 m 的错台,有利于调整墙面水平位移,减少面板对地基的压力并便于施工操作。另外,加筋体顶部的面板上宜设置路檐板,以固定和约束面板,并可安装栏杆(图 7-6)。

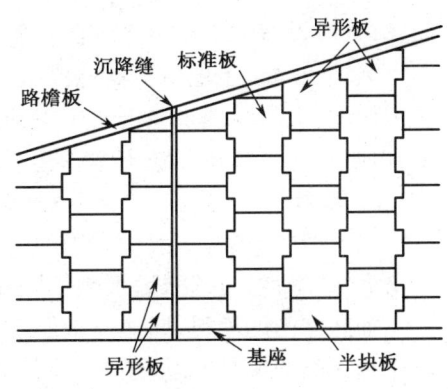

图 7-7 加筋土挡墙面板

2. 基础

通常,挡土墙可直接建造在天然地基上。加筋土挡墙的面板,除平整的坚硬地基外,其底部应设置宽不小于 0.3 m、厚不小于 0.2 m 的条形混凝土基础(又称基座)。

当地基较弱、地形平坦而墙身较高时,为了减小基底应力和提高抗倾覆能力,可采用扩大基础(图 7-8(a))。墙趾台阶的宽度,不得小于 0.2 m;高度按材料的刚性角(浆砌材料为 35°,混凝土为 40°)确定。若需加宽很多时,为避免台阶过高,可采用钢筋混凝土基础(底板)。地基为软弱土层时,可用砂砾、碎石等材料换填,以扩散基底应力和增加抗滑能力;或者采用桩基础。

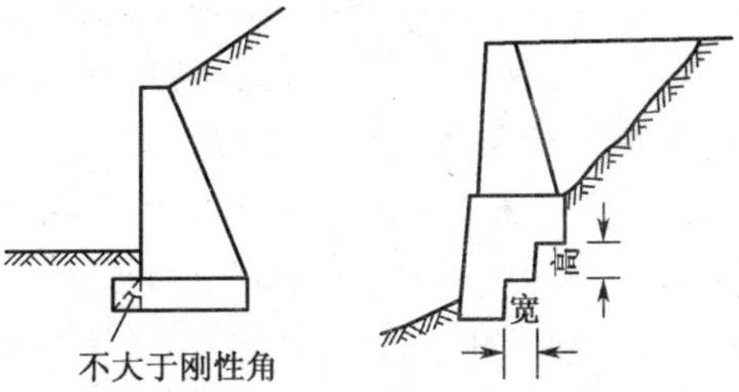

墙址处地面横坡较陡,而地基为较完整坚硬的岩层时,为减少基坑开挖和节省圬工,可将基础底面做成台阶形(图 7-8(b))。台阶的尺寸,按具体的地形地质条件确定,使基础不受侧压力的作用。台阶的高宽比一般不应大于 2:1,宽度不宜小于 0.5 m。挡土墙受滑动稳定控制时,可采用倾斜基底或凸榫基底等防滑措施。

图 7-8 挡土墙的基础形式
(a) 扩大基础　(b) 台阶基础

挡土墙的基础应埋置足够的深度,以保证其稳定性。土质地基,基底埋置深度一般应在地表下不少于 1 m(土层密实稳定时,可酌情减少;加筋土挡墙的面板基础底面不应小于 0.6 m);受水流冲刷时,应在冲刷线以下至少 1 m;有冻胀影响时,还应在冻结线以下不少于 0.25 m,但非冻胀土(如砂砾、卵石等)地基,可不受此限制。岩石地基,应清除表面风化层,基础嵌入基岩的深度不少于 0.15～0.60 m(按岩石的坚硬程度和抗风化能力而定);当风化层较厚而难于全部清除时,可根据岩石的风化程度及其相应的容许承载力将基底埋在风化层中。当墙前地面横坡较大时,应留出足够的襟边宽度(表 5-12),以防地基剪切破坏;对加筋体,则应设宽度不小于1 m的护脚(图7-6)。

当挡土墙位于地质不良地段,地基土内可能出现滑动面时,应将基底埋置在滑动面以下一定深度(抗滑墙埋入稳定岩层中的深度应不小于0.5 m,稳定土层中不小于2.0 m),或采取其他措施,以防止墙随土体一起滑动。

3. 填料

挡土墙的背后,一般采用当地的土回填并压实,有条件时,应尽量选用有一定级配、内摩擦角大、透水性好、遇水后不易膨胀和非冻胀性的材料,如砂砾、碎石等。

加筋体内的填料,应能与拉筋产生足够的摩阻力,易于压实并具有良好的水温稳定性;考虑到拉筋的腐蚀问题,还要限制填料内有害化学物质的含量以及pH值和电阻率等。加筋体填料的压实度,在距面板1 m以内,全部墙高应不低于90%;1 m以外,则与路基压实要求相同。

4. 排水设施

挡土墙应采取适当的排水措施,疏干墙后土体并防止地面水和地下水渗入,以免墙身承受额外的侧压力(墙后积水引起的静水压力,季节性冰冻地区填料的冻胀压力和黏土填料浸水后的膨胀压力),不使地基的承载力下降,还可延长拉筋的使用寿命等。

墙后坡面和加筋体顶面应做好排水处理,例如,设置排水沟、夯实地表松土和铺筑封闭层等,以减少降水和地表径流的下渗。路堑墙墙趾前的边沟应予以铺砌加固,以防边沟水渗入基础;非浸水的加筋土挡墙,当面板基础埋深小于1 m时,则宜在墙面地表处设置宽为1 m的混凝土或浆砌片石散水,如图7-6所示。

浆砌挡土墙,因自身不透水,为防止墙后积水,应根据渗水量在墙身的适当高度处设置泄水孔(图7-9)。泄水孔常用直径为5~10 cm的圆孔,或5 cm×10 cm、10 cm×10 cm、15 cm×20 cm的方孔;其间距一般为2~3 m(干旱地区可予以增大;渗水量大时,可适当加密),上下交错布置。最下排泄水孔的出水口底部应高出地面(路堑墙为边沟水

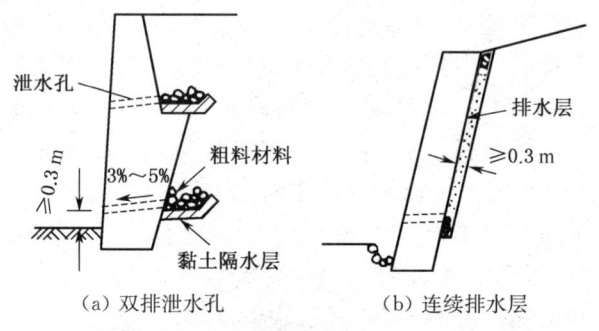

图7-9 挡土墙的泄水孔及排水层

位,浸水墙为常水位)0.3 m,以保证顺利泄水;而进水口的底部,应铺设0.3 m厚的黏土层,以防水分渗入基底。在泄水孔的进水口周围,应采用具有反滤作用的粗颗粒材料(有冻胀可能时,最好用炉渣)覆盖,以免填料流失而阻塞孔道。

当填料透水性差(如细粒土)或有冻胀可能时,在墙身和面板背后应设置排水、反滤或防冻层(图7-9(b)),通常采用厚度不小于0.3 m(或0.5 m)的砂砾、碎石等材料。渗水量大时,还可增设渗沟,把水排泄到墙外。

5. 沉降伸缩缝

为避免地基不均匀沉降而引起墙身开裂,须按墙高和地基性质的变异,设置沉降缝。同时,为防止圬工砌体因结硬收缩和温度变化而产生裂缝,需设置伸缩缝。这两种缝,一般都合并设置,统称沉降伸缩缝。

挡土墙应根据地形及地基的情况分段设计与施工。土质地基,宜每隔10~15 m(加筋

土挡墙可达 30 m)设置一道沉降伸缩缝;岩石地基,其间距可适当增大。沉降伸缩缝的缝宽一般为 2~3 cm,自墙顶做到基底。浆砌挡土墙的沉降伸缩缝内可用胶泥填塞;但在渗水量大而填料容易流失,或冻害严重地区,则宜用沥青麻筋或沥青木板等具有弹性的材料,沿挡土墙内、外、顶三方填塞,深度不宜小于 15 cm;当墙背后填石且冻害不严重时,可不嵌填材料,仅设空缝。对于干砌挡土墙,接缝两侧应选用平整石块砌筑,使其形成竖直通缝。加筋土挡墙的沉降缝处,也应采用异形面板,以形成直缝(图 7-7),缝宽 1~2 cm,内填上述弹性材料。钢筋混凝土悬臂式和扶壁式挡墙的伸缩缝,也可采用企口缝,间距不超过30 m;其间设置表面有 V 形缺口的收缩缝(钢筋不要切断),间距约 10 m。

7.1.3 布置

在设置挡土墙的地段,应现场核对路基横断面图(不足时应补测),测绘墙址处的纵断面图(必要时,还有地形图),收集地质和水文等资料。据此,进行挡土墙设计,并作出布置图。

1. 横向布置

挡土墙的横向布置,系在路基横断面图上选定墙的位置和形式,确定墙身断面、基础形式和埋置深度,布设排水设施,指定填料类别等,并绘制具有代表性的挡土墙横断面图。

路堑墙大多设在边沟旁;但结合边坡的地质条件,也可设于边坡中部。墙的高度应保证设墙后墙顶以上边坡的稳定。当路堤墙与路肩墙的高度或圬工数量相近、基础情况相似时,应优先选用路肩墙,以减少填方和占地。若路堤墙的高度或圬工数量比路肩墙显著降低,而且基础也可靠,则宜设置路堤墙,并作经济比较后确定墙的具体位置。沿河挡土墙,应结合河流情况来布置,注意设墙后仍能保持水流顺畅,不致挤压河道而引起局部冲刷。抗滑挡土墙应设置在滑坡下部或前缘抗滑段。

2. 纵向布置

挡土墙的纵向布置,在墙址纵断面图上进行。布置后,绘成挡土墙正面图,如图 7-10 所示。

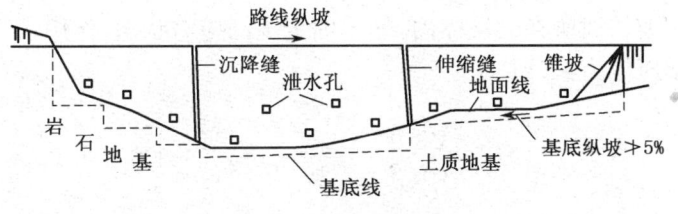

图 7-10 挡土墙正面图

纵向布置的内容如下:

(1) 确定挡土墙的起讫点和墙长,选择挡土墙与路基或其他结构物的衔接方式。衔接方式有,墙的端部直接嵌入山坡坡面,设置锥坡、端墙或斜墙等。

(2) 按地基和地形情况进行分段,确定沉降缝和伸缩缝的位置。

(3) 布置各段挡土墙的基础。墙址处地面有纵坡时,挡土墙的基底宜做成不大于5%的纵坡。若地基为岩石时,为减少开挖,也可在纵向做成台阶,其尺寸随地形变动,但高宽比不宜大于1:2,而宽度不小于1 m。

(4) 确定泄水孔的位置,包括数量、间距和尺寸等。

3. 平面布置

对于地形、地质复杂的挡土墙或工程量大的沿河曲线挡土墙,除了横纵向布置外,还应在地形图上作平面布置。

绘制平面图,图中标示挡土墙与路线的平面位置、地貌和地物(特别是与挡土墙有干扰的建筑物)等情况。沿河挡土墙还应绘出河道及水流方向,其他防护、加固工程等。

7.2 挡土墙土压力计算

挡土墙承受的土压力,涉及填料、墙和地基三者之间的相互作用,是一个十分复杂的问题。目前应用最广的土压力计算理论,仍是以土体的极限平衡条件为基础的朗金(Rankine)和库伦(Coulomb)理论。路基挡土墙是一种条形结构物,可沿纵向取单位长度的挡土墙来进行研究(不考虑相邻部分的影响)。挡土墙往往受到墙后主动土压力的作用。下面进一步讨论主动土压力的计算问题。

7.2.1 计算理论和公式

1. 朗金理论

朗金土压力理论,又称极限应力法。现考察一具有倾斜表面的无黏性半无限土体(图 7-11)。当土体侧向伸张而达到极限平衡状态时,将出现两组剪切面(破裂面)。上、下侧剪切面(也称内、外破裂面或第一和第二破裂面)与竖直面的夹角(又称内、外破裂角)θ 和 η 为

$$\left.\begin{matrix}\theta\\\eta\end{matrix}\right\} = \frac{1}{2}(90° - \varphi) \pm \frac{1}{2}\left(\arcsin\frac{\sin\beta}{\sin\varphi} - \beta\right) \tag{7-1}$$

式中　β——土体表面与水平面的夹角;

　　　φ——土(填料)的内摩擦角。

此时,上、下侧剪切面所夹的楔体内,处于朗金主动应力状态,作用于竖直面 BV 上任一深度 z 处的主动土压应力 σ_z(kPa)为

$$\sigma_z = \gamma z \left(\cos\beta \frac{\cos\beta - \sqrt{\cos^2\beta - \cos^2\varphi}}{\cos\beta + \sqrt{\cos^2\beta - \cos^2\varphi}}\right) = \gamma z K_a \tag{7-2}$$

式中　γ——土(填料)的容重(kN/m^3);

　　　z——计算点在土体表面下的深度(m);

　　　K_a——朗金主动土压力系数,为括号内的部分;当土体表面为水平面,即 $\beta = 0$ 时

$$K_a = \frac{1 - \sin\varphi}{1 + \sin\varphi} = \tan^2\left(45° - \frac{\varphi}{2}\right) \tag{7-3}$$

土压应力沿深度呈三角形分布,作用方向与土体(填料)表面平行,如图 7-11 所示;其合力(即主动土压力)E_a 作用于 BV 面高度 H 的下三分点处,大小为

$$E_a = \int_0^H \sigma_z \mathrm{d}z = \frac{1}{2}\gamma H^2 K_a \tag{7-4}$$

因此，朗金理论只适用于墙后填料内存在朗金主动应力状态的情况，也就是必须符合下列条件：挡土墙不妨碍第二破裂面的形成，即墙背（或假想墙背）倾斜角（俯斜为正、仰斜为负、竖直为零）α 应大于外破裂角 η（图 7-12）；同时，位于第二破裂面与墙背之间的土楔，不沿墙背下滑，而随墙一起移动，也即作用在墙背上的总压力与墙背法线的夹角（又称应力偏角）ρ 小于墙背摩擦角 δ（假想墙背时 $\delta = \varphi$，只要满足第一个条件，就会出现第二破裂面）。另外，墙后填料表面必须为平面，其上无荷载或有连续均布荷载作用（否则，土压应力的作用方向难以确定），填料表面倾角 $\beta \leqslant \varphi$。

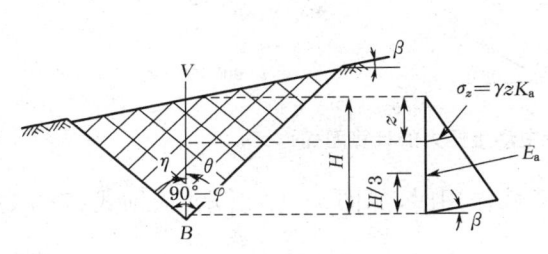

图 7-11　朗金主动应力状态　　　　图 7-12　衡重式土墙的土压力

若墙后填料表面上作用连续均布荷载，则可将此超载换算成等代土层厚度 h_0（图 7-12）。此时，土压应力沿深度呈梯形分布，由土压应力图形（若图内土压应力线方向不水平时，仍应作为水平看待，以下相同）的面积和形心位置，得主动土压力为

$$E_a = \frac{1}{2}\gamma H(H + 2h_0)K_a \tag{7-5}$$

其作用点位置为

$$Z_a = \frac{H(H + 3h_0)}{3(H + 2h_0)} \tag{7-6}$$

又朗金主动土压力是作用于过墙踵（或衡重台后缘）的竖直面上，与水平面成 β 角。

2. 库伦理论

库伦土压力理论，又称滑楔平衡法。它假设墙后填料为均质散粒体（无黏聚力），当墙向外移动或倾覆时，会出现一通过墙踵的破裂面，此破裂面与墙背这两个平面所夹的填料，即滑动土楔，视作刚性体，根据静力平衡条件，可确定土楔处于极限平衡状态时给予墙背的主动土压力（图 7-13）：

$$E_a = G\frac{\sin(90° - \theta - \varphi)}{\sin(\theta + \psi)} = \gamma F \frac{\cos(\theta + \varphi)}{\sin(\theta + \varphi)} \tag{7-7}$$

式中　G 和 F——滑动土楔的重力和断面面积（包括土楔上作用的荷载）；

　　　θ——破裂面与竖直面的夹角，称为破裂角；

　　　$\psi = \varphi + \alpha + \delta$；其余符号意义同前。

现破裂面的位置（破裂角 θ）未知，可通过墙踵假拟若干个破裂面，得到最大的 E_a 值和相应的破裂面，即为所求的。由此可按

$$\frac{dE_a}{d\theta} = 0 \tag{7-8}$$

这一条件,求得破裂面的位置和主动土压力值。

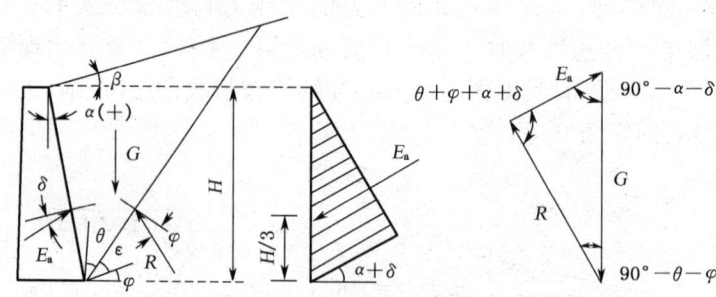

图 7-13 库伦主动土压力的计算图式

当墙后土体表面为一平面而无其他荷载作用时,如图 7-13 所示,依据式(7-7)和式(7-8)可导得破裂角:

$$\theta = 90° - \varphi - \varepsilon \tag{7-9}$$

而

$$\tan\varepsilon = \frac{\sqrt{\tan(\varphi-\beta)[\tan(\varphi-\beta)+\cot(\varphi-\alpha)][1+\tan(\alpha+\delta)\cot(\varphi-\alpha)]}-\tan(\varphi-\beta)}{1+\tan(\alpha+\delta)[\tan(\varphi-\beta)+\cot(\varphi-\alpha)]}$$

主动土压力:

$$E_a = \frac{1}{2}\gamma H^2 \frac{\cos^2(\varphi-\alpha)}{\cos^2\alpha\cos(\alpha+\delta)\left[1+\sqrt{\frac{\sin(\varphi+\delta)\sin(\varphi-\beta)}{\cos(\alpha+\delta)\cos(\alpha-\beta)}}\right]^2} = \frac{1}{2}\gamma H^2 K_a \tag{7-10}$$

其中,K_a 称为库伦主动土压力系数。

由式(7-10) 可知,墙背承受的土压力必呈三角形分布,作用于墙高的下三分点处,与水平面成 $(\alpha+\delta)$ 角(与墙背法线夹 δ 角)。将式(7-10) 对深度 z 求导,可得主动土压应力:

$$\sigma_z = \frac{dE_a}{dz} = \frac{d}{dz}\left(\frac{1}{2}\gamma z^2 K_a\right) = \gamma z K_a \tag{7-11}$$

此土压应力是指作用在墙背上的单位竖直投影面面积的土压力。

对于路堤墙,若破裂面交于堤顶荷载范围内(图 7-14),则滑动土楔的断面面积(包括车辆荷载换算成土重后的等代土层面积)为

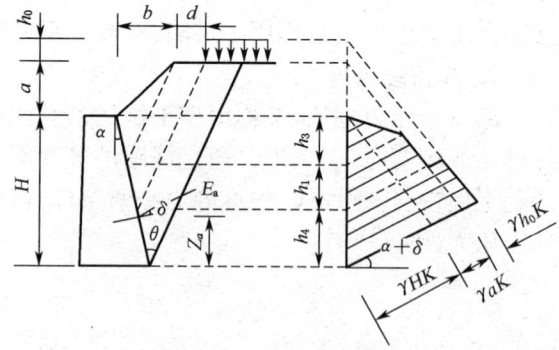

图 7-14 库伦土压应力图形的绘制

$$F = \frac{1}{2}[H(H+2a+2h_0)\tan\alpha - ab - 2h_0(b+d)] + \frac{1}{2}(H+a)(H+a+2h_0)\tan\theta$$
$$= A_0 + B_0\tan\theta \tag{7-12}$$

式中，A_0 和 B_0 称为边界条件系数。

将式(7-12)代入式(7-7)，并由式(7-8)，可导得破裂角 θ 的计算式为

$$\tan\theta = -\tan\psi \pm \sqrt{(\tan\psi + \cot\varphi)(\tan\psi + A)} \tag{7-13}$$

式中，$A = -\dfrac{A_0}{B_0} = \dfrac{ab + 2h_0(b+d) - H(H + 2a + 2h_0)\tan\alpha}{(H+a)(H+a+2h_0)}$。根号项前，$\psi < 90°$ 时，取正号；$\psi > 90°$ 时，取负号。

又得主动土压力：

$$E_a = \gamma(A_0 + B_0\tan\theta)\dfrac{\cos(\theta+\varphi)}{\sin(\theta+\psi)}$$

$$= \dfrac{1}{2}\gamma H^2 \dfrac{\cos(\theta+\varphi)}{\sin(\theta+\psi)}(\tan\theta + \tan\alpha)\left[1 + \dfrac{2a}{H}\left(1 - \dfrac{h_3}{2H}\right) + \dfrac{2h_0 h_4}{H^2}\right]$$

$$= \dfrac{1}{2}\gamma H^2 K K_1 \tag{7-14}$$

式中 K——填料表面同墙顶齐平时的库伦主动土压力系数(表达式)：

$$K = \dfrac{\cos(\theta+\varphi)}{\sin(\theta+\psi)}(\tan\theta + \tan\alpha) \tag{7-15}$$

K_1——墙顶齐平线以上填料引起的土压力改正系数，即式中方括号内的部分，其中

$$h_3 = \dfrac{b - a\tan\theta}{\tan\theta + \tan\alpha}$$

$$h_4 = H - h_3 - h_1 = H - h_3 - \dfrac{d}{\tan\theta + \tan\alpha}$$

土压力作用方向与墙背法线成 δ 角。土压力的作用点，可通过绘制土压应力图形后，依据其形心位置来确定。墙顶齐平线以上有填料或荷载作用时，对墙背产生的附加土压应力，可按沿平行破裂面方向传递的假设来绘制(图 7-14)。按图形的形心公式(力矩平衡原理)，可得土压力作用点与墙踵之间的竖直距离：

$$Z_a = \dfrac{\dfrac{1}{2}\gamma H^3 K \times \dfrac{1}{3}H + \gamma aHK \times \dfrac{1}{2}H - \dfrac{1}{2}\gamma a h_3 K\left(H - \dfrac{1}{3}h_3\right) + \gamma h_0 h_4 K \times \dfrac{1}{2}h_4}{\dfrac{1}{2}\gamma H^2 K + \gamma aHK - \dfrac{1}{2}\gamma a h_3 K + \gamma h_0 h_4 K}$$

$$= \dfrac{1}{3}H + \dfrac{a(H - h_3)^2 + h_0 h_4(3h_4 - 2H)}{3H^2 K_1} \tag{7-16}$$

同样，土压应力的合力，即主动土压力 E_a，相当于应力图形的面积(系按土压应力线与竖直线相正交进行计算)。因此，只要求得破裂角 θ，作出土压应力图，就可计算库伦主动土压力及其作用点的位置。

另外，若路堤墙的破裂面交于内边坡时，破裂角 θ 则按式(7-9)计算；交于外边坡时，可根据上述原理推导出求算破裂角的公式。

计算挡土墙土压力时，破裂面交于路基的位置，事先并不知道，须试算后确定。先假设破裂面的位置，按此图式及其相应的计算公式求出 θ 角，看是否与原假设相符；否则，重新假

设破裂面再计算。有时，可能出现验证与假设不符，改变图式后仍然不符，则按破裂面交于两种边界条件的分界点（例如，交于路肩或荷载边缘）来计算破裂角。

由上可知，库伦理论可用于各种填料表面形状和荷载情况等边界条件，但墙背必须是平面，否则土压力的作用方向就难以确定。如果墙后土体不沿墙背而沿假想墙背或第二破裂面下滑，则按库伦理论可得作用于假想墙背和第二破裂面上的主动土压力。

3. 计算理论的选用

重力式挡土墙，常用库伦理论计算土压力。直线形墙背的坡度一般均较陡（妨碍第二破裂面的形成），可直接按库伦公式求算作用于墙背上的土压力。当墙背为折线形时，通常对上、下墙分别计算土压力（图 7-15(a)），然后取其矢量和作为全墙的土压力。计算上墙土压力时，不考虑下墙的影响。衡重式墙背的上墙，由于衡重台的存在，都把墙顶内缘和衡重台后缘的连线视作假想墙背（图 7-12）。对于平缓的俯斜墙背（包括假想墙背），应验核第二破裂面是否会出现（详见有关设计手册）。如果出现，则需按第二破裂面计算土压力；但墙后填料表面为平面或者还有连续均布荷载时，也可采用朗金理论。计算下墙土压力时，对上墙部分作近似处理，一般采用延长墙背法或均布超载法（图 7-15）等。

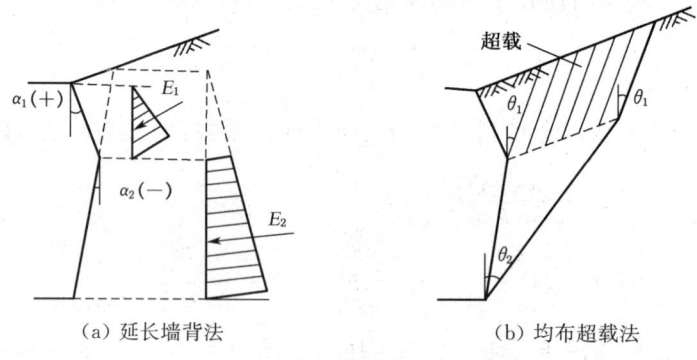

图 7-15 折线墙背土压力计算

悬臂式和扶壁式挡土墙，如符合朗金理论的使用条件，就按朗金公式计算作用在墙踵竖直面上的土压力 E_a，并分为立壁和踵板各自承受的土压力 E_1 和 E_2，而该竖直面与立壁（背坡直立）之间填料（包括其上有均布荷载）的重力 G 作用在踵板上（图 7-16(a)）。若填料表面为折面或有局部荷载作用，又出现第二破裂面时，则按库伦公式计算第二破裂面土压力 E_a，并假设 E_a 的水平分力 E_x 由立壁来承受，而踵板承受竖直分力 E_y 以及第二破裂面与墙之间的土重 G（图 7-16(b)）。当踵板较窄而立壁妨碍第二破裂面形成时，可把墙顶内缘与墙踵的连线视作假想墙背，也用库伦土压力公式计算。

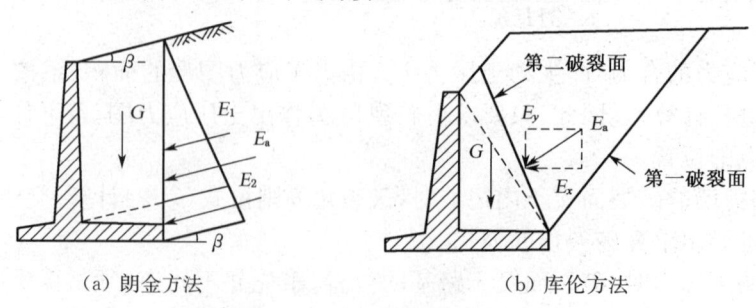

图 7-16 悬臂式挡墙的土压力计算

柱板式、锚杆式和锚定板式等柔性挡土墙,目前尚无成熟的理论和方法计算土压力,可在作某些近似的假设(忽略墙身柔性和锚杆的存在对墙背土压应力分布的影响)后,暂且按库伦方法计算,或者根据现场实测及模型试验资料予以修正。由于这些挡土墙的墙背(挡板)竖直($\alpha=0$),只要填料表面是一平面(倾角为β),又取墙背摩擦角$\delta=\beta$,则库伦土压力公式可简化成朗金公式,二者的主动土压力系数就相同。

7.2.2 不同情况下的土压力计算

1. 黏性土的土压力

前述朗金和库伦土压力公式,在理论上,仅适用于填料为无黏性土的情况;但也可用于砂性土,因计算所得的主动土压力值与实际比较接近。若墙后填料为黏性土,则应考虑黏聚力对主动土压力的影响。

当墙身向外有足够的位移时,黏性土土层的顶部会出现拉应力,并进而产生竖直裂缝。在拉应力消失处裂缝区的深度范围内,土的侧压力值等于零。裂缝区以下,由朗金理论可知,只有填料顶面(地面)水平时,破裂面才是平面的,与水平面的夹角仍为$45°+\dfrac{\varphi}{2}$,土压应力也呈三角形分布(均同无黏性土),而裂缝区深度h_c(m)为

$$h_c = \frac{2c}{\gamma}\tan\left(45°+\frac{\varphi}{2}\right) \tag{7-17}$$

式中,c为土(填料)的(单位)黏聚力(kPa)。

式(7-17)求得的裂缝深度,可用于倾斜地面,也可近似地用于不规则地面,而忽略局部荷载对裂缝深度的影响。假如,以库伦理论为基础(所引起的误差并不太大),再考虑破裂面上土的黏聚力作用,按力多边形法(图7-17),可推导出各种边界条件下的黏性土土压力E_c计算公式,详见有关设计手册。

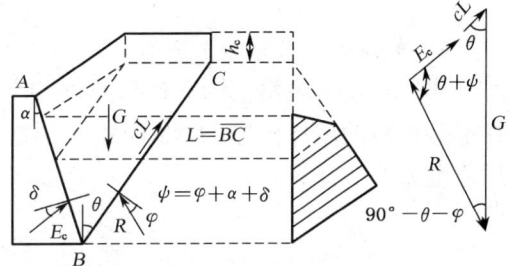

图 7-17 黏性土土压力计算图式

但是,影响黏性土抗剪强度的不定因素很多,计算指标c,φ值往往难以恰当地确定;同时,目前又缺乏黏性土计算方法设计挡土墙的实践经验,通常都采用换算内摩擦角法,亦即增大黏性土的内摩擦角值,把黏聚力的影响考虑在内,然后按无黏性土的公式计算其土压力。

由于影响土压力数值的因素是多方面的,包括墙高、墙背坡度、墙后填料表面和荷载的情况等,要选取合适的土体换算(综合)内摩擦角值也是比较困难的。一般情况下,可把黏性土的内摩擦角值增大5°~10°,作为换算内摩擦角。但对高墙,为确保安全,应按墙高酌情降低换算内摩擦角值,最好按实际(可靠)的c,φ值计算黏性土的土压力。

2. 有限范围填土的土压力

以上各种土压力计算方法,只限于墙后填料为均质体的情况。若墙后土体内存在已知的陡坡面或潜在的滑动面(如陡山坡的坡面或倾向路基的层面等),而且陡于计算求得的坡

裂面时,则墙后填料将沿陡坡面(或滑动面)下滑(图7-18)。此时,作用在墙背的主动土压力 E_a,可直接利用式(7-7)计算(式中,θ 为已知的陡坡面与竖直面的夹角;φ 为填料与此陡坡面间的摩擦角,如按规定挖台阶填筑时,可取填料的内摩擦角)。

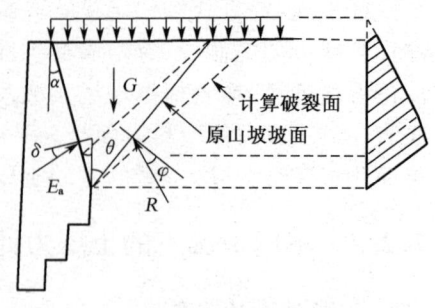

图 7-18 有限范围填土的土压力计算

3. 成层土的土压力

墙后填料为不同性质的土层时,如图7-19所示,可先求得上层土压力 E_1;再近似地假设上下两土层层面平行,并将上层土重作为均布超载,求算下层土压力 E_2。全墙的土压力为二者的矢量和。

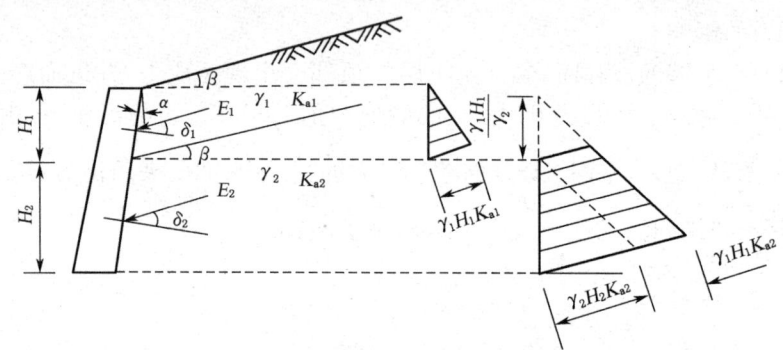

图 7-19 不同土层的土压力计算

4. 车辆荷载引起的土压力

作用在墙后填料上的车辆荷载,可近似地按均布荷载考虑。现行设计规范中,车辆荷载在墙后填料的破坏棱体(滑动土楔)上引起的侧压力,系按下式(图7-20)换算成等代均布土层厚度 h_0(m)计算:

$$h_0 = \frac{\sum G}{\gamma B' L'} \tag{7-18}$$

式中　γ——墙后填料的容重(kN/m^3);

B'——不计车辆荷载作用时,破坏棱体范围内路基顶面部分的宽度(m);

L'——挡土墙的计算长度(m),取值见下述有关规定;

$\sum G$——布置在 $B' \times L'$ 面积内的轮载或履带荷载(kN)。

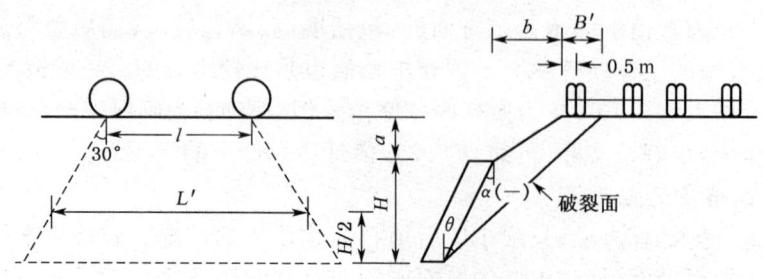

图 7-20 车辆荷载换算

挡土墙的计算长度,可按以下四种情况取用:

(1) 汽车-10 或汽车-15 作用时,取挡土墙的分段长度(系指挡土墙沉降伸缩缝的间距),但不大于 15 m。

(2) 汽车-20 级,取重车的扩散长度。当分段长度在 10 m 及以下时,扩散长度不超过 10 m;在 10 m 以上时,扩散长度不超过 15 m。

(3) 汽车-超 20 级,取重车的扩散长度,但不超过 20 m。

(4) 平板挂车或履带车,取挡土墙分段长度和车辆扩散长度二者中较大者,但不大于 15 m。

上述车辆荷载的扩散长度 L' (m),按下式计算(图 7-20):

$$L' = l + (H + 2a)\tan 30° \tag{7-19}$$

式中　l——车辆荷载的纵向分布长度(m),其值见式(6-13);
　　　H——挡土墙顶面至计算截面的高度(m);
　　　a——墙顶以上路基边坡部分的高度(m)。

汽车荷载的布置规定如下:

纵向:当 L' 取挡土墙的分段长度时,为分段长度内可能布置的车轮;当取用一辆重车的扩散长度时,为一辆重车。

横向:上述 B' 范围内可能布置的车轮。对于路肩墙,车后轮外缘应靠墙顶内缘布置;若为路堤墙,车辆外侧后轮中线至路边(路面、硬路肩或安全带边缘)的距离为 0.5 m。

平板挂车或履带车荷载在纵向只考虑一辆,横向为 B_0 范围内可能布置的车轮或履带。车辆外侧车轮或履带中线至路边的距离为 1.0 m。

5. 浸水条件下的土压力

墙后土体浸水饱和时,一方面受到水的浮力作用使土的自重减小;另一方面,土的抗剪强度指标也因浸水而改变。因此,在土压力计算中必须考虑土体浸水的影响。

当填料选取砂性土时,浸水前后的内摩擦角变化不大。假设浸水后土的内摩擦角 φ 值不变,破裂角 θ 也不受影响。此时,浸水挡土墙的土压力 E_b,可采用不浸水时的土压力 E_a 扣除计算水位以下因浮力影响而减少的土压力 ΔE_b(图 7-21),即

$$E_b = E_a - \Delta E_b = E_a - \frac{1}{2}(\gamma - \gamma')H_b^2 K \tag{7-20}$$

式中　γ, γ'——填料的未浸水容重和浮容重;
　　　H_b——计算水位以下的墙高;
　　　K——土压力系数。

得到土压力 E_b 的作用点高度:

$$Z_b = \frac{E_a Z_a - \Delta E_b(H_b/3)}{E_a - \Delta E_b} \tag{7-21}$$

式中,Z_a 为填料未浸水时土压力的作用点高度。

当填料为黏性土时,考虑到浸水后计算用的换算内摩擦角值降低较多,可将浸水和未浸水两部分视为不同性质的土层(水下部分用浮容重计算),如同成层土情况一样,分层计算土

压力。

图 7-21 砂性土的浸水土压力计算

6. 地震作用下的土压力

地震时作用在挡土墙上的土压力,受到地基、挡土墙及墙后土体等地震反应的影响。考虑这些影响因素的土压力动力分析方法,虽然已有所研究,但实际应用尚有一定困难。目前,大多采用以动力分析为基础的静力法(称为拟静力法),求算地震时的土压力。

在地震作用下,墙后滑动土楔的平衡力系如图 7-22 所示。假设地震时土的内摩擦角 φ 和墙背摩擦角 δ 不变。土楔受到的水平地震惯性力 Q(系指向墙体)与重力 G 的合力 G_s(作用于土楔重心)为

$$G_s = \frac{G}{\cos \lambda} \quad (7\text{-}22)$$

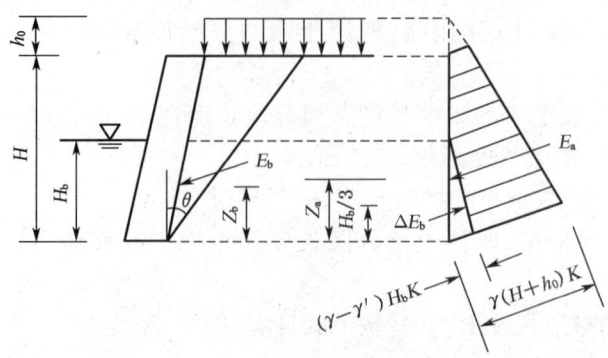

图 7-22 地震作用下的土压力计算

式中,λ 为合力 G_s 偏离竖直线的角度,称为地震角:

$$\lambda = \arctan(C_i C_z K_h) \quad (7\text{-}23)$$

将图 7-22 与图 7-13 加以比较,可以发现,只要将一般库伦土压力计算中的 γ、δ 和 φ 各值用 γ_s,δ_s 和 φ_s 替代:

$$\begin{cases} \gamma_s = \dfrac{\gamma}{\cos \lambda} \\ \delta_s = \delta + \lambda \\ \varphi_s = \varphi - \lambda \end{cases} \quad (7\text{-}24)$$

就可求得地震土压力 E_s,但它与墙背法线的夹角仍为 δ(而不是 δ_s)。

例如,当墙后土体表面为一平面(倾角为 β)时,将式(7-24)代入式(7-10),即得地震时的库伦土压力:

$$\begin{aligned} E_s &= \frac{1}{2} \frac{\gamma}{\cos \lambda} H^2 \frac{\cos^2(\varphi - \lambda - \alpha)}{\cos^2 \alpha \cos(\alpha + \delta + \lambda)\left[1 + \sqrt{\dfrac{\sin(\varphi + \delta)\sin(\varphi - \lambda - \beta)}{\cos(\alpha + \delta + \lambda)\cos(\alpha - \beta)}}\right]^2} \\ &= \frac{1}{2} \frac{\gamma}{\cos \lambda} H^2 K_s \end{aligned} \quad (7\text{-}25)$$

求算地震土压力时,浸水(水下)部分因考虑到水的浮力作用,地震角 λ 的取值比非浸水(水上)部分要大,若不计重要性修正系数(即 $C_i = 1$),可按表 7-1 采用。

表 7-1　　　　　　　　　　　地震角 λ 值

基本烈度/度		7	8	9
λ	非浸水	1°30′	3°	6°
	浸　水	2°30′	5°	10°

对于路肩墙($\beta = 0$),可用下列简化公式计算地震时的朗金土压力(其作用点在距墙底 $0.4H$ 处):

$$E_s = \frac{1}{2}\gamma H^2 K_a (1 + 3C_i C_z K_h \tan\varphi) \tag{7-26}$$

式中,K_a 为非地震条件下的主动土压力系数,按式(7-3)计算,其余符号意义同前。

例 7-1　图 7-20 所示的路堤墙,$H = 6\,\text{m}$,$a = 3\,\text{m}$,$b = 4.5\,\text{m}$,$\gamma = 18\,\text{kN/m}^3$,$\varphi = 35°$,$\alpha = -14°02′$,$\delta = \frac{1}{2}\varphi$,所在地区的地震基本烈度为 9 度,求其土压力及作用点位置。

解　求地震土压力时,不计车辆荷载的作用(即 $h_0 = 0$)。又查表 7-1 得,$\lambda = 6°$。

假设破裂面交于堤顶路基宽度范围内,由式(7-13),知

$$A = \frac{ab - H(H + 2a)\tan\alpha}{(H + a)^2} = \frac{3 \times 4.5 - 6(6 + 2 \times 3)(-0.25)}{(6 + 3)^2} = 0.3889$$

又　　$\varphi_s = 35° - 6° = 29°$

$$\psi = \varphi_s + \alpha + \delta_s = \varphi + \alpha + \delta = 38°28′ < 90°$$

得　　$\tan\theta = -\tan\psi + \sqrt{(\tan\psi + \cot\varphi_s)(\tan\psi + A)} = 0.9591$

$$\theta = 43°48′$$

验核破裂面的位置:

$$B' = (H + a)\tan\theta + H\tan\alpha - b = 2.63\,\text{m}\ (\text{符合假设})$$

再由式(7-14),知

$$h_3 = \frac{4.5 - 3 \times 0.9591}{0.9591 - 0.25} = 2.29\,\text{m}$$

$$K_1 = 1 + \frac{2a}{H}\left(1 - \frac{h_3}{2H}\right) = 1.8092$$

得地震土压力:

$$E_s = \frac{1}{2}\frac{\gamma}{\cos\lambda}H^2 \frac{\cos(\theta + \varphi_s)}{\sin(\theta + \psi)}(\tan\theta + \tan\alpha)K_1 = 124.73\,\text{kN},$$

水平分力:

$$E_x = E_s \cos(\alpha + \delta) = 124.50\,\text{kN}$$

竖直分力:

$$E_y = E_s\sin(\alpha+\delta) = 7.54 \text{ kN}$$

按式(7-16),计算 E_s 作用点离墙踵的高度:

$$Z_s = \frac{H}{3} + \frac{a(H-h_3)^2}{3H^2K_1} = 2.21 \text{ m}$$

7.2.3 土工参数的选取

1. 填料容重和计算内摩擦角

设计挡土墙时,应根据墙后填料的性状,恰当地选取其容重和计算内摩擦角值。最好按实际工作情况进行试验,测定填料的物理力学指标;无条件时,可参考表 7-2 的经验数据。

表 7-2　　填料的计算参数

填料类型	容重 $\gamma/(\text{kN/m}^3)$	计算内摩擦角 $\varphi/(°)$	似摩擦系数 f_s
黏性土	17～18	25～40	0.25～0.40
砂类土	18	35	0.35～0.45
砂砾、卵石土	18～19	35～40	0.40～0.50
碎石土、卵石	19	40～45	—
碎石或不易风化的石块	20	45～50	—

注:1. 黏性土的计算内摩擦角为换算内摩擦角。
　　2. 似摩擦系数为土与拉筋的摩擦系数。
　　3. 有肋钢带、钢筋混凝土带的似摩擦系数可提高 0.1。
　　4. 墙高大于 12 m 时,计算内摩擦角和似摩擦系数取低值。
　　5. 填料的容重,可根据压实情况,将表值适当提高,但不超过 15%。

墙后为原状土层(非回填土)时,应采用天然土的容重及内摩擦角。在无不良地质情况下,墙后土的计算内摩擦角值,可参考自然山坡的坡角及路堑边坡的坡度综合确定。

2. 墙背摩擦角

墙背摩擦角 δ,系指墙背与填料之间的摩擦角。其值视墙背的粗糙程度和墙后填料的性质及排水条件而定。无试验资料时,可由填料的计算内摩擦角 φ 值推算:

墙背光滑、排水不良时,$\delta = 0$;

一般石砌或混凝土墙背、排水良好时,$\delta = \frac{1}{2}\varphi$;

台阶形的石砌墙背、排水良好时,$\delta = \frac{2}{3}\varphi$;

第二破裂面或假想墙背时,$\delta = \varphi$。

7.3　挡土墙设计原则

7.3.1 挡土墙的荷载组合

施加于挡土墙的荷载按性质划分见表 7-3。常用作用(含荷载)组合见表 7-4。

表 7-3　　　　　　　　　　　施加于挡土墙的作用或荷载

作用(或荷载)分类		作用(或荷载)名称
永久作用(或荷载)		挡土墙结构重力
		填土(包括基础襟边以上土)重力
		填土侧压力
		墙顶上的有效永久荷载
		墙顶与第二破裂面之间的有效荷载
		计算水位的浮力及静水压力
		预压力
		混凝土收缩或徐变
		基础变位影响力
可变作用(或荷载)	基本可变作用(或荷载)	车辆荷载引起的土侧压力
		人群荷载引起的土侧压力
	其他可变作用(或荷载)	水位退落时引起的土侧压力
		流水压力
		波浪压力
		冻胀压力或冰压力
		温度影响力
	施工荷载	与各类挡土墙施工有关的临时荷载
偶然作用(或荷载)		地震作用力
		滑坡、泥石流作用力
		作用于墙顶护拦上的车辆碰撞力

表 7-4　　　　　　　　　　　常用作用(或荷载)组合

组合	作用(或荷载)名称
Ⅰ	挡土墙结构重力、墙顶上的有效永久荷载、填土重力、填土侧压力及其他永久荷载组合
Ⅱ	组合Ⅰ与基本可变荷载相结合
Ⅲ	组合Ⅱ与其他可变荷载、偶然荷载相结合

注：1. 洪水与地震力不同时考虑。
　　2. 冻胀力、冰压力与流水压力或波浪压力不同时考虑。
　　3. 车辆荷载与地震力不同时考虑。

7.3.2　挡土墙的设计原则

挡土墙按"极限状态分项系数法"进行设计。挡土墙设计极限状态分构件承载力极限状态和正常使用状态。承载力极限状态是当挡土墙出现以下任何一种状态，即认为超过了承载力极限状态：

（1）整个挡土墙或挡土墙的一部分作为刚体失去平衡；

（2）挡土墙构件或连接部件因材料承受的强度超过极限而破坏，或因过量塑性变形而不适于继续承载；

(3) 挡土墙结构变为机动体系或局部失去平衡。

正常使用极限状态是指挡土墙出现下列状态之一时，即认为超过了正常使用极限状态：

(1) 影响正常使用或外观变形；
(2) 影响正常使用或耐久性的局部破坏（包括裂缝）；
(3) 影响正常使用的其他特定状态。

挡土墙按构件承载能力极限状态设计时，采用下列表达式：

$$\gamma_0 S \leqslant R(\cdot)$$
$$R(\cdot) = R\left(\frac{R_K}{\gamma_f}, \alpha_d\right) \tag{7-27}$$

式中 γ_0——结构重要性系数，按表 7-5 的规定选用；
S——作用（或荷载）效应的组合设计值；
$R(\cdot)$——挡土墙结构抗力函数；
γ_f——结构材料、岩土性能的分项系数，按表 7-6 规定选用；
α_d——结构或结构构件几何参数的设计值，当无可靠数据时，可采用几何参数标准值。

表 7-5　　　　　　　　　结构重要性系数 γ_0

墙 高	公 路 等 级	
	高速公路、一级公路	二级以下公路
≤5.0 m	1.0	0.95
>5.0 m	1.05	1.0

表 7-6　　　　　　　承载能力极限状态作用（或荷载）分项系数

情形	荷载增大对挡土墙结构起有利作用时		荷载增大对挡土墙结构起不利作用时	
组合	Ⅰ，Ⅱ	Ⅲ	Ⅰ，Ⅱ	Ⅲ
垂直恒载 γ_g	0.90		1.20	
恒载或车辆荷载、人群荷载的主动土压力 γ_{Q1}	1.00	0.95	1.40	1.30
被动土压力 γ_{Q2}	0.30		0.50	
水浮力 γ_{Q3}	0.95		1.10	
静水压力 γ_{Q4}	0.95		1.05	
动水压力 γ_{Q5}	0.95		1.20	

挡土墙按正常使用极限状态设计时，通常采用表 7-6 所列的各分项系数；当对挡土墙进行基础合力偏心距和圬工结构合力偏心距计算时，除被动土压力 γ_{Q2} 采用 0.3 外，其他全部荷载系数全部采用 1.0。

7.4　挡土墙验算

挡土墙必须有足够的稳定性和结构强度，以保证在各种组合荷载作用下不发生全墙的滑动、倾覆、过大的沉降及墙身的断裂等破坏。

7.4.1 作用力系

作用于挡土墙的荷载,在一般地区,有以下一些:墙的自重(包括位于墙与土压力作用面之间的土重等)W;墙后土体(包括破坏棱体上车辆荷载引起)的主动土压力 E_a(水平分力 E_x 和竖直分力 E_y);墙前土体的被动土压力 E_p(在计算中往往忽略不计),见图 7-23。

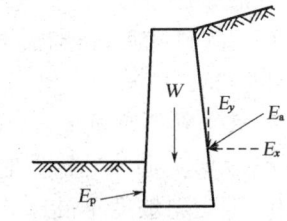

图 7-23 挡土墙的作用力系

在浸水地区,应采用透水性土作为墙后填料,其静水压力及动水压力可不予考虑,但要计及水对挡土墙及墙后填料的浮力作用。浸水挡土墙的浮力 P,应根据墙基底面水的渗透情况而定:对于透水的或不能肯定透水与否的地基,其浮力按 100% 考虑;对于岩石地基,基础与岩石间灌注混凝土,认为是相对的不透水时,其浮力按 50% 考虑。对于季节性浸水的挡土墙,验算滑动或倾覆稳定性时,最不利水位为稳定性最小时的水位(但不得超过路基设计洪水位);验算基底应力时,通常采用枯水位。

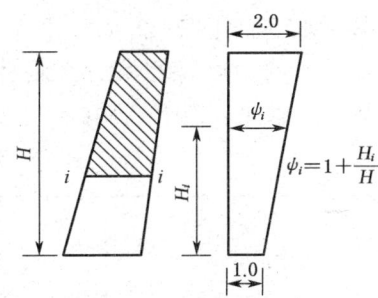

图 7-24 水平地震力沿墙高分布系数

在地震地区进行抗震验算时,则要考虑挡土墙及墙后填料承受的水平地震惯性力作用。挡土墙计算截面以上墙身重心处(至墙底的高度为 H_i)的水平地震力 Q_i,也可用式(6-19)计算,但高速公路和一、二级公路墙高 H 超过 12 m 时,还应乘以水平地震力沿墙高分布系数 ψ_i(图 7-24)。

对以上各种力(荷载),应视同时出现的可能性,予以组合。验算时,主要考虑下列荷载组合情况:主要组合、附加组合和地震组合,如同路基稳定性分析一样。根据挡土墙所处的具体工作条件,取最不利组合作为设计依据。

7.4.2 滑动稳定验算

挡土墙抵抗沿基底滑移的能力,常用抗滑稳定系数 K_c(抗滑力与滑动力之比)来表征:

$$K_c = \frac{Nf}{T} \tag{7-28}$$

式中 N,T——挡土墙基底面上承受的法向合力和切向合力;

f——基底摩擦系数,无试验资料时,可参考表 7-7 选用。

表 7-7 基底摩擦系数 f 值

地基土类别	f	地基土类别	f
软塑黏土	0.25	碎石类土	0.50
硬塑黏土	0.30	软质岩石	0.40~0.60
亚砂土、亚黏土、半干硬黏土	0.30~0.40	硬质岩石	0.60~0.70
砂类土	0.40		

注:1. 表面滑腻的片岩、页岩、千枚岩、黏土岩、风化成土的其他岩层,其 f 值可按风化程度及潮湿状态,参照黏土的数值。
2. 加筋体填料弱于地基土时,应按同名地基土选用 f 值。

为防止挡土墙发生沿基底的滑动破坏,主要或附加组合荷载作用时,要求 $K_c \geqslant 1.3$;地震组合时,$K_c \geqslant 1.1$。若抗滑稳定性不足,可采用下列措施:

(1) 改善地基,例如,在黏性土地基内夯打碎石,以增大基底摩擦系数。

(2) 倾斜基底,石砌挡土墙可做成向内倾斜的基底面(图 7-25),以减小滑动力。

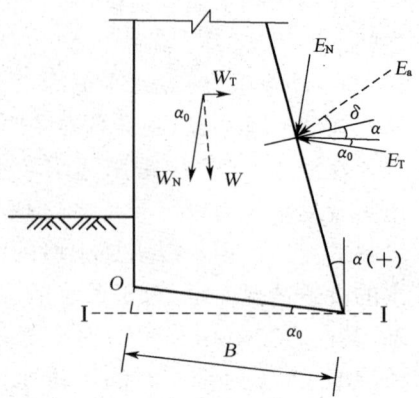

图 7-25 倾斜基底

基底倾斜不宜过大,以免挡土墙连同基底下的地基土一起滑移。通常,土质地基时基底倾角 α_0 不超过 $11°19'$(即倾斜坡度不陡于 1:5);岩石地基时,不超过 $18°26'$(即不陡于 1:3)。因此,对倾斜基底的挡土墙,除验算沿基底的滑动稳定性外,还应验算通过墙踵的地基土水平面(图 7-25 中的 I-I 水平面)的滑动稳定性。地基土的内摩擦系数 f_0(黏性土按换算内摩擦角计算),可参照表 7-8 选用。

表 7-8　　　　　　　地基土的内摩擦系数 f_0 值

地基土名称	f_0	地基土名称	f_0
松散的干砂类土	0.58~0.70	干的砾石	0.70~0.84
湿润的砂类土	0.62~0.84	湿的砾石	0.58
饱和的砂类土	0.36~0.47	干而密实的淤泥	0.84~1.20
干的黏性土	0.84~1.00	湿润的淤泥	0.36~0.47
湿的黏性土	0.36~0.58		

(3) 凸榫基底,在挡土墙底部设置同基础连成整体的凸榫(图 7-26),可利用榫前土体的被动土压力,以加大抗滑力。

为使榫前被动土楔能够完全形成,墙后的主动土压力不致因设凸榫而增加,应将整个凸榫置于通过墙趾并与水平线成 $\left(45°-\dfrac{\varphi}{2}\right)$ 角线和通过墙踵并与水平线成 φ 角线所形成的三角形范围内,如图 7-26 所示。此时,考虑到榫前土体产生的被动阻力,故不计榫前宽度 b_1 内的基底摩阻力。凸榫的高度 h,系根据榫前土体的被动土压力 E_p' 能够满足抗滑稳定的要求而定。凸榫的厚度 b_2,除满足材料的直剪和抗弯的要求外,为了便于施工,还不应小于 30 cm。凸榫的设计,详见有关设计手册。

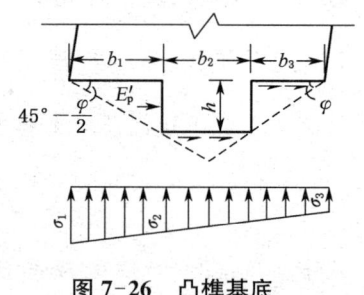

图 7-26 凸榫基底

此外,如地基有软弱下卧层存在时,还应验算沿基底下某一可能滑动面的整体滑动稳定性(参考第 6 章)。

7.4.3 倾覆稳定验算

挡土墙抵抗绕墙趾向外转动而倾覆的能力,用抗倾覆稳定系数 K_0(稳定力矩与倾覆力矩的比值)表示:

$$K_0 = \frac{\sum M_y}{\sum M_x} \qquad (7\text{-}29)$$

式中 M_y——稳定(竖直)力系对墙趾 O 点(图 7-25)的总力矩;

M_x——倾覆(水平)力系对 O 点的总力矩。

为保证挡土墙不倾覆,主要组合荷载作用时,要求 $K_0 \geqslant 1.5$;附加组合时,$K_0 \geqslant 1.3$;地震组合时,$K_0 \geqslant 1.2$。

若求得的 K_0 值不满足上述要求,则可采取以下加大稳定力矩和减小倾覆力矩的措施:

(1) 展宽基底,特别是墙趾外,以增大稳定力矩(力臂)。但在地面横坡较陡处,加宽墙趾处基础会引起墙高的增加。

(2) 改变墙面或墙背坡度,例如,改缓墙面坡度可增大稳定力臂;改陡俯斜墙背或改缓仰斜墙背可减小土压力。

(3) 改变墙身断面型式,如改用衡重式等,以减小土压力和增加稳定力矩。

7.4.4 基底应力验算

挡土墙的基底应力和偏心距应加以限制,以免引起过大的和明显不均匀的沉降。

基底应力计算是一个复杂的问题,为简化起见,可采用偏心受压公式,如图 7-27(a)所示,墙趾和墙踵处的法向压应力分别为

$$\sigma_{1,3} = \frac{N}{B}\left(1 \pm \frac{6e}{B}\right) \qquad (7\text{-}30)$$

式中,B 为基底宽度,当基底呈台阶形时,取水平面上的投影宽度。

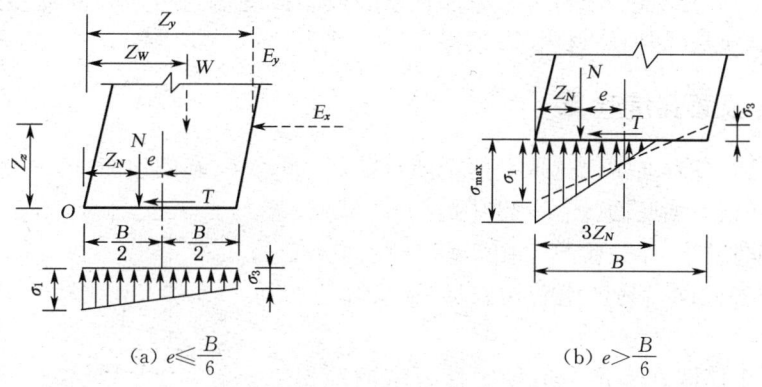

图 7-27 基底压力分布

基底合力的偏心距 e 按下式计算:

$$e = \left|\frac{B}{2} - Z_N\right| \qquad (7\text{-}31)$$

式中,Z_N 为基底合力的法向分力 N 对 O 点的力臂:

$$Z_N = \frac{\sum M_y - \sum M_x}{N} \qquad (7\text{-}32)$$

当 $e > \dfrac{B}{6}$ 时,基底一侧将出现拉应力(图 7-26(b))。考虑到基础与地基之间一般不能承受拉应力,故常略去不计,而按应力重分布计算基底最大压应力,由平衡条件得

$$\sigma_{\max} = \frac{2N}{3Z_N} = \frac{4N}{3(B-2e)} \tag{7-33}$$

基底最大压应力 $\sigma_{1,3}$ 或 $\sigma_{\max}$,均不得超过地基容许承载力 $k[\sigma_0]$。各类地基土的容许承载力 $[\sigma_0]$,可查《公路桥涵地基与基础设计规范(JTJ 024—85)》;必要时(如基础宽度 B 超过 2 m),还须予以修正。地基容许承载力的提高系数 k,见表 7-9。

表 7-9　　　　　　　　地基容许承载力的提高系数 k 和合力偏心距 e 的规定

荷载情况	地　基　性　质	k	e
主要组合	各类土	1.00	$\leqslant \dfrac{B}{6}$
	石质较差的岩石		$\leqslant \dfrac{B}{5}$
附加组合	坚硬岩石	1.25	$\leqslant \dfrac{B}{4}$
地震组合	新近沉积的黏性土、软土、松砂、填土,$[\sigma_0] < 100$ kPa 的一般黏性土	1.00	$\leqslant \dfrac{B}{6}$
	密实或中密的细砂和粉砂,100 kPa $\leqslant [\sigma_0] < 200$ kPa 的一般黏性土	1.10	$\leqslant \dfrac{B}{5}$
	中密的碎石土、砾、粗或中砂,200 kPa $\leqslant [\sigma_0] < 300$ kPa 的一般黏性土	1.30	$\leqslant \dfrac{B}{4}$
	岩石,密实的碎石土、砾、粗或中砂,老黏性土 $[\sigma_0] \geqslant 300$ kPa 的一般黏性土	1.50	$\leqslant \dfrac{B}{3}$

同时,基底应力的合力偏心距 e,应符合表 7-9 的规定(加筋土挡墙均取不大于 $B/6$)。

基底应力或偏心距过大时,可采取加宽基底或者改变墙背坡度及断面型式的办法予以调整,也可改善地基(如换填材料等)以提高其承载力。

7.4.5　墙身截面强度验算

对于石砌挡土墙,通常仅选取一两个墙身截面,如基底、基础顶面(图 7-28 中的 1—1 截面)、墙高一半处、上墙底面(图 7-28 中的 2—2 截面)等,按偏心受压构件进行有关验算。由于墙身断面突变处(如图 7-28 中各截面),易产生剪切破坏,还应作直接抗剪强度验算。

钢筋混凝土挡墙在满足全墙稳定性要求的前提下,其断面尺寸和配筋量还应根据钢筋混凝土构件的规定要求进行计算确定。

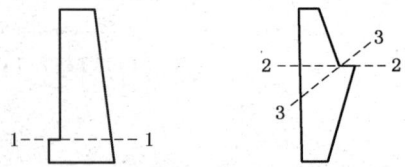

图 7-28　验算截面的选择

墙身截面强度验算的要求和方法,请参阅有关设计规范和手册。

例 7-2　浆砌片石重力式路堤墙,断面尺寸如图 7-29 所示;填料容重 $\gamma = 18$ kN/m³,内摩擦角 $\varphi = 35°$;砌体容重 $\gamma_k = 23$ kN/m³,墙背摩擦角 $\delta = \dfrac{\varphi}{2}$;地基土容重 $\gamma_0 = 19$ kN/m³,内摩擦系数 $f_0 = 0.80$,基底摩擦系数 $f = 0.50$,地基承载力 $[\sigma_0] = 800$ kPa;挡墙分段长度 10 m;路基宽 8.5 m,路肩宽 0.75 m,车辆荷载:汽车-20 级,挂车-100。试按主要组合荷载验

算该墙的稳定性。

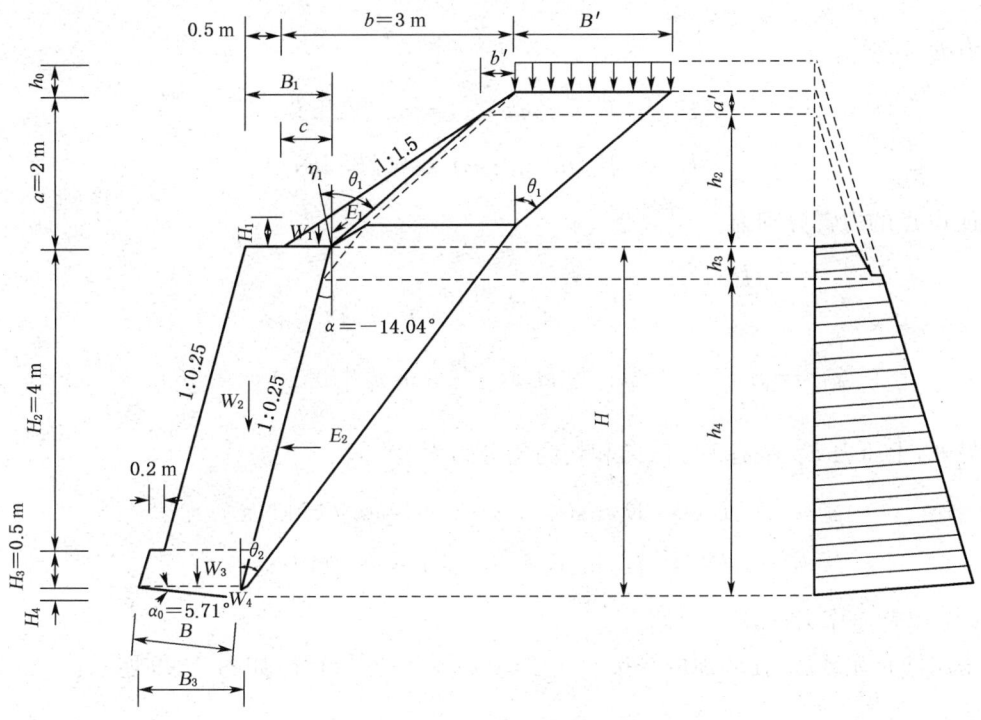

图 7-29 重力式挡土墙验算

解 (1) 墙顶以上填土土压力计算

墙顶不妨碍第二破裂面的形成,按第二破裂面计算土压力。

假设第一破裂面交于路堤边坡上(图 7-29),则可用式(7-1)计算：

$$\theta_1 = \frac{1}{2}(90° - 35°) + \frac{1}{2}\left(\arcsin\frac{\sin 33.69°}{\sin 35°} - 33.69°\right) = 48.29°$$

$$\eta_1 = \frac{1}{2}(90° - 35°) - \frac{1}{2}(75.26° - 33.69°) = 6.72°$$

验证假设条件是否成立：

$$b - c = 3.0 - (B_1 - 0.5) = 3.0 - 0.65 = 2.35 \text{ m} > a\tan\theta_1(= 2.24 \text{ m})$$

所以假设条件成立。

将墙顶以上填料内产生的第二破裂面作为计算墙背,其高度为

$$H_1 = \frac{c}{\cot\beta + \tan\eta_1} = \frac{0.65}{1.5 + \tan 6.72°} = 0.402 \text{ m}$$

由式(7-10),得

$$K_{a1} = \frac{\cos^2(\varphi - \eta_1)}{\cos^2\eta_1\cos(\eta_1 + \varphi)\left[1 + \sqrt{\frac{\sin 2\varphi\sin(\varphi - \beta)}{\cos(\eta_1 + \varphi)\cos(\eta_1 - \beta)}}\right]^2} = 0.757$$

$$E_1 = \frac{1}{2} \times 18 \times 0.402^2 \times 0.757 = 1.101 \text{ kN}$$

土压力 E_1 可分解为

$$E_{1x} = E_1 \cos(\eta_1 + \varphi) = 0.822 \text{ kN}$$

$$E_{1y} = E_1 \sin(\eta_1 + \varphi) = 0.733 \text{ kN}$$

对墙趾 O 点的力臂分别为

$$Z_{1x} = \frac{H_1}{3} + H_2 + H_3 = 4.634 \text{ m}$$

$$Z_{1y} = B_1 + 0.25(H_2 + H_3) - \frac{H_1}{3}\tan\eta_1 + 0.20 = 2.46 \text{ m}$$

另外,土压力 E_1 在基底面法向和切向的分力为

$$E_{1N} = E_1 \cos(\eta_1 + \varphi + \alpha_0) = 0.745 \text{ kN}$$

$$E_{1T} = E_1 \sin(\eta_1 + \varphi + \alpha_0) = 0.811 \text{ kN}$$

(2) 墙背土压力计算

采用均布超载法,在墙顶内缘按 θ_1 角作填料表面的平行线,如图 7-29 所示:

$$h_2 = \frac{1 + \tan\eta_1 \tan\beta}{1 - \tan\theta_1 \tan\beta} H_1 = 1.72 \text{ m}$$

$$a' = a - h_2 = 0.28 \text{ m}$$

$$b' = 1.5a' = 0.42 \text{ m}$$

又

$$B = \frac{(1.15 + 0.2)\cos 14.04°}{\cos(14.04° - 5.71°)} = 1.32 \text{ m}$$

$$H_4 = B\sin\alpha_0 = 0.132 \text{ m}$$

$$H = H_2 + H_2 + H_4 = 4.632 \text{ m}$$

假设破裂面交于路基宽度内,不计车辆荷载的作用:

$$A = \frac{a'b' - H(H + 2a)\tan\alpha_2 + 2h_2 a' \tan\theta_1}{(H + a')(H + a' + 2h_2)} = 0.273$$

$$\psi = \varphi + \alpha_2 + \delta = 35° - 14.04° + 17.5° = 38.46° < 90°$$

代入式(7-13),得

$$\tan\theta_2 = -\tan 38.46° + \sqrt{(\tan 38.46° + \cot 35°)(\tan 38.46° + 0.273)} = 0.7458$$

$$\theta_2 = 36.72°$$

则 $\quad B' = (H + a')\tan\theta_2 + h_2\tan\theta_1 + H\tan\alpha_2 + c - b = 2.085 \text{ m} < 8.5 \text{ m}$

与假设符合。

汽车-20级一辆重车的扩散长度,由式(7-19)得

$$L' = 5.6 + (4.632 + 2 \times 2)\tan 30° = 10.58 \text{ m} > 10 \text{ m},取用 L' = 10 \text{ m}$$

又,在 B' 范围内布置车轮的宽度 B_0 为

$$B_0 = 2.085 - 0.75 - (0.5 - 0.3) = 1.135 \text{ m}$$

只可布置一侧车轮。

故在 $B' \times L'$ 面积内布置的轮重为半辆重车,即

$$\sum G = \frac{300}{2} = 150 \text{ kN}$$

代入式(7-18),得等代均布土层厚 h_0:

$$h_0 = \frac{150}{18 \times 2.085 \times 10} = 0.40 \text{ m}$$

根据求得的 h_0 重新计算破裂角 θ_2:

$$A = \frac{a'b' + 2b'h_0 - H(H + 2a + 2h_0)\tan\alpha_2 + 2h_2 a' \tan\theta_1}{(H + a')(H + a' + 2h_2 + 2h_0)} = 0.277$$

$$\tan\theta_2 = -\tan 38.46° + \sqrt{(\tan 38.46° + \cot 35°)(\tan 38.46° + 0.277)} = 0.7487$$

$$\theta_2 = 36.82°$$

用式(7-15)计算土压力系数:

$$K = \frac{\cos(\theta_2 + \varphi)}{\sin(\theta_2 + \psi)}(\tan\theta_2 + \tan\alpha_2) = 0.161$$

又

$$h_3 = \frac{b' - a'\tan\theta_2}{\tan\theta_2 + \tan\alpha_2} = 0.422 \text{ m}$$

$$h_4 = H - h_3 = 4.21 \text{ m}$$

$$K_1 = 1 + \frac{2a}{H} + \frac{2h_0 h_4 - a'h_3}{H^2} = 2.015$$

代入式(7-14),得墙背土压力为

$$E_2 = \frac{1}{2} \times 18 \times 4.632^2 \times 0.161 \times 2.015 = 62.64 \text{ kN}$$

$$E_{2x} = E_2 \cos(\alpha_2 + \delta) = 62.53 \text{ kN}$$

$$E_{2y} = E_2 \sin(\alpha_2 + \delta) = 3.78 \text{ kN}$$

对 O 点的力臂为

$$Z_{2x} = \frac{H}{3} + \frac{a}{3K_1} - \frac{a'h_3(2H-h_3) + h_0 h_4(2H-3h_4)}{3H^2 K_1} - H_4 = 1.779 \text{ m}$$

$$Z_{2y} = B_3 - Z_{2x}\tan\alpha_2 = (1.15+0.2) + 1.779 \times 0.25 = 1.35 + 0.445 = 1.795 \text{ m}$$

再将 E_2 分解为

$$E_{2N} = E_2\cos(\alpha_2 + \delta + \alpha_0) = 61.84 \text{ kN}$$

$$E_{2T} = E_2\sin(\alpha_2 + \delta + \alpha_0) = 9.98 \text{ kN}$$

(3) 墙重(包括墙顶上土重)计算

墙顶与第二破裂面之间的土重：

$$W_1 = \frac{1}{2}cH_1\gamma = \frac{1}{2} \times 0.65 \times 0.402 \times 18 = 2.35 \text{ kN}$$

对 O 点的力臂为

$$Z_1 = 0.2 + (4+0.5) \times 0.25 + 0.5 + \frac{0.65 + 0.402 \times 1.5}{3} = 2.243 \text{ m}$$

墙重及对 O 点的力臂分三块计算：

$$W_2 = B_1 H_2 \gamma_k = 1.15 \times 4 \times 23 = 105.8 \text{ kN}$$

$$Z_2 = 0.2 + \frac{1.15}{2} + \left(\frac{4}{2} + 0.5\right) \times 0.25 = 1.40 \text{ m}$$

$$W_3 = B_3 H_3 \gamma_k = 1.35 \times 0.5 \times 23 = 15.525 \text{ kN}$$

$$Z_3 = \frac{1.35}{2} + \frac{0.5}{2} \times 0.25 = 0.74 \text{ m}$$

$$W_4 = \frac{1}{2} B_3 H_4 \gamma_k = 2.049 \text{ kN}$$

$$Z_4 = \frac{2}{3} \times 1.35 - \frac{1}{3} \times 0.132 \times 0.25 = 0.89 \text{ m}$$

(4) 滑动稳定验算

基底合力的法向分力 N 和切向分力 T 为

$$N = E_{1N} + E_{2N} + (W_1 + W_2 + W_3 + W_4)\cos\alpha_0 = 135.89 \text{ kN}$$

$$T = E_{1T} + E_{2T} - (W_1 + W_2 + W_3 + W_4)\sin\alpha_0 = 50.08 \text{ kN}$$

代入式(7-28)，得沿基底的抗滑稳定系数为

$$K_{c1} = \frac{135.89 \times 0.5}{50.08} = 1.36 > 1.30$$

通过墙踵的地基土水平面的抗滑稳定系数为

$$K_{c2} = \frac{\left(E_{1y} + E_{2y} + W_1 + W_2 + W_3 + W_4 + \frac{1}{2}\gamma_0 B^2 \sin\alpha_0 \cos\alpha_0\right)f_0}{E_{1x} + E_{2x}} = 1.67 > 1.30$$

(5) 倾覆稳定验算

挡土墙上作用的竖直力和水平力对墙趾 O 点的力矩分别为

$$\sum M_y = E_{1y}Z_{1y} + E_{2y}Z_{2y} + W_1 Z_1 + W_2 Z_2 + W_3 Z_3 + W_4 Z_4 = 175.29 \text{ kN} \cdot \text{m}$$

$$\sum M_x = E_{1x}Z_{1x} + E_{2x}Z_{2x} = 115.05 \text{ kN} \cdot \text{m}$$

由式(7-29),得抗倾覆稳定系数为

$$K_0 = \frac{175.29}{115.05} = 1.52 > 1.50$$

(6) 基底应力验算

将式(7-32)代入式(7-31),得基底合力的偏心距为

$$e = \frac{B}{2} - \frac{\sum M_y - \sum M_x}{N} = \frac{1.32}{2} - \frac{175.29 - 115.05}{135.89}$$

$$= 0.217 (\text{cm}) < \frac{B}{6} = 0.22 (\text{cm})$$

因 $B < 2 \text{ m}$,$[\sigma_0]$ 不必修正,又主要组合荷载时,承载力提高系数 $k = 1$,故 $k[\sigma_0] = 800 \text{ kPa}$。由式(7-30),得基底最大压应力为

$$\sigma_1 = \frac{135.89}{1.32}\left(1 + \frac{6 \times 0.217}{1.32}\right) = 204.49 \text{ kPa} < k[\sigma_0]$$

通过验算可知,该墙的稳定性满足要求。

7.5 加筋土挡土墙设计

7.5.1 基本原理

加筋土挡墙的内部受力机理比较复杂,拉筋与填料之间主要依靠摩擦作用(网格拉筋即筋网,还包括网孔部分的土抗力作用)来传递应力。目前,对加筋土的工作原理,可以解释如下:

1. 视加筋土为复合材料

三轴试验表明,对素土试件施加竖向压力,试件就会产生侧向膨胀(图 7-30(a));如果土中埋置水平拉筋,通过筋土的摩擦作用,则把侧膨胀力传递给拉筋,拉筋的反作用好像施加一个约束应力 $\Delta\sigma_3$,使土体的侧向变形受阻(图 7-30(b))。当竖向压力逐渐增大时,拉筋的侧向约束力随之加大,直到拉筋与土之间出现滑移或拉筋断裂,试件才破坏。因此,加筋土强度的提高,主要依靠筋土之间的摩阻力,但受到拉筋材料抗拉强度的限制。

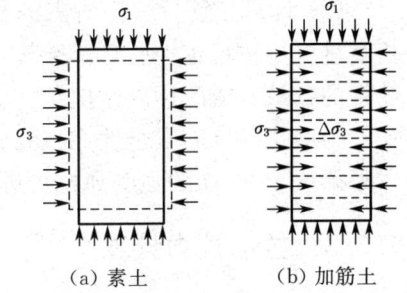

图 7-30 加筋土作用机理

2. 视加筋土结构为锚定结构

在加筋土结构中,由填土自重和外力产生的侧压力作用于面板,通过面板上的拉筋连接

件将此侧压力传递给拉筋,依靠筋土摩阻力取得平衡,以保持加筋体稳定。

对加筋土挡墙进行原型(足尺)试验和模型试验的实测结果表明(图 7-31),通常,拉筋承受的拉力 T 沿长度 L 方向呈弓形分布;各层拉筋最大拉力 T_{max} 作用点的连线(称最大拉力迹线)接近对数螺旋线。最大拉力迹线与极限荷载作用下出现的破裂面相吻合。它把填料划分为活动(滑动)区和稳定(锚固)区。活动区内的填料通过摩擦作用而施加于拉筋表面的剪切应力 τ 指向墙面,欲将拉筋外拔;而稳定区内的拉筋表面剪切应力指向墙后,则阻止拉筋被拔出。在活动区顶部的填料大致处于静止应力状态,随着深度填料逐渐接近于朗金主动应力状态。

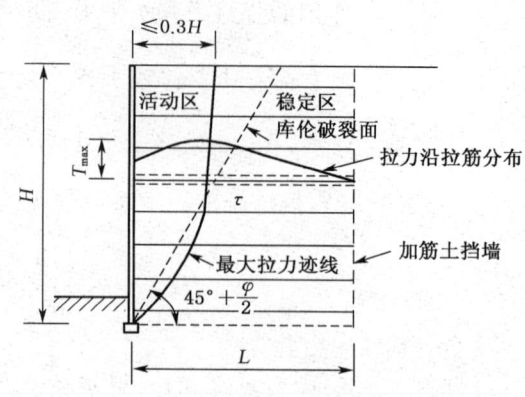

图 7-31　拉筋拉力分布曲线

如果拉筋间距大(密度低)或用低模量拉筋(如土工带等),由于墙面和填料可能出现的侧向位移较大,破裂面近似于同水平面相交 $\left(45°+\dfrac{\varphi}{2}\right)$ 的平面(即图 7-31 中素土的库伦直线破裂面)。

7.5.2　验算项目

加筋土挡墙的结构计算包括外部(全墙)和内部稳定性分析两大部分。

外部稳定性分析时,系将加筋体(连同上面的填料)视为刚体,按 7.4 节所述的方法,对地基应力、基底滑移和倾覆稳定性进行验算。必要时,还需进行整体(坡体)滑动验算和地基沉降计算。不满足要求者,均可采取改变断面(如加长筋带)和加固地基等措施。

内部稳定性分析主要包括以下内容:

(1) 根据拉筋间距和荷载情况,一般可按局部平衡法,计算拉筋所受的拉力。

(2) 计算拉筋断面所需的面积,使其拉应力不超过材料的容许值。或者对拉筋断面进行抗拉强度验算。若不满足要求,则增加拉筋断面积,或改变拉筋布设(间距),或改用较高强度的拉筋。

(3) 计算拉筋(筋带)所需的长度,使在稳定区内具有足够的筋土摩阻力。或者对拉筋长度进行抗拔稳定性验算。验算不合格时,或增加拉筋长度,或加大拉筋的表面积(如增加筋带的数量),或改用内摩擦角大的填料和表面粗糙的拉筋。

为增强高墙的安全性,对墙高大于 12 m 的加筋土挡墙,主要组合荷载作用时,尚应用总体平衡法,对拉筋的强度和抗拔进行综合验算(详见有关设计规范)。

7.5.3　拉筋拉力计算

按局部平衡法原理,加筋体计算单元内土的侧向(水平)压力(平均应力 σ_h),由单元轴线处的拉筋(筋带)来承受(平衡)。如图 7-32 所示,第 i 层拉筋所受的拉力为

$$T_i = \sigma_h s_h s_v \tag{7-34}$$

式中,s_h 和 s_v 分别为拉筋(筋带结点)的水平和竖直间距。

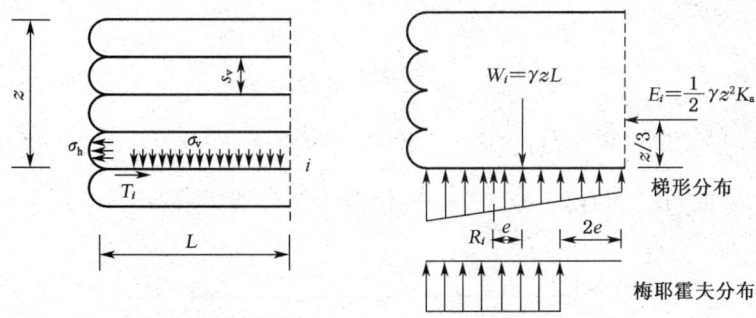

图 7-32 局部平衡法拉力计算

侧向(土压)应力 σ_h,可按下式计算:

$$\sigma_h = K_i \sigma_v \tag{7-35}$$

其中,加筋体土压力系数 K_i,同填料所处的应力状态有关,可参照下列经验关系取用:

$$K_i = K_0 - \frac{z}{6}(K_0 - K_a) \tag{7-36}$$

式中　　z——拉筋在加筋体内所处的深度(m),当 $z > 6$ m 时,取 $K_i = K_a$;

K_0——静止土压力系数,可按填料的内摩擦角 φ 估计:

$$K_0 = 1 - \sin\varphi \tag{7-37}$$

K_a——朗金土压力系数,由式(7-3)计算。

竖向应力 σ_v,若考虑墙后土压力对计算截面产生弯距的影响,应按梯形分布或梅耶霍夫(Meyerhof)分布(假设竖向应力均匀分布在 $L-2e$ 范围内,见图 7-32)计算。通常,不考虑墙后土压力的作用,则竖向应力就是自重应力,即

$$\sigma_v = \gamma z \tag{7-38}$$

式中,γ 为加筋体内填料的容重(kN/m³),计算水位以下浸水部分采用填料的浮容重。

在加筋体上的路堤填土(容重 γ_2),应近似地换算成连续均布荷载($\gamma_2 h_F$),再计入竖向应力内。其等代均布土层厚度 h_F,按下式计算,如图 7-33 所示:

$$h_F = \frac{1}{m}\left(\frac{H}{2} - b_b\right) \tag{7-39}$$

当 $h_F > a$(加筋体上填土高度)时,仍取 $h_F = a$。

车辆荷载可按式(7-18)换算成厚 h_0 的等代均布土层。当车辆能够进入活动区时,荷载布置宽度 B' 分别用路基全宽和活动区内宽度进行计算,取 h_0 值较大者;当车辆不能进入活动区时,B' 值取路基全宽。考虑到车辆荷载影响将会随深度增加而减少,一般采用 2:1 向下扩散来传递荷载

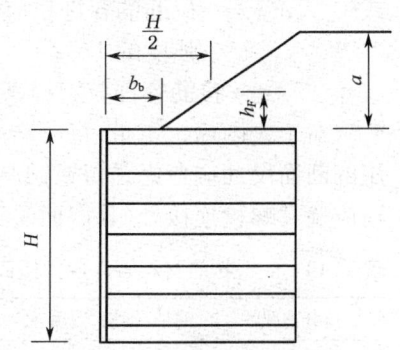

图 7-33 加筋体上填土等代土层厚度计算

(图 7-34)。在车辆荷载作用下,加筋体内深度 z 处的竖向应力 σ_a(当扩散线未进入活动区时,取 $\sigma_a = 0$):

$$\sigma_a = \gamma h_0 \frac{B'}{B'_i} \tag{7-40}$$

式中, B'_i 为第 i 层拉筋深度 z 处的应力扩散(分布)宽度;当 $z + a \leqslant 2b_c$ 时, $B'_i = B' + a + z$;当 $z + a > 2b_c$ 时, $B'_i = B' + b_c + \frac{a+z}{2}$。但对于路肩墙,则取 $B'_i = B'$。

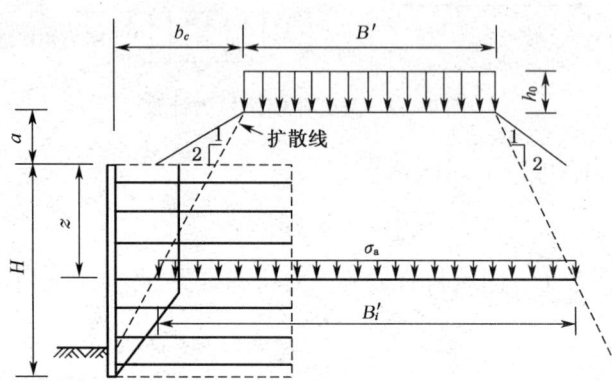

图 7-34 车辆荷载传递及影响范围

地震作用时,不计车辆荷载的影响,在深度 z 处水平地震惯性力引起的土压应力增量 $\Delta\sigma_h$,由式(7-26)推得:

$$\Delta\sigma_h = 3(\gamma z + \gamma_2 h_F) K_a C_i C_z K_h \tan\varphi \tag{7-41}$$

7.5.4 拉筋断面计算

根据拉筋受到的拉力 T_i(kN),计算拉筋断面所需的面积 A_i(mm²):

$$A_i = \frac{T_i \times 10^3}{k_s [\sigma_s]} \tag{7-42}$$

式中 $[\sigma_s]$——拉筋的容许拉应力(MPa),钢材常取屈服极限的 1/1.78,土工带应小于断裂强度的 1/5;

k_s——拉筋容许应力提高系数,按表 7-10 采用。

对于聚丙烯土工带,每一结点所需的根数(筋带数量)应取偶数。对于金属拉筋,实际采用的断面尺寸应考虑预留锈蚀厚度,如表 7-11 所示。当扁钢带与面板之间用螺栓连接时,还应验算螺栓连接处(其截面受到固定螺栓孔的削弱)的筋带强度和螺栓的抗剪强度。

表 7-10 拉筋材料容许应力提高系数

荷载情况	钢带、钢筋、混凝土	聚丙烯土工带
主要组合	1.00	1.00
附加组合	1.25	1.30
地震组合	1.50	2.00

表 7-11 钢带单面锈蚀厚度 单位:mm

工程分类	非镀锌	镀锌
无水工程	1.5	0.50
浸淡水工程	2.0	0.75
浸咸水工程	2.5	

7.5.5 拉筋长度计算

为防止拉筋在工作时被拔出,每根拉筋必须具有足够的长度 L,它由两部分组成,即

$$L = L_a + L_e \tag{7-43}$$

式中,L_a 和 L_e 分别为拉筋埋在活动区和稳定区内的长度。

加筋体中活动区与稳定区的分界面(加筋体破裂面)如图 7-35(a)所示,一般简化为上部竖直,与面板距离 b_H 采用 $0.3H$;下部倾斜,与水平面夹角 β_H 采用 $\left(45°+\dfrac{\varphi}{2}\right)$。简化破裂面上、下两部分高度:

$$\left. \begin{array}{l} H_1 = H - H_2 \\ H_2 = 0.3H \tan\left(45° + \dfrac{\varphi}{2}\right) \end{array} \right\} \tag{7-44}$$

因此,活动区拉筋长度 L_a 为

$$\left. \begin{array}{l} \text{当 } 0 < z \leqslant H_1 \text{ 时,} L_a = b_H \\ \text{当 } H_1 < z \leqslant H \text{ 时,} L_a = \dfrac{H-z}{\tan\beta_H} \end{array} \right\} \tag{7-45}$$

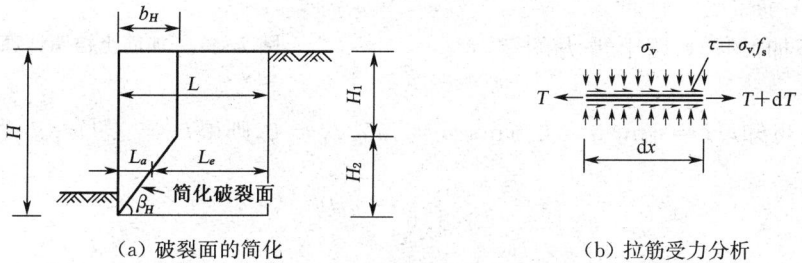

(a) 破裂面的简化 (b) 拉筋受力分析

图 7-35 拉筋长度计算

抗震验算时,考虑到地震角 λ,β_H 采用 $\left(45°+\dfrac{\varphi}{2}-\lambda\right)$,$b_H$ 按下式计算:

$$b_H = H_2 \tan\left(45° - \dfrac{\varphi}{2} + \lambda\right) \tag{7-46}$$

在稳定区内拉筋的长度 L_e,必须使拉筋同周围填料所能提供的摩擦力(抗拔力)S_i 不得小于拉筋所受到的拉力(拔出力)T_i。由图 7-35(b)中的拉筋受力分析,不计车辆荷载引起的抗拔力,再考虑到一定的安全性,即可得

$$S_i = \int_{L_a}^{L} 2b_i \sigma_v f_s \mathrm{d}x = 2b_i(\gamma z + \gamma_2 h_F) f_s L_e \geqslant [K_f] T_i \tag{7-47}$$

或拉筋所需的锚固长度:

$$L_e = \dfrac{[K_f] T_i}{2b_i(\gamma z + \gamma_2 h_F) f_s} \tag{7-48}$$

式中 b_i——第 i 层计算单元内拉筋的宽度；

f_s——拉筋与填料的似摩擦系数；

$[K_f]$——抗拔安全系数 $K_f\left(=\dfrac{S_i}{T_i}\right)$ 的容许值,荷载为主要组合、附加组合和地震组合荷载时分别取 2.0,1.7 和 1.2。

似摩擦系数 f_s 可采用常规的剪切盒由直剪试验求得；也有根据拉拔试验的结果分析确定。一般认为 f_s 值主要取决于填料颗粒大小和拉筋表面的粗糙程度；对于黏性土,还应包含填料与拉筋的黏着作用。试验研究表明,高黏附筋带(如有肋钢带或钢筋混凝土带)的 f_s 值随竖向压应力增加而减小,并趋于常数。表 7-2 所列的 f_s 值,可供设计时参考。

例 7-3 现拟在某二级公路上建造一座路堤式加筋土挡墙,如图 7-36 所示。已知,填料为砂砾,容重 $\gamma=20\ \text{kN/m}^3$,内摩擦角 $\varphi=40°$;地基为中等密实的卵石类土,容许承载力 $[\sigma_0]=800\ \text{kPa}$;拉筋为镀锌有肋钢带,容许拉应力 $[\sigma_s]=135\ \text{MPa}$;面板选用 $1.5\ \text{m}\times 1.5\ \text{m}$ 十字形混凝土预制板,每块面板 6 处设筋带,其间距 $s_h=0.50\ \text{m}$,$s_v=0.75\ \text{m}$。试以荷载为主要组合进行结构计算。

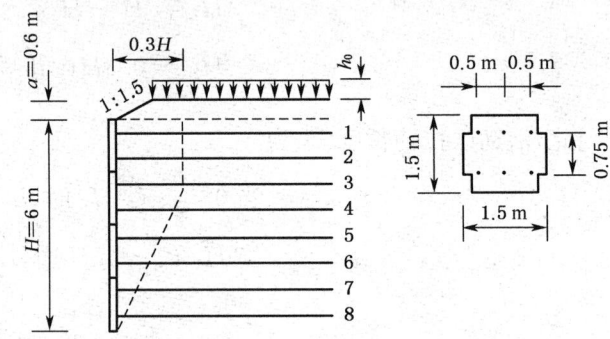

图 7-36 加筋土挡墙计算

解 (1) 筋带受力计算

① 计算加筋体上填土重力的等代土层厚度 h_F

由图 7-36 知,$H=6\ \text{m}$,$a=0.6\ \text{m}$,$m=1.5$,$b_b=0$,则得 $b_c=0.9\ \text{m}$;又代入式(7-39):

$$h_F=\frac{6}{2\times 1.5}=2.0\ \text{m}>a$$

故取
$$h_F=a=0.6\ \text{m}$$

② 计算汽车-20 级重车作用下的等代土层厚度 h_0

汽车-20 级作用时,式(7-18)中挡土墙计算长度(荷载布置长度)L',取重车的扩散长度,由式(7-19)得

$$L'=5.6+(6+2\times 0.6)\tan 30°=9.76\ \text{m}$$

因加筋土挡墙分段长度为 20 m,故求得的 L' 值可采用。

又路肩宽度 $B_j=1.5\ \text{m}$,而

$$b_H=0.3H=1.8\ \text{m}<b_c+B_j$$

知破裂面交于路肩上,此时 B' 取路基全宽,即 $B'=12\ \text{m}$。因路面宽为 9.0 m,横向可布置三辆重车,则

$$h_0=\frac{3\times 300}{20\times 12\times 9.76}=0.38\ \text{m}$$

③ 计算筋带所受拉力

由式(7-37)和式(7-3)得

$$K_0 = 1 - \sin 40° = 0.357$$

$$K_a = \tan^2\left(45° - \frac{40°}{2}\right) = 0.217$$

第 1 层筋带：$z = 0.375$ m，由式(7-36)得

$$K_1 = 0.357 - \frac{0.375}{6}(0.357 - 0.217) = 0.348$$

又由式(7-40)，因

$$z + a = 0.975 \text{ m} \leqslant 2b_c$$

故 $\quad B_1' = 12 + 0.975 = 12.975$ m

则 $\quad \sigma_a = 20 \times 0.38 \times \dfrac{12}{12.975} = 7.03$ kPa

将式(7-35)代入式(7-34)，得

$$T_1 = K_1 \sigma_v s_h s_v = K_1[\gamma(z+a) + \sigma_a]s_h s_v = 3.46 \text{ kN}$$

第 4 层筋带：$z = 2.625$ m，由式(7-36)得

$$K_4 = 0.357 - \frac{2.625}{6}(0.357 - 0.217) = 0.296$$

因 $\quad z + a = 3.225 \text{ m} > 2b_c$

故 $\quad B_4' = 12 + 0.9 + \dfrac{3.225}{2} = 14.513$ m

则 $\quad \sigma_a = 20 \times 0.38 \times \dfrac{12}{14.513} = 6.28$ kPa

$$T_4 = 0.296 \times (20 \times 3.225 + 6.28) \times 0.5 \times 0.75 = 7.86 \text{ kN}$$

第 8 层筋带：$z = 5.625$ m，同理

$$T_8 = 0.226 \times (20 \times 0.6225 + 5.70) \times 0.5 \times 0.75 = 11.03 \text{ kN}$$

(2) 筋带断面计算

为施工方便，各层筋带断面取相同。由上可知，第 8 层(最下层)筋带所受的拉力最大，以此确定所需的筋带断面尺寸。

选用宽度为 60 mm 的筋带，由式(7-42)得所需的筋带厚度为

$$t = \frac{11.03 \times 10^3}{1.0 \times 135 \times 60} = 1.4 \text{(mm)}$$

考虑到筋带与面板连接处有螺栓孔以及预留锈蚀厚度 1.0 mm(单面锈蚀厚度 0.5 mm)，故采用断面尺寸为 60 mm×3 mm 的筋带。

(3) 筋带长度计算

由式(7-44)，得加筋体内破裂面的上部高度：

$$H_1 = \left[1 - 0.3\tan\left(45° + \frac{\varphi}{2}\right)\right]H = 2.14(\text{m})$$

不考虑有肋钢带的 f_s 值沿加筋体内深度 z 的变化,按表 7-2 取 $f_s = 0.60$;又加筋体上填土的容重 $\gamma_2 = \gamma$。将式(7-45)和(7-48)代入式(7-43)得

第 1 层筋带:$z < H_1$

$$L = 0.3 \times 6 + \frac{2.0 \times 3.46}{2 \times 0.06 \times 20 \times 0.975 \times 0.60} = 6.73(\text{m})$$

第 4 层筋带:$z > H_1$

$$L = \frac{6 - 2.625}{\tan\left(45° + \frac{40°}{2}\right)} + \frac{2.0 \times 7.86}{2 \times 0.06 \times 20 \times 3.225 \times 0.60} = 4.96(\text{m})$$

第 8 层筋带:

$$L = \frac{6 - 5.625}{\tan 65°} + \frac{2.0 \times 11.03}{2 \times 0.06 \times 20 \times 6.225 \times 0.60} = 2.64(\text{m})$$

加筋体采用矩形断面,统一取筋带长度为 6.8 m。

此外,面板厚度计算(见有关设计规范)和外部稳定验算等,本例均从略。

7.6 轻型挡土墙设计

重力式挡土墙具有构造简单、施工方便和就地取材等优点,但其稳定性主要靠墙身自重来保证,因而墙身断面较大,占地较多,不能充分发挥建筑材料的强度特性,也不易实行施工的机械化与工厂化。轻型挡土墙则常由钢筋混凝土构件组成,墙身断面较小,墙的稳定性不是或不完全是依靠墙身重量来维持,因而结构较轻巧,圬工量省,占地较少,有利于机械化施工。轻型挡土墙的类型很多,本节介绍悬臂式挡土墙、锚杆挡土墙和锚定板挡土墙的形式和设计。

7.6.1 悬臂式挡土墙

7.6.1.1 悬臂式挡土墙的构造及适用条件

钢筋混凝土悬臂式挡土墙是由立壁和底板组成,具有三个悬臂,即立壁、趾板,同时固定在中间夹块上,如图 7-37 所示。墙的稳定性依靠墙身自重和踵板上的填土重量来保证,而趾板的设置又显著地增加了抗倾覆力距的力臂,因此结构形式比较经济。

悬臂式挡土墙构造简单,施工方便,能适应较松软的地基,墙高一般在 6~9 m 之间。当墙高较大时,立壁下部的弯矩大,钢筋与混凝土用量剧增,此时可采用扶壁式挡土墙。

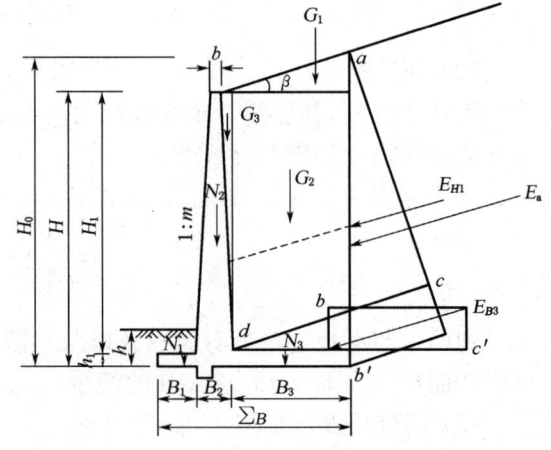

图 7-37 悬臂式挡土墙的受力状态

7.6.1.2 悬臂式挡土墙设计

1. 土压力计算

对于悬臂式挡土墙,通常采用朗金理论来计算通过墙踵的竖直面上的土压力 E_a,然后结合位于该竖直面与墙背间的土重,得到作用于墙上的总压力。

悬臂式挡土墙土压力分布,如图 7-37。其总土压力为

$$E = \frac{1}{2}\gamma H^2 K$$

$$K = \cos\beta \frac{\cos\beta - \sqrt{\cos^2\beta - \cos^2\varphi}}{\cos\beta + \sqrt{\cos^2\beta - \cos^2\varphi}} \qquad (7\text{-}49)$$

式中 K——朗金土压力系数;

β——墙后填土顶面与水平面的夹角。

在墙身结构验算中,将总土压力 E_a 分为 E_{H1} 和 E_{B3},分别作用于立壁及踵板上。总土压力的分布图为 $\triangle ab'c'$,其中 $\triangle abc$ 部分作用在立壁上,合力为 E_{H1},梯形 $bb'c'c$ 部分作用于踵板上,合力为 E_{B3},bc 线平行于地面,通过立壁与踵板的拐角点 d。踵板还承受填土 $G_1 + G_2$ 的垂直压力。

悬臂式挡土墙的土压力,也可以采用库伦方法计算,计算时应验算是否出现第二破裂面。若条件成立,计算时假定踵板上所受的垂直力为第二破裂面以下,踵板以上的土重力与主动土压力垂直分力之和,立壁则承受主动土压力的全部水平分力。

2. 底板宽度计算

(1) 夹块宽度

同立壁底部厚度 B_2,计算方法见后。

(2) 踵板宽度受滑动稳定控制,要求满足

$$[K_c]E_x = f\sum N \qquad (7\text{-}50)$$

式中 $[K_c]$——滑动稳定系数,对加设凸榫的挡土墙,在未设凸榫前,要求满足 $K_c \geq 1.0$;

$\sum N$——底板上所承受的垂直荷载,$= \sum G + E_y$;

$\sum G$——底板上填土及圬工重力,在墙身尺寸未定前,暂行估算。

① 路肩墙,当胸坡垂直,顶面有均布荷载 h_0 时(图 7-38);

② 当用朗金方法计算土压力时,活载均按路基全宽换算分布宽度,以简化计算。

$\sum G$ 暂按下式估算:

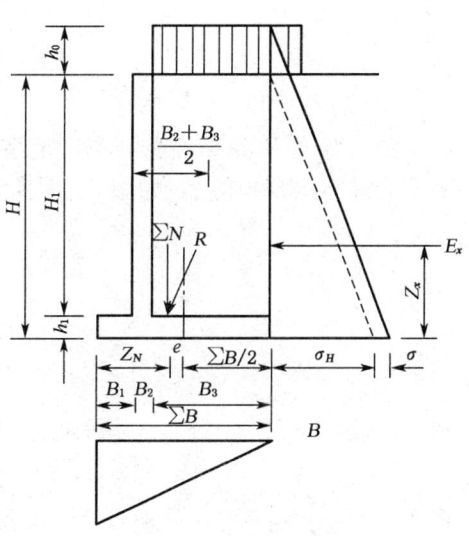

图 7-38 确定底板宽度简图

$$\sum G = (B_2 + B_3)(H + h_0)\gamma\mu \tag{7-51}$$

式中 γ——填料重度(kN/m³);

μ——重度修正系数,由于计算 $\sum G$ 中未计入趾板及其上部土重,故须近似地将其重度加以修正,μ 值见表 7-12。

表 7-12 重度修正系数 μ 值

重度/(kN/m³)	摩擦系数 f								
	0.30	0.35	0.40	0.45	0.50	0.60	0.70	0.84	1.00
16	1.07	1.08	1.09	1.10	1.12	1.13	1.15	1.17	1.20
18	1.05	1.06	1.07	1.08	1.09	1.11	1.12	1.14	1.16
20	1.03	1.04	1.04	1.05	1.06	1.07	1.08	1.10	1.12

$$[K_c]E_x = f\sum N = f(B_2+B_3)(H+h_0)\gamma\mu \tag{7-52}$$

$$B_3 = \frac{[K_c]E_x}{f(H+h_0)\gamma\mu} - B_2$$

③ 路堑墙或路堤墙,当墙顶面坡角为 β。胸坡垂直时

$$[K_c]E_x = f\sum N = f(B_2+B_3)\left(H+\frac{1}{2}B_3\tan\beta\right)\gamma\mu + fE_y \tag{7-53}$$

$$B_3 = \frac{[K_c]E_x - fE_y}{f\left(H+\frac{1}{2}B_3\tan\beta\right)\gamma\mu} - B_2$$

④ 当墙胸具有 1 : m 的倾斜度时,上面两个计算式应加上胸坡修正宽度

$$\Delta B_3 = \frac{mH_1}{2} \tag{7-54}$$

(3) 趾板宽度

趾板宽度 B_1 除高墙受倾覆稳定系数 K_0 控制外,一般都由地基应力或偏心距 e 来决定,要求墙踵不出现拉应力,如图 7-38 所示,即

$$e \leqslant \sum B/6$$

当

$$e = \frac{\sum B}{2} - Z_N = \frac{\sum B}{6}$$

则

$$Z_N = \frac{\sum B}{3} = \frac{M_y - M_0}{\sum N}$$

将 $M_y = \sum N\left(\frac{B_2+B_3}{2}+B_1\right)$ 代入上式后得

$$\sum B = \frac{3(M_y-M_0)}{\sum N} = \frac{3(B_2+B_3+2B_1)}{2} - \frac{3M_0}{\sum N} = B_1+B_2+B_3$$

已知 $\sum N = [K_c]E_x/f$ 代入上式得

$$B_1 = \frac{1.5M_0 f}{[K_c]E_x} - 0.25(B_2 + B_3) \qquad (7\text{-}55)$$

对于路肩墙

$$M_0 = \frac{H^2}{6}(3\sigma_0 + \sigma_H)$$

$$B_1 = \frac{1}{4}\left[\frac{H^2(3\sigma_0 + \sigma_H)f}{[E_c]E_x} - (B_2 + B_3)\right] \qquad (7\text{-}56)$$

式中，$\sigma_0 = \gamma h_0 k$，$\sigma_H = \gamma H k$，$E_x = \frac{H}{2}(2\sigma_0 + \sigma_H)$。

对于路堤墙或路堑墙（图 7-39）

$$M_0 = E_x Z_x = \frac{1}{3}(H + B_3 \tan\beta)E_x$$

$$B_1 = \frac{1.5 \times \frac{1}{3}(H + B_3 \tan\beta)E_x}{K_c E_x} - 0.25(B_2 + B_3)$$

$$= \frac{0.5(H + B_3 \tan\beta)f}{K_c} - 0.25(B_2 + B_3) \qquad (7\text{-}57)$$

（4）底板宽度

$$\sum B = B_1 + B_2 + B_3 + \Delta B_3 \qquad (7\text{-}58)$$

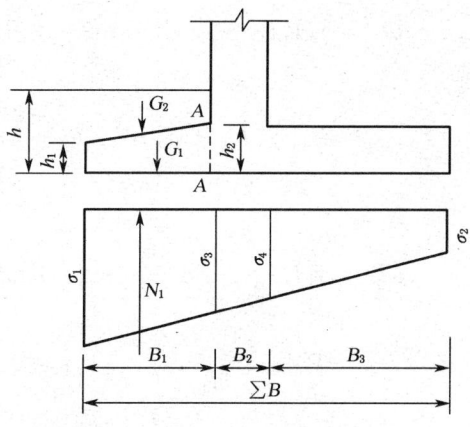

图 7-39 趾板的弯矩和剪力计算

若按 $\sum B$ 计算的地基应力 $\sigma > [\sigma]$ 或 $e > \sum B/6$ 时，应按照加宽基础的方法来加宽 B_1，以满足上述要求。

3. 底板厚度计算

主要取决于结构要求和截面强度要求。

结构要求：趾板与踵板同厚（指与中间夹块连接处，趾板端部不宜小于 30 cm，踵板顶面要求水平）。

强度计算：主要根据配筋率及构件裂缝宽度控制板的厚度。

（1）趾板的弯矩和剪力（图 7-39）

趾前埋深为 h，取计算截面 A—A。

剪力 $\quad Q_1 = N_1 - G_1 - G_2$

$$= \left[\sigma_1 B_1 - \frac{1}{2}(\sigma_1 - \sigma_2)\frac{B_1^2}{\sum B}\right] - B_1 h_{pj}\gamma_h - B_1(h - h_{pj})\gamma$$

$$= B_1\left[\sigma_1 - h_{pj}\gamma_h - (h - h_{pj})\gamma - \frac{1}{2}(\sigma_1 - \sigma_2)\frac{B_1}{\sum B}\right] \qquad (7\text{-}59)$$

弯矩

$$M_1 = \sigma_1 \frac{B_1^2}{2} - \frac{B_1^2}{6}(\sigma_1 - \sigma_2)\frac{B_1}{\sum B} - \left[\gamma_h h_1 \frac{B_1^2}{2} + \gamma_h(h_2 - h_1)\frac{B_1^2}{6} + \gamma(h - h_1)\frac{B_1^2}{2} - \gamma(h_2 - h)\frac{B_1^2}{6}\right] \quad (7-60)$$

式中 σ_1, σ_2——墙趾和墙踵处的地基应力；
h_{pj}——趾板平均厚度，$h_{pj} = (h_1 + h_2)/2$；
γ_h——钢筋混凝土重度；
γ——填土重度。

(2) 踵板的弯矩和剪力(图 7-40)

剪力
$$Q_3 = \gamma H_1 B_3 + \frac{1}{2}\gamma B_3^2 \tan\beta + \gamma_{h0} B_3 + \gamma_h h_3 B_3 + E_{B3}\sin\beta - \sigma_2 B_3 - \frac{1}{2}(\sigma_1 - \sigma_2)\frac{B_3^3}{\sum B}$$
$$= B_3\left[\gamma(H_1 + h_0) + \gamma_h h_3 - \sigma_2 - 0.5 B_3\left(\frac{\sigma_1 - \sigma_2}{\sum B} - \gamma\tan\beta\right)\right] + E_{B3}\sin\beta \quad (7-61)$$

弯矩
$$M_3 = \gamma H_1 \frac{B_3^2}{2} + \gamma H_0 \frac{B_3^2}{2} + \frac{1}{3}\gamma B_3^2 \tan\beta + \gamma_h h_3 \frac{B_3^2}{2} + E_{B3} Z_{E_{B3}}\sin\beta - \sigma_2 \frac{B_3^2}{2} - \frac{1}{6}(\sigma_1 - \sigma_2)\frac{B_3^3}{\sum B}$$
$$= \frac{B_3^2}{6}\left[3\gamma(H_1 + h_0) + 3\gamma_h h_3 - 3\sigma_2 - B_3\left(\frac{\sigma_1 - \sigma_2}{\sum B} - 2\gamma\tan\beta\right)\right] + E_{B3} Z_{E_{B3}}\sin\beta \quad (7-62)$$

式中 B_3——踵板计算长度；
E_{B3}——作用于踵板上的主动土压力；
$Z_{E_{B3}}$——作用于踵板上的主动土压力的垂直分力对计算截面的力臂；

$$Z_{E_{B3}} = \frac{B_3}{3}\left[1 + \frac{(h_0 + H_1) + B_3\tan\beta}{2(h_0 + H_1) + B_3\tan\beta}\right]$$

h_3——踵板厚度。

(3) 趾板和踵板的厚度，用下述两式计算，取大者。

① 根据配筋率确定截面厚度

一般常用的配筋率为 0.3%～0.8%。截面厚度由下式确定：

$$h_3 \geqslant \sqrt{\frac{KM}{A_0 b R_w}} \quad (7-63)$$

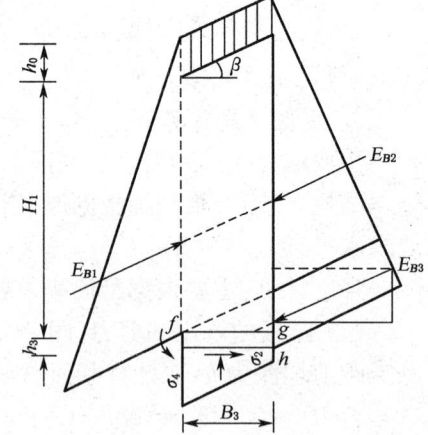

图 7-40 踵板的弯矩和剪力计算

式中 K——设计安全系数，$K = 1.5$；
A_0——计算系数，由选定的配筋率 μ 算出计算系数 ξ，$A_0 = \xi(1 - 0.5\xi)$；
ξ——计算系数，$\xi = \mu R_0 / R_w$；

b——计算截面宽度,取 100 cm;
R_w——混凝土弯曲抗压设计强度;
R_0——钢筋抗拉设计强度。

② 为防止斜裂缝开展过大或端部斜压破坏,截面厚度可由下式确定

$$h_3 \geqslant \frac{KQ}{0.3R_a b} \tag{7-64}$$

式中,R_a 为混凝土轴心受压设计强度。

由于踵板明显长于趾板,底板厚度由踵板厚度 h_3 控制。

4. 立壁厚度计算

立壁厚度(即中央块的宽度)取决于结构要求和强度要求。

(1) 结构要求

立壁顶部最小厚度采用 15～25 cm,路肩墙不宜小于 20 cm。胸墙一般不做垂直坡面,以免因挡墙变形、地基不均匀沉陷及施工误差等因素的影响,造成立壁前倾。通常采用的坡率是 1∶0.02～1∶0.05。

(2) 立壁弯矩及剪力计算(图 7-41)

土压力

$$E_{H1} = \gamma H_1 (0.5 H_1 + h_0) K \tag{7-65}$$

$$E_{xH1} = E_{H1} \cos\beta = \gamma H_1 (0.5 H_1 + h_0) K \cos\beta \tag{7-66}$$

剪力

$$Q_{H1} = E_{xH1} \tag{7-67}$$

弯矩

$$M_{H1} = \frac{1}{6} \gamma H_1^2 \cos\beta (H_1 + 3h_0) K \tag{7-68}$$

式中 E_{H1},E_{xH1},E_{yH1}——墙高为 H_1 时的主动土压力及其水平分力和垂直分力;

Q_{H1}——主动土压力对计算截面的剪力;

M_{H1}——主动土压力对计算截面中心的弯矩。

(3) 厚度计算

同底板厚度计算,按下列两式计算,取其大者。

① 根据配筋率确定截面厚度(式(7-63))

$$h \geqslant \sqrt{\frac{KM_{H1}}{A_0 b R_w}}$$

② 以斜裂缝开展空间控制(式(7-64))

$$h \geqslant \frac{KQ_m}{0.3 R_a b}$$

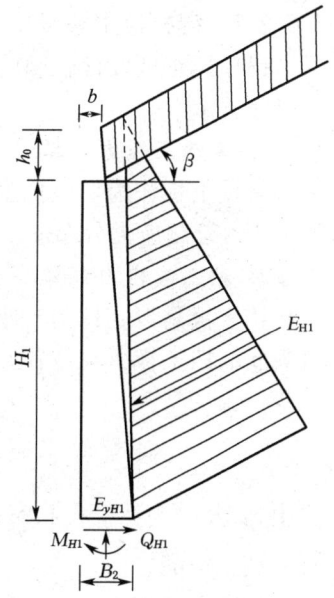

图 7-41 立壁的弯矩及剪力计算

5. 墙身稳定及基底应力验算(同 7.4 节中相关内容)

7.6.2 锚杆挡土墙

7.6.2.1 锚杆挡土墙的构造与布置

锚杆挡土墙是由钢筋混凝土墙面和钢锚杆组成,靠锚固在稳定地层内的锚杆对墙面的水平拉力以保持墙身的稳定,墙面一般是由预制的立杆和挡土板组成,称为板柱式墙,也可以就地浇筑成整体的板壁式墙。使用的锚杆主要有楔缝式锚杆和灌浆锚杆两种。

楔缝式锚杆俗称小锚板,是对锚杆施加一定压力后,使杆端楔缝的楔子张开,从而将锚杆卡紧在岩石中。锚孔一般直径38~50 mm,深度3~5 m,用普通风钻即可施工。孔内压注水泥砂浆,用来防锈和提高锚杆抗拔力。楔缝式锚杆多用于岩石边坡防护及加固工程。

灌浆锚杆又称大锚板,用钻机钻孔,锚孔直径一般100~150 mm,锚杆插入锚孔后再灌注水泥砂浆。当用于土层时,由于土层与锚杆间的锚固能力较差,尚需采用加压灌浆或内部扩孔的方法来提高其抗拔力,称为预压锚杆或扩孔锚杆。国外还采用化学液体灌浆,利用化学液体的膨胀性来提高锚杆的抗拔能力。灌浆锚杆一般多用于路堑挡土墙。

当挡土墙较高时,应布置两级或两级以上,两级之间设1~2 m宽的平台。每级挡土墙不宜过高,一般为5~6 m。为便于立柱及挡土板的安装,以竖直墙背为多。

决定立柱的间距应考虑工地的起吊能力和锚杆的抗拔能力,一般可选用2.5~3.5 m。每根立柱视其高度可布置2~3根或更多的锚杆,锚杆的位置应尽可能使立柱的弯矩均匀分布,方便钢筋布置。

挡土板一般设计成矩形或槽形,长度比立柱间距短10 cm左右,以便留出锚杆位置。墙后应回填砂卵石等透水材料,由下部泄水孔将水排入边沟内。

7.6.2.2 锚杆挡土墙设计

锚杆挡土墙设计在国内外已被广泛应用,但其设计原理与方法仍处试验研究阶段,需进一步完善。

1. 主动土压力计算

将挡土板作为一般挡土墙的墙背,按同一边界条件的库仑主动土压力计算公式,求出土压力 E_x,绘制应力分布图。当采用多级挡土墙时,下墙土压力按延长墙背法计算。

2. 挡土板内力计算

挡土板是以立柱为支座的简支梁,其计算跨度 l 为两立柱间挡土板支承中心的距离,其荷载 q 取挡土板所在位置土压力的平均值,即

$$q = \frac{(\sigma' + \sigma'')h}{2}$$

式中,σ' 及 σ'' 为挡土板高 h 上下两边缘的单位土压力(垂直于挡土板的方向)。

如图7-42所示,跨中最大弯矩 $M_{max} = ql^2/8$,支座处的剪力为 $Q = ql/2$。

3. 立柱的内力计算

假定立柱与锚杆连接处为一铰支座,把立柱视为承受土压力的简支梁或连续梁,上端自由,下端视埋置深

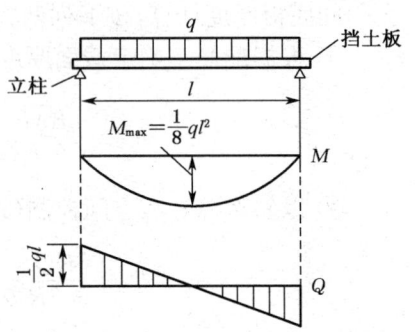

图7-42 挡土板弯矩和剪力计算

度、基础强度、嵌固情况,分别视为自由端、铰端或固定端。

挡土板所承受的侧压力是按跨传至立柱,因此,每根立柱在不同高度上所受的土压应力 P_i 应为该高度的单位土压力 σ_i 乘以立柱间距 l,即 $P_i = \sigma_i l$。

(1) 当上墙立柱仅有两根锚杆且底端为自由端时,可假定两端为悬臂的简支梁(图 7-43)。

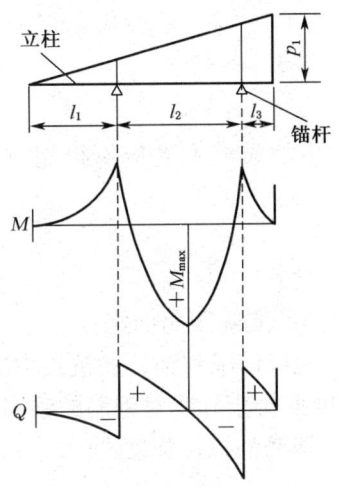

图 7-43　立柱弯矩和剪力计算图(悬臂梁)

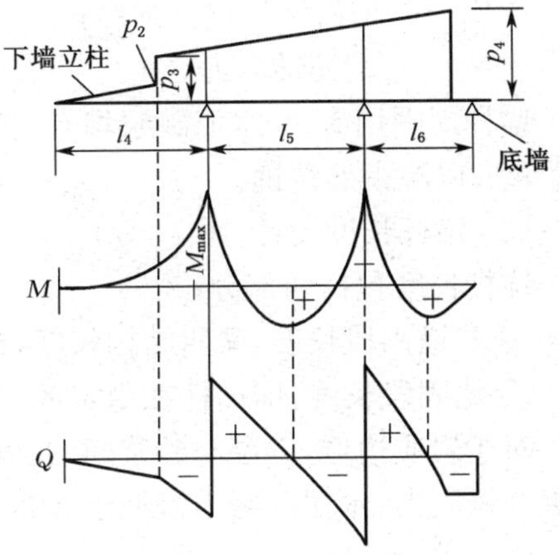

图 7-44　立柱弯矩与剪力计算图(连续梁)

(2) 当下墙立柱仅有两根锚杆,且底端为铰端时,按连续梁计算(图 7-44)。

(3) 当立柱有两根以上的锚杆且底端为固定时,按一端固定的连续梁计算(图 7-45)。

在求连续梁的支点弯矩时,当计算跨数不超过三跨,可利用三弯矩方程求解;如超过三跨,则用弯矩分配法较为方便。

立柱与挡土板的配筋设计,可采用极限状态法进行计算。

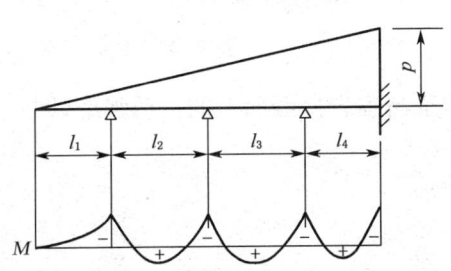

图 7-45　立柱弯矩计算图(一端固定的连续梁)

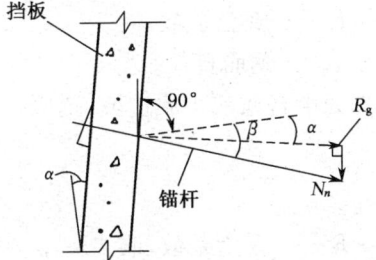

图 7-46　锚杆计算

4. 锚杆设计

锚杆为轴心受拉构件,按容许应力法设计截面。按单锚理论来设计锚杆长度,即不考虑锚杆与锚固层岩体的整体稳定性问题。

(1) 锚杆截面设计(图 7-46)

取立柱上某一支点 n,已由立柱的计算中求得其反力为 R_n,则锚杆的轴向力 N_n 为

$$N_n = \frac{R_n}{\cos(\beta - \alpha)} \tag{7-69}$$

式中　α——立柱对竖直方向的倾角;

β——锚杆对水平方向的倾角。

锚杆所需的钢筋面积 $A_g(\text{cm}^2)$ 为

$$A_g = \frac{KN_n}{R_g} \tag{7-70}$$

式中 K——考虑超载和工作条件的系数,一般采用 1.7;

R_g——钢筋设计抗拉强度;

N_n——钢筋轴向力。

锚杆周围用 M30 水泥砂浆填孔,锚杆受力后砂浆发生的裂缝宽度应不得超过允许值 0.2 mm,以防钢筋锈蚀。

(2) 锚杆长度设计(图 7-47)

锚杆长度包括两部分:

① 非锚固段长度,又叫结构长度,按墙面与稳定层之间的实际距离而定;

② 锚固段长度,即锚杆在稳定地层中的长度 L_e,根据地层情况和锚杆的抗拔力决定。

对于岩质边坡,岩层与砂浆间的粘结强度大,锚固长度取决于砂浆对钢筋的锚固力。为了提高锚固力,水泥砂浆不得低于 M30。要求锚固力大于钢筋的抗拉强度,即

$$K\sigma_g \left(\frac{\pi d^2}{4} \right) \leqslant \pi d L_e \mu \tag{7-71}$$

$$L_e \geqslant \frac{K\sigma_g d}{4\mu}$$

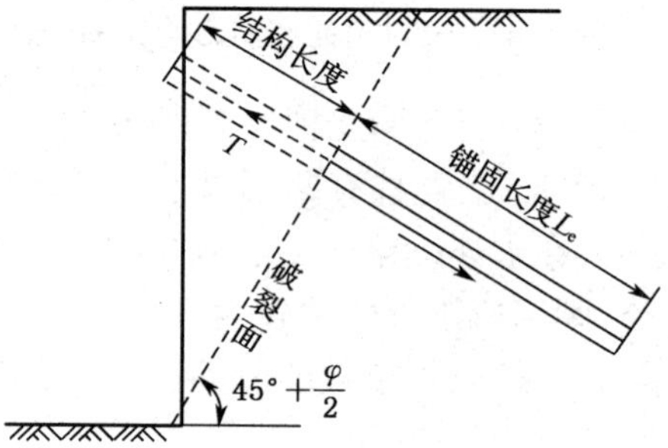

式中 L_e——最小锚固长度;

σ_g——钢筋极限抗拉强度;

μ——钢筋与砂浆间的粘结力;

K——安全系数,取 2~3;

d——钢筋直径。

图 7-47 锚杆长度

如为半岩质或土质边坡,锚固长度取决于砂浆与围岩接触面上的抗剪强度,即

$$L_e = \frac{KN_n}{\pi D \tau_k} \tag{7-72}$$

式中 K——安全系数,取 2~3;

N_n——锚杆承受的拉力;

D——锚孔直径;

τ_k——锚固端砂浆与围岩接触面间的抗剪强度,或孔壁地层内的抗剪强度,取其中较小值。τ_k 值一般通过抗拔试验确定。

为了保证安全,锚杆的有效锚固长度,除应满足上述要求外,在岩石层中一般不应小于 4 m,在半岩质和土质层中一般不应小于 5 m。

(3) 锚杆与立柱的连接(图 7-48)

主要有三种形式:

① 焊短钢筋锚固;② 弯钩锚固;③ 螺母锚固。

弯钩锚固适用于就地浇筑,其余两种适用于预制构件。

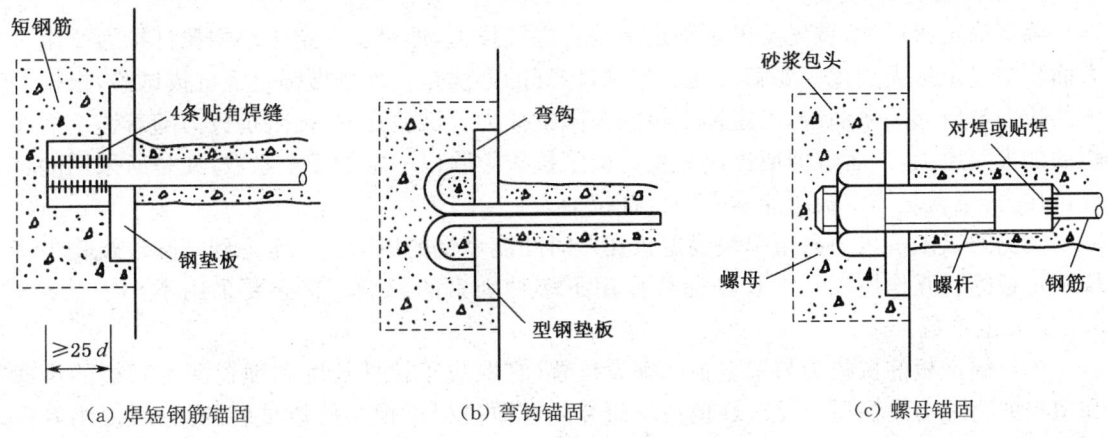

图 7-48 锚杆与立柱的连接形式

(a) 焊短钢筋锚固　　(b) 弯钩锚固　　(c) 螺母锚固

7.6.3 锚定板挡土墙

7.6.3.1 锚定板挡土墙的构造

锚定板挡土墙是由钢筋混凝土墙面、钢拉杆、锚定板以及其间的填土共同形成的一种组合挡土结构,它借助于埋在填土内的锚定板的抗拔力,平衡挡土墙墙背水平土压力,从而改变挡土墙的受力状态,达到轻型的目的。它具有省料省工、能适应承载力较低地区的特点,在我国铁路与公路工程中,已开始应用于路肩或路堤挡土墙和桥台。

锚定板挡土墙的结构形式和受力状态与锚杆挡土墙基本相同,都是依靠钢拉杆的抗拔力来保持墙身的稳定。它们的主要区别是:锚杆挡土墙的锚杆系插入稳定地层的钻孔中,抗拔力来源于灌浆锚杆与孔壁之间的粘结强度,而锚定板挡土墙的钢拉杆及其端部的锚定板都埋设在人工填土当中,抗拔力主要来源于锚定板前填土的被动土抗力。

锚定板挡土墙的墙面是由挡土板和立柱组成。挡土板通常为钢筋混凝土矩形板或槽形板,有时也可为混凝土拱板。立柱为钢筋混凝土矩形截面柱;当墙面采用拱板时,立柱应具有六边形截面。立柱长度可依据施工吊装能力决定。在墙高范围内,立柱可设一级或多级。当采用多级立柱时,相邻立柱间可以顺接,也可以错台。立柱间距多采用1~2 m。根据立柱的长度和土压力的大小,每根立柱上可布置单根、双根或多根拉杆。为便于施工安装,锚定板挡土墙一般采用竖直墙面。钢拉杆采用普通圆钢,外设防锈保护层。每根拉杆端部的锚定板通常为单独的钢筋混凝土方形板。

7.6.3.2 锚定板挡土墙设计

锚定板挡土墙的设计理论与方法不够成熟,尚处于不断充实和完善过程中。

锚定板挡土墙设计包括各组成构件的设计和整体稳定性验算两部分。关于锚定板挡土墙方案的选择、土压力计算、挡土板和立柱等构件的设计,以及钢拉杆截面设计等方法,均与锚杆挡土墙的设计原理相同,这里不再叙述。在锚定板挡土墙设计中,必须决定锚定板的极限抗拔力,选择锚定板的尺寸。在整体稳定性验算中,还要分析各个锚杆的稳定长度以及群锚的有效间距等。

下面介绍锚定板设计和锚定板挡土墙整体稳定性验算。

1. 锚定板设计

确定锚定板尺寸,首先要确定锚定板的容许抗拔力,即对于一定大小的拉杆拉力要用多大面积的锚定板去支撑。要解决这一问题,较好的办法是在现场做锚定板抗拔试验,根据实测的拉力与位移关系曲线,确定锚定板的极限抗拔力。试验证明,极限抗拔力随着锚定板面积的加大而增大,二者近似成比例关系。极限抗拔力除以一定的安全系数,便是所采用的容许抗拔力,也就是锚定板所能承受的拉杆拉力。

实测的极限抗拔力只是单块锚定板在短时间能承受的极限值。考虑到实际建筑物中多块锚定板的相互作用以及在长期荷载作用下多种因素的影响。有必要采用不小于 $2.5\sim3.0$ 的安全系数。

单块锚定板的抗拔力与锚定板的埋设位置(它取决于拉杆长度和埋置深度)、板的尺寸和填料的物理力学性质有关。铁道科学研究院等单位根据现场抗拔试验的结果,提出容许抗拔力的建议值如下:对于埋置深度为 $3\sim5$ m 的锚定板,其容许抗拔力为 $100\sim120$ kPa;埋置深度为 $6\sim10$ m 的锚定板,其容许抗拔力为 $130\sim150$ kPa。锚定板尺寸由拉杆拉力及容许抗拔力计算确定。

2. 锚定板挡土墙的整体稳定性

锚定板挡土墙的整体稳定性与拉杆的长度有关,拉杆愈长,其稳定性愈大。要根据整体稳定性的要求来确定各层拉杆的长度,以确保安全。

锚定板挡土墙的整体稳定性主要由抗滑性控制。对于锚定板结构丧失整体稳定性时滑动面的形式,科研工作者分别作了不同的假定,下面介绍两种设想,即土墙假定和折线滑动面假定。

(1) 群锚理论——土墙假定

西南交通大学等单位提出:当锚定板的布设达到足够的密度时,墙面与各锚定板以及其中的填料形成一个整体墙,用该整体柔性结构来共同支承侧压力,保证路基的稳定,于是形成了群锚作用。群锚形成后,土体破裂面的位置后移,它的起始点由墙面底部移至最下层锚定板的下缘 B'(图7-49),其形状近似于平面,其破裂角 θ 接近于用库伦公式计算的破裂角。破裂棱体的另一侧,不是沿墙体破裂,而是沿各锚定板中心连线 $A'B'$ 破裂,也就是锚定板中心的连线形成假想墙背,墙面和锚定板及其中间的填料形成整体墙 $ABB'A'$。这时,可利用库伦公式计算该假想墙背的主动土压力,和验算重力式挡土墙的方法一样,来验算土墙的抗滑和抗倾覆稳定性。

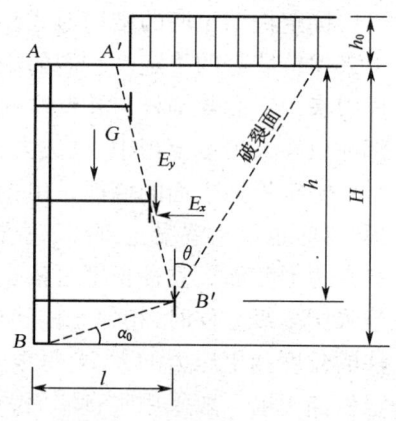

图 7-49 群锚式挡土墙

(2) 双拉杆设计理论——折线滑面假定

铁道科学研究院通过对双拉杆锚定板结构的模型试验,提出了一种折线滑动面的假定,并分为两种边界条件进行分析研究。

① 垂直边界条件锚定板结构的稳定性分析

这种锚定板结构上部拉杆的长度小于下拉杆(图7-50)。

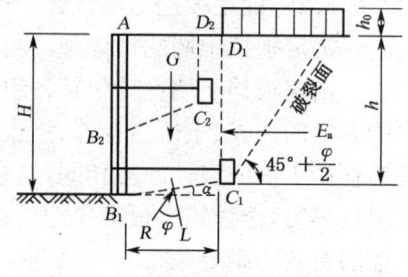

图 7-50 垂直边界锚定结构

在此情况下，锚定板 C_1 和 C_2 的稳定分析应分别考虑 $AB_1C_1D_1$ 和 $AB_2C_2D_2$ 所受的外力及其稳定。B_2 为介于上下拉杆与立柱相交处的中点。

现以土体 $AB_1C_1D_1$ 的稳定分析为例：它所受到的推力为主动土压力 E_a，作用于这个土体的垂直边界 C_1D_1 上。在它的下部边界 B_1C_1 面上，有一个抵抗滑动的力 R，其水平分力为 R_h。由此可推导求得以下的稳定性分析公式

$$E_a = \frac{1}{2}\gamma h(h+2h_0)\tan^2\left(45° - \frac{\varphi}{2}\right) \tag{7-73}$$

$$R_h = G\tan(\varphi-\alpha) = \frac{1}{2}\gamma L(H+h)\tan(\varphi-\alpha) \tag{7-74}$$

$$F_{s1} = \frac{R_h}{E_a} = \frac{\tan(\varphi-\alpha)}{\tan^2\left(45°-\frac{\varphi}{2}\right)} \cdot \frac{L(H+h)}{h(h+2h_0)} \tag{7-75}$$

式中　F_{s1}——垂直边界条件下抗滑安全系数；

　　　φ——填土内摩擦角；

　　　L——下拉杆长度。

② 俯斜边界锚定板结构的稳定分析

这种结构使上锚定板与下锚定板的联线 CE 形成一倾角 $45°+\varphi/2$ 的俯斜边界，如图 7-51 所示。在此情况下，土体最危险滑动面将是 BCG，造成滑动的主要作用是沿 GC 面的下滑力 T_1。这个下滑力传到 CB 面上转化为 T_1'，并被 BC 面上的摩阻力 R 所抵抗。由此推导求得以下的稳定性分析公式。

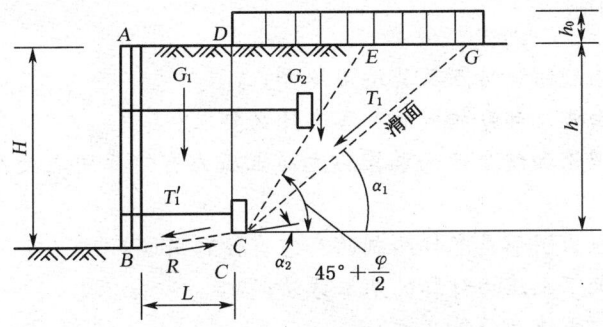

图 7-51　俯斜边界锚定板结构

$$T_1 = \frac{1}{2}\gamma h(h+2h_0)\cot\alpha_1(\sin\alpha_1 - f\cos\alpha_1) \tag{7-76}$$

$$T_1' = T_1[\cos(\alpha_1-\alpha_2) - f\sin(\alpha_1-\alpha_2)] \tag{7-77}$$

$$R = \frac{1}{2}\gamma L(h+H)(f\cos\alpha_2 - \sin\alpha_2) \tag{7-78}$$

$$F_{s2} = \frac{R}{T_1'} = \frac{L(h+H)}{h(h+2h_0)} \frac{(f\cos\alpha_2 - \sin\alpha_2)}{\cot\alpha_1(\sin\alpha_1 - f\cos\alpha_1)} \frac{1}{\cos(\alpha_1-\alpha_2) - f\sin(\alpha_1-\alpha_2)}$$

$$\tag{7-79}$$

式中　F_{s2}——俯斜边界条件下的抗滑安全系数；
　　　　f——摩擦系数，$f = \tan\varphi$，φ 为填土的内摩擦角(°)；
　　　　L——下拉杆长度。

当计算 F_{s2} 时，应假设一系列不同的 α_1 值，并计算与之相应的 F_{s2}，由此求得 F_{s2} 的最小值，即为最危险的条件。经验证明，最危险滑动面的 α_1 值大约在 40°～50°。

■ 小　结

挡土墙设计时，应根据墙址处的地形和地质条件，结合技术经济比较，选用合适的形式和构造(墙身、基础、填料和排水等)，提出横断面图、正面(纵向布置)图及平面图等。

朗金理论和库伦理论的出发点不同，所推演出的主动土压力计算公式适用于不同的墙背(形状和坡度)和填料表面(形状和荷载)等条件。各类挡土墙应按上述条件分别选用相应的计算公式。绘制的土压应力图，可用来确定土压力的大小及作用点位置。

挡土墙断面需作外部稳定和结构强度等方面的验算。其中起控制作用的验算项目，随墙的类型、墙身断面形状和尺寸以及地基条件等而异。

加筋土挡墙是一种新型结构。加筋体的破裂，主要是拉筋断裂或者拔出而引起的。在足尺和模型试验的基础上，提出了各种拉筋受力计算理论和方法。本章介绍的是其中常用的一种计算方法。

■ 复习思考题和习题

7.1　试述各类挡土墙的结构特点及其适用场合。
7.2　一般挡土墙是由哪几部分构成的？各有什么要求？
7.3　试比较按库伦理论和朗金理论求算的主动土压力有何异同之处？它们各自的使用条件是什么？
7.4　库伦主动土压应力图形是怎样绘制的？它有什么用途？
7.5　说明在不同情况下土压力计算的基本方法。
7.6　试推演地震时挡土墙的验算公式。
7.7　挡土墙抗滑稳定、抗倾覆稳定或地基承载力不足时，可分别采用哪些改进措施？什么措施较为有效？
7.8　土中加筋可起什么作用？怎样才能使拉筋发挥最大效用？
7.9　加筋土挡墙墙面所受到的土压力，同其他挡土墙的有什么不同？
7.10　拉筋长度由哪几部分组成？为什么位于上层的拉筋需要的长度往往较大？
7.11　对例 7-2，试按附加组合荷载验算该挡土墙的稳定性。
7.12　例 7-3 所示的加筋土挡墙，若所在地区的地震基本烈度为 9 度，试分析其内部稳定性。

8 沥青路面结构设计

> 提　要

路面结构设计的目的,是提供一种在预定使用期内同所处环境相适应并能承受预期交通荷载作用的路面结构。由于路面的使用性能会随环境和交通荷载的反复作用而逐渐变坏,路面结构设计的具体目标便是控制或限制其使用性能在预定使用期内不恶化到低于某一规定的水平。为此,需要分析路面损坏的模式和产生的原因,并找到一些能预估荷载和环境作用下各种损坏的出现和使用性能变坏的方法。

鉴于影响因素的复杂性和损坏形态的多样化,对于路面结构损坏的临界状态就有不同的取舍标准,相应地有许多采用不同设计思想和设计标准的结构设计方法。这些设计方法大致可分为经验法、力学-经验法和基于性能法。近60年来,世界各国开展了大量的研究工作,力图建立一套较完整的设计方法,能全面反映环境、交通和材料特性的变化对路面结构特性和使用性能的影响。本章将着重介绍我国现行规范采纳的力学-经验设计方法。

路面结构设计的内容,包括结构组合、厚度确定及方案的经济分析和比较等。各结构层的材料组成属于路面材料设计的范畴。虽然如此,由于不同组成材料具有不同的性状,它必然影响路面的结构特性和使用性能,因而在结构设计时仍要密切联系并考虑材料的组成及其性状,以期得到使用性能最佳的路面结构。

本章的学习要求如下:
1. 了解沥青路面的主要损坏模式及其与设计指标之间的联系。
2. 建立弹性层状体系理论的基本概念,学会弹性多层体系表面竖直位移、最大剪应力、各层底面弯拉应力(应变)的实用求算方法。
3. 掌握沥青路面结构组合设计的原则及应用。
4. 明了我国现行公路沥青路面设计规范的理论体系、设计标准,掌握新建路面设计和改建路面补强设计的方法。

8.1 沥青路面的损坏类型、设计指标与标准

路面的结构性能随行车荷载的反复作用及环境条件的变化而逐渐变坏,甚至丧失工作能力。所以,路面设计的具体目标是控制或限制路面结构性能在预定的使用年限内不恶化到某一程度。为此,需分析路面损坏的模式和产生的原因,并据此提出相应的设计指标。

由于荷载、环境、材料组成、结构层次组合、施工和养护等条件的变异,路面损坏的形态是多种多样、错综复杂的。大致上有四大类型,裂缝类(如纵向裂缝、横向裂缝、网状裂缝、块

状裂缝等)、变形类(如凹陷、隆起、车辙、搓板、推挤、拥包等)、表面缺损类(如露骨、松散、剥落、坑槽等)和其他类(如泛油和补丁)。

8.1.1 沥青路面的主要损坏模式

虽然沥青路面的损坏现象形态各异、错综复杂,却都是行车和自然因素对路面作用的结果,随着路面工作特性和外界因素影响程度的不同而变化。根据损坏现象的肇因、危害性及对路面作用性能的影响,可将沥青路面常见的损坏分为以下几种主要模式。

1. 沉陷

沉陷是路面在车轮荷载作用下,其表面产生的较大凹陷变形,有时凹陷两侧伴有隆起现象(图 8-1)。当路面结构的变形能力不能适应这样大的变形量,便产生以纵向为主的裂缝,并逐渐发展为网裂(或者龟裂)。

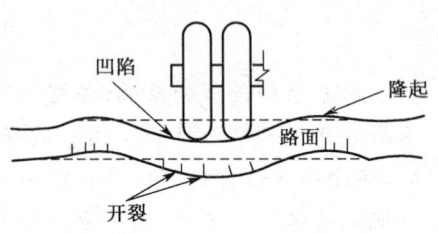

图 8-1 沉陷和隆起

引起沉陷的主要原因是路基水文条件很差或由于填土压实不足而过于湿软,不能承受通过路面传给路基的轮载应力,便产生较大的竖直变形。

2. 车辙

车辙是路面在车轮荷载重复作用下,沿着纵向产生的带状凹陷,也常伴有以纵向为主的裂缝。

出现车辙的主要原因是:在行车荷载多次重复作用下,路基和路面各层塑性变形(包括压密和剪切变形)逐步积累的结果。即使路基和路面具有足够的刚度,每一次行车荷载作用下产生的永久变形量极小,但多次重复作用后累计而达到的量还是相当可观的,特别在高温和轮压大时,沥青面层因蠕变而积累的塑性变形量较大。车辙的出现,在后期常常伴随有裂缝产生;另一方面,出现裂缝的路面,其车辙形成的速率将大大加快。

3. 疲劳开裂

开裂是沥青路面最普遍的一种损坏现象。开裂的种类和原因有多种,其中疲劳开裂是指铺面无显著永久变形情况下沿轮迹常出现的裂缝。其特点是初期先出现一串细微的纵向平行裂缝,在行车荷载的反复作用下逐渐发展为网状或龟背裂缝,路面一旦出现裂缝,水分将沿缝隙侵入结构层内部,使之变软而导致承载能力降低,加速裂缝发展。

发生疲劳开裂的主要原因是:在车轮荷载反复作用下,沥青结构层底面产生的拉应力(或拉应变)超过材料的疲劳强度,底面便发生开裂,并逐渐扩展到表面。由水硬性结合料稳定而形成的整体性基层也会产生疲劳开裂,甚至导致面层破坏。

4. 低温缩裂和反射裂缝

低温缩裂和反射裂缝虽也是开裂,但其基本形态是沿着路面纵向一定距离出现的间隔性横向裂缝。这些横向裂缝,在水分侵蚀下,会进一步促使面层产生疲劳开裂,在其周围逐步发展成网状裂缝。

产生低温缩裂的主要原因是:在低温(通常为负温度)时,当气温下降速率较大,沥青类路面材料因急剧收缩受阻,产生较大拉应力,若拉应力超过抗拉强度时,面层就会拉裂,而路面纵向尺度远大于横向,即纵向约束大于横向,所以出现间隔性横向裂缝。

产生反射裂缝的主要原因是：水硬性结合料稳定类基层，因湿度变化而产生的收缩裂缝反映到面层上来，使面层也相隔一定距离出现横向裂缝。当在旧水泥混凝土路面上加铺沥青类面层时，其原有的接缝或裂缝也会反射到沥青面层上来，形成反射裂缝。

5. 松散和坑槽

松散是路表面集料的松动、散离现象；而坑槽是松散材料散失后形成的凹坑。

当面层材料组合不当或施工质量差，结合料含量太少或粘结力不足，使面层混合料中的集料失去粘结而成片散开，形成松散。若松散材料被车轮后的真空吸力以及风和雨水带离路面，或是龟裂及其他裂缝进一步发展，使松动碎块脱离面层，便形成大小不等的坑槽。

6. 泛油和推移（拥包）

面层混合料中沥青含量偏多或空隙率太小（低于3%）时，沥青会在夏天受行车的作用而溢出路表面，形成一层有光泽的沥青膜，称为泛油。这种沥青混合料的抗剪强度往往过低，在承受较大水平力的车辆经常启动和制动的路段上，面层材料会沿行车方向发生剪切或拉裂破坏而出现推移和拥起。

8.1.2 沥青路面的设计指标与标准

鉴于沥青路面损坏模式的多样化，欲控制或限制路面结构性能在预定的使用年限内不恶化到某一程度，便不能像其他结构物的设计那样，仅选用一种损坏模式作为临界状态，选用一个单一的指标作为设计控制指标，而必须采用多种临界状态，多种设计指标。

在上述各种损坏模式中，有些损坏是由于面层材料组成不当，或者施工、养护的质量不佳所引起的（如松散和泛油等），不属于结构设计考虑的范围；有些损坏（如沉陷），在正常情况下，通过采用改善路基水温状况和加设垫层以减小路基应力等结构组合措施，是完全可以避免出现的；还有些损坏，则通过采取同荷载、温度或材料特性相适应的面层材料组成设计或结构措施，可以避免或减少到最低限度，只在一些特别严重的场合需在设计中考虑（如推移、反射裂缝等）。目前，一般都认为，疲劳开裂、车辙（永久变形）和低温开裂是导致路面结构破坏的三项最主要的损坏模式，在设计中应予着重考虑。

1. 疲劳开裂

路面材料在出现疲劳开裂前所能经受的荷载重复作用次数，称疲劳寿命。疲劳寿命的大小，同组成材料的特性、环境条件（温度）以及路面所受到重复应变（或应力）级位的大小有关。由4.4节所述知，路面设计年限内不同荷载和温度条件的疲劳损耗可采用Miner（线性累加）假设予以总和。因而，根据预定设计年限内的荷载和温度以及材料的疲劳方程，可以分析设计年限末路面结构的累计疲劳损耗，以此判断路面是否会出现疲劳开裂。或者，可以利用等效疲劳损耗的概念，将不同轴载和不同温度条件下的疲劳损耗换算成标准轴载和当量疲劳温度的等效损耗。由此，以疲劳开裂作为临界状态的设计，可以选用沥青层底面的拉应变（或拉应力）作为设计指标，以标准轴载在当量疲劳温度时产生的沥青层底面拉应变（或拉应力）不大于该材料在该温度条件下的容许疲劳拉应变（或拉应力）作为设计标准，即

或
$$\left.\begin{array}{r}\varepsilon_{rl} \leqslant [\varepsilon_{rl}] \\ \sigma_{rl} \leqslant [\sigma_{rl}]\end{array}\right\} \quad (8-1)$$

对于水泥（或石灰等）稳定类基层，因其刚度较大，易出现较大的径向拉应力，所以限制其底面的最大拉应力（或拉应变）也应小于等于基层材料的容许疲劳拉应力（或拉应变），即

或
$$\left.\begin{array}{l}\sigma_{r2} \leqslant [\sigma_{r2}] \\ \varepsilon_{r2} \leqslant [\varepsilon_{r2}]\end{array}\right\} \tag{8-2}$$

2. 车辙（永久变形）

车辙是路基和路面各结构层在荷载反复作用下产生的塑性变形的累积。车辙深同重复应力的大小、作用次数和持续时间、路基和路面各结构层材料的模量以及温度状况有关。车辙的出现，一方面使路面平整度变坏，从而影响行驶质量，另一方面使高速行驶的车辆在雨天易出现漂滑而造成交通事故。以车辙作为临界状态的设计方法，选用车辙深或永久变形量作为指标，限定设计年限内的累积车辙深或永久变形量不超出行驶质量和行车安全所容许的车辙深或永久变形量，即

$$l_p \leqslant [l_p] \tag{8-3}$$

有些设计方法，采用路基顶面的竖向压缩应变作为指标。根据路基顶面的竖向应变同其永久变形和路表车辙深之间的经验关系，提出路基顶面的容许压缩应变值。因而设计标准为

$$\varepsilon_{z3} \leqslant [\varepsilon_{z3}] \tag{8-4}$$

3. 路表回弹弯沉

路面表面在一次荷载作用下的回弹弯沉量，反映了路基路面结构的整体承载能力。许多试验观测资料表明，它同路面的使用状态（疲劳开裂和塑性变形量）之间存在着一定的内在关系。根据路面使用状态和使用年限的要求，可以确定一次荷载作用下路表的容许回弹弯沉量。以路表回弹弯沉为设计指标的方法，采用标准荷载作用下的路表回弹弯沉量小于容许回弹弯沉量作为设计标准，即

$$l_e \leqslant [l_e] \tag{8-5}$$

上述三项为主要的设计指标，带有影响整个结构设计的全局性特征。除此之外，还可有下述三项仅影响到面层的次要设计指标。这些设计指标，在特定的荷载或温度场合可作为补充指标列入设计内，以指导面层材料的组成设计。

4. 面层剪切

在垂直荷载（尤其是超载时）和水平荷载（如制动时）的共同作用下，面层结构中将产生较大的剪应力，若混合料抗剪强度不足以抵抗该剪应力，则路面极易产生车辙或 TDC（由上到下的开裂）。所以，选用最大剪应力作为力学验算指标，限制结构层内的最大剪应力峰值 τ_{max} 不超过结构的容许剪应力 τ_R，即满足下式：

$$\tau_{max} < \tau_R \tag{8-6}$$

式中，容许剪应力 τ_R 的确定比较复杂，因其与混合料的抗剪强度有关。因此，实际应用中给出抗剪强度与剪应力的比值限值（可称为抗剪强度结构系数）似乎更为合理。而这个比值可通过限制允许车辙深度，采用相关的车辙预估模型来确定。

5. 低温缩裂

这是一项同荷载因素无关、适用于寒冷地区的设计指标。低温时，面层材料因收缩受阻而产生的温度应力小于等于该温度时材料的抗拉强度，即

$$\sigma_{rt} \leqslant [\sigma_{rt}] \tag{8-7}$$

上述设计指标与标准反映了对路面结构性能方面的要求。路面的结构性能同路面的功能性能（如抗滑和平整度等）有一定的联系，但没有确定的关系。因而，除了上述设计标准外，还应在抗滑性和平整度方面另外提出设计标准。然而，这些设计标准主要同面层的材料和施工等因素有关，并不涉及路面结构设计，所以不放在本章阐述。

8.2 沥青路面结构的力学分析

路面设计最基本的任务之一，是防止路面结构在使用年限内由于轮载和环境（温度）作用而出现各种结构损坏。为此，首先要分析轮载和温度作用下路面各结构层内所产生的应力、应变和位移量，并同各结构层材料抵抗应力、应变和位移的能力相对比，以判断损坏是否会出现。

路基和路面材料的应力-应变关系，大多呈现出非线性特性，其应变量随应力作用时间的增长而变化，并且在应力卸除后残余一部分不可恢复（塑性）变形。但是，考虑到动轮载的特性（较高的加荷速率和较低的应力级位），轮载每次作用后产生的永久变形量仅占总变形量的很小一部分，因此，可以把路面结构近似地当作线性弹性体而应用线性弹性理论来分析轮载作用下的应力、应变和位移量，即把具有多层次的沥青路面看做弹性层状体系进行力学分析。虽然，随着计算机技术的迅速发展，非线性和黏弹性的理论研究取得了相当的进展，但目前尚未达到实用阶段。因此，本节主要从线性弹性体出发，介绍弹性层状体系的理论解，并应用它们分析路面内的应力、应变和位移状况。

8.2.1 弹性层状体系解

1. 力学图式与基本假设

把土基当作弹性半无限体，把土基上面的路面结构当作材料弹性参数同土基不同的均质弹性层，这便构成一弹性双层体系（图 8-2）。把路面结构划分为面层、基层（包括垫层）和土基三个弹性参数各不相同的基本结构层次，便可组成一弹性三层体系（图 8-3）。路面结构也可看做是多层次的弹性层状体系，每层具有各自的弹性参数，见图 8-4。

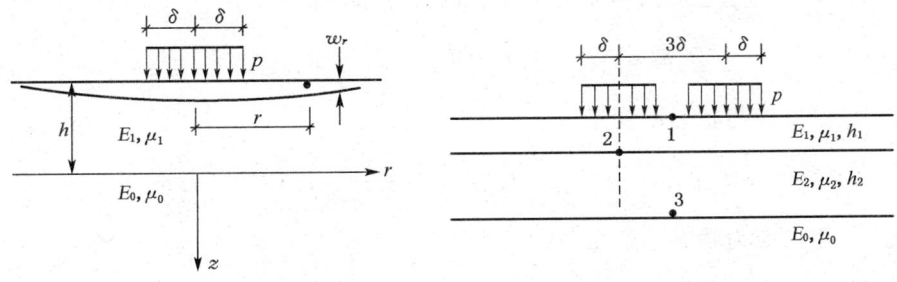

图 8-2　弹性双层体系　　　　　图 8-3　弹性三层体系

作用在路面结构顶面的车轮荷载，可简化为均布在半径为 δ 的圆形面积内的重复荷载 p，如图 8-2 所示。也可按车轮的实际构形，简化为多个不同间距的圆形均布垂直荷载。图 8-3 中所示为由双轮组荷载简化成的两个圆形均布垂直荷载的图示。

应用弹性理论求解弹性层状体系内各特征点的应力、应变和位移时，采用下列基本假设（图 8-4）：

（1）各层均由均质、各向同性的线性弹性材料组成，其弹性参数分别用弹性模量 E_i 和泊松比 μ_i 表征。

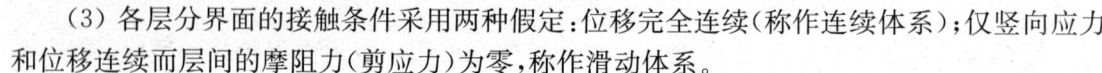

图 8-4 弹性多层体系

（2）最下层（土基）为水平方向无限延伸的半无限体，其上各层在水平方向上无限延伸，但竖向具有一定厚度 h_i。

（3）各层分界面的接触条件采用两种假定：位移完全连续（称作连续体系）；仅竖向应力和位移连续而层间的摩阻力（剪应力）为零，称作滑动体系。

（4）最下层无限深度处的应力和位移均为零。

2. 层状体系理论解

由于层状体系和竖直荷载都轴对称于荷载轴 z，所以可以采用圆柱坐标来简化计算，见图 8-5。在圆柱坐标 (r, θ, z) 中，体系的微分单元上作用有三个法向应力 σ_r（径向）、σ_θ（切向）、σ_z（竖向）及三对剪应力 $\tau_{rz} = \tau_{zr}$，$\tau_{r\theta} = \tau_{\theta r}$，$\tau_{z\theta} = \tau_{\theta z}$。此外，单元体还有三个位移分量：$u$（径向）、$v$（切向）、$w$（竖向）。当作用在层状体系表面上的荷载为轴对称荷载时，各应力、应变和位移分量也对称于对称轴，即它们仅是 r 和 z 的函数，因而 $\tau_{r\theta} = \tau_{\theta r} = 0$，$\tau_{z\theta} = \tau_{\theta z} = 0$，三对剪应力简化为一对；同理，切向位移 $v = 0$。

表征对称轴荷载作用下，弹性层状体系内应力-应变关系的物理方程为

$$\left.\begin{aligned}\varepsilon_r &= \frac{1}{E}[\sigma_r - \mu(\sigma_\theta + \sigma_z)] \\ \varepsilon_\theta &= \frac{1}{E}[\sigma_\theta - \mu(\sigma_z + \sigma_r)] \\ \varepsilon_z &= \frac{1}{E}[\sigma_z - \mu(\sigma_r + \sigma_\theta)] \\ \gamma_{zr} &= \frac{1}{G}\tau_{zr} = \frac{2(1+\mu)}{E}\tau_{zr}\end{aligned}\right\} \quad (8-8)$$

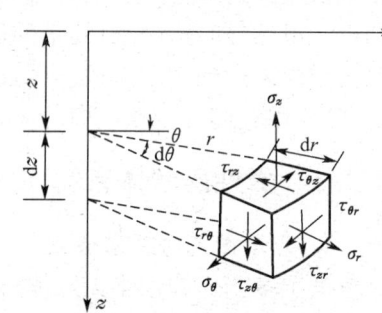

图 8-5 圆柱坐标系中单元体受力示意图

体系内任意点的主应力可解下列一元三次方程求得：

$$\sigma^3 - I_1\sigma^2 + I_2\sigma - I_3 = 0 \quad (8-9)$$

式中　I_1——第一应力状态不变量

$$I_1 = \sigma_r + \sigma_\theta + \sigma_z;$$

　　　I_2——第二应力状态不变量

$$I_2 = \sigma_r\sigma_\theta + \sigma_\theta\sigma_z + \sigma_z\sigma_r - \tau_{r\theta}^2 - \tau_{\theta z}^2 - \tau_{zr}^2$$

（当轴对称时，$I_2 = \sigma_r\sigma_\theta + \sigma_\theta\sigma_z + \sigma_z\sigma_r - \tau_{zr}^2$）；

I_3——第三应力状态不变量

$$I_3 = \sigma_r\sigma_\theta\sigma_z - \sigma_r\tau_{\theta z}^2 - \sigma_\theta\tau_{zr}^2 - \sigma_z\tau_{r\theta}^2 + 2\tau_{\theta z}\tau_{zr}\tau_{r\theta}$$

（当轴对称时，$I_3 = \sigma_r\sigma_\theta\sigma_z - \sigma_\theta\tau_{zr}^2$）；

由式(8-9)解出三个实根σ_1，σ_2，σ_3，即所求三个主应力，若$\sigma_1 > \sigma_2 > \sigma_3$，则$\sigma_1$为最大主应力，$\sigma_3$为最小主应力，并按下式求得最大剪应力：

$$\tau_{\max} = \frac{1}{2}(\sigma_1 - \sigma_3) \tag{8-10}$$

应用弹性理论和积分变化方法可求解出弹性层状体系中各特征点的应力-应变和位移分量：

$$\left.\begin{array}{l}\sigma_{ri} = p\bar{\sigma}_{ri}\\ \sigma_{\theta i} = p\bar{\sigma}_{\theta i}\\ \sigma_{zi} = p\bar{\sigma}_{zi}\\ \tau_{rzi} = p\bar{\tau}_{rzi}\\ \varepsilon_{ri} = \dfrac{p}{E_i}\bar{\varepsilon}_{ri}\\ \omega_i = \dfrac{2p\delta}{E_i}\bar{\omega}_i\end{array}\right\} \tag{8-11}$$

式中 σ_{ri}，$\sigma_{\theta i}$，σ_{zi}和τ_{rzi}——径向应力、切向应力、竖向应力和剪应力；

$\bar{\sigma}_{ri}$，$\bar{\sigma}_{\theta i}$，$\bar{\sigma}_{zi}$和$\bar{\tau}_{rzi}$——径向应力系数、切向应力系数、竖向应力系数和剪应力系数；

ε_{ri}和ω_i——径向应变和竖向位移；

$\bar{\varepsilon}_{ri}$和$\bar{\omega}_i$——径向应变系数和竖向位移系数。

各项应力、应变和位移系数均是各层模量和厚度的函数（例如，对于双层体系，它们是$\left(\dfrac{E_0}{E_1}, \dfrac{h}{2\delta}\right)$的函数）。D. M. Burmister于1943年首先推导了双层体系的解；同济大学公路研究所于1975年发表了$\mu_0 = 0.35$和$\mu_0 = 0.25$时双层体系的各项应力、应变和位移系数的解算结果，并绘制了诺谟图。图8-6所示为双层连续体系荷载作用面中轴处的表面竖向位移系数$\bar{\omega}_0$的诺谟图，应用该图查取相应的系数后，便可按下式确定荷载作用面中轴处的表面竖向位移值ω_0：

$$\omega_0 = \frac{2p\delta}{E_0}\bar{\omega}_0 \tag{8-12}$$

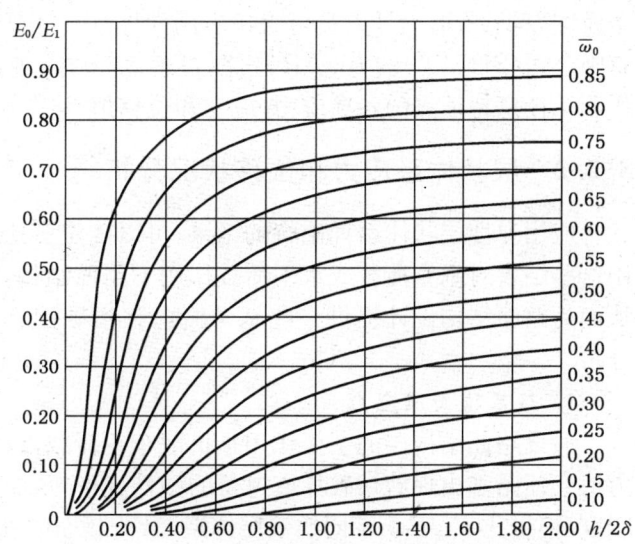

图8-6 双层连续体系荷载面中轴处表面竖向位移系数$\bar{\omega}_0$诺谟图

例 8-1 已知 $p=0.5\,\text{MPa}$，$\delta=14\,\text{cm}$，$E_0=45\,\text{MPa}$，$E_1=180\,\text{MPa}$，$h=20\,\text{cm}$。求荷载作用面中轴处的弯沉 ω_0。

解

$$\frac{E_0}{E_1}=\frac{45}{180}=0.25,\quad \frac{h}{2\delta}=\frac{20}{2\times 14}=0.714$$

由图 8-6 纵轴 $E_0/E_1=0.25$ 处绘水平线，横轴 $h/2\delta=0.714$ 处绘竖直线。两线交点同图中 $\bar{\omega}_0$ 曲线相截，沿曲线查得 $\bar{\omega}_0=0.46$。

根据式(8-12)，可得出

$$\omega_0=\frac{2p\delta}{E_0}\bar{\omega}_0=\frac{2\times 0.5\times 14}{45}\times 0.46=0.143(\text{cm})$$

例 8-2 已知 $p=0.5\,\text{MPa}$，$\delta=14\,\text{cm}$，$E_0=65\,\text{MPa}$，$E_1=280\,\text{MPa}$，荷载面中轴处的弯沉值 ω_0 限定为 $1\,\text{mm}$。求面层应有的厚度 h。

解 由式(8-12)得到弯沉系数：

$$\bar{\omega}_0=\frac{\omega_0 E_0}{2p\delta}=\frac{0.1\times 65}{2\times 0.5\times 14}=0.464$$

从纵轴 $E_0/E_1=65/280=0.232$ 处引一水平线，同 $\bar{\omega}_0=0.464$ 的曲线相交，作一垂直线与横轴相交得 $h/2\delta=0.66$。由此，路面结构应有厚度 $h=0.66\times 2\times 14=18.5\,\text{cm}$。

三层体系的各项应力、应变和位移函数，是 $\left(\dfrac{h_1}{\delta},\dfrac{h_2}{\delta},\dfrac{E_2}{E_1},\dfrac{E_0}{E_2}\right)$ 的函数。D. M. Burmister 于 1945 年得到了三层体系的解；同济大学公路研究所也于 1975 年发表了 $\mu_1=\mu_2=0.25$ 和 $\mu_0=0.35$ 时三层体系各项应力、应变和位移函数的数值解。由于其自变量的个数多于两个，诺谟图的绘制较为复杂，应用也不太方便。

随着计算技术的发展，任意层层状体系的求解已无困难，解算结果也无必要制表或绘制诺谟图以供查询，设计人员可直接应用软件进行计算分析。目前，较通用的是壳牌国际石油有限公司(SHELL)的 BISAR 程序，可解算 10 层(连续或滑动)体系在垂直荷载与水平荷载作用下任意特征点的各项应力-应变和位移值。

8.2.2 层状体系应力和位移状况分析

应用弹性层状体系理论解的结果，可以确定多层结构内各特征点的应力和位移值。利用这些结果对垂直荷载或水平荷载作用下路面结构内的应力和位移状况作一般性的分析，从而为路面结构设计提供一些基本概念和指导性意见。下面以弹性三层体系为例作简要分析。

1. 路基顶面压应力

假设路面结构层的主要作用是扩散车轮荷载，以减小传给路基的应力值，因为过大的应力值会使路基出现剪切破坏或过量的塑性变形，从而促使路面结构破坏。图 8-7 所示为相对刚度(模量比 E_1/E_0)不同的双层体系，沿荷载面中轴上路基竖向应力系数 $\bar{\sigma}_z$ 随深度的变化而变化的情况。从图中可以明显地看出，在路面厚度不变的情况下，随路面材料刚度的增长(E_1/E_0 增大)，路基的应力急剧减小，特别是路基顶面处的应力值下降得更快。例如，在两层分界面处,按均质半无限体($E_1/E_0=1$)计算所得的σ_z约为竖向压力的68%,而设置模量增大九倍的面层后,σ_z便下降为竖向压力的32%。

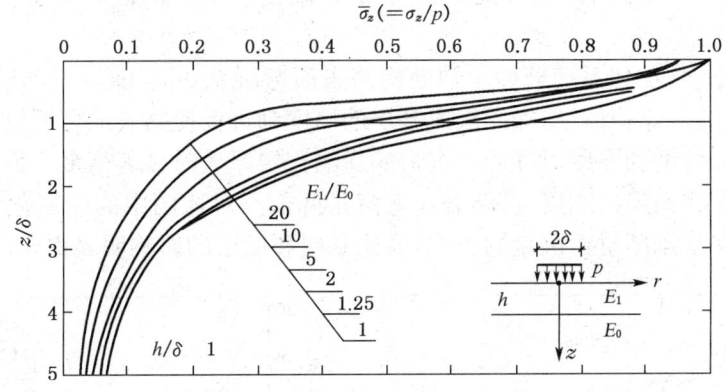

图8-7 路基竖向应力随面层刚度的变化

利用三层体系数值解,可以分析基层或面层的厚度和刚度对路基顶面竖向应力的影响。面层和路基的刚度不变时,竖向应力系数$\bar{\sigma}_z$随基层刚度E_2和厚度h_2的变化而变化的情况,如图8-8(a)所示。可看出,$\bar{\sigma}_z$随基层厚度和刚度的增加而减少;基层刚度很大时,其厚度只是在较薄的范围内(如$h_2/\delta \leqslant 1.5$时),才对路基应力有较显著的影响。面层刚度E_1的影响如图8-8(b))所示,路基应力也随面层刚度增加而减小;面层刚度很大时,基层厚度对路基应力的影响很微小。

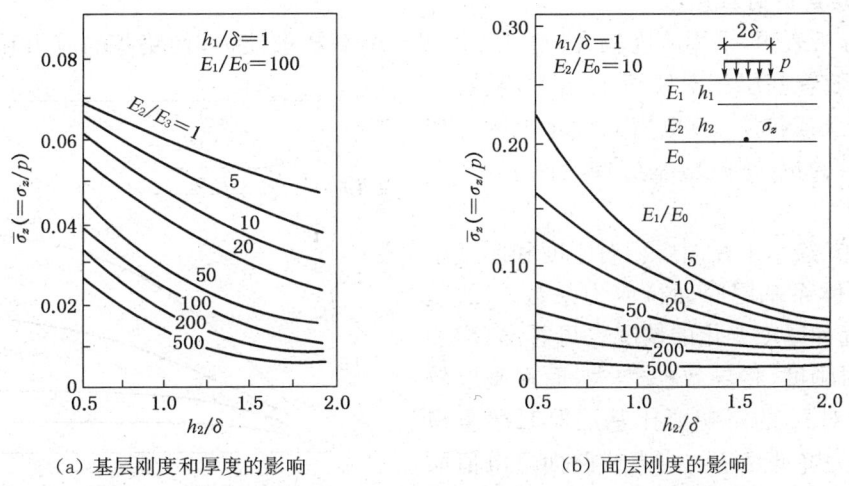

(a) 基层刚度和厚度的影响　　　　　　　(b) 面层刚度的影响

图8-8 面层和基层的厚度和刚度对路基顶面竖向应力的影响

由此可见,为把路基应力降到某一容许值,可以采用增加面层或基层的厚度或刚度的办法,其中增加刚度比增加厚度收效大。这个规律,对于设计柔性路面的基层具有重要的意义。采用粒料基层时,由于本身的模量值较低,只能通过增加厚度来减小路基应力;而采用刚度较大的稳定类基层,则可显著降低路基应力,并且在相同的路基类型和容许应力(或弯沉)条件下,其厚度可比粒料基层减少很多,但要注意基层刚度也不能太大,以免造成面层剪切破坏。

2. 路表弯沉

路表弯沉是路基和路面结构不同深度处竖向应变的总和。对于等级不太高的路面来说,其中约 70%～95% 系由路基所提供。因此,影响路基应力的诸因素也会影响到路表面的弯沉量。

图 8-9 绘示了三层体系荷载面中轴处的路表面弯沉系数 $\bar{\omega}_0$ 随层厚和模量而变化的情况。同前节所述的规律相似,增加面层或基层的厚度都可促使路表面弯沉量下降;但在面层或基层厚度较薄时,增加厚度对降低弯沉量的影响比层厚大时显著得多。另一方面,也可通过增加路基、基层或面层的刚度,使路表面弯沉量降低。对比图中曲线变化情况可看出,在路基刚度低时,路基刚度对弯沉量的影响,要比基层和面层的影响明显得多。

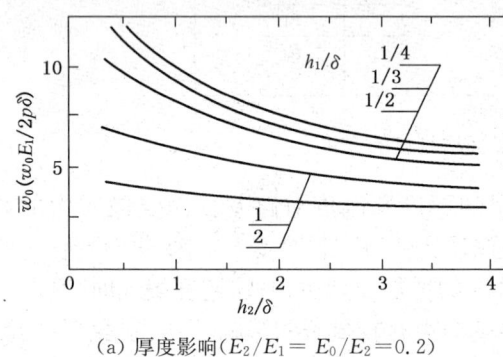
(a) 厚度影响($E_2/E_1 = E_0/E_2 = 0.2$)

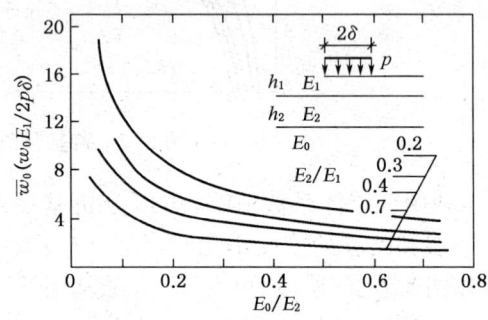
(b) 路基和面层刚度的影响($h_1/\delta = 0.5, h_2/\delta = 1.0$)

图 8-9　面层和基层的厚度和刚度对路表面弯沉的影响

3. 基层底面的拉应力

上述分析表明,采用刚度较大的基层,将提高荷载扩散能力,使路基的应力和弯沉量减小。但是,随着基层相对刚度的增大,基层底面的拉应力(或拉应变)也增大。此拉应力如果超过材料的抗拉强度,基层便会断裂,并导致面层破坏。

图 8-10 绘示了在面层相对刚度和厚度不变时,三层体系基层底面拉应力系数 $\bar{\sigma}_{r2}$ 随基层相对刚度和厚度变化的情况。可看出,增加基层的相对刚度,将导致 $\bar{\sigma}_{r2}$ 增大,而在基层较薄时,刚度对 $\bar{\sigma}_{r2}$ 的影响要比基层厚时严重得多。因此,为降低路基的应力或路面弯沉值而选用相对刚度较大的基层时,应验算基层底面的拉应力,使材料的抗拉强度与之相适应。

基层底面最大拉应力出现的位置,一般均在荷载作用面的中轴处;双圆荷载作用下,最大拉应力则出现在其中一个荷载作用面的中轴处。

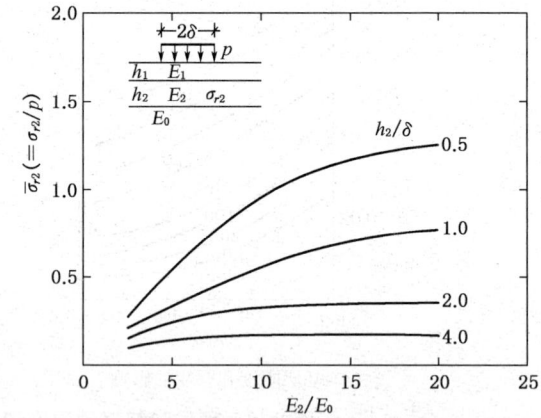

图 8-10　基层底面拉应力系数 $\bar{\sigma}_{r2}$ 随其相对厚度和刚度的变化($E_2/E_1 = 0.2$, $h_1/\delta = 0.5$)

4. 面层的径向应力

垂直荷载作用下,面层底面的径向应力并非都是拉应力,如图 8-11 所示。

面层较薄而相对刚度又较低时（例如，图中 $h_1/\delta \leqslant 0.5$，$E_2/E_1 \geqslant 0.35$ 或 $h_1/\delta \leqslant 0.25$，$E_2/E_1 \geqslant 0.10$），可能出现压应力；面层变厚和刚度变大时，面层底面便出现拉应力。它随面层相对刚度的增大而增大，特别在面层的相对刚度很大时（如图 8-11 中 $E_2/E_1 < 0.3$），拉应力随刚度的增大而急剧增长。底面最大拉应力的位置，一般在荷载面轴处；双圆荷载时，最大拉应力一般出现在某一荷载面中轴处，但在面层很厚时，随层厚增大而移向双圆荷载面的对称轴处。

在圆形均布的单向水平荷载作用下，面层内会出现较大的径向拉应力，特别在路面荷载作用面边缘处，其数值很大，见图 8-12。面层较薄时，其地面也会出现较大的径向拉应力，见图 8-13。

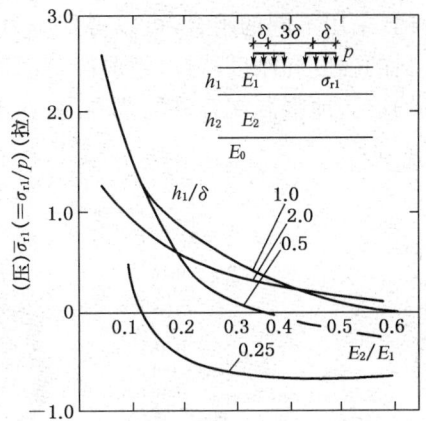

图 8-11 面层底面径向应力系数 $\bar{\sigma}_{r1}$ 随其相对厚度和刚度的变化（$E_2/E_0=10$，$h_2/\delta=2$）

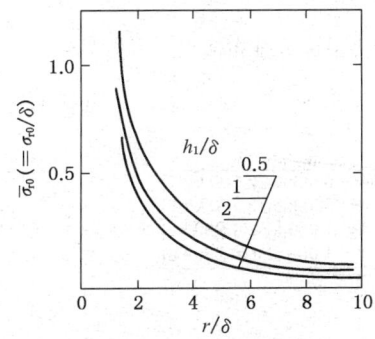

图 8-12 水平单向荷载作用下路面的径向应力系数 $\bar{\sigma}_{r0}$（$E_1/E_2=5$，$E_2/E_0=10$，$h_2/h_1=2$，$\mu_0=0.5$，$\mu_1=\mu_2=0.2$）

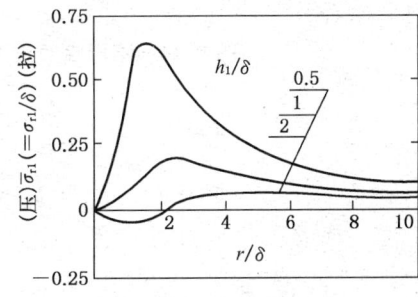

图 8-13 水平单向荷载作用下，面层底面的径向应力系数 $\bar{\sigma}_{r1}$

5. 面层剪应力

同济大学以实测轮地接触压力的真实分布为基础对路面结构进行了大量力学分析，结果表明：①最大剪切应力出现在 0～6 cm 的范围内，6 cm 以下的剪应力迅速减小。说明中、上面层是承受剪应力的主要层位。②不同结构组合的剪应力沿深度分布差异较大，见图 8-14，刚性基层的最大剪应力最大，柔性基层的最小，半刚性基层居中，说明基层模量对面层剪应力的影响较大。③就半刚性基层沥青路面而言，沥青层内的剪应力随基层模量的增大而显著增大（图 8-15），当基层模量在 2 000～10 000 MPa 范围内变化时，剪应力可增加 18%～31%。说明从控制剪应力的角度出发，基层不能做得太强，要严格控制结合料的剂量，否则就有可能因沥青混合料抗剪强度不足而产生车辙或（和）Top-Down（从上到下）开裂，尤其在交通量较为繁重时。所以，对于重交通路面设计，不仅涉及结构的整体抗力（弯拉疲劳），而且涉及结构的局部抗力（车辙和剪切疲劳等）。这是今后在路面设计中应重点考虑的问题。

通过上述分析可以看出，路面结构内的应力状况是极为复杂的，它随许多因素而变，如结构层次的组合、各结构层的厚度和刚度、作用荷载的类型等。不同厚度和刚度的路面结构,采用不同的组合,可以得到应力和应变状况差异很大的路面体系。因而,根据荷载及材料的强度和刚度特性,组成经济而适宜的路面结构,使体系内所产生的各个应力和位移分量均恰当地限制在容许的范围内,并不是一项简单的设计工作。

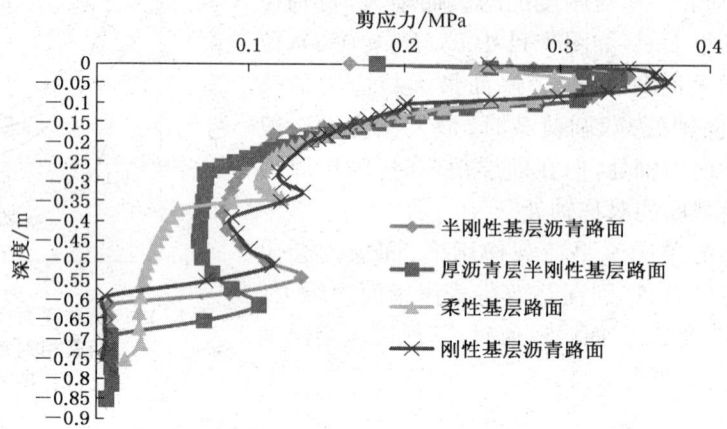

图 8-14　不同路面结构组合最大剪应力沿深度分布情况

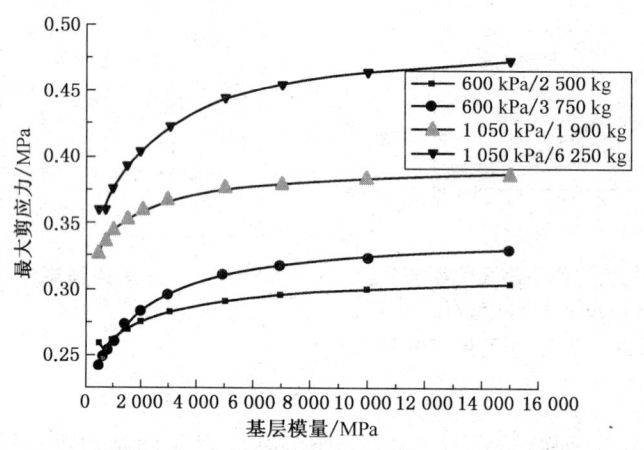

图 8-15　不同荷载工况下面层最大剪应力随基层模量的变化情况

8.3　沥青路面结构组合设计

沥青路面是多层次结构物。作为结构设计的第一步,需要依据使用要求并结合当地条件,选择各结构层次和材料类型,组合成既能经受住行车荷载和自然因素的作用,具有要求的使用性能和使用寿命,又能充分发挥各结构层材料最大效能和经济合理的铺面结构体系。

8.3.1　结构组合设计原则

不同的路面结构组合,会产生在使用性能、寿命和经济上都不相同的效果。层次多和厚度大的路面结构,其使用效果不一定就好。根据实践经验和理论分析,结构组合时宜遵循下

述原则:

1. 一般原则

(1) 路线、路基和路面要做统筹考虑

路线、路基和路面的设计标准应大体一致。不同等级的道路应铺设相应等级的路面(表8-1)。路线设计时应考虑路基的稳定性和强度,而路基的稳定性和强度又是路面结构和厚度设计的依据。提高土基的抗变形能力,往往比加厚路面结构层更为经济有效。有时在路基设计和施工中达不到某些要求时,也可在路面结构中采用一定的措施,以弥补路基稳定性和强度的不足。所以,应本着"路基稳定、基层坚实、面层耐用"的要求,把路基(土基)、垫层、基层和面层作为一个整体,进行路基路面综合设计。

表 8-1 对应不同道路等级和交通繁重程度的面层等级和类型

面层等级	适合的道路等级	交通繁重程度*	常用面层类型
高级路面	高速公路、一、二级公路	重、特重交通	水泥混凝土、沥青混凝土
次高级路面	二、三级公路	中等交通	热拌沥青碎石、沥青贯入式、沥青表面处治、乳化沥青碎石
中级路面	三、四级公路	轻交通	级配碎石、泥结碎石、水结碎石、半整齐石块等
低级路面	四级公路	轻交通	各种粒料或当地材料改善土

注:交通繁重程度分级标准见公路沥青路面设计规范(JTGD 50—2006)。

(2) 因地制宜、合理选材

路面各结构层用的材料,尤其是用量大的基、垫层材料,应充分利用当地的天然材料、加工材料或工业副产品,以减少运输费用和降低工程造价。注意利用当地材料的特点,并借鉴成功的经验。注意环境保护和施工人员的健康和安全。

(3) 方便施工、便于养护

应考虑施工的技术力量和机械设备,结合施工能力提出结构层的组合方案及施工技术要求。要考虑方便今后的养护,尤其是高等级路面应保证长期通车的要求。应尽量考虑采用大型高效的成套机械设备施工,以确保工程质量。

(4) 分期修建、逐步提高

为合理使用有限的资金,一般可按近期要求进行路面设计,以后随交通量的增加逐步提高;也可按规定的设计年限进行设计,基层一次铺成,沥青面层分期修建。设计时,应选择适当的路面结构和厚度,使前期工程能在后期充分利用。但高速、一级公路路面不宜分期修建,以保证交通畅通,也避免分期修建引起的纵断面变化对行车舒适和安全的影响。

(5) 注意与排水设计相结合

道路排水的好坏,对路基路面承载能力、稳定性和耐久性关系极大。有些排水设施(如路面边缘渗沟)同路面更有直接关系,应同路面结构组合设计同时考虑。改建路面时,也应结合道路排水系统进行综合设计。

2. 根据各结构层功能选择结构层次

面层直接经受行车荷载和气候因素的作用,要求高强(抗剪和抗拉)、耐磨、抗滑和耐久性好,因而通常选用粘结力强的结合料和强度高的集料作为面层材料。交通量越大,轴载越重,面层的等级应越高。在交通量大、轴载重的路上(特别是城市快速路和一级公路),应采用沥青混凝土面层,常由双层或三层组成,面层上层为抗滑磨耗层,可选用细粒式或中粒式沥青混凝土,中面层和下面层应据道路等级、沥青层厚、气候条件等选择适当的沥青结构层,一般可采用中、粗粒式沥青混凝土。采用空隙较大的沥青混合料或沥青贯入碎石作面层时,应在面上加设沥青砂或沥青表面处治作封层。

基层作为重要的承重层,要有足够的强度、刚度和水稳定性。对于交通繁重的道路,应选用强度和刚度较高的水泥(或石灰粉煤灰)稳定粒料、沥青混合料、贫混凝土等材料做基层,并加设底基层(起次要承重作用)。一般道路的基层及底基层,还可采用水泥(或石灰粉煤灰)土、石灰稳定土、石灰煤渣类材料、级配碎石和填隙碎石等适宜的当地材料铺筑。

要使路面有足够的整体强度,使用年限长,还应立足于保证路基的稳定性,要求高速、一级公路的土基回弹模量值大于 30 MPa,其他公路的土基回弹模量值大于 25 MPa,城市道路的土基回弹模量值大于 20 MPa 或 30 MPa(城市快速路)。否则,单纯依靠加强增厚面层或基层,并不能收到良好的效果,同时也很不经济合理。稳定路基的一般措施,最经济最易办到也是最主要的方法是,加强排水和达到要求的压实度。在路基水温条件较差时,则应加设垫层以疏导或隔离路基上层水分,并扩散由路面传下的应力。垫层材料一般采用水稳性好的粗粒料或各种稳定类材料。

3. 适应各结构层的荷载应力分布特性

轮载作用于路面表面,其竖向应力和应变随深度而递减,因而对各层材料的强度和模量的要求,也可随深度而相应减小(图 8-16)。因此,路面各结构层应按强度和模量自上而下递减的方式组合。这样既能充分发挥各结构层材料的能力,又能充分利用当地材料充当底基层或基层,以降低造价。

采用强度和模量按深度递减的规律组合路面时,还应注意各相邻结构层之间的模量不能相差过大。8.2 节中作过分析,上下两层的模量相差过大时,上层底面将出现较大的拉应力(拉应变)。此值一旦超过上层材料的疲劳抗拉强度(或抗拉应变),则上层将产生疲劳开裂。根据经

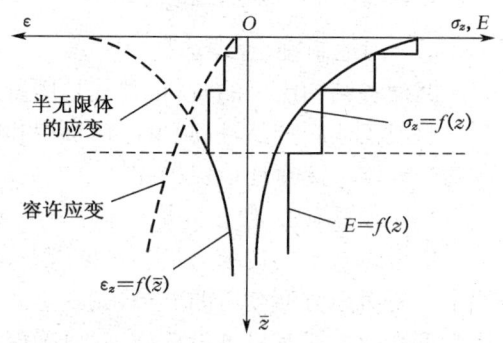

图 8-16 应力和应变随深度的变化

验和应力分析,基层同面层的回弹模量比不应小于 0.3;土基与基层的模量比应为 $0.08\sim0.40$,则所组合的路面结构在一般情况下不会出现过大的拉应力(或拉应变)。当然,上述比例只是一个大致的参考值,它随各结构层材料的抗拉能力而变。

4. 顾及各结构层本身的结构特性及其与相邻层次的互相影响

各结构层材料具有不同的特性,在组合时应注意相邻层次的互相影响,采取措施限制或消除所产生的不利影响。例如,在水泥或石灰稳定类基层上修建沥青面层时,由于基层材料的干缩或低温收缩而开裂,会导致面层也相应地出现反射裂缝。这时,应采取措施降低半刚性基层材料的收缩(例如:控制结合料剂量、降低细料含量等),或者采取结构措施缓解基层开裂的反射影响(例如,适当增加面层厚度、设置沥青碎石缓冲层、设置应力消散层或吸收层等)。又如,在潮湿的粉土或黏性土路基上,不宜直接铺筑碎(砾)石等粗颗粒材料。必要时,可在路基顶面设土工布隔离层,以防止相互掺杂而污染基层,或导致过大变形而使面层损坏。

层间结合应尽量紧密,避免产生滑移,以保证结构的整体性和应力分布的连续性。沥青面层与半刚性基层或粒料层之间应设置透层沥青,根据施工条件(如多层沥青层次能否连续施工、施工期内是否多雨等)采取相应的层间结合措施。

5. 考虑水温状况的不利影响

道路所处的水温环境状况,对沥青路面的工作状态有很大影响。有许多原先使用状况尚好的中级路面(泥结碎石或级配砾石),在加铺沥青层后反而迅速出现损坏。这种现象大都出现在潮湿路段上。分析其原因,主要是由于沥青面层不透气,路基和基层中因温度和湿度坡差作用自下而上移动的水分(或水汽)不能通过面层蒸发出去,而凝结(集)在邻近面层的基层内,使该处湿度增大。如基层的水稳性不好(含泥量多,塑性指数大),便会因基层发软而导致开裂。因此,沥青面层下的基层要慎重选择,严格控制细料含量。在潮湿和中湿路段,更应注意。

在冻深较大的季节性冰冻地区,还要考虑冻胀和翻浆的危害。路面结构除了要保证力学强度的要求外,其总厚度还要满足防冻层厚度的要求,以避免在路基内出现较厚的聚冰带,从而产生导致路面开裂的过量的不均匀冻胀。根据经验,防冻层的厚度可参照表 8-2 中所列数值确定。路面结构层总厚度小于表列数值时,新建路面应增设或加厚垫层,改建路面应增加补强层厚度,使路面的总厚度满足表列要求。防冻垫层可用水稳性好而强度较低的地方材料。

表 8-2　　　　　　　　　　　路面最小防冻厚度　　　　　　　　　　　单位:cm

路基类型	土质 基、垫层类型 道路冻深/cm	黏性土、细亚砂土			粉 性 土		
		砂石类	稳定土类	工业废料类	砂石类	稳定土类	工业废料类
中湿	50~100	40~45	35~40	30~35	45~50	40~45	30~40
	100~150	45~50	40~45	35~40	50~60	45~50	40~45
	150~200	50~60	45~55	40~50	60~70	50~60	45~50
	大于200	60~70	55~65	50~55	70~75	60~70	50~65
潮湿	60~100	45~55	40~50	35~45	50~60	45~55	40~50
	100~150	55~60	50~55	45~50	60~70	55~65	50~60
	150~200	60~70	55~65	50~55	70~80	65~70	60~65
	大于200	70~80	65~75	55~70	80~100	70~90	65~80

注:1. 在《公路自然区划标准》中,对潮湿系数小于 0.5 的地区,Ⅱ,Ⅲ,Ⅳ等干旱地区防冻厚度应比表中值减少 15%~20%。
　　2. 对Ⅱ区砂性土路基,防冻厚度应相应减少 5%~10%。

6. 适当的层数和厚度

结构层层数越多,越能体现强度和模量同荷载应力和应变沿深度变化的规律,但是,层数过多将带来施工工艺及材料制备上的困难,一般层数不宜过多。

各层层厚除考虑受力比较合理外,还应适宜于摊铺和辗压,层厚过大,则应分层施工。从强度和造价考虑,自上而下的各层层厚,宜由薄到厚。

对于沥青混合料层,每一层最小摊铺厚度应≥本层最大粒径(方孔筛)×3 或最大粒径(圆孔筛)×2+1 cm。部分沥青混合料级配类型的单层最小压实厚度和适宜压实厚度见

表 8-3。

表 8-3　不同级配类型沥青混合料的施工适宜厚度

沥青混合料类型	公称最大粒径/mm	最小压实厚度/mm	适宜厚度/mm
砂粒式沥青混凝土 AC-5	4.75	15	15～30
细粒式沥青混凝土 AC-10	9.5	20	25～40
细粒式沥青混凝土 AC-13	13.2	35	40～60
中粒式沥青混凝土 AC-16	16	40	50～80
中粒式沥青混凝土 AC-20	19	50	60～100
粗粒式沥青混凝土 AC-25	26.5	70	80～120
细粒式 SMA-10	9.5	25	25～50
细粒式 SMA-13	13.2	30	35～60
中粒式 SMA-16	16	40	40～70
中粒式 SMA-20	19	50	50～80
开级配磨耗层 OGFC-10	9.5	20	20～30
开级配磨耗层 OGFC-13	13.2	30	30～40
密级配沥青碎石 ATB-25	26.5	70	80～120
密级配沥青碎石 ATB-30	31.5	90	90～150
密级配沥青碎石 ATB-40	37.5	120	120～150

对于重交通道路，沥青层应保证足够的厚度，交通量越大，沥青层的厚度应越大。足够的厚度可以使沥青层真正形成一个完整的结构层，并与基层的组合更加均衡，这对延长沥青路面的使用寿命，保证良好的长期使用性能是至关重要的。

基层所需厚度随交通繁重程度、基层类型及垫层和土基情况而异，可通过结构分析计算而定。在基层厚度超过 20～25 cm 时，基层应分两层铺筑，分别称为上基层和底基层。底基层的刚度可低于上基层，因而，其材料组成和品质要求也可低于上基层。

因改善路基水文条件而设置的垫层厚度，一般应不小于 15 cm，在路面厚度计算中，应计入其强度。

为了确保形成稳定的结构层次，按基垫层所用材料的规格和施工工艺的要求，有单层最小厚度的限制，见表 8-4。

表 8-4　不同基垫层类型的最小压实厚度及适宜厚度

基垫层类型	最小压实厚度/mm	适宜厚度/mm
水泥稳定类	150	180～200
石灰稳定类	150	180～200
石灰粉煤灰稳定类	150	180～200
贫混凝土	150	180～240
级配碎、砾石	80	100～200
泥结碎石	80	100～150
填隙碎石	100	100～120

在进行路面结构组合设计时,以上诸原则有时会产生矛盾,应结合具体情况,分清主次,合理地综合运用诸原则,以获得符合当地交通、环境、材料、施工及养护等条件的路面结构层次组合。

8.3.2 结构层组合方案示例

由不同类型材料组成的结构层,可以采用不同方案组合成具有不同特点的路面结构。按基层材料类型的不同,结构层组合方案可有多种,这里以粒料类基层沥青路面、沥青结合料类基层沥青路面和无机结合料类基层沥青路面三类为例说明。

1. 粒料类基层沥青路面

粒料类基层选用优质集料级配碎石或填隙(水结)碎石做基层,其底基层可以选用质量较差的级配碎(砾)石或填隙(水结)碎石,也可以选用水泥、石灰-粉煤灰(二灰)或石灰稳定碎(砾)石或土(表8-5)。

表8-5 粒料类基层沥青路面结构层组合方案

结构类型		粒 料 类 基 层
面层	表面层	密级配沥青混合料、沥青玛蹄脂碎石、开级配沥青磨耗层、沥青表面处治
	联结层	密级配沥青混合料
基层	基层	级配碎石、填隙碎石
	底基层	级配碎(砾)石、填隙碎石　水泥、石灰-粉煤灰或石灰稳定碎(砾)石或土
垫层(季冻区)		不易冻胀的粒料
路基		路床顶面模量要求≥50 MPa

在轻交通道路上,可不设联结层,表面层(一般采用沥青表面处治)直接铺设在基层上。

粒料基层的承载能力取决于粒料的抗剪强度和抗变形能力。粒料的类型、级配组成、细料含量和塑性指数、压实度以及湿度状况,都会影响粒料的抗剪强度和抗变形能力。选用优质集料、良好级配、限制细料含量及其塑性指数、要求达到足够高的压实度,这些措施可以保证粒料基层具有足够的承载能力。

这类路面的结构损坏类型主要为路面结构的永久变形(车辙)和沥青层的疲劳开裂。结构设计的主要任务是控制永久(塑性)变形,避免出现过量的车辙和路表不平整。一方面要限制粒料层和路基的应力水平,防止出现剪切破坏和产生过量的塑性变形积累;另一方面要控制沥青层的塑性变形积累量。同时,要控制沥青面层的拉应变水平,防止出现疲劳开裂破坏。在底基层采用无机结合料稳定粒料或土时,还需要控制其底面的拉应力水平,避免出现疲劳开裂破坏。

2. 沥青结合料类基层沥青路面

沥青结合料类基层选用热拌沥青混合料(包括密级配沥青混合料和开级配沥青碎石)或者沥青贯入碎石(表8-6)。底基层可以选用粒料(级配碎石)、无机结合料稳定粒料(水泥稳定碎石或石灰-粉煤灰稳定碎石)或者热拌沥青混合料。底基层如果采用热拌沥青混合料,则这种结构称作全厚式沥青路面。选用开级配沥青碎石做排水基层或者反射裂缝减缓层时,其底基层必须满足不透水的要求。

表 8-6　　沥青结合料类基层沥青路面结构层组合方案

结构类型		沥 青 类 基 层		
面层	表面层	密级配沥青混合料、沥青玛蹄脂碎石、开级配沥青磨耗层、沥青表面处治		
	联结层	密级配沥青混合料		
基层	基层	密级配沥青混合料	密级配沥青混合料、沥青贯入碎石	开级配沥青碎石
	底基层		级配碎石	水泥或石灰-粉煤灰稳定碎石
垫层(季冻区)		不易冻胀的料料		
路基		路床顶面模量要求≥50 MPa		

密级配沥青混合料类基层的抗剪切变形能力和承载能力较粒料类基层有很大提高。大粒径密级配沥青混合料(碎石集料公称最大粒径 25 mm 或以上)具有较高的抗永久变形能力。但由于细料和沥青含量小,其抗疲劳能力有所下降。选用开级配沥青碎石排水基层,可以排除渗入路面结构内的自由水,提高路面结构的使用寿命,但需相应设置路面内部排水系统。在无机结合料类底基层上设置开级配沥青碎石层,可以减缓反射裂缝的出现。沥青贯入碎石基层(上覆沥青表面处治磨耗层)主要适用于轻或中等交通的低等级公路。

这类路面结构的主要损坏类型为沥青层的疲劳开裂和永久变形(车辙)。沥青层厚度较大时,容易产生较多的永久变形。疲劳开裂可能起源于沥青基层底面自下而上的龟状裂缝,也可能起源于表面层自上而下的局部深度纵向裂缝。结构设计的主要任务是控制沥青层的疲劳开裂和永久变形(车辙)量。

3. 无机结合料类基层沥青路面

无机结合料类基层采用水泥稳定碎石、石灰-粉煤灰稳定碎石等材料,其底基层可以选用粒料,如级配碎(砾)石或填隙(水结)碎石等,也可以选用无机结合料稳定粒料(砾石、未筛分碎石、天然砂砾等)或土(表 8-7)。

表 8-7　　无机结合料类基层沥青路面结构层组合方案

结构类型		无 机 结 合 料 类 基 层	
面 层	表面层	密级配沥青混合料、沥青玛蹄脂碎石、开级配沥青磨耗层、沥青表面处治	
	联结层	密级配沥青混合料	
基 层	基层	水泥或石灰-粉煤灰稳定碎石	
	底基层	水泥、石灰-粉煤灰或石灰稳定碎(砾)石或土	级配碎(砾)石、填隙(水结)碎石
垫层(季冻区)		不易冰胀的粒料	
路 基		路床顶面模量要求≥50 MPa	

无机结合料类基层具有较大的刚度,依靠本身的弯拉强度来抵御荷载的作用,因而,增加这类基层的强度可以提高路面结构的承载能力。底基层也选用无机结合料类材料时,可以增加路面结构的刚度和承载能力。如选用粒料做底基层,基层底面的拉应力会增大,使路面结构在超载时容易产生基层开裂破坏。

这类路面结构的损坏类型主要为无机结合料类基层或底基层的疲劳开裂以及沥青面层的反射裂缝和永久变形(车辙)。结构设计的主要任务是控制无机结合料类基层或底基层底面的拉应力,防止出现疲劳开裂;采取技术措施减缓反射裂缝的出现;控制沥青面层的永久变形量。

综上所述,各种沥青路面结构层组合方案在结构设计时所需考虑的损坏类型,汇总列于表 8-8(季节性冰冻地区需考虑的沥青面层低温缩裂损坏未列入内)。各种沥青路面结构层组合方案所适用的交通等级,汇总列于表 8-9。

表 8-8　　　　　　各种结构层组合方案需考虑的沥青路面损坏类型

损坏类型		粒料类基层		沥青结合料类基层		无机结合料类基层	
		粒料底基	半刚性底基	粒料底基	半刚性底基	粒料底基	半刚性底基
疲劳开裂	面层	√	√	√(↓)	√(↓)	√(↓)	√(↓)
	基层	×	×	√(↑)	×	×	×
	底基层	×	√	×	√	×	√
永久变形	面层	√	√	√	√	√	√
	基层	√	√	√	√	×	×
	底基层	√	×	√	×	√	×
	路基	√	×	√	×	×	×
反射裂缝		×	×	×	×	×	√

注:√—需考虑;×—不需考虑;(↓)—自上而下疲劳裂缝。

表 8-9　　　　　　各种沥青路面结构层组合方案的适用场合

交通等级	粒料基层		无机结合料类基层		沥青类基层		
	粒料底基	半刚性底基	粒料底基	半刚性底基	粒料底基	半刚性底基	沥青底基
特重	×	×	×	√	√	√	√
重	×	√	×	√	√	√	√
中等	√	√	√	√	√	√	×
轻	√	√	√	√	×	×	×

注:√—适用;×—不适用。

8.4 我国公路沥青路面结构设计方法

路面厚度设计是在结构组合设计的基础上,通过力学和性能分析确定各结构层所需的厚度,同时,利用结构分析也可了解路面结构的应力和位移状况,从而判断结构层组合的合理性,并进行相应的调整。

8.4.1 设计指标、设计标准和计算图式

1. 设计指标

对于高速、一级和二级公路的路面结构,设计指标为路表面回弹弯沉值和沥青混凝土层层底拉应力(拉应变)及半刚性材料层的层底拉应力;对于三级、四级公路的路面结构,设计指标为路表面设计弯沉值。有条件时,对重载交通路面宜检验沥青混合料的抗剪切强度,验算其最大剪应力是否满足要求。

2. 设计标准和计算图式

相应于设计指标，我国现行沥青路面设计规范采用以下三项设计标准确定路面结构所需的厚度：

（1）路面结构表面在双轮荷载作用下轮隙中心处的弯沉值不大于设计弯沉值；

（2）沥青面层底面的最大拉应力不大于该层混合料的容许拉应力；

（3）半刚性基层或底基层底面的最大拉应力不大于该层材料的容许拉应力。

弯沉和应力计算分析时，将路面结构看成为多层弹性体系，体系顶面作用有相当于双轮组（$P = 50$ kN）的双圆均布荷载（图 8-17），各层面间的接触条件按完全连续处理。弯沉计算点的位置选在轮隙中心处。层底面拉应力计算点的位置选在单圆中心点 B、单圆半径的 $1/2$ 点 D、单圆内侧边缘点 E 和双圆轮隙中心点 C（图 8-17），取其中的最大值作为层底最大拉应力。

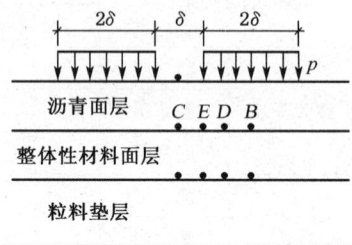

图 8-17 多层弹性体系计算图式

国外的沥青路面设计方法（如壳牌方法、美国沥青协会方法等）大多采用以下两项或三项主要设计标准确定路面结构所需的厚度：

（1）沥青面层底面的最大拉应变不大于该层混合料的容许拉应变；

（2）土基顶面的竖向压应变不大于容许压应变；

（3）采用半刚性基层时，水泥稳定类基层底面的最大拉应力不大于该层材料的容许拉应力。

应力计算分析时，将路面结构看做三层弹性体系（沥青面层、基层和土基）或四层弹性体系（沥青面层、沥青基层、粒料基垫层和土基），体系顶面作用有相当于双轮组（40 kN）的双圆均布荷载，各层面间的接触条件按完全连续处理。

8.4.2 设计标准的确定方法

1. 设计弯沉值的确定

轮载作用下双轮轮隙中心处的路表回弹弯沉值大小，反映了路基路面结构的整体承载能力。回弹弯沉值小的结构整体承载能力大，能经受轮载的很多次重复作用才出现损坏；而回弹弯沉值大的结构，在经受轮载不多次的重复作用后，路面即呈现某种形态的损坏。因而，在达到相同损坏程度时，回弹弯沉值的大小同该路面结构的累计荷载重复作用次数（即使用寿命）成反比。若能求得回弹弯沉值与使用寿命间的关系，则可依据该路面结构所要求的使用寿命，来确定路面结构设计应控制的路表回弹弯沉值。为此，就需要了解路面结构在使用期内的弯沉变化规律及其与路面结构损坏状态的关系。

（1）路表弯沉的变化规律

根据对已建成道路的多年实测资料分析，路表回弹弯沉值随着时间的推移而变化。图 8-18 所示为半刚性基层上沥青路面弯沉逐年变化曲线。图中纵坐标是以竣工后第一年不利季节弯沉 l_0 为基数的相对弯沉。由图可看出，路表面的弯沉变化过程可分为三个阶段。

第一阶段——路面竣工后第一、二年。由于交通荷载的压密作用以及半刚性基层材料的强度增长，路表弯沉逐渐减小，大致在竣工后第二年达最小值。

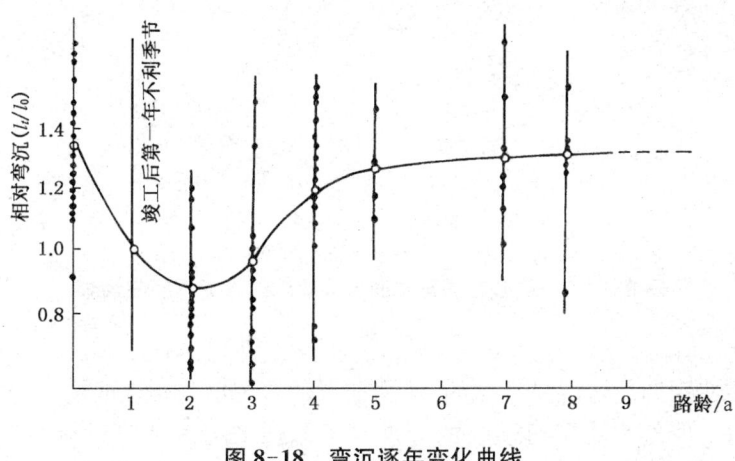

图 8-18 弯沉逐年变化曲线

第二阶段——路面竣工后两至四年。由于在交通荷载的重复作用、水温状况变化以及材料不匀等因素影响下,路面结构内部的微观缺陷因局部范围的应力集中而扩展,形成小范围的局部破损,使结构整体刚度下降、弯沉增大。此阶段以弯沉不断增大为主要特征。

第三阶段——路面竣工后三四年至路面达极限破坏状态。由于结构内部缺陷附近局部区域积蓄的高密度能量,已通过前阶段缺陷的扩展而转移,形成新的能量平衡,路面结构的整体刚度达成较低水平的新的相对稳定,路表弯沉进入一个比较稳定的缓慢变化阶段,即结构疲劳破坏的稳定发展阶段,一直延续至结构出现疲劳破坏。

(2) 使用期末不利季节的路表回弹弯沉

大量实测调查表明,相同路面结构的外观状况越差,路表呈现的回弹弯沉值越大。通常,按沥青路面的外观特征,将路面的外观状况分为五个等级,如表 8-10 所列。由表列外观特征可知,路面状况在第四级时,路面已产生疲劳开裂,并伴有明显的永久变形,若不及时采取养护(改建)措施,路况将急剧下降,导致路面完全破坏,即路面已临使用期末,所以,将第四级作为路面达临界损坏的状态。此状态时的实测弯沉值(不利季节时测得)与该路面已经受的累计标准轴次之间存在良好的对数关系,如图 8-19 所示为半刚性基层上一级公路沥青路面的调查资料整理结果。相对于不同的使用寿命,有一相应的回弹弯沉 l_R 与之相对应。路面结构设计时,应控制在使用期末、不利季节的路表弯沉不超过 l_R,否则,使用寿命将缩短。据此,将路面于使用期末不利季节,在设计标准轴载作用下容许出现的最大回弹弯沉值定义为容许弯沉值 l_R。

表 8-10 沥青路面外观等级划分标准

外观等级	外观状况	路面表面外观特征
一	好	坚实、平整、无裂纹、无变形
二	较好	平整、无变形、少量发裂
三	中	平整、有轻微变形、有少量纵向或不规则裂缝
四	较坏	有明显变形,有较多纵横向裂缝或局部网裂
五	坏	连片严重龟(网)裂或伴有车辙、沉陷

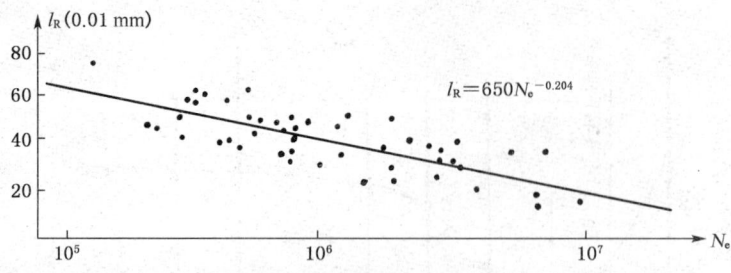

图 8-19 一级公路沥青路面容许弯沉散点图及回归结果

(3) 设计弯沉值

由于路面在使用期内弯沉是变化的,使用期末的弯沉值与竣工时的弯沉值并不相同,不能直接用容许弯沉值作为竣工时验收的标准。考虑到半刚性基层材料的设计龄期为六个月,接近路面竣工后第一个不利季节,且由图 8-18 中可知,在路面竣工后第一年不利季节的弯沉值与最大刚度状态所对应的弯沉值比较接近,故将路面竣工后第一年不利季节的路面状态近似假定为路面整体结构的最大刚度状态,并取作为路面结构的设计状态,则设计弯沉 l_d 与竣工验收弯沉 l_0 及容许弯沉 l_R 间有下列关系:

$$l_d = l_0 = l_R/A_T$$

式中,A_T 为相对弯沉变化系数,约为 1.20。

根据多年观测调查资料的分析综合,可由容许弯沉值与标准轴载累计作用次数的关系式,进一步推得不同公路等级、不同面层和基层类型时设计弯沉 l_d 的计算公式:

$$l_d = 600 N_e^{-0.2} A_c A_s A_b \tag{8-13}$$

式中 l_d——设计弯沉值(0.01 mm);

N_e——设计年限内一个车道累计当量轴次;

A_c——公路等级系数,高速公路、一级公路为 1.0,二级公路为 1.1,三、四级公路为 1.2;

A_s——面层系数,沥青混凝土面层为 1.0,热拌和冷拌沥青碎石、沥青贯入式路面(含上拌下贯式路面)、沥青表处为 1.1;

A_b——基层类型系数,对半刚性基层 $A_b = 1.0$,柔性基层 $A_b = 1.6$。

2. 容许拉应力的计算

路面结构层材料的容许拉应力是指路面结构在行车荷载反复作用下达到临界破坏状态时容许的最大拉应力。这一应力值较一次荷载作用下的抗拉强度小,减小的程度同重复荷载次数及路面结构层材料的性质有关。通过对大量路面试验、小梁疲劳试验数据的整理分析,承受一次加载断裂的极限抗拉强度与承受多次加载后达到同样断裂所施加的疲劳应力(容许拉应力)及加载的次数之间存在如下相关关系:

$$\sigma_R = \frac{\sigma_{sp}}{K_S} \tag{8-14}$$

式中 σ_R——路面结构层材料的容许拉应力(MPa);

σ_{sp}——沥青混凝土或半刚性材料的极限抗拉强度(MPa);

K_S——抗拉强度结构系数。

对沥青混凝土的极限抗拉强度,系指15℃时的极限抗拉强度;对水泥稳定类材料系指龄期为 90 d 的极限抗拉强度(MPa);对二灰稳定类、石灰稳定类的材料系指龄期为 180 d 的极限抗拉强度(MPa),对水泥粉煤灰稳定类材料系指 120 d 的极限抗拉强度(MPa)。

抗拉强度结构系数的确定如下:

对于沥青混凝土面层:

$$K_S = 0.09 N^{0.22}/A_c \tag{8-15}$$

对于无机结合料稳定集料类:

$$K_S = 0.35 N^{0.11}/A_c \tag{8-16}$$

对于无机结合料稳定细粒土类:

$$K_S = 0.45 N^{0.11}/A_c \tag{8-17}$$

对于贫混凝土类:

$$K_S = 0.51 N^{0.07}/A_c \tag{8-18}$$

8.4.3 轴载换算

路上行驶的车辆类型不尽相同,它们的轴载也不相同。在计算累计当量轴次时,需将各级轴载换算为标准轴载。2.4 节中,已叙述了轴载等效换算的基本原则,不同的疲劳损坏标准将有不同的换算公式。我国公路沥青路面设计规范中提出了以下轴载换算公式。

1. 当以设计弯沉值和沥青层层底拉应力为设计指标时

各级轴载(包括车辆的前、后轴)P_i 的作用次数 n_i,均应按式(8-19)换算成标准轴载 P 的当量作用次数 N:

$$N = \sum_{i=1}^{K} C_{1,i} C_{2,i} n_i \left(\frac{P_i}{P}\right)^{4.35} \tag{8-19}$$

式中 N——标准轴载的当量轴次(次/d);
n_i——被换算车型的各级轴载作用次数(次/d);
P——标准轴载(kN);
P_i——被换算车型的各级(单根)轴载(kN);
$C_{1,i}$——被换算车型各级轴载的轴数系数。当轴间距大于 3 m 时,按单独的一个轴计算,轴数系数即为轴数 m;当轴间距小于 3 m 时,按双轴或多轴计算,轴数系数为 $C_{1,i} = 1 + 1.2(m-1)$;
$C_{2,i}$——被换算轴载的轮组系数,单轮组为 6.4,双轮组为 1.0,四轮组为 0.38;
K——被换算车型的轴载级别。

2. 当以半刚性层层底拉应力为设计指标时

各级轴载(包括车辆的前、后轴)P_i 的作用次数 n_i 均应按式(8-20)换算成标准轴载 P 的当量作用次数 N':

$$N' = \sum_{i=1}^{K} C'_{1,i} C'_{2,i} n_i \left(\frac{P_i}{P}\right)^{8} \tag{8-20}$$

式中 $C'_{1,i}$——被换算车型各级轴载的轴数系数。当轴间距大于 3 m 时,按单独的一个轴计算,轴数系数即为轴数 m;当轴间距小于 3 m 时,双轴或多轴的轴数系数为 $C'_{1,i} = 1 + 2(m-1)$;

$C'_{2,i}$——被换算轴载的轮组系数,单轮组为 18.5,双轮组为 1.0,四轮组为 0.09。

上述轴载换算公式仅适用于单轴轴载小于 130 kN 的轴载换算。

例 8-3 已知某载货车为双后轴(轮距<3 m)双轮组,每一后轴重 80 kN,前轴重 30 kN。试求该货车通过一次相当于标准轴 BZZ-100 作用几次。

解 (1)当计算路表弯沉及沥青层层底拉应力时

因双后轴轴距小于 3 m,双后轴轴数系数 $C_{1,i} = 1 + 1.2(m-1) = 1 + 1.2(2-1) = 2.2$,

$$N = \sum C_{1,i} C_{2,i} n_i \left(\frac{P_i}{P}\right)^{4.35}$$

$$= 2.2 \times 1 \times 1 \times \left(\frac{80}{100}\right)^{4.35} + 1 \times 6.4 \times 1 \times \left(\frac{30}{100}\right)^{4.35}$$

$$= 0.87 \text{ 次}$$

(2)当验算半刚性基层层底拉应力时

双后轴轴数系数 $C'_{1,i} = 1 + 2(m-1) = 1 + 2(2-1) = 3$

$$N' = \sum C'_{1,i} C'_{2,i} n_i \left(\frac{P_i}{P}\right)^8$$

$$= 3 \times 1 \times 1 \times \left(\frac{80}{100}\right)^8 + 1 \times 18.5 \times 1 \times \left(\frac{30}{100}\right)^8$$

$$= 0.501 \text{ 次}$$

即计算路表弯沉及验算沥青层层底拉应力时,该货车作用一次相当于 BZZ-100 作用 0.87 次,而当验算半刚性基层层底拉应力时,则相当于 BZZ-100 作用 0.5 次。

由于道路的车道数和车道宽度不同,车轮轮迹在横向分布的频率也不相同,即路面横向各点实际所受轴载重复作用的次数随着车道数和车道宽度的增加而减少。为此,我国路面规范引入车道系数 η 来计及这一影响,车道系数 η 在数值上是行车在各多车道路面上的横向分布频率同单车道上的横向分布频率(最大值)之比值,见表 2-5。

由此,在设计年限内,一个车道上的累计当量轴次 N_e 可参照式(2-7)计算,其中设计年限 t 可参照表 8-11 确定

$$N_e = \frac{[(1+\gamma)^t - 1] \times 365}{\gamma} N_1 \eta$$

式中 N_e——设计年限内一个车道上的累计当量轴次(次);

t——设计年限(a),参见表 8-11;

N_1——路面竣工后第一年的平均日当量轴次(次/d);

γ——设计年限内交通量的平均年增长率(以小数计);

η——车道系数,参见表 2-5。

表 8-11　　各级公路的沥青路面设计年限

公路等级	设计年限/a	公路等级	设计年限/a
高速公路、一级公路	15	三级公路	8
二级公路	12	四级公路	6

8.4.4　路面实际弯沉值和层底拉应力的计算

1. 路面实际弯沉值的计算

应用弹性层状体系理论可求得已知路面结构表面在荷载作用下产生的弯沉,但大量试验验证结果表明,理论计算值与实测弯沉值之间存在一定偏差。此偏差呈现出一定的规律性,当路基刚度较低时,由前述理论公式算得的面层厚度偏大;而当路基刚度较高时,则由理论算得的面层厚度偏薄。出现这种现象,主要是因为路基路面材料并非线性弹性体,而所采用的评定材料抗变形能力(E_0 和 E_1)的测定方法,并不能反映它们在结构层内的真实工作状态。为使理论计算和实测结果相符,目前在规范中引入了一个弯沉综合修正系数 F:

$$F = \frac{l_s}{l} = \frac{\alpha_s}{\alpha_L}$$

式中　l, α_L——分别为理论弯沉值和理论弯沉系数;
　　　l_s, α_s——分别为实际弯沉值和实际弯沉系数,当设计计算路面厚度时,实际弯沉值可取为设计弯沉值,即 $l_s = l_d$。

由大量试验验证资料分析得知,弯沉综合修正系数 F 同实际弯沉值、土基回弹模量及轮载参数的相关关系较密切。其回归方程为

$$F = 1.63 \left(\frac{l_s}{2\,000\delta}\right)^{0.38} \left(\frac{E_0}{p}\right)^{0.36} \tag{8-21}$$

式中　l_s——路面实际弯沉值(0.01 mm);
　　　E_0——土基回弹模量值(MPa);
　　　p, δ——标准轴载的轮胎接地压强(MPa)和当量圆半径(cm)。

因此,按计算机软件求得的双轮轮隙中心点的路表回弹弯沉是理论弯沉,还需乘以弯沉综合修正系数 F 后才能得到实际弯沉。即实际弯沉可按下式计算:

$$l_s = l_e F = \left(l_e \cdot 1.63 \left(\frac{1}{2\,000\delta}\right)^{0.38} \left(\frac{E_0}{p}\right)^{0.36}\right)^{\frac{1}{0.62}} \tag{8-22}$$

式中,l_e 为理论弯沉(0.01 mm),其他参数意义同前。

将计算出的实际弯沉与设计弯沉进行对比就可判断所设计的路面结构是否满足结构承载能力的要求。

2. 整体性材料层层底拉应力的计算

为防止沥青层和半刚性基(垫)层因层底拉应力过大而产生疲劳开裂,设计时需验算沥青层及半刚性基(垫)层底面的拉应力值是否满足要求。沥青层及半刚性基(垫)层底面各计算点的拉应力值,可直接由计算机软件求得。比较计算层各计算点的应力值,取最大值作为该层的最大拉应力。将最大拉应力与该层的容许拉应力进行比较,以判断拉应力是否满足

要求或据此控制结构设计(包括材料和厚度的确定)。计算时注意材料参数的选择和确定,不同材料有不同的选择要求,具体应用时需注意。详见下述。

8.4.5 路基土和路面材料设计参数

按弹性层状体系理论求解路表弯沉或面层和基、垫层底面的弯拉应力(应变)时,必须知道路基土和路面材料的弹性模量值。无论是路基土还是路面材料,其应力-应变关系都或多或少呈现出非线性性质,因而表征其关系的弹性模量值都是应力状态的函数。同时,它们又是材料组成、压实状态及环境的函数。工程上通常采用承载板试验和抗压试验得到的荷载-回弹弯沉变形关系确定回弹模量值,并将它作为弹性模量。

1. 路基土回弹模量值

路基土的回弹模量值,除了受加荷方式和应力状态等因素影响外,主要取决于土的类型和性质以及土的湿度和密实度。路面设计时,应在最不利季节通过实测确定回弹模量值。但在路基尚未修建的情况下,往往只能通过经验方法来估定。

由室内试验结果得知,路基土的回弹模量同土的性质和状态之间存在着下述经验关系:

$$E_0 = AK^a w_c^b \tag{8-23}$$

式中 K——土的压实度;

w_c——土的稠度;

A, a, b——随所在地区和土的类型而异的试验参数。

通过在全国各地进行的大量实测和分析工作,提出了各地区不同土组的 E_0-K-w_c 关系式。在此基础上,拟订了土基回弹模量建议值表(见表8-12),供初步设计时参考使用。根据当地经验或路基临界高度,判断各路段土基干湿类型,利用表3-6和表3-7论证得到各路段土的平均稠度 w_c 值,参考表8-12预估土基回弹模量值。当采用重型击实标准时,可将表列值提高 15%～30%。

表8-12 二级自然区划各土组土基回弹模量参考值 单位:MPa

区划	稠度 w_c 土组	0.80	0.90	1.00	1.05	1.10	1.15	1.20	1.30	1.40	1.70	2.00
II₁	黏质土	19.0	22.0	25.0	26.5	28.0	29.5	31.0	—	—	—	—
	粉质土	18.5	22.5	27.0	29.0	31.5	33.5	—	—	—	—	—
II₂	黏质土	19.5	22.5	26.0	28.0	29.5	31.5	33.5	—	—	—	—
	粉质土	20.0	24.5	29.0	31.5	34.0	36.5	—	—	—	—	—
II₂ₐ	粉质土	19.0	22.5	26.0	27.5	29.5	31.0	—	—	—	—	—
II₃	土质砂	21.0	23.5	26.0	27.5	29.0	30.0	31.5	34.5	37.0	45.5	—
	黏质土	23.5	27.5	32.0	34.5	36.5	39.0	41.5	—	—	—	—
	粉质土	22.5	27.0	32.0	34.5	37.0	40.0	—	—	—	—	—
II₄	黏质土	23.5	30.0	35.5	39.0	42.0	45.5	50.5	57.0	65.0	—	—
	粉质土	24.5	31.5	39.0	43.0	47.0	51.5	56.0	66.0	—	—	—
II₅	土质砂	29.0	32.5	36.0	37.5	39.0	41.0	42.5	46.0	49.5	59.0	69.0
	黏质土	26.5	32.0	38.5	41.5	45.0	48.5	52.0	—	—	—	—
	粉质土	27.0	34.5	42.5	46.5	51.0	56.0	—	—	—	—	—

续表

区划	稠度 w_c 土组	0.80	0.90	1.00	1.05	1.10	1.15	1.20	1.30	1.40	1.70	2.00
II$_{5a}$	粉质土	33.5	37.5	42.5	44.5	46.5	49.0	—	—	—	—	—
III$_1$	粉质土	27.0	36.5	48.0	54.0	61.0	68.5	76.5	—	—	—	—
III$_2$	土质砂	35.0	38.0	41.5	43.0	44.5	46.0	47.5	50.5	53.5	62.0	70.0
	黏质土	27.0	31.5	36.5	39.0	41.5	44.0	46.5	52.0	57.5		
	粉质土	27.0	32.5	38.5	42.0	45.0	48.5	51.5	59.0	—	—	—
III$_{2a}$	土质砂	37.0	40.0	43.0	44.5	46.0	47.5	49.0	52.0	54.5	62.5	70.0
III$_3$	土质砂	36.0	39.0	42.5	44.0	45.5	47.0	48.5	51.5	54.5	63.0	71.0
	黏质土	26.0	30.0	34.5	36.5	38.5	41.0	46.0	47.5	52.0		
	粉质土	26.5	32.0	37.0	40.0	43.0	46.0	49.0	55.0	—	—	—
III$_4$	粉质土	25.0	34.0	45.0	51.5	58.5	66.0	74.0	—	—	—	—
IV$_1$	黏质土	21.5	25.5	30.0	32.5	35.0	37.5	40.5	—	—	—	—
IV$_{1a}$	粉质土	22.0	26.5	32.0	35.0	37.5	40.5	—	—	—	—	—
IV$_2$	黏质土	19.5	23.0	27.0	29.0	31.0	33.0	35.0				
	粉质土	31.0	36.5	42.5	45.5	48.5	51.5	—	—	—	—	—
IV$_3$	黏质土	24.0	28.0	32.5	35.0	37.5	39.5	42.0				
	粉质土	24.0	29.5	36.0	39.0	42.5	46.0	—	—	—	—	—
IV$_4$	土质砂	28.0	30.5	33.5	35.0	36.5	38.90	39.5	42.0	45.0	53.0	61.0
	黏质土	25.0	29.5	34.0	36.5	38.5	41.0	43.5				
	粉质土	23.0	28.0	33.5	36.0	39.0	42.0	—	—	—	—	—
IV$_5$	土质砂	24.0	26.0	28.0	29.0	30.0	30.5	31.5	33.5	35.0	40.0	44.5
	黏质土	22.0	27.0	32.5	33.5	38.5	41.5	44.5	—	—	—	皖、浙
	黏质土	28.5	34.0	39.5	42.5	45.5	48.5	51.5	—	—	—	赣
	粉质土	26.5	31.0	36.5	39.0	42.0	45.0	—	—	—	—	—
IV$_6$	土质砂	33.5	37.0	41.0	43.0	44.5	46.5	48.5	52.0	55.5	66.5	77.0
	黏质土	27.5	33.0	38.0	41.0	44.0	45.5	50.5				
	粉质土	26.5	31.5	36.5	39.0	42.0	45.0	—	—	—	—	—
IV$_{6a}$	土质砂	31.5	35.0	38.5	40.0	42.0	43.5	45.0	48.5	52.0	62.0	72.0
	黏质土	26.0	31.0	35.0	38.0	40.5	43.5	46.0				
	粉质土	28.0	34.5	41.0	44.5	48.5	52.0	—	—	—	—	—
IV$_7$	土质砂	35.0	39.0	43.0	45.0	47.0	49.0	51.0	55.0	59.0	70.5	82.0
	黏质土	24.5	29.0	33.5	37.0	40.0	42.5	44.5				
	粉质土	27.5	33.5	40.0	43.5	47.5	51.0	—	—	—	—	—
V$_1$	土质砂	27.5	31.5	35.5	37.5	39.5	41.5	43.5	58.0	52.0	65.0	78.5
	黏质土	27.0	32.0	37.0	39.0	42.5	45.5	48.0	54.0	60.0		
	粉质土	28.5	34.0	40.0	43.0	46.6	49.5	52.5	59.5	—	—	—
V$_1$	紫色黏质土	22.5	26.0	30.0	32.0	34.0	36.0	38.0	—	—	—	—
V$_2$	紫色粉质土	22.5	27.5	33.5	36.5	40.0	43.0	—	—	—	—	—
V$_{2a}$	黄壤黏质土	25.0	29.0	33.0	35.5	37.5	40.0	42.0				
	黄壤粉质土	24.5	30.5	37.5	41.0	45.0	49.0	—	—	—	—	—

续表

区划	稠度 w_c 土组	0.80	0.90	1.00	1.05	1.10	1.15	1.20	1.30	1.40	1.70	2.00
V_3	黏质土	25.0	29.0	33.0	35.5	37.5	39.5	42.0	—	—	—	—
	粉质土	24.5	30.5	37.5	41.0	45.6	48.5	—	—	—	—	—
V_4（四川）	红壤黏质土	27.0	32.0	38.0	41.0	44.0	47.0	50.5	—	—	—	—
	红壤粉质土	22.0	27.0	32.5	35.5	38.5	41.5	—	—	—	—	—
$Ⅵ$	土质砂	51.0	54.0	57.0	58.5	60.0	61.0	62.0	64.5	67.0	73.5	80.0
	黏质土	33.5	37.0	41.0	42.5	44.0	45.5	47.2	50.5	—	—	—
	粉质土	34.0	38.0	42.0	44.0	46.0	48.0	50.0	—	—	—	—
$Ⅵ_{1a}$	土质砂	52.5	55.0	58.0	59.0	60.5	61.5	62.5	65.0	67.0	73.0	79.0
	黏质土	27.0	31.0	34.5	36.0	38.0	40.0	42.0	45.5	—	—	—
	粉质土	31.5	36.5	41.5	44.0	46.5	49.0	51.5	—	—	—	—
$Ⅵ_2$	土质砂	42.0	45.5	49.0	50.5	52.0	53.5	55.5	58.5	61.5	69.0	78.0
	黏质土	27.0	30.5	33.5	35.0	37.0	38.0	40.0	43.0	46.5	—	—
	粉质土	25.5	30.5	35.5	38.0	41.0	43.5	46.0	52.0	—	—	—
$Ⅵ_3$	土质砂	46.0	50.0	53.5	55.0	56.5	58.5	60.0	63.0	66.0	75.0	83.0
	黏质土	29.5	33.5	37.5	39.5	44.0	44.0	46.8	50.0	—	—	—
	粉质土	29.5	35.0	41.0	43.5	49.5	49.5	52.5	—	—	—	—
$Ⅵ_4$	土质砂	51.0	53.5	56.5	57.5	59.0	60.0	61.0	63.5	65.5	72.0	77.5
	黏质土	28.5	32.0	36.0	37.5	39.5	41.5	43.5	47.5	—	—	—
	粉质土	30.5	34.5	39.0	41.0	43.5	45.5	48.0	—	—	—	—
$Ⅵ_{4a}$	土质砂	45.5	49.0	52.5	54.0	56.0	57.5	59.0	62.0	65.0	73.5	81.5
	黏质土	31.0	34.5	38.0	40.0	42.0	44.0	45.5	49.5	—	—	—
	粉质土	33.0	38.5	44.0	47.0	50.0	52.0	56.0	—	—	—	—
$Ⅵ_{4b}$	土质砂	49.5	52.5	55.5	57.0	58.5	59.5	61.0	63.5	65.5	72.5	78.5
	黏质土	30.0	33.0	36.5	38.0	39.5	41.0	42.5	45.5	—	—	—
	粉质土	31.0	35.5	40.5	43.0	45.5	48.5	51.0	—	—	—	—
$Ⅶ_1$	土质砂	52.0	55.0	58.0	59.5	61.0	62.0	63.5	66.0	69.0	76.0	82.5
	黏质土	26.5	31.0	36.5	39.5	42.0	45.0	48.0	54.0	—	—	—
	粉质土	30.5	37.0	44.0	47.5	51.5	55.0	59.0	—	—	—	—
$Ⅶ_2$	土质砂	48.0	51.0	54.0	55.0	56.5	58.0	59.0	61.5	64.0	71.0	77.0
	黏质土	25.5	29.5	33.0	35.0	37.0	39.0	41.5	45.5	—	—	—
	粉质土	28.0	33.5	39.0	42.0	45.0	48.5	51.5	—	—	—	—
$Ⅶ_3$	土质砂	42.5	45.5	49.0	50.5	52.5	53.5	55.0	58.0	60.5	68.5	76.5
	黏质土	20.5	24.5	28.5	30.5	32.5	35.0	37.0	41.5	—	—	—
	粉质土	23.5	28.0	33.0	36.0	38.5	41.0	44.0	—	—	—	—
$Ⅶ_4$	土质砂	47.0	50.0	53.0	54.5	56.0	57.0	58.5	61.0	63.5	70.5	77.0
$Ⅶ_{6a}$	黏质土	22.0	25.5	29.0	30.5	32.5	34.5	36.0	40.0	—	—	—
	粉质土	27.5	32.5	37.5	40.5	43.0	46.0	49.0	—	—	—	—
$Ⅶ_5$	土质砂	45.5	49.0	52.0	53.0	54.5	56.0	57.5	60.0	62.5	70.0	76.5
	黏质土	30.0	33.0	37.5	39.5	41.5	43.5	45.0	49.0	—	—	—
	粉质土	32.5	38.0	43.5	46.0	49.0	51.5	54.5	—	—	—	—

2. 路面材料回弹模量值

(1) 粒料层的回弹模量

无结合料的粒料垫层和基层的回弹模量值,可采用重复加载的三轴试验进行测定。试验时,须按垫层或基层所受到的实际应力状况施加侧限应力,以确定相应的回弹模量值。表8-13列出了现行公路沥青路面设计规范中提出的常用粒料基层和垫层的回弹模量值参考范围,供可行性研究阶段参考。

表8-13　　　　　　　　常用粒料基层和垫层的回弹模量值参考范围

材料名称	规格要求	回弹模量/MPa
级配碎石	连续级配上基层	300~350
	骨架密实上基层	300~500
	符合级配要求,底基层、垫层	200~250
填隙碎石	填隙密实	200~280
未筛分碎石	具有一定级配	180~220
天然砂砾	符合级配要求	150~200
中粗砂	—	80~100

(2) 半刚性材料的回弹模量

无机结合料稳定粒料或土的回弹模量值,可采用圆柱体或小梁试件进行压缩或弯曲试验,测定各级应力作用下的压缩应变或弯拉应变后计算确定。

现行公路沥青路面设计规范依据各种无机结合料稳定类材料的大量试验结果,提出了相应的回弹模量参考值,供可行性研究阶段参考,见表8-14。

表8-14　　　　　　　　无机结合料稳定粒料或土的回弹模量劈裂强度

材料名称	配合比或规格要求	抗压模量 E/MPa（弯沉计算用）	抗压模量 E/MPa（拉应力计算用）	劈裂强度 σ/MPa
水泥砂砾	4%~6%	1 100~1 500	3 000~4 200	0.4~0.6
水泥碎石	4%~6%	1 300~1 700	3 000~4 200	0.4~0.6
二灰砂砾	7:13:80	1 100~1 500	3 000~4 200	0.6~0.8
二灰碎石	8:17:80	1 300~1 700	3 000~4 200	0.5~0.7
石灰水泥粉煤灰砂砾	6:3:16:75	1 200~1 600	2 700~3 700	0.4~0.55
水泥粉煤灰碎石	4:16:80	1 300~1 700	2 400~3 000	0.4~0.55
石灰土碎石	粒料>60%	700~1 100	1 600~2 400	0.3~0.4
碎石灰土	粒料>40%~50%	600~900	1 200~1 800	0.25~0.35
水泥石灰砂砾土	4:3:25:68	800~1 200	1 500~2 200	0.3~0.4
二灰土	10:30:60	600~900	2 000~2 800	0.2~0.3
石灰土	8%~12%	400~700	1 200~1 800	0.2~0.25
石灰土处理路基	4%~7%	200~350	—	—

(3) 沥青混合料的回弹模量

沥青混合料的回弹模量值,可采用圆柱体或小梁试件,在一定的温度和加荷频率条件下进行重复加载的单轴压缩、间接拉伸(劈裂)或弯曲试验,量取轴向回弹应变、径向回弹应变或回弹挠度后,按相应公式计算确定。

现行公路沥青路面设计规范依据静态单轴压缩试验的测定结果,提出了沥青混合料在15℃和20℃时的抗压回弹模量和强度建议值(表8-15),供可行性研究阶段参考。

表 8-15　　　　　　　　　　沥青混合料的回弹模量

材料名称		抗压模量/MPa		15℃劈裂强度/MPa	备注
		20℃	15℃		
细粒式沥青混凝土	密级配	1 200~1 600	1 800~2 200	1.2~1.6	AC-10,AC-13
	开级配	700~1 000	1 000~1 400	0.6~1.0	OGFC 10,13
沥青玛蹄脂碎石		1 200~1 600	1 600~2 000	1.4~1.9	SMA 10,13
中粒式沥青混凝土		1 000~1 400	1 600~2 000	0.8~1.2	AC-16,AC-20
密级配粗粒式沥青混凝土		800~1 200	1 000~1 400	0.6~1.0	AC-25
沥青碎石基层	密级配	1 000~1 400	1 200~1 600	0.6~1.0	ATB-25,ATB-35
	半开级配	600~800	—	—	AM-25,AM-40
沥青贯入式		400~600	—	—	—

3. 需要注意的几个问题

(1)高速公路、一级公路施工图设计阶段应根据拟采用的路面材料实测设计参数;各级公路采用新材料时,也必须进行材料试验实测设计参数。

(2)当以路表弯沉值为设计或验算指标时,设计参数采用抗压回弹模量,对于沥青混凝土试验温度为20℃;计算路表弯沉值时,抗压回弹模量设计值 E 应按下式计算:

$$E = \overline{E} - Z_\alpha S \tag{8-24}$$

式中　$\overline{E}$——各试件模量的平均值(MPa);

S——各试件模量的标准差;

Z_α——保证率系数,按95%保证率取2.0。

(3)当以沥青层或半刚性材料结构层层底拉应力为设计或验算指标时,应在15℃条件下测试沥青混合料的抗压回弹模量;半刚性材料应在规定龄期测抗压回弹模量(水泥稳定类材料龄期为90 d,二灰稳定类、石灰稳定类的材料龄期为180 d,水泥粉煤灰稳定类为120 d)。

计算层底应力时应考虑模量的最不利组合:在计算层底拉应力时,计算层以下各层的模量应采用式(8-24)计算其模量设计值;计算层及以上各层模量应采用下式计算其模量设计值:

$$E = \overline{E} + Z_\alpha S \tag{8-25}$$

式中,参数意义同式(8-24)。

8.4.6　沥青路面结构设计过程

进行沥青路面结构设计时,可参照下述步骤进行:

(1)根据设计任务书的要求,按弯沉或弯拉指标分别计算设计年限内一个车道的累计标准当量轴次,确定设计交通量等级。

(2) 根据道路等级和交通繁重程度确定路面等级和面层、基层类型。

(3) 按路基土类与干湿类型及路基横断面形式,将路基划分为若干路段,确定各个路段土基回弹模量设计值。

(4) 参考本地区的经验拟定几种可行的路面结构组合与厚度方案,根据选用的材料进行配合比试验,测定各结构层材料的抗压回弹模量、劈裂强度等,确定各结构层的设计参数。

(5) 由设计轴次和材料参数(劈裂强度)按前述方法计算设计弯沉值或容许拉应力值。

(6) 根据设计指标采用多层弹性体系理论设计程序计算或验算初拟结构方案的表面弯沉和层底拉应力。

(7) 对比计算值和相应的容许值,由此确定结构层组合和厚度方案的合理性,并进行相应的调整(厚度、层次组合或材料组成)和方案选择。

(8) 对于季节性冰冻地区应验算防冻厚度是否符合要求。

(9) 如果有几个不同的方案还需进行技术经济比较,确定最终的路面结构方案。

相关设计流程见图 8-20。

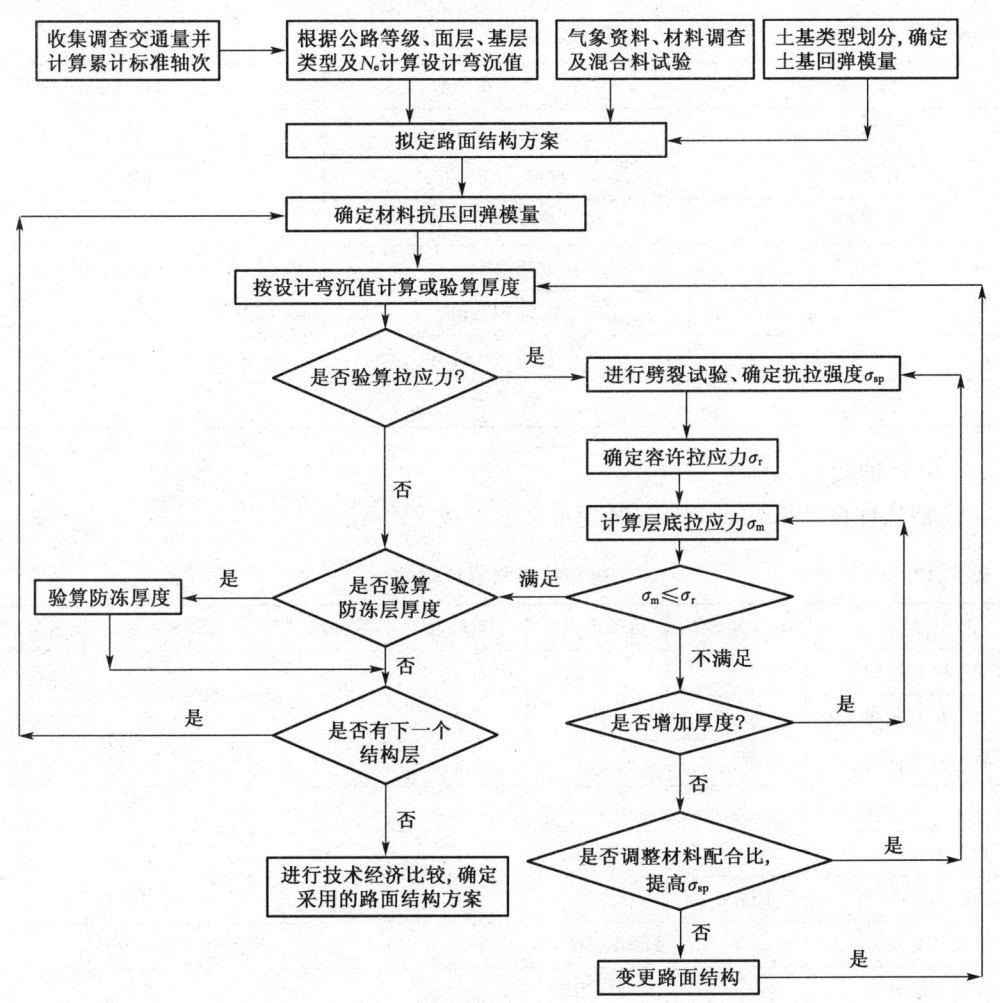

图 8-20 沥青路面结构设计流程

8.4.7 新建沥青路面厚度设计示例

1. 基本资料

(1) 自然地理条件

新建高速公路地处Ⅱ$_2$区,为双向四车道,拟采用沥青路面结构进行施工图设计,沿线土质为中液限黏性土,填方路基高 1.8 m,地下水位距路床 2.4 m,属中湿状态;年降雨量为 620 mm,最高气温 35℃,最低气温-31℃,多年最大道路冻深为 175 cm,平均冻结指数为 882℃,最大冻结指数为 1 225℃。

(2) 土基回弹模量的确定

设计路段路基处于中湿状态,路基土为中液限黏质土,根据室内试验法确定土基回弹模量设计值为 40 MPa。

(3) 根据工程可行性研究报告知,该路通车初年交通组成与交通量见表 8-16。预测交通量增长率前五年为 8.0%,之后五年为 7.0%,最后五年为 5.0%。沥青路面累计标准轴次按 15 年计。

表 8-16　　预测交通组成与交通量

车 型 分 类	代 表 车 型	数　量/(辆/d)
小客车	桑塔纳 2000	2 280
中客车	江淮 AL6600	220
大客车	黄海 DD680	450
轻型货车	北京 BJ130	260
中型货车	东风 EQ140	660
重型货车	黄河 JN163	868
铰接挂车	东风 SP9250	330

(4) 设计轴载

累计轴次计算结果见表 8-17,属于重交通等级。

表 8-17　　轴载换算与累计轴载

汽车车型	前轴重/kN	后轴重/kN	后轴数	后轴轮组数	后轴距/m	日交通量/(辆/d)
北京 BJ130 型轻型货车	13.4	27.4	1	2	0	260
东风 EQ140 型	23.6	69.3	1	2	0	660
东风 SP9250 型	50.7	113.3	3	2	4	330
黄海 DD680 型长途客车	49.0	91.5	1	2	0	450
黄河 JN163 型	58.6	114.0	1	2	0	868
江淮 AL6600 型	17.0	26.5	1	2	0	220
换算方法	弯沉及沥青层拉应力指标			半刚性层拉应力指标		
累计交通轴次	2 098 万次			2 673 万次		

2. 初拟路面结构

根据本地区的路用材料,结合已有工程经验与典型结构,拟定了三个结构组合方案。按计算法确定方案一、方案二的路面厚度;按验算法验算方案三的结构厚度。根据结构层的最小施工厚度、材料、水文、交通量以及施工机具的功能等因素,初步确定路面结构组合与各层厚度如下:

方案一:

4 cm 细粒式沥青混凝土+6 cm 中粒式沥青混凝土+8 cm 粗粒式沥青混凝土+38 cm 水泥稳定碎石基层+? 水泥石灰砂砾土层,以水泥石灰砂砾土为设计层。

方案二:

4 cm 细粒式沥青混凝土+8 cm 中粒式沥青混凝土+15 cm 密级配沥青碎石+? 水泥稳定砂砾+18 cm 级配砂砾垫层,以水泥稳定砂砾为设计层。

方案三:

4 cm 细粒式沥青混凝土+8 cm 中粒式沥青混凝土+2×10 cm 密级配沥青碎石+35 cm 级配碎石。

3. 路面材料配合比设计与设计参数的确定

(1) 试验材料的确定。半刚性基层所用集料取自沿线料场,结合料沥青选用 A 级 90 号,上面层采用 SBS 改性沥青,技术指标均符合《公路沥青路面施工技术规范》(JTG F40—2004)相关规定。

(2) 路面材料配合比设计(略)。

(3) 路面材料抗压回弹模量的确定:

① 根据设计配合比,选取工程用各种原材料制件,测定设计参数。

按照《公路工程无机结合料稳定材料试验规程》(JTJ 057—94)中规定的项目顶面法测定半刚性材料的抗压回弹模量。

② 按照《公路工程沥青及沥青混合料试验规程》(JTJ 052—2000)中规定的方法测定沥青混合料的抗压回弹模量,测定 20℃、15℃的抗压回弹模量,各种材料的试验结果与设计参数见表 8-18 和表 8-19。

(4) 路面材料劈裂强度测定。根据设计配合比,选取工程用各种原材料,测定规定温度和龄期的材料劈裂强度。按照《公路工程沥青及沥青混合料试验规程》与《公路工程无机结合料稳定材料试验规程》中规定的方法进行测定,结果见表 8-20。

表 8-18　　　　　　　　　沥青材料抗压回弹模量测定与参数取值

材　料　名　称	20℃抗压回弹模量/MPa			15℃抗压回弹模量/MPa			
	E_p	方差	$E_p-2\sigma$	E_p	方差	$E_p-2\sigma$	$E_p+2\sigma$
		σ	E_{pa}		σ	$E_{p代}$	
细粒式沥青混凝土	1 991	201	1 589	2 680	344	1 992	3 368
中粒式沥青混凝土	1 425	105	1 215	2 175	187	1 801	2 549
粗粒式沥青混凝土	978	55	868	1 320	60	1 200	1 440
密级配沥青碎石	1 248	116	1 016	1 715	156	1 403	2 027

表 8-19　　半刚性材料及其他材料抗压回弹模量测定与参数取值

材料名称	抗压模量/MPa			
	E_p	方差 σ	$E_p - 2\sigma$	$E_p + 2\sigma$ $E_{p代}$
水泥稳定碎石	3 188	782	1 624	4 752
水泥石灰砂砾土	1 591	250	1 091	2 091
水泥稳定砂砾	2 617	234	2 148	3 086
级配碎石	400			
级配砂砾	250			

表 8-20　　路面材料劈裂强度

材料名称	细粒式沥青混凝土	中粒式沥青混凝土	粗粒式沥青混凝土	密级配沥青碎石	水泥稳定碎石	水泥稳定砂砾	水泥石灰砂砾土	二灰稳定砂砾
劈裂强度/MPa	1.2	1.0	0.8	0.6	0.6	0.5	0.4	0.6

4. 路面结构层厚度确定

(1) 方案一的结构厚度计算

该结构为半刚性基层,沥青路面的基层类型系数为 1.0,设计弯沉值为 20.60(0.01 mm)。利用设计程序计算出满足设计弯沉指标要求的水泥石灰砂砾土层厚度为 11.1 cm;满足层底拉应力要求的水泥石灰砂砾土层厚度为 16.5 cm。设计厚度取水泥石灰砂砾土层为 17 cm。路表计算弯沉为 18.57(0.01 mm)。各结构层的验算结果见表 8-21。

表 8-21　　结构厚度计算结果

序号	结构层材料名称	20℃抗压模量/MPa		15℃抗压模量/MPa		劈裂强度/MPa	厚度/cm	层底拉应力/MPa	容许拉应力/MPa
		均值	标准差	均值	标准差				
1	细粒式沥青混凝土	1 991	201	2 680	344	1.2	4	−0.19	0.46
2	中粒式沥青混凝土	1 425	105	2 175	187	1.0	6	0.06	0.38
3	粗粒式沥青混凝土	978	55	1 320	60	0.8	8	−0.06	0.31
4	水泥稳定碎石	3 188	782	3 188	782	0.6	38	0.15	0.26
5	水泥石灰砂砾土	1 591	250	1 591	250	0.4	17	0.13	0.14
6	土基	40	0	—	—				

(2) 方案二的结构厚度计算

该结构为柔性基层与半刚性基层组合,沥青层较厚。根据工程经验,按内插法确定基层类型系数,为 1.45,设计弯沉值为 29.87(0.01 mm)。利用设计程序计算出满足设计弯沉指标要求的水泥稳定砂砾层厚度为 16.4 cm;满足层底拉应力要求的水泥稳定砂砾层厚度为

19.5 cm。设计厚度取水泥稳定砂砾层 20 cm,路表计算弯沉为 27.0(0.01 mm)。各结构层的验算结果见表 8-22。

表 8-22　　　　　　　　　　　结构厚度计算结果

序号	结构层材料名称	20℃抗压模量/MPa 均值	20℃抗压模量/MPa 标准差	15℃抗压模量/MPa 均值	15℃抗压模量/MPa 标准差	劈裂强度/MPa	厚度/cm	层底拉应力/MPa	容许拉应力/MPa
1	细粒式沥青混凝土	1 991	201	2 680	344	1.2	4	−0.28	0.46
2	中粒式沥青混凝土	1 425	105	2 175	187	1.0	8	0.04	0.38
3	密级配沥青碎石	1 248	116	1 715	156	0.6	15	0.04	0.23
4	水泥稳定砂砾	2 617	234	2 617	234	0.5	20	0.26	0.26
5	级配砂砾	250	0	—	—	—	18	—	—
6	土基	40	0	—	—	—	—	—	—

(3) 方案三的结构厚度验算

该结构为比较方案,其结构为柔性基层,沥青路面的基层类型系数为 1.6,设计弯沉值为 32.96(0.01 mm)。利用设计程序验算结构是否满足设计弯沉与容许拉应力的要求,验算结果见表 8-23。该结构路表计算弯沉为 31.47(0.01 mm),小于设计弯沉,符合要求;各结构层层底拉应力验算结果均满足要求。

表 8-23　　　　　　　　　　　结构厚度计算结果

序号	结构层材料名称	20℃抗压模量/MPa 均值	20℃抗压模量/MPa 标准差	15℃抗压模量/MPa 均值	15℃抗压模量/MPa 标准差	劈裂强度/MPa	厚度/cm	层底拉应力/MPa	容许拉应力/MPa
1	细粒式沥青混凝土	1 991	201	2 680	344	1.2	4	−0.31	0.46
2	中粒式沥青混凝土	1 425	105	2 175	187	1.0	8	0.08	0.38
3	密级配沥青碎石	1 248	116	1 715	156	0.6	20	0.23	0.23
4	级配碎石	350	0	—	—	—	35	—	—
5	土基	40	0	—	—	—	—	—	—

(4) 验算防冻厚度

方案一沥青层厚度 18 cm,总厚度为 73 cm。根据表 8-2 规定,最小防冻厚度为 40～50 cm。

方案二沥青层厚度 27 cm,总厚度为 65 cm。根据表 8-2 规定,最小防冻厚度为 45～55 cm。

方案三沥青层厚度 32 cm,总厚度为 67 cm。根据表 8-2 规定,最小防冻厚度为 50～60 cm。

以上路面结构厚度均满足最小防冻厚度要求。

8.5 沥青路面加铺层设计

沥青路面随着使用时间的延长,其使用性能和承载能力不断降低,超过一定使用年限后便不能满足正常行车交通的要求,而需补强或改建。当原有路面需要提高等级时,对不符合技术标准的路段应先进行线形改善,改线路段应按新建路面设计。加宽路面、提高路基、调整纵坡的路段应视具体情况按新建或改建路面设计。在原有路面上补强时,按改建路面设计。路面补强设计工作包括现有路面结构状况调查、弯沉评定以及补强厚度计算。

8.5.1 路面结构状况调查与评定

对使用中的路面进行结构状况的调查与评定,其目的主要是了解路面现有结构状况和强度,据以判断是否需要补强或预估剩余使用寿命,分析路面损坏的原因及提出处理措施。

1. 路面状况调查

现有路面状况调查工作包括如下内容:

(1) 交通调查 对于当前的交通量和车型组成进行实地观测,通过调查分析预估交通量增长趋势,确定年平均增长率。

(2) 路基状况调查 调查沿线路基土质、填挖高度、地面排水情况、地下水位,以确定路基土组和干湿类型。

(3) 路面状况调查 调查路面结构类型、组合和各层厚度,为此需开挖试坑进行量测和取样试验,量测路基和路面宽度,详细记载路表状况及路拱大小,对路面的病害和破坏应详加记述并分析产生原因。

(4) 路面修建和养护历史调查。

2. 路面承载能力评定

路面结构强度的评定,通常采用测量路表轮隙回弹弯沉的方法。由于路面在一年内的不同时期具有不同的强度,而经补强设计的路面必须保证在最不利季节具有良好的使用状态,因此原有路面的弯沉值应在不利季节测定,若在非不利季节测定,应按各地的季节影响系数进行修正。如在原砂石路面上加铺沥青面层时,因补强后对路基的湿度有影响,路基和基层中的水分蒸发较以前困难,致使路基和基层中湿度增加,强度降低,弯沉增大,因此还应根据当地经验进行湿度影响的修正。当原路面为沥青路面时,应根据实测温度作温度修正。

在确定原路面的计算弯沉时,应将全线分段,分段时应考虑下列因素:

(1) 同一路段路基的干湿类型与土质基本相同。

(2) 同一路段内各测点的弯沉值比较接近,若局部路段弯沉值很大,应先进行修补处理,再进行补强。

(3) 各路段的最小长度应与施工方法相适应。一般不小于1 000 m。在水文、土质条件复杂或需特殊处理的路段,其分段长度可视实际情况确定。

在对原有路面进行弯沉检测时,每一车道、每路段的测点数不少于20点,且应以标准轴载车辆配以贝克曼梁进行测定,或用落锤弯沉仪(FWD)进行测定。

各路段的计算弯沉值按式(8-26)计算：

$$l_0 = (\bar{l}_0 + Z_a S) K_1 \cdot K_2 \cdot K_3 \tag{8-26}$$

式中 l_0——路段的计算弯沉值(0.01 mm)；

$\bar{l}_0$——路段内原路面上实测弯沉的平均值(0.01 mm)；

S——路段内原路面上实测弯沉的标准差(0.01 mm)；

Z_a——保证率系数，高速公路、一级公路 Z_a 取 1.645，补强二级及二级以上公路路面时，Z_a 取 1.5，补强三、四级公路时取 1.3；

K_1, K_2——分别为季节影响系数和湿度影响系数，可根据当地经验选用；

K_3——温度修正系数。

$$K_3 = e^{(\frac{1}{T} - \frac{1}{20})h} \quad (T \geq 20℃) \tag{8-27(a)}$$

$$K_3 = e^{0.002(20-T)h} \quad (T \leq 20℃) \tag{8-27(b)}$$

$$T = a + bT_0 \tag{8-28}$$

式中 T——测定的路面沥青层平均温度(℃)；

T_0——测定时路表温度与前 5 h 平均气温之和(℃)；

a——系数，$a = -2.65 + 0.52h$；

b——系数，$b = 0.62 - 0.008h$；

h——沥青面层厚度(cm)。

8.5.2 路面补强计算

补强层的计算方法很多，可分为经验法和理论法两大类。经验法是以补强试验路资料为基础进行归纳总结的方法，其实用简便，但使用有一定的局限性。理论法则以力学分析为基础，结合交通、环境和材料等特性，对理论计算结果进行修正的方法。我国现行路面设计规范对补强层厚度的计算都采用理论法。

1. 原路面当量回弹模量的计算

采用理论法计算补强层厚度的关键问题是如何确定原有路基路面体系的计算回弹模量。若大量进行现场承载板试验，显然不太现实。若能利用便于大量测定的路表弯沉值进行求解，则比较可行。将原路基路面结构体系视作表面计算弯沉相等的弹性均质体，利用弹性半空间体表面在圆形刚性承载板下的荷载-弯沉关系式，并考虑计入承载板测定的弯沉与汽车测定的弯沉间的差异及补强层材料的影响，各路段的当量回弹模量值 E_t 可据各路段的计算弯沉值按式(8-29)计算：

$$E_t = 1\,000 \frac{2p\delta}{l_0} m_1 m_2 \tag{8-29}$$

式中 E_t——原路面的当量回模量(MPa)；

p——标准轴载车型轮胎接地压强(MPa)；

δ——标准轴载单轮传压面当量圆半径(cm)；

l_0——原路面的计算弯沉(0.01 mm)；

m_1——用标准轴载的汽车在原路面上测得的弯沉值与用承载板在相同压强条件下所测得的回弹变形值之比,即轮板对比值。若当地无对比试验资料,可取 $m_1 = 1.1$ 进行计算;

m_2——原路面当量回弹模量扩大系数。当计算与原路面接触的补强层层底拉应力时,m_2 按式(8-30)计算;计算弯沉值及其他补强层层底拉应力时,$m_2 = 1.0$。

$$m_2 = e^{0.037\frac{h'}{\delta}\left(\frac{E_{n-1}}{p}\right)^{0.25}} \tag{8-30}$$

式中 E_{n-1}——与原路面接触材料的抗压回弹模量(MPa);

h'——各补强层等效为与原路面接触层 E_{n-1} 相当的等效总厚度(cm)。h' 可按式(8-31)计算。

$$h' = \sum_{i=1}^{n-1} h_i (E_i/E_{n-1})^{0.25} \tag{8-31}$$

式中 E_i——第 i 层补强层材料的抗压回弹模量(MPa);

h_i——第 i 层补强的厚度(cm);

$n-1$——补强层层数。

2. 加铺层设计

加铺层厚度与结构组合设计应与纵横断面设计相结合,路面厚度设计应考虑路面纵坡是否顺适、与周围环境是否协调等情况进行综合分析确定。

加铺层的结构类型,可根据公路等级、交通量、当地经济条件和已有经验,选用一层或多层沥青混合料或半刚性基层、组合式基层、柔性基层、贫混凝土基层等结构。

加铺层设计可按以下步骤进行:

(1) 计算原有路面的当量回弹模量。

(2) 拟定结构组合方案及设计层位,确定各加铺层的材料参数。

(3) 根据加铺层的类型确定设计指标。当以路表回弹弯沉为设计指标时,弯沉综合修正系数 F 按式(8-32)计算确定。

$$F = 1.45\left(\frac{l_s}{2\,000\delta}\right)^{0.61}\left(\frac{E_t}{p}\right)^{0.61} \tag{8-32}$$

当以弯拉应力为设计指标时,仍按新建路面设计方法进行计算。确定设计厚度后,按式(8-22)计算路表回弹弯沉。

(4) 设计层的厚度采用弹性层状体系理论设计程序计算。

(5) 对于季节冰冻地区,中湿与潮湿路段,还应验算防冻厚度。

(6) 根据各方案的计算结果,进行技术经济比较,确定采用的加铺方案。

例 8-4 在 $Ⅳ_3$ 区,某条公路原路面基层为泥灰结碎石,面层为厚 6 cm 的沥青上拌下贯,在不利季节用后轴轴载相当于 BZZ-100 的汽车测定的弯沉值,如图 8-21 所示,其中,766+000~767+800 一段路基为中湿类型,测定时路表温度 9℃,前 5 h 的平均气温为 4℃;767+800~769+300 一段为干燥类型,测定时路表温度为 11℃,前 5 h 平均气温为 5℃。预计使用期间内通过 BZZ-100 标准轴的累计轴数(已考虑横向分布)$N_e = 1.45 \times 10^6$ 次。沿线有碎石供应,河滩有砂砾,沥青可外购。试按二级公路设计路面补强厚度。

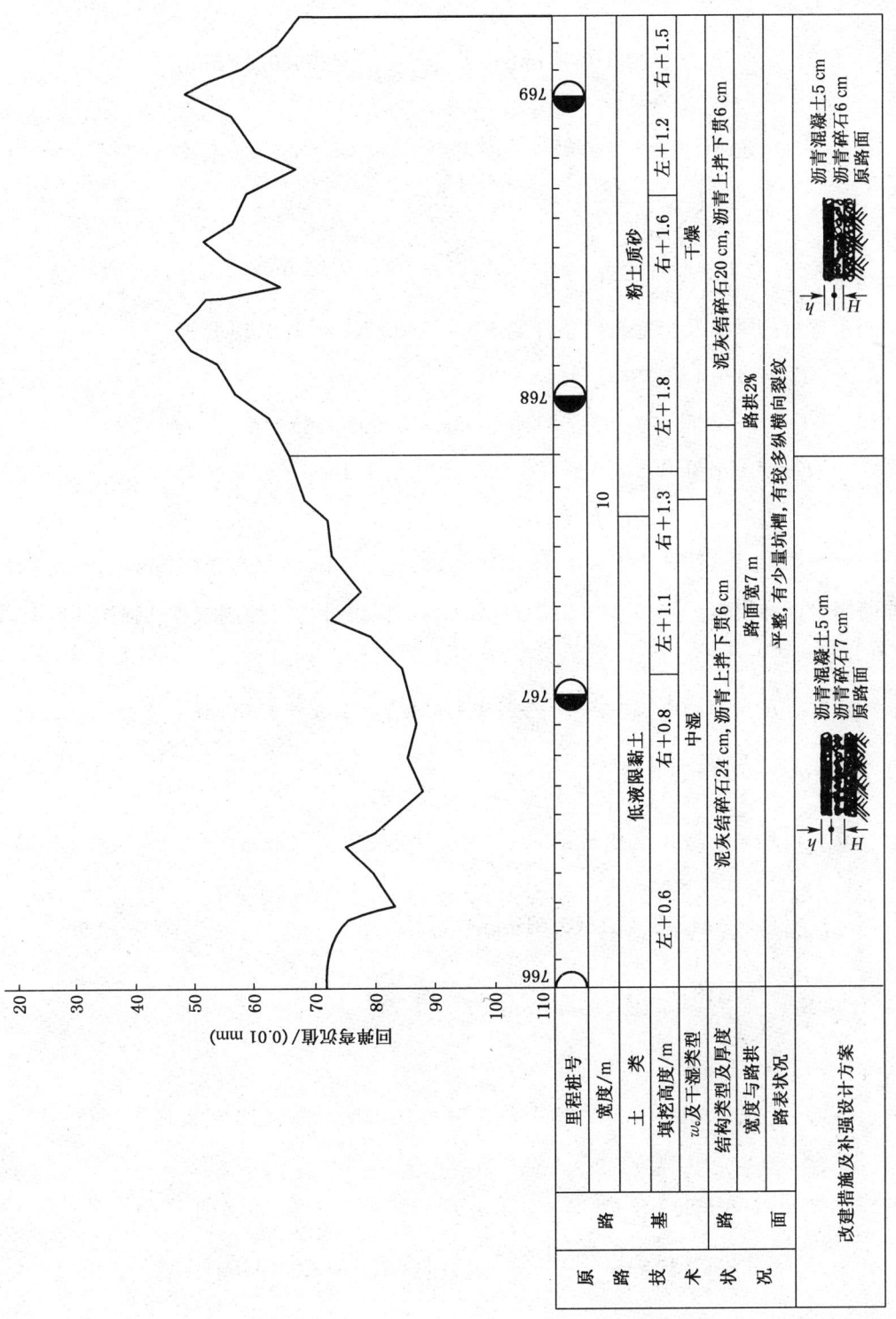

图 8-21 路面修建和养护调查图式

解 (1) 确定原路面计算弯沉值和当量回弹模量

① 766+000～767+800 段

$$\sum_{i=1}^{37} l_i = 2\,923(0.01\text{ mm}), \quad \bar{l}_0 = \frac{2\,923}{37} = 79(0.01\text{ mm})$$

$$\sum_{i=1}^{37}(l_i - \bar{l}_0) = 2\,481(0.01\text{ mm})$$

$$S = \sqrt{\frac{\sum_{i=1}^{37}(l_i - \bar{l}_0)^2}{n-1}} = \sqrt{\frac{2\,481}{36}} = 8.3(0.01\text{ mm})$$

据测定弯沉的季节及当地自然条件取 $K_1 = 1.0$，$K_2 = 1.0$，现求 K_3。

$$T_0 = 9 + 4 = 13℃$$

$$T = (-2.65 + 0.52 \times 6) + (0.62 - 0.008 \times 6) \times 13 = 7.91℃$$

$$K_3 = \exp[0.002 \times 6 \times (20 - 7.91)] = 1.16$$

则

$$l_0 = (\bar{l}_0 + Z_\alpha S) K_1 K_2 K_3$$
$$= (79 + 1.5 \times 8.3) \times 1.0 \times 1.0 \times 1.16 = 106(0.01\text{ mm})$$

原路当量回弹模量 $E_t = 1\,000(2p\delta/l_0)m_1 m_2$，当以设计弯沉控制求算补强层厚度时，取 $m_1 = 1.1$，$m_2 = 1.0$，

$$E_t = 1\,000 \times \frac{2 \times 0.7 \times 10.65}{106} \times 1.1 \times 1.0 = 155(\text{MPa})$$

② 767+800～769+300 段

$$\sum_{i=1}^{30} l_i = 1\,743(0.01\text{ mm}), \quad \bar{l}_0 = \frac{1\,743}{30} = 58(0.01\text{ mm})$$

$$\sum_{i=1}^{30}(l_i - \bar{l}_0)^2 = 4\,318(0.01\text{ mm})$$

$$S = \sqrt{\frac{4\,318}{29}} = 12.2(0.01\text{ mm})$$

$$T_0 = 11 + 5 = 16℃$$

$$T = (-2.65 + 0.52 \times 6) + (0.62 - 0.008 \times 6) \times 16 = 9.62℃$$

$$K_3 = \exp[0.002 \times 6 \times (20 - 9.62)] = 1.13$$

$$l_0 = (58 + 1.5 \times 12.2) \times 1.0 \times 1.0 \times 1.13 = 86.3(0.01\text{ mm})$$

$$E_t = 1\,000 \times \frac{2 \times 0.7 \times 10.65}{86.3} \times 1.1 \times 1.0 = 190(\text{MPa})$$

(2) 计算设计弯沉值

道路等级系数 $A_c = 1.1$（二级公路），拟采用沥青混凝土和沥青碎石双层补强，面层类型

系数 $A_s = 1.0$，基层类型系数 $A_b = 1.6$。

$$l_d = 600 \times N_e^{-0.2} \cdot A_c \cdot A_s \cdot A_b = 600 \times 1\,450\,000^{-0.2} \times 1.1 \times 1.0 \times 1.6$$
$$= 61.9(0.01\text{ mm})$$

（3）确定补强层厚度

据当地使用经验，补强层材料参数为：沥青混凝土在 20℃ 时的 $E_1 = 1\,400$(MPa)，在 15℃ 时的 $E_1 = 2\,200$(MPa)，$\sigma_{sp} = 1.0$(MPa)；沥青碎石 20℃ 时的 $E_2 = 800$(MPa)。采用计算机软件求解补强层厚度，先设定沥青混凝土面层厚度 $h = 5$ cm，计算沥青碎石层所需厚度 H。经计算分析知：(1) 766+000～767+800 段，$H = 7.0$ cm；(2) 767+800～769+300 段，$H = 6.0$ cm（详略）。

（4）方案比较

若有几个补强方案，可据施工条件、材料单价、气候状况、工期要求等，对所提方案作技术经济比较（此略）。

■ 小　结

路面设计主要包括结构组合、材料组成设计和厚度确定三个方面。虽然路面结构设计主要讨论结构组合和厚度确定，但结构组合时必须考虑各结构层组成材料的特性和要求，而确定所需厚度时离不开合理选取材料参数。

合理的路面结构组合是保证路面使用性能的基础。组合时，必须综合考虑交通荷载、环境（温度和湿度）、支承条件、组成材料特性、各结构层的功能要求和协调作用等各个方面，并充分吸收已有的设计和使用经验。

沥青路面的损坏现象、机理和肇因十分复杂，因此路面结构设计只能选用多种指标，分别控制不同的损坏模式。不同设计方法根据对路面主要损坏现象的认识和分析，选用不同的设计指标。本章主要介绍我国公路沥青路面设计规范中采纳的设计方法，它是以弹性层状体系理论为基础的力学-经验设计法。该法以路表弯沉作为路基路面整体承载能力的控制指标，以整体性材料层底的拉应力作为疲劳开裂的控制指标，进行结构厚度的设计。

要使设计结果能同实际相符，路面结构设计方法就要能全面地反映材料、环境、荷载和土基状况等因素对结构性能的影响，所以，必须收集足够的交通、土质、气象和水文资料，并在同实际工作环境相符的条件下对所用材料进行物理力学性质试验，获取可靠的材料参数。而要做到这一点，是非常困难的。因此，现有设计方法都存在不完善之处，还有待随着研究工作的深入和实践经验的积累，不断进行修正、补充和完善。

■ 复习思考题和习题

8.1　沥青路面设计为何要选用多指标作为设计控制指标？说明各设计指标的意义及其与路面损坏现象的联系。

8.2　完成一个路面结构组合设计方案应包括哪些内容？试对你工作所在地的一些常用路

面结构进行评述。

8.3 请分析应用弹性层状体系理论进行沥青路面结构计算分析的合理性与存在的问题？各应力、应变和位移分量与哪些变量有关？

8.4 试归纳新建路面和改建路面设计中的异同处。

8.5 某地区某公路路床表面以下 80 cm 内每 10 cm 一层位土的含水量 w 及土的液限 w_L 和塑限 w_p 如表 8-24 所示。

表 8-24　　　　　　　　　土的含水量及液限与塑限数据

路床内层位	1	2	3	4	5	6	7	8	w_L	w_p
含水量 $w/\%$	28.20	28.40	28.49	28.55	28.70	28.80	28.78	29.11	45.60	27.20

土分类属黏质土，请确定该土基的回弹模量值。

8.6 某条一级公路，四车道，路面宽 16 m，据调查，竣工后第一年的平均日交通量如表 8-25 所列，交通量增长率 5%，路面设计年限 15，路基为黏质土，平均稠度为 $w_c = 1.05$，现根据实际情况综合考虑后，初拟路面结构如图 8-22。请计算确定石灰土基层厚度，并验算有关层次的拉应力。

表 8-25　　　　　　　　　日交通量统计表

车　　型	交通量/(辆/d)	车　　型	交通量/(辆/d)
黄河 JN-150	450	长征 XD980	120
交通 SH-141	600	解放 CA-10B	1 500
太脱拉 138	70	日野 KF300D	80

$h_1 = 7$ cm	沥青混凝土	$E_1 = 1\,200$ MPa；15℃ 时 $E_1 = 1\,800$ MPa，$\sigma_{sp} = 1.5$ MPa；高温季节 $E_1 = 600$ MPa
$h_2 = 10$ cm	沥青碎石	$E_2 = 700$ MPa；高温季节 $E_2 = 650$ MPa
$h_3 = ?$	石灰土	$E_3 = 500$ MPa，$\sigma_{sp} = 0.25$ MPa
$h_4 = 15$ cm	天然级配砂砾	$E_4 = 150$ MPa
土基		$E_0 = 30$ MPa（高温季节提高 20%）

图 8-22　初拟路面结构示意图

8.7 某新建公路路面结构如图 8-23 所示，路面使用寿命 15 a，交通量增长率 10%，试求竣工后第一年容许通过的 BZZ-100 标准轴载次数（次/d）（材料参数可查表确定）。

4 cm	AC13C
6 cm	AC20C
8 cm	AC25C
18 cm	水泥稳定碎石
18 cm	低剂量水稳碎石
15 cm	级配碎石

$E_0 = 60$ MPa

图 8-23　新建路面结构示意图

8.8 某二级公路(双车道),原路面为厚 6 cm 的沥青贯入式,在干燥季节用 BZZ-100 进行弯沉测定,实测得沿线某潮湿路段弯沉值(0.01 mm)为 127,203,160,100,69,108,130,123,145,98,133,183,125,136,71,132,109,120,83,105,96,143,102,108,测定时路表温度为 8℃,前 5 h 平均气温为 6℃。试求该路段的计算弯沉 l_0。

8.9 某公路原路面基层为泥灰结碎石,面层为双层沥青表面处治,在不利季节用后轴重 60 kN 的车测得某一中湿路段的计算弯沉为 0.90 mm,预计使用期间 BZZ-100 累计轴数为 1.45×10^6 次(已计入车道系数),请按二级路设计路面补强结构。

8.10 甲乙两地之间计划修建一条六车道的高速公路,设计年限内交通量年平均增长率为 8%。该路段处于 IV_7 区,为粉质土,稠度为 1.00,沿途有大量碎石集料,并有水泥供给。预测该路竣工后第一年的交通组成如表 2-26,试进行路面结构设计。

表 2-26　　　　　　　　　　预测交通组成表

车型	重量/kN		后轴数	后轴距 /m	交通量/(次/日)
	前轴	后轴			
三菱 T653B	29.3	48.0	1		600
黄河 JN163	58.6	114.0	1		800
江淮 HF150	45.1	101.5	1		800
解放 SP9200	31.3	78.0	3	>3 m	700
日野 2M440	60.0	100.0	2	<3 m	500
太脱拉 T815S	84.0	2×87.5+2×109.0	4	1.32-7.1-1.32	100

9 水泥混凝土路面结构设计

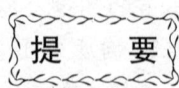
提　要

水泥混凝土路面结构是由多层组成的复合体系,最上层为水泥混凝土面层,其下根据结构、功能要求的不同,设有基层、底基层和垫层等,最下层为提供稳定支撑的路基。依据面层配筋情况的不同,分为有接缝的普通水泥混凝土路面(JPCP)、钢筋混凝土路面(JRCP)、连续配筋混凝土路面(CRCP)和预应力混凝土路面(PRCP)等;此外,也依据施工方式或掺加物的不同,称为碾压混凝土和钢纤维混凝土路面等。对于采用刚性、半刚性材料作基层的水泥混凝土路面结构,除水泥混凝土面层外,刚性半刚性基层亦作为承受交通荷载的结构层;对于采用粒料作为基(垫)层的水泥混凝土路面结构,水泥混凝土面层将作为主要承受交通荷载的结构层。在行车荷载和环境因素(温、湿度变化)的反复作用下,水泥混凝土路面的结构、功能随时间发生劣化,表现为开裂、破碎、错台、断板和表面磨光等病害。结构设计时,通常采用弹性地基板理论分析路面结构的受力状况,选择应力、弯沉等指标作为控制路面板破坏的依据。本章着重讨论普通混凝土和钢筋混凝土路面结构设计,主要内容有结构组合设计原则和要求、路面结构各层厚度、接缝构造和配筋设计等。最后,还介绍水泥混凝土路面加铺层设计。

本章的学习要求如下:
1. 了解水泥混凝土路面的损坏模式及其设计要求;
2. 建立弹性地基板理论的基本概念,学会水泥混凝土板内荷载应力和温度应力的实用计算方法;
3. 能正确运用现行设计规范进行水泥混凝土路面结构设计;
4. 懂得钢筋混凝土路面板和水泥混凝土路面加铺层的设计原理。

9.1　水泥混凝土路面的损坏模式和设计要求

9.1.1　损坏模式

在环境因素(温度、湿度变化)、交通荷载以及雨水等的综合作用下,水泥混凝土路面状况不断恶化,出现了各种类型的损坏,主要有以下四类:
(1) 断裂类——纵向、横向、斜向、角隅和交叉裂缝;
(2) 接缝损坏类——唧泥、错台、接缝碎裂、拱起、填缝料损坏等;
(3) 变形类——沉陷、胀起等;

(4) 材料或表层损坏类——活性集料反应病害、集料冻融裂纹、网裂和起皮、磨损和露骨等。

常见水泥混凝土路面板断裂损坏如图 9-1 所示。

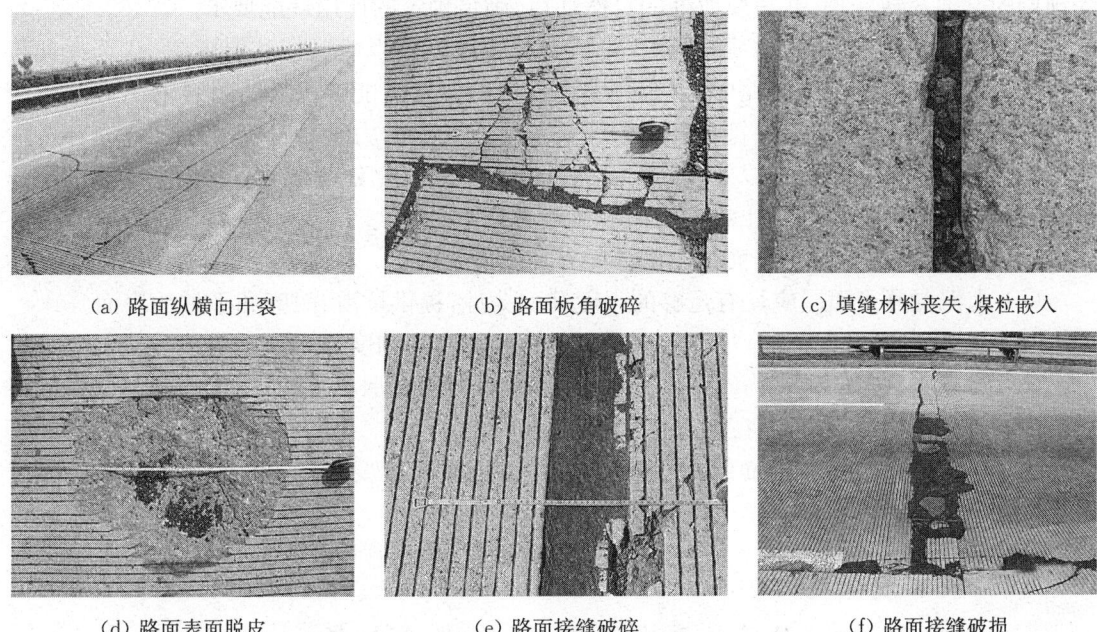

(a) 路面纵横向开裂　　(b) 路面板角破碎　　(c) 填缝材料丧失、煤粒嵌入

(d) 路面表面脱皮　　(e) 路面接缝破碎　　(f) 路面接缝破损

图 9-1　水泥混凝土路面板损坏模式

在水泥混凝土路面板的各类损坏中，唧泥、错台和断裂等损坏形式最为普遍，对路面结构性能和行车舒适性影响最大。

水泥混凝土路面在使用过程中，接缝填封缝材料的失效，表面水的渗入并积滞在板底，基层材料耐冲刷能力不够，接缝传荷能力差和重载的反复作用，是引起唧泥的主要原因。唧泥造成水泥混凝土路面板底面与基层顶面间出现局部范围的脱空，恶化了面层板的受荷条件，加速了面层板的断裂破坏。

在唧泥发生和发展的过程中，基层顶面受冲刷的细集料被高压水流冲积在驶离板板底脱空区内，使接缝或裂缝两侧板面出现高程差，即产生错台病害。错台使得路面的平整度变差，行车舒适性下降。

水泥混凝土路面板的断裂是由于温度应力和荷载应力的反复作用而引起的疲劳破坏，或者是由于路基不均匀沉降、板底脱空或收缩应变受阻等引起的板内应力超过了混凝土的强度而产生的。路面板的断裂是一个逐渐演化发展的过程。初期，是裂缝产生和扩展阶段，裂缝很小，依靠不平整断裂面的嵌锁作用，裂缝两侧板块还可以传递部分荷载；随后，裂缝逐渐张开，裂缝边缘的混凝土在行车荷载反复作用下逐渐出现碎裂，并进一步出现错台，裂缝两侧板块的传荷能力完全丧失；最后，面层板断裂成数块。断裂裂缝贯穿面层板，将其分割成数块，破坏了面层板的整体性，降低了路面结构的承载能力。

9.1.2　设计要求

水泥混凝土路面承受交通荷载和环境因素（温度、湿度变化）的反复作用，设计时应充分考虑结构性能和使用功能要求。水泥混凝土路面设计方案,应根据公路的使用任务、性质和要求,结合当地气候、水文、地质、材料、施工技术、实践经验以及环境保护要求等,通过技术经济分析和论证确定。水泥混凝土路面结构层厚度,应按规定的安全等级和目标可靠度,承受预期的交通荷载作用,并适应所处的自然环境,满足预定的使用性能要求。

依据公路技术等级、交通荷载等级、路基支承条件以及当地温度和湿度状况,选择和组合与之相适应的水泥混凝土路面结构,并满足预定的使用性能要求。所组合的路面结构应满足各结构层的功能要求,并符合各结构层及其组成材料的力学特性和要求。应充分考虑结构层上下层次的相互作用以及层间结合条件和要求。应充分考虑地表水的入渗和冲刷作用,采取封堵或排除措施,防止渗入水积滞在路面结构内。

具体而言,水泥混凝土路面结构设计应满足以下要求:

(1) 水泥混凝土面层应具有足够的强度和耐久性,提供抗滑、耐磨和平整的表面。
(2) 基层和底基层应具有足够的抗冲刷能力和适当的刚度。
(3) 路基应稳定、密实、均质,对路面结构提供均匀的支承。
(4) 遇有下述情况时,需在基层下设置垫层。

① 季节性冰冻地区,路面结构厚度小于最小防冻厚度要求时,其差值应以垫层厚度补足;

② 水文地质条件不良的土质路堑,路床土湿度较大时,宜设置排水垫层。

9.2 弹性地基板的应力分析

水泥混凝土路面是多层结构(面层、基层、底基层、垫层和土基等),面层板被接缝划分为有限尺寸的矩形板,平面方向上的尺度远大于厚度方向上的尺度。可将水泥混凝土路面简化为弹性地基薄板模型(Winkler 地基、弹性半空间地基)、Pasternak 地基板模型、中厚地基板模型(Winkler 地基、弹性半空间地基)或三维实体模型进行结构分析。

9.2.1 荷载应力分析

通常采用地基板模型(图 9-2),即将刚度大的水泥混凝土面层看做支承于地基上的小挠度弹性板,对面层板及地基作如下假定:

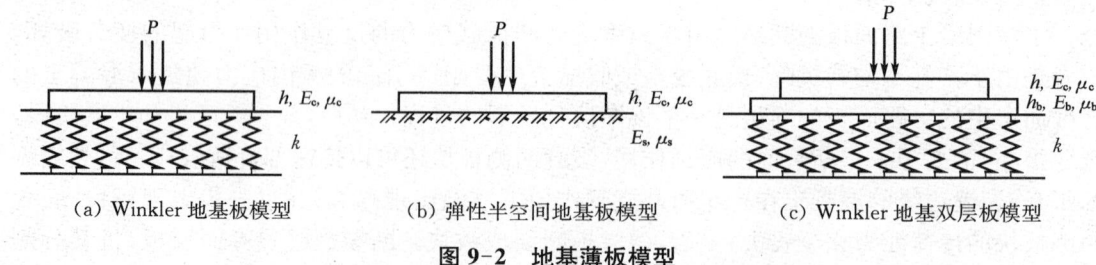

(a) Winkler 地基板模型　　(b) 弹性半空间地基板模型　　(c) Winkler 地基双层板模型

图 9-2　地基薄板模型

(1) 板为具有弹性常数 E_c(弹性模量)和 μ_c(泊松比)的等厚弹性体。
(2) 作用于板上的荷载,其施压面的最小边长或直径大于板厚时,可近似地忽略竖向压缩应变和剪应变的影响,而利用薄板(或中厚板)弯曲理论进行分析;施压面尺寸小于板厚时,需采用厚板理论分析,或者依据厚板理论对薄板理论的计算结果进行修正。

(3)在荷载作用下,在未脱空时,板同地基的接触保持完全连续,板的挠度即为地基顶面的挠度;在脱空时,脱空区的板同地基的接触情况随荷载作用大小、脱空范围、脱空量、地基反应模量 k 或地基弹性模量 E_s 及泊桑比 μ_s、板的抗弯刚度等因素而变化,未脱空区的板同地基的接触仍然保持完全连续。

在研究板顶面受到局部荷载作用的薄板弯曲问题时,通常采用下列三个基本假设:

(1)中面内各点无平行于中面的位移;

(2)弯曲前垂直于板中平面的直线纤维,在弯曲后仍保持为直线并垂直于中曲面,因而,横向剪切应变 $\gamma_{xz} = \gamma_{yz} = 0$;

(3)同其他应力分量和应变分量相比,垂直于中面方向的正应力 σ_z 和正应变 ε_z 很小,可以忽略不计。

依据上述假设,可由几何方程和物理方程推导出薄板的应力-应变和应变-位移关系式:

$$\left.\begin{aligned}\varepsilon_x &= -z\frac{\partial^2 W}{\partial x^2} \\ \varepsilon_y &= -z\frac{\partial^2 W}{\partial y^2} \\ \gamma_{xy} &= -2z\frac{\partial^2 W}{\partial x \partial y} \\ \sigma_x &= \frac{E_c}{1-\mu_c^2}(\varepsilon_x + \mu_c \varepsilon_y) \\ \sigma_y &= \frac{E_c}{1-\mu_c^2}(\mu_c \varepsilon_x + \varepsilon_y) \\ \tau_{xy} &= \frac{E_c}{2(1+\mu_c)}\gamma_{xy}\end{aligned}\right\} \quad (9\text{-}1)$$

式中 σ_x, ε_x——x 方向上板的正应力和正应变;

σ_y, ε_y——y 方向上板的正应力和正应变;

W——z 方向上板的位移,即挠度。

取单位板宽(长),由式(9-1)中的应力分量积分,可得板内的弯矩:

$$\left.\begin{aligned}M_x &= -D\left(\frac{\partial^2 W}{\partial x^2} + \mu_c \frac{\partial^2 W}{\partial y^2}\right) \\ M_y &= -D\left(\mu_c \frac{\partial^2 W}{\partial x^2} + \frac{\partial^2 W}{\partial y^2}\right) \\ M_{xy} &= -D(1-\mu_c)\frac{\partial^2 W}{\partial x \partial y}\end{aligned}\right\} \quad (9\text{-}2)$$

式中 D——板的弯曲刚度,其表达式为

$$D = \frac{E_c h^3}{12(1-\mu_c^2)}$$

h——板的厚度。

从板上割取长和宽各为 dx 和 dy,高为 h 的单元,作用于单元上的内力和外力如图 9-3

所示。由单元的平衡条件($\sum F_z = 0$, $\sum F_x = 0$, $\sum F_y = 0$),略去高阶微量得

$$\frac{\partial Q_x}{\partial x} + \frac{\partial Q_y}{\partial y} = -p + q \tag{9-3}$$

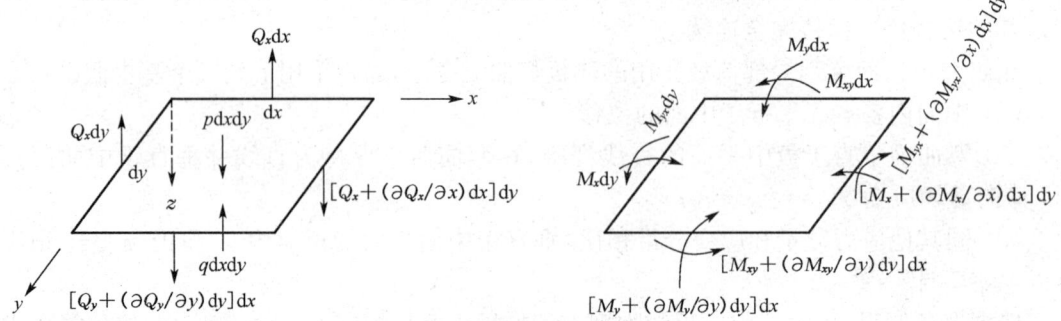

图 9-3　板的微分单元受力分析

剪力

$$\left. \begin{array}{l} Q_x = \dfrac{\partial M_x}{\partial x} + \dfrac{\partial M_{xy}}{\partial y} \\[2mm] Q_y = \dfrac{\partial M_y}{\partial y} + \dfrac{\partial M_{xy}}{\partial x} \end{array} \right\} \tag{9-4}$$

将式(9-4)代入式(9-3),并注意到 $M_{yx} = M_{xy}$,则得

$$\frac{\partial^2 M_x}{\partial x^2} + 2\frac{\partial^2 M_{xy}}{\partial x \partial y} + \frac{\partial^2 M_y}{\partial y^2} = -p + q$$

将式(9-2)代入上式,即可得到板的挠曲面微分方程(挠度与荷载的关系式):

$$D\left(\frac{\partial^4 W}{\partial x^4} + 2\frac{\partial^4 W}{\partial x^2 \partial y^2} + \frac{\partial^4 W}{\partial y^4}\right) = -p + q \tag{9-5}$$

采用圆柱坐标时,则上述挠曲面方程可改写为

$$D\left(\frac{d^2}{dr^2} + \frac{1}{r}\frac{d}{dr}\right)\left(\frac{d^2 W}{dr^2} + \frac{1}{r}\frac{dW}{dr}\right) = -p + q \tag{9-6}$$

在上述微分方程中,地基反力 q 随地基的特性和板的挠度 W 而异。为了建立地基反力同挠度之间的关系,通常采用两种不同的地基假设(参看 4.7 节):

(1) 文克勒地基

假设地基上任一点的反力仅同该点的挠度成正比,而同其他点无关,即

$$q = kW \tag{9-7}$$

式中,k 为地基反应模量。

(2) 半无限地基

假设地基为弹性半无限体,其性质用弹性模量 E_s 和泊松比来表征。若地基上作用轴对称荷载(反力 $q(r)$),则任一点的挠度 $W(r)$ 为

$$W(r) = \frac{2(1 - \mu_s^2)}{E_s} \int_0^\infty \bar{q}(\zeta) J_0(\zeta r) d\zeta \tag{9-8}$$

式中 $\bar{q}(\zeta)$——反力 $q(r)$ 的零阶亨格尔(Hankel)变换式；

$J_0(\zeta r)$——零阶亨格尔函数。

这样，就可按各种边界条件，解上述四阶微分方程，得挠度 W。再由式(9-1)和式(9-2)，计算板的应力和内力(弯矩等)值。

1. 文克勒地基板的解析解

威斯特卡德(H. M. Westergaard)采用文克勒地基假设，将车轮荷载 P 简化成圆形均布竖直荷载(其半径为 δ，压强为 p)，分析了图 9-4 所示三种典型轮载位置下的挠度和弯矩，得到最大弯拉应力的计算公式。

(1) 轮载作用于板的中央(板中荷位 A)

按圆形均布荷载位于无限大板板中的解，得最大弯拉力出现在荷载中心处的板底，其值为

$$\sigma_i = 1.1(1+\mu_c)\left(\lg\frac{l}{\delta}+0.2673\right)\frac{P}{h^2} \tag{9-9}$$

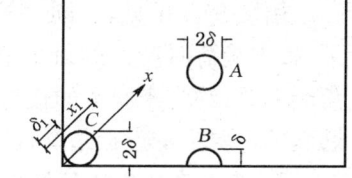

图 9-4 无限大板三种典型轮载荷位

当轮载作用于面积较小时，压强 p 可能很大。这时，如果仍采用薄板理论计算应力，会得出偏大的结果。通过分析薄板与厚板计算理论计算结果的差异，一般来说，当 $\delta < 1.724h$ 时，可近似地用当量计算半径：

$$b = \sqrt{1.6\delta^2+h^2}-0.675h \tag{9-10}$$

替代式(9-9)中的 δ，以计算应力。

(2) 轮载作用于板边中部(板边荷位 B)

按圆形均布荷载以半圆位于半无限大板(为一直线自由边)边缘的解，得最大弯拉应力出现的荷载下沿板边的底部，其值为

$$\sigma_e = 2.116(1+0.54\mu_c)\left(\lg\frac{l}{\delta}+0.08975\right)\frac{P}{h^2} \tag{9-11}$$

当 $\delta < 1.724h$ 时，也须将式中的 δ 改换成 b 进行计算。试验表明，若板边与地基脱开，实测应力值将比式(9-11)的计算值偏高 10% 左右。

(3) 轮载作用于板的角隅(板角荷位 C)

设荷载圆与正交角隅两边(另一端无穷远)相切，其圆心距角隅点为 $\delta_1 = \sqrt{2}\delta$，根据最小位能原理导出沿板角分角线的挠度曲线方程，得最大拉应力为

$$\sigma_c = 3\left[1-\left(\frac{\sqrt{2}\delta}{l}\right)^{0.6}\right]\frac{P}{h^2} \tag{9-12}$$

出现在距角隅点为 $x_1 = 2l\sqrt{\delta_1}$ 处的板顶。

在温度梯度和地基塑性变形的影响下，板角也会同地基脱开。试验表明，板角上翘时，实测应力值要比按式(9-12)算得的大 30%～50%。对此，凯利(E. F. Kelley)提出了经验修正公式如下：

$$\sigma_c = 3\left[1-\left(\frac{\sqrt{2}\delta}{l}\right)^{1.2}\right]\frac{P}{h^2} \tag{9-13}$$

在以上诸式中，l 为板的相对刚度半径。即

$$l = \left(\frac{D}{k}\right)^{\frac{1}{4}} = \left(\frac{Eh^3}{12(1-\mu_c^2)k}\right)^{\frac{1}{4}} \quad (9-14)$$

上述三种受荷情况的最大应力计算公式为

$$\sigma = C\frac{P}{h^2} \quad (9-15)$$

式中，C 为应力系数，可由图 9-5 查得。

由图 9-5 可见，在同一轮载和路面结构情况下，板中受荷时产生的最大应力值低于板边和板角受荷时，约为未脱空的板边最大应力的 2/3 左右。板角受荷时产生的最大应力，在板角未翘起的情况下低于板边受荷时；但在板角翘起时，则超过板边受荷的应力。

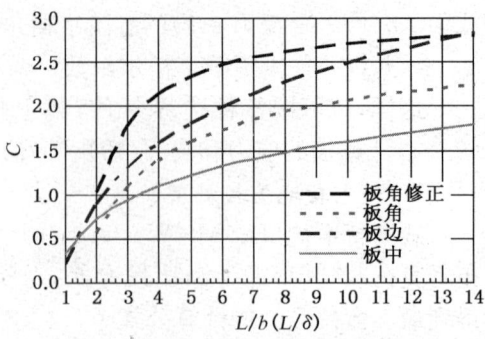

图 9-5　应力系数 C 值图（$\mu_c = 0.15$）

2. 半无限地基板的解析解

半无限地基上无限大板受到集中或圆形均布荷载作用时，属于轴对称课题，可由式 (9-6) 和式 (9-8) 按边界条件解板的挠度方程，并进而得到弯矩关系式。

距荷载作用中心（坐标原点）r 处的挠度为

$$W = \frac{Pl^2}{D}\hat{W} \quad (9-16)$$

式中　l——半无限地基板的相对刚度半径，即

$$l = \left(\frac{2D(1-\mu_s^2)}{E_s}\right)^{\frac{1}{3}} = h\left(\frac{E_c(1-\mu_s^2)}{6E_s(1-\mu_c^2)}\right)^{\frac{1}{3}} \quad (9-17)$$

$\hat{W}$——挠度系数，随 $\frac{r}{l}$ 和 $\frac{\delta}{l}$ 而变，见图 9-6。

图 9-6 表明，荷载圆半径 δ 对挠度系数的影响不大。因而，对于圆形均布荷载，可以按集中荷载计算其挠度值。

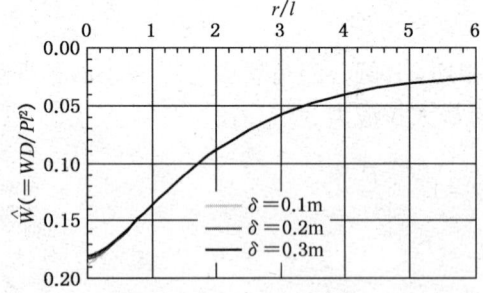

图 9-6　半无限地基上板的挠度系数 $\hat{W}$（$\mu_c = 0.15$）

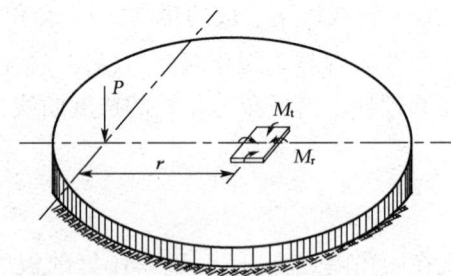

图 9-7　距离集中荷载作用点为 r 处的弯矩

距集中荷载作用点 r 处板在单位宽度的辐向弯矩和切向弯矩（图 9-7）为

$$\left.\begin{array}{l} M_r = P\overline{M}_r \\ M_t = P\overline{M}_t \end{array}\right\} \quad (9-18)$$

式中，M_r，M_t 分别为辐向和切向弯矩系数，其值随 $\frac{r}{l}$ 而变，可由表 9-1 查得。

表 9-1　　　　　　　　弯矩系数 $\overline{M}_0$，$\overline{M}_r$，$\overline{M}_t$ 值（$\mu_c = 0.15$）

$\frac{\delta}{l}$ 或 $\frac{r}{l}$	$\overline{M}_0$	$\overline{M}_r$	$\overline{M}_t$	$\frac{\delta}{l}$ 或 $\frac{r}{l}$	$\overline{M}_0$	$\overline{M}_r$	$\overline{M}_t$
0.02	0.4143	0.3348	0.4024	1.4	0.0436	−0.0108	0.0354
0.04	0.3509	0.2715	0.3391	1.5	0.0394	−0.0127	0.0315
0.06	0.3139	0.2344	0.3019	1.6	0.0356	−0.0140	0.0282
0.08	0.2875	0.2082	0.2757	1.7	0.0322	−0.0150	0.0251
0.1	0.2672	0.1879	0.2554	1.8	0.0292	−0.0157	0.0225
0.2	0.2042	0.1254	0.1923	1.9	0.0265	−0.0162	0.0201
0.3	0.1677	0.0900	0.1561	2.0	0.0240	−0.0164	0.0180
0.4	0.1422	0.0658	0.1307	2.2	0.0198	−0.0163	0.0145
0.5	0.1228	0.0480	0.1116	2.4	0.0164	−0.0158	0.0116
0.6	0.1073	0.0343	0.0963	2.6	0.0136	−0.0150	0.0093
0.7	0.0945	0.0235	0.0839	2.8	0.0113	−0.0139	0.0075
0.8	0.0838	0.0149	0.0735	3.0	0.0094	−0.0129	0.0061
0.9	0.0746	0.0080	0.0646	3.2		−0.0117	0.0050
1.0	0.0667	0.0025	0.0571	3.4		−0.0105	0.0040
1.1	0.0598	−0.0020	0.0505	3.6		−0.0095	0.0033
1.2	0.0537	−0.0057	0.0448	3.8		−0.0085	0.0027
1.3	0.0484	−0.0086	0.0398	4.0		−0.0075	0.0022

圆形均布荷载作用下板内产生的最大弯矩（位于荷载中心处，在各个方向均相同）为

$$M_0 = P\overline{M}_0 \tag{9-19}$$

式中，$\overline{M}_0$ 为荷载中心下（$r = 0$）板的弯矩系数，其值随 $\frac{\delta}{l}$ 而变，可查表 9-1 但当 $\delta < 1.724h$ 时，也应按式（9-10）以当量计算半径 b 代替。

必须指出，只有当荷载作用中心与板边缘的距离大于相对刚度半径的 1.5 倍时，才能应用上述无限大板的公式解算弯矩 M，再按下列公式计算板的应力：

$$\sigma = \frac{6M}{h^2} \tag{9-20}$$

另外，对比两种地基上无限大板的解可知，如果二者相对刚度半径相等，则所得板的应力是一致的。因此，将式（9-17）代入式（9-9），亦能计算半无限地基板的板中应力。

半板中受到多个车轮荷载作用时，可取其中一个车轮作为主轮，按均布荷载考虑，其他各轮按集中荷载考虑，叠加它们的影响。叠加时，需注意应力的方向。如在计算点统一取正交的 x，y 方向，则各轮在该点的辐向弯矩 M_r 和切向弯矩 M_t，均应转换为 x，y 方向的弯矩 M_x 和 M_y，再分别叠加起来。根据《材料力学》教材所述单元体斜截面上的应力关系（图 9-8），可推得板内不同方向弯矩的转换公式：

$$M_x = M_r\cos^2\alpha + M_t\sin^2\alpha \atop M_y = M_r\sin^2\alpha + M_t\cos^2\alpha \} \quad (9-21)$$

式中，α 为集中荷载作用点与弯矩计算点连线同 x 轴的夹角。

例 9-1 JN360 型双后轴车，双后轴一侧共四个车轮(图 9-9)，每个车轮的荷载 $P = 27.5 \text{ kN}$，轮压 $p = 0.7 \text{ MPa}$。混凝土路面板厚 $h = 22 \text{ cm}$，弹性参数 $E_c = 30\,000 \text{ MPa}$，$\mu_c = 0.15$；地基参数 $E_s = 180 \text{ MPa}$，$\mu_s = 0.30$。试分析板中最大应力值。

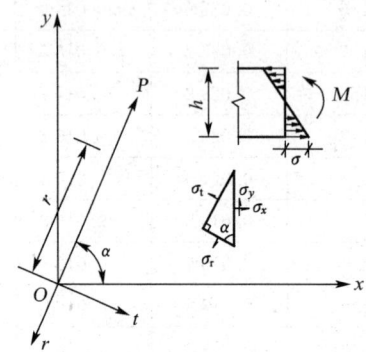

图 9-8 板内不同方向弯矩的转换

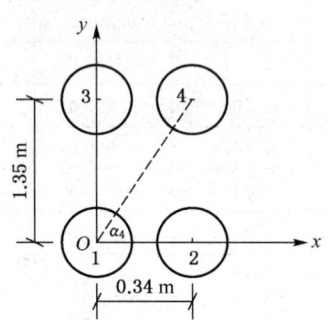

图 9-9 多轮荷载计算

解 如图 9-9 所示，取 1 号车轮作为主轮，计算该荷载中心下的应力。
由式(9-17)，可求得板的相对刚度半径：

$$l = 22 \times \left(\frac{30\,000(1-0.3^2)}{6 \times 180(1-0.15^2)}\right)^{\frac{1}{3}} = 65.06 \text{ (cm)}$$

1 号轮载作用圆的半径 δ，按式(2-1)计算：

$$\delta = \sqrt{\frac{27.5 \times 10}{\pi \times 0.7}} = 11.18 \text{ (cm)}$$

$$\frac{\delta}{l} = \frac{11.18}{65.06} = 0.171\,8, \quad \frac{\gamma_2}{l} = \frac{34}{65.06} = 0.522\,6$$

$$\frac{\gamma_3}{l} = \frac{135}{65.06} = 0.171\,8, \quad \frac{\gamma_4}{l} = \frac{\sqrt{34^2+135^2}}{65.06} = 2.140$$

由表 9-1 查得各轮载的弯矩系数，按表 9-2 计算四个车轮荷载在 1 号车轮下产生的弯矩系数。

表 9-2 多轮荷载的弯矩系数计算

轮号	$\overline{M}_r$	$\overline{M}_t$	α	$\cos^2\alpha$	$\sin^2\alpha$	$\overline{M}_x$	$\overline{M}_y$
1	0.222 0	0.222 0	—	—	—	0.222 0	0.222 0
2	0.044 9	0.108 1	0	1	0	0.044 9	0.108 1
3	−0.016 3	0.016 7	90°	0	1	0.016 7	−0.016 3
4	−0.016 3	0.015 6	75°52′	0.059 6	0.940 4	0.013 7	−0.014 4
$\sum$						0.297 3	0.299 4

板中承受的弯拉应力：

$$\sigma_x = \frac{6 \times 10 \times 27.5 \times 0.2973}{22^2} = 1.014 \text{ (MPa)}$$

$$\sigma_y = \frac{6 \times 10 \times 27.5 \times 0.2994}{22^2} = 1.021 \text{ (MPa)}$$

由此可见，多轴多轮荷载所产生的板中应力，并不比其中单轴双轮组的应力大多少，有时甚至更小些，这取决于其他轮轴荷载的应力方向，相对于主要应力方向来说，是切向还是辐向；同时还取决于轮(轴)距与相对刚度半径的比值。

半无限地基板边角荷位的应力分析，目前尚无解析解，只有采用近似的数值计算方法，如有限元法等。

3. 弹性地基板的有限元解

对半无限地基上的有限尺寸矩形板(四边自由)，将车轴一侧双轮组轮载简化成双方形荷载图式(图 9-10)，可借助于有限元法计算分析轴载在板上不同位置时板内的应力状况。

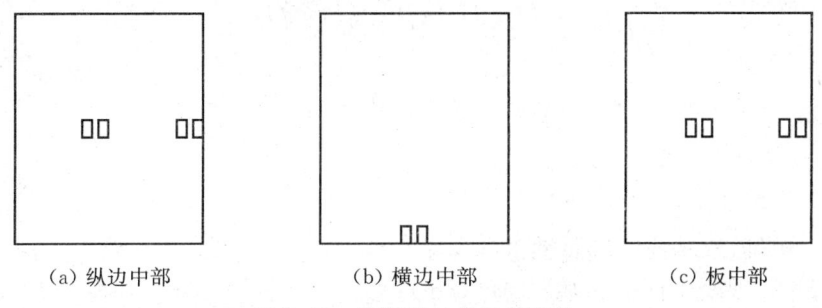

图 9-10　有限元法的计算荷位

大量计算结果表明，在单轴荷载情况下，轴载作用于纵向边缘(即两侧双轮中有一侧靠贴纵边，另一侧在板内)中部时(图 9-10(a))应力最大；仅双轮组轮载作用于横向边缘中部时(图 9-10(b))的应力，大于轴载作用于横边时(此时要计入另一侧轮载的附加影响，叠加后应力反而减小)；双轮组轮载作用于板中时应力最小，也小于轴载作用于板中部时(图 9-10(c))。

有限元法在应用上的一个主要缺陷是它没有解析式，只能针对具体的情况采用计算机程序解出具体的结果来。为便于工程上实际使用，依据不同的结构组合，不同轴型(单轴-单轮、单轴-双轮、双轴-双轮和三轴-双轮)荷载(图 9-11)的作用，通过大量计算分析，确定纵缝边缘中部为面板发生最大荷载应力的作用位置。而当采用刚性、半刚性基层时，基层最大荷载应力位置随基层超宽(纵向、横向)不同，分别落在板角隅下方基层底面和纵边边缘中部下方基层底面，分别对应角隅荷位和纵缝边缘中部荷位。通过回归分析，得到单层板和等尺寸双层板纵缝边缘中部荷位(图 9-12)下水泥混凝土路面结构各层的荷载应力计算式。

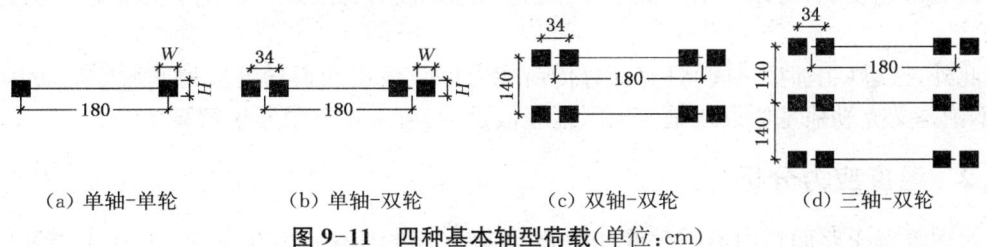

图 9-11　四种基本轴型荷载(单位：cm)

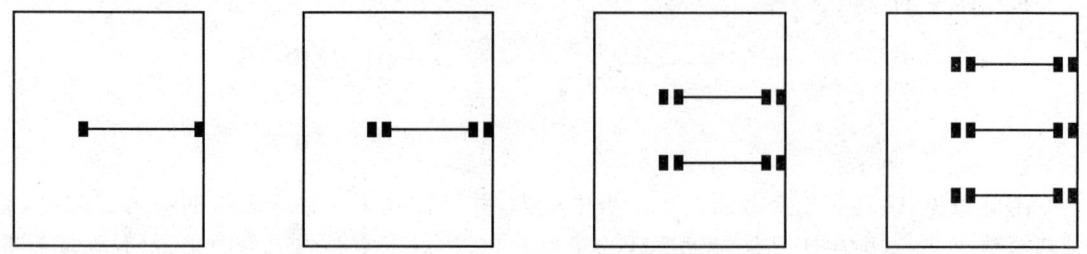

图 9-12 轴载作用于纵缝边缘中部荷位

纵缝边缘中部荷位下等尺寸双层板面层、基层荷载应力 σ_1^0，σ_2^0(MPa)公式如下：

$$\sigma_1^0 = \frac{1}{1+\lambda} \frac{A_1 l_g^{m_1} P^{n_1}}{h^{2\alpha_1}}, \quad \sigma_2^0 = \frac{\lambda}{1+\lambda} \frac{A_2 l_g^{m_2} P^{n_2}}{h_b^{2\alpha_2}} \quad (9\text{-}22a)$$

$$\alpha_1 = 1 + 0.1552h - 1.023h^2, \quad \alpha_2 = 1 + 0.2501h_b - 2.501h_b^2$$

$$l_g = \left(\frac{(D+D_b)}{k}\right)^{\frac{1}{4}}, \quad l_b = \left(\frac{D_b}{k}\right)^{\frac{1}{4}}$$

$$D = \frac{E_c h^3}{12(1-\mu_c^2)}, \quad D_b = \frac{E_b h_b^3}{12(1-\mu_b^2)} \quad (9\text{-}22b)$$

$$\lambda = \frac{D_b}{D}$$

式中　P——单轴、双轴或三轴总轴重(kN)；
　　　h，h_b——混凝土面层和基层厚度(cm)；
　　　l_g，l_b——双层板总的相对刚度半径和基层相对刚度半径(m)，按式(9-23)求算；
　　　A，m，n——回归系数，见表 9-3。

表 9-3　　　　　　　　　回归系数 A，m，n 值

轴型	面层			基层		
	A_1	m_1	n_1	A_2	m_2	n_2
单轴-单轮	0.00226	0.624	0.915	0.0021	0.694	0.938
单轴-双轮	0.00159	0.800	0.948	0.00171	0.843	0.943
双轴-双轮	0.000754	0.765	0.928	0.000667	0.804	0.960
三轴-双轮	0.000440	0.495	0.924	0.000386	0.542	0.956

上述回归公式适用于板的相对刚度半径 $l_g = 50 \sim 140$ (cm) 的范围内，其相对误差一般不超过 ±5%；否则，误差要大些。

试验研究发现，荷载作用于板角时，文克勒地基板的有限元解要比半无限地基板更符合实际。

此外，接缝(相邻板之间)具有部分传荷能力以及板边和板角处同地基脱空时板内的应力，不论是文克勒地基假设或是半无限地基假设，均可采用有限元法解算。

9.2.2　温度应力分析

水泥混凝土路面板内不同深度处的温度，随气温的变化而发生变化(图 3-3 和图 3-4)。

这种变化使路面板出现胀缩变形和翘曲变形。当变形受限制时,板内便产生胀缩应力和翘曲应力。

1. 胀缩应力

设有一长度(x 方向)和宽度(y 方向)均很大的板,在整个板温的升降下板内任一点的应变为

$$\left.\begin{aligned}\varepsilon_x &= \frac{1}{E_c}(\sigma_x - \mu_c \sigma_y) + \alpha_c T_d \\ \varepsilon_y &= \frac{1}{E_c}(\sigma_y - \mu_c \sigma_x) + \alpha_c T_d\end{aligned}\right\} \quad (9\text{-}23)$$

式中 α_c——混凝土的线膨胀系数,按材料性质变动于 $0.6 \times 10^{-5} \sim 1.3 \times 10^{-5}/℃$ 之间,通常取用 $1 \times 10^{-5}/℃$;

T_d——板温的升降幅度(℃),升高取正值,降低取负值。

在板的中部,由于板与地基之间摩阻约束,温度升降时板不能移动代入式(9-23),可解得胀缩完全受阻时所产生的应力:

$$\sigma_x = \sigma_y = -\frac{E_c \alpha_c T_d}{1-\mu_c} \quad (9\text{-}24)$$

对于板边缘中部或窄长板(长边平行 x 轴),$\varepsilon_x = 0$ 和 $\sigma_y = 0$,则得

$$\sigma_x = -E_c \alpha_c T_d \quad (9\text{-}25)$$

上述两式中,混凝土弹性模量 E_c 的取值,应考虑应力作用的持续时间。由于混凝土的蠕变效应,其持久弹性模量值仅及标准试验模量值的 $\frac{1}{3} \sim \frac{2}{3}$。

例 9-2 刚浇好的混凝土路面板温度为 30℃,第二天凌晨板温下降为 15℃。如果路面板尚未锯切缩缝,问这时板内会产生多大的收缩应力?

解 取 $E_c = 2.5 \times 10^4$ MPa,$\mu_c = 0.15$,则由式(9-24)得温度应力为

$$\sigma_t = -\frac{2.5 \times 10^4 \times 1 \times 10^{-5}(15-30)}{1-0.15} = 4.41 \text{(MPa)}$$

这时,由于混凝土尚未完全硬化,其抗拉强度不足以抵抗这样大的收缩拉应力,而板将出现收缩裂缝。

例 9-3 混凝土路面板完工时的平均板温为 10℃,该地的最高平均板温约为 45℃。若未设置胀缝,板的膨胀受阻,这时板内会出现多大膨胀应力?

解 因板温变化持续有数月,取 $E_c = 2.5 \times 10^4$ MPa,则由式(9-24)得温度应力为

$$\sigma_t = -\frac{2.5 \times 10^4 \times 1 \times 10^{-5}(45-10)}{1-0.15} = -8.24 \text{(MPa)}$$

此压应力数值 8.24 MPa,远小于混凝土的抗压强度。这是主张混凝土路面板尽量不设胀缝的根据之一。

对于窄长的路面板,约束板长变化的地基摩阻力随板的重量而变,也即同离板自由端的距离 x 成正比,由此产生相应的温度应力(又称摩阻应力)为

$$\sigma_x = \gamma_c f x \tag{9-26}$$

式中 γ_c——混凝土的容重,通常可取 0.024 MN/m³;

　　　　f——板与地基之间的摩擦系数,同板下的基层类型、板的位移情况等因素有关,一般采用 1~2。

摩阻应力的最大值不可能超过板长变化完全受阻时的胀缩应力值。令二者相等,又 T_d 取绝对值,即可得到摩阻应力最大值出现的起始位置 x_0(称为活动区长度):

$$x_0 = \frac{E_c \alpha_c T_d}{\gamma_c f} \tag{9-27}$$

在 x_0 范围内,板温升降时有位移;超出此范围,板长变化完全受阻。

当板长 L 小于 $2x_0$ 时,最大摩阻应力出现在板长的中央,其值可按式(9-28)计算:

$$\sigma_t = \frac{\gamma_c f L}{2} \tag{9-28}$$

为减小胀缩应力,可将路面板划分为有限尺寸的板块。若板长取 6 m,则 σ_t 只有 0.1 MPa左右,可不予考虑。

2. 翘曲应力

由于混凝土板的导热性能较差,当气温变化时,使板顶和板底产生温度差别,而胀缩变形的大小也就不同,引起板的翘曲。当板顶温度高于板底时,板的中部力图隆起,而在受约束后,板底将出现拉应力;反之,当板顶温度低于板底时,则板的四周会翘起,受到约束后板顶将承受拉应力。板的翘曲变形受到来自两方面的约束,见图 9-13。

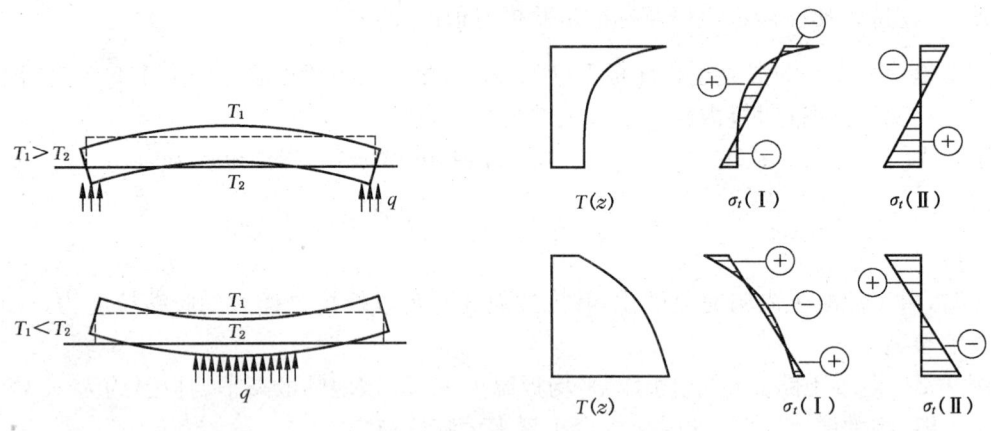

图 9-13 板内不同温度分布时产生的应力分布

一方面是板的截面在翘曲变形后仍保持为平面的倾向,它约束了由于温度沿板截面呈曲线分布而产生的那部分超出平面状态的应变。另一方面是板的自重、地基的反力和相邻板的钳制作用,使部分翘曲变形受阻。因薄板在温度梯度最大时的温度分布接近于直线,由第一方面约束所产生的内应力值较小,有时仅考虑第二方面约束。

为了分析翘曲应力,威斯特卡德首先对文克勒地基板假设:温度沿板厚呈直线变化,板和地基始终保持接触,板的自重忽略不计,从而导出了板仅受地基反力约束时在无限大板中部和窄而无限长板(或短而无限宽板)中部所产生的翘曲应力计算公式;布拉德伯利(R. D. Bradbury)进而提出有限尺寸矩形板板中沿板长 L 和板宽 B 方向的翘曲应力计算公式如下:

$$\left.\begin{array}{l}\sigma_x = \dfrac{E_c \alpha_c T_h}{2}\left(\dfrac{C_x + \mu_c C_y}{1 - \mu_c^2}\right) \\ \sigma_y = \dfrac{E_c \alpha_c T_h}{2}\left(\dfrac{C_y + \mu_c C_x}{1 - \mu_c^2}\right)\end{array}\right\} \tag{9-29}$$

而在板边缘中点的翘曲应力为

$$\sigma_{x(y)} = \dfrac{E_c \alpha_c T_h}{2} C_{x(y)} \tag{9-30}$$

式中 T_h——板顶与板底的温度差(℃);

C_x, C_y——同 L/l 或 B/l 有关的翘曲应力系数,其数值可从图 9-14 中的曲线查取。

半无限地基板的温度翘曲应力,目前尚无解析解。同样,可以用有限元法,采取威斯特卡德计算翘曲应力的假设,对不同参数情况进行大量的计算,并按式(9-29)和式(9-30)的形式加以整理,而得到图 9-14 中的曲线 1 和曲线 2,供分别查取板边中点的翘曲应力系数。

由图 9-14 可知,板的翘曲应力随板长的增加而加大,但板长到一定程度后,应力值差别就不大;而板的相对刚度半径对翘曲应力的影响则相反。

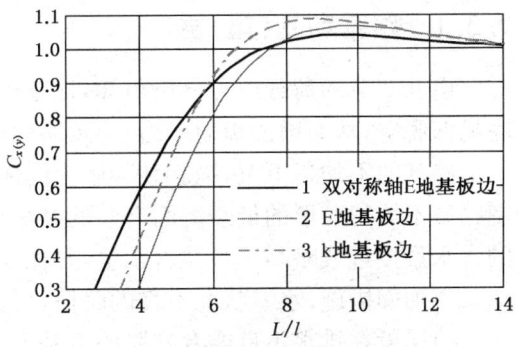

图 9-14 弹性地基板温度翘曲应力系数 $C_x(C_y)$ 和 $D_x(D_y)$ 值图

混凝土路面板内的温度沿截面呈非线性分布(图 3-3)。板较厚时,采用温度沿截面呈线性分布的假设,按板顶与板底温度差确定的温度梯度计算翘曲应力,会得到较大的偏差(图 9-13)。为此,温度翘曲应力的计算中应考虑由于温度非线性分布而板截面保持平面变形所产生的内应力的影响。计入此温度内应力的翘曲应力表达式:

板中部

$$\sigma_x = \dfrac{E_c \alpha_c T_h}{2(1 - \mu_c^2)} D_x \tag{9-31}$$

板边缘中点

$$\sigma_x = \dfrac{E_c \alpha_c T_h}{2} D_x \tag{9-32}$$

式中,D_x 为 x(板长)方向考虑温度沿板厚非线性分布的温度(翘曲)应力系数:

$$D_x = 2.08 C_x \mathrm{e}^{-0.044\,8h} - 0.154(1 - C_x) \tag{9-33}$$

计算板中部时,C_x 以 $\dfrac{C_x + \mu_c C_y}{1 + \mu_c}$ 代替。

由于式(9-33)中已将不同板厚 h(cm)对温度梯度的影响(表3-5)考虑在内,求算板顶与板底的温度差 T_h 时,采用表3-4所列的温度梯度值,就不必再作厚度修正。

上述各式中,将下标 x 与 y 互换,即可得到 y(宽度)方向的温度应力。板边缘中点时,式(9-33)可绘制成图9-14所示的曲线,以便查用。

分析研究表明,温度梯度作用引起板翘曲后,一部分板有可能同地基脱离接触,而使翘曲应力减小。但这种脱空现象会由于同时承受轮载作用而部分消失,并且由自重约束而增加的翘曲应力又可适当地与剩余脱空现象相抵消。因此,在一般计算温度翘曲应力时,可免去考虑板的自重约束和地基部分脱空的影响,而不致于产生过大的误差。

9.3 结构层组合设计和要求

水泥混凝土路面的结构层组合,主要应考虑交通等级、气候因素、路基条件和材料情况等。它具有同柔性路面不同的特点。

9.3.1 路基和基(垫)层

由9.2节的荷载应力分析可知,地基出现过量的塑性变形,特别是不均匀变形,会使板底局部脱空,从而增加板的应力,导致路面提早破坏。

路基的不均匀下沉、冻胀和膨胀土的体积变化,是引起地基支承不一致的主要因素。限制路基不均匀变形的最经济而有效的办法是:对不同性质的土应遵守填筑规则;控制压实时的含水量接近或略高于最佳含水量,并保证压实度达到要求;加强路基排水;对于湿软路基,应采用加固措施;水温状况不良的路段,可设置垫层。

垫层设在排水不良或有冻胀的土基上,以改善路基的水温状况,提高混凝土路面的结构强度及抗冻胀能力,减小路基顶面的应力和变形。此外,垫层还能阻止路基土挤入基层中,以保证路面结构的稳定性。

在季节性冰冻地区,当路面结构的总厚度小于表9-4规定的最小值时,其差值应设置垫层补足。

表9-4　　　　　水泥混凝土路面最小防冻厚度　　　　　单位:cm

路基干湿类型	路基土质	设计年限内最大道路冻深/cm			
		50～100	100～150	150～200	>200
中湿	黏性土、细亚砂土	30～50	40～60	50～70	60～95
	粉性土	40～60	50～70	60～85	70～110
潮湿	黏性土、细亚砂土	40～60	50～70	60～90	75～120
	粉性土	45～70	55～80	70～100	80～130

注:1. 道路冻深,可根据气象部门提供的当地田野土观测冻深加0.3～0.5 m确定。
　　2. 冻深小或填方路段,或基、垫层为隔温性能良好的材料,可采用低值;冻深大或挖方及地下水位高的路段,或基、垫层为隔温性能稍差的材料,应采用高值。
　　3. 冻深小于50 cm的地区,一般不考虑防冻厚度;过湿路段必须处理后,可按潮湿路段考虑。

垫层应具有一定的强度和良好的水稳性,在冰冻地区尚需具有较好的抗冻性(隔温性能)。垫层材料以就地取材为原则,一般采用颗粒材料,如粗砂、砂砾、炉渣等。

基层是保证路面板具有均匀而稳定的支承、防止唧泥和错台、延长路面使用寿命的重害层次,又能为混凝土板施工(如立模、运送混凝土混合料等)提供方便。

对基层的基本要求是:具有足够的刚度和稳定性,且断面正确、表面平整。试验研究表明,与未处治的砂砾基层相比,用少量(4%)水泥稳定砂砾的基层,在经受荷载重复作用 $4.5×10^5$ 次(并扩展到 $1×10^6$ 次)后,并未出现可量测到的塑性变形(图 9-15),又能提高接缝处相邻板的荷载传递能力及其耐久性(图 9-16),还具有良好的耐冲蚀能力,从而减少或消除错台和唧泥现象的出现。因此,交通繁重的道路应选用贫混凝土、沥青混合料、水泥稳定土或石灰稳定工业废渣等耐冲蚀材料做混凝土路面的基层。中等和轻交通的道路,还可采用开级配碎、砾石等透水基层(能自流排水),或石灰稳定土基层;但过湿路段和冰冻地区的潮湿路段不宜采用石灰土做基层。

为满足施工需要,以及保证混凝土板边缘的强度和稳定性,基层的宽度应比混凝土面板每侧宽出 25～35 cm(采用小型机具或轨模式摊铺机施工)或 50～60 cm(采用滑模式摊铺机施工),或与路基同宽。

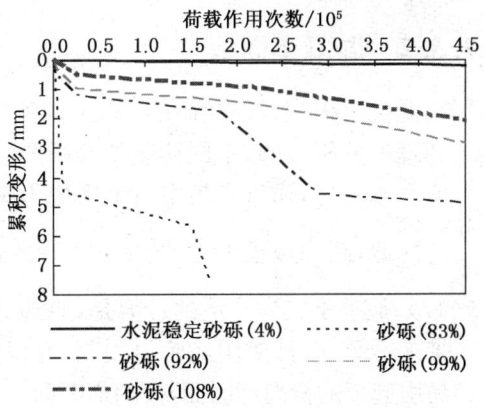

图 9-15 重复荷载作用下基层的累积变形
(砂砾基层曲线上数字为密实度系数)

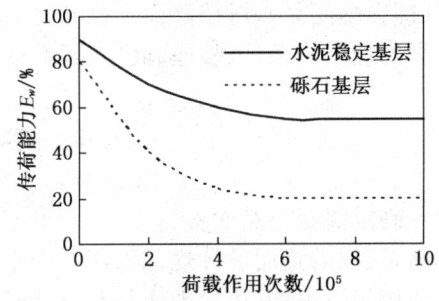

图 9-16 基层类型对接缝传荷能力的影响

($E_w = \dfrac{2W_1}{W_1+W_2}\%$,$W_1$,$W_2$ 为相应未受荷和受荷板的挠度;面层厚 22.86 cm,基层厚 15 cm,缝隙宽 1.65 mm)

根据经验和研究分析,为了保证混凝土路面板的使用性能和寿命,基层顶面(地基)的当量回弹模量 E_t 值不应低于表 9-5 的规定,以限制板的挠度量和板底脱离现象。按此要求,可计算确定基层(或补强层)的厚度。新建道路时,基层的最小厚度一般为 15 cm;原有柔性路面上铺筑混凝土板时,设置补强层的最小厚度随采用的材料而异:碎、砾石材料为 8 cm,水泥或石灰稳定类材料为 10 cm。对于符合 E_t 要求的原有道路或岩石路基,则应根据需要设置整平层,其厚度一般为 6～10 cm。

表 9-5   水泥混凝土路面的交通分级和有关技术要求

交通等级	标准轴载作用次数 N_s/(次/d)	设计使用年限 t/a	面板厚度/cm	混凝土设计弯拉强度 f_r/MPa	基层顶面当量回弹模量 E_t/MPa
特重	>1 500	30	>25	5.5	120
重	200～1 500	30	23～25	5.0	100
中等	5～200	20	21～23	4.5	80
轻	≤5	20	<21	4.0	60

注:1. N_s 系按使用初期的日交通量换算成设计车道 BZZ-100 的轴次。
2. h 为初估板厚;f_r 和 E_t 均为最低要求值。

9.3.2 混凝土面板

混凝土板应具有较高的强度(表 9-5),表面平整、耐磨和抗滑。

理论分析表明,不同荷载位置所产生的板内最大应力值并不一样,作用于板中时最大应力值仅为板边时的 $\frac{2}{3}$。因此,路面板横断面采用中间薄两边厚的型式(图 9-17),似乎是较为经济的。但是,厚边式路面板将给施工带来不便;而且使用经验也表明,在厚度变化转折处,容易引起板的折裂。因而,板的横断面一般采用等厚式。

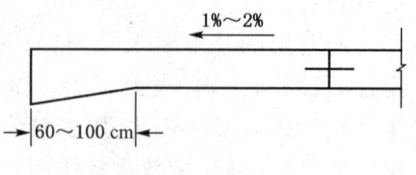

图 9-17 厚边式断面

混凝土板所需的厚度,按路上交通的繁重程度,由应力计算确定;作为初步估算,普通混凝土面板可参考表 9-5 所列的经验厚度,其最小厚度为 18 cm。

为了减小温度应力,常把混凝土面板划分成有限尺寸的矩形板。普通混凝土路面的板宽(即纵缝间距),可按路面宽度和每个车道宽度而定,最大为 4.5 m;板长(即横缝间距)应根据当地气候条件、板厚和已有经验确定,一般采用 4~5 m,但不得超过 6 m。

9.4 路面结构厚度的确定

确定混凝土路面板厚及其平面尺寸的方法有很多种,所依据的设计标准也不尽相同。目前,我国的路面设计规范采用弹性半无限地基板理论和有限元法计算板内弯拉应力,以设计使用年限末期,板出现疲劳开裂(断裂)作为路面结构的临界损坏状态,按照等效原则换算为标准轴载的累计次数来考虑荷载的重复作用影响。

下面介绍考虑行车荷载应力和温度翘曲应力综合疲劳作用的普通混凝土路面板尺寸的确定方法。

9.4.1 交通分析

1. 轴载换算

在水泥混凝土路面设计时,以双轮组单轴轴载 100 kN(BZZ-100)作为标准轴载。

根据有限元法的荷载应力计算公式(回归方程)和室内小梁试验的疲劳方程(采用双对数形式的荷载应力和温度应力综合作用的疲劳方程),可推得各级轴载的等效换算系数:

$$k_{p,ij} = \delta_{ij} \left(\frac{P_{ij}}{P_s} \right)^{16} \tag{9-34}$$

式中 $k_{p,ij}$——各种轴型 i 不同轴载级位 j 的设计轴载当量换算系数;

P_{ij}——i 种轴型 j 级轴载的轴重(kN);

P_s——设计轴载的轴重(kN);

δ_{ij}——i 种轴型 j 级轴载的轴-轮型系数,计算式见(9-35)。

$$\begin{aligned}
\delta_{ij} &= 2.22 \times 10^3 P_{ij}^{-0.43} & \text{单轴-单轮} \\
\delta_{ij} &= 1 & \text{单轴-双轮} \\
\delta_{ij} &= 1.07 \times 10^{-5} P_{ij}^{-0.22} & \text{双轴-双轮} \\
\delta_{ij} &= 2.24 \times 10^{-8} P_{ij}^{-0.22} & \text{三轴-双轮}
\end{aligned} \tag{9-35}$$

小于等于 40 kN(单轴)以及 80 kN(双轴)的轴载,可略去不计。

2. 交通分级

混凝土路面承受的交通,按使用初期(道路竣工通车后第一年)设计车道每日通过的标准轴载次数 N_s(次/d),可分为特重、重、中等及轻四级(表9-5),以便相应提出不同的技术要求。

设计车道为车行道内承受交通最繁重的一个车道。设计车道日交通量系由路段日交通量(断面交通量)乘以(行驶)方向不均匀(分配)系数和车道不均匀(分配)系数得到的。再按轴载组成,就可计算各级轴载 P_i(kN)的次数 N_s(次/d),经过换算和累加,即得

$$N_s = \sum_{i=1}^{n} k_{p,ij} N_i = \sum_{i=1}^{n} \delta_{ij} N_i (P_i/100)^{16} \tag{9-36}$$

3. 累计作用次数

设计使用年限内标准轴载(在所求荷位处)的累计作用次数 N_e,可按下式确定:

$$N_e = \frac{[(1+\gamma)^t - 1] \times 365}{\gamma} \eta N_s \tag{9-37}$$

式中 t——设计使用年限,一般以大修或加铺的期限计,视交通等级和经济条件而定,见表9-5;

γ——交通量的平均年增长率,由调查确定;

η——车轮轮迹横向分布系数(以车道交通量为基数),可按表9-6选用。

表 9-6　　　　　　　　　　　轮迹横向分布系数 η

公路等级		纵缝边缘处
高速公路、一级公路、收费站		0.17～0.22
二级及二级以下公路	行车道宽>7 m	0.34～0.39
	行车道宽≤7 m	0.54～0.62

注:车道或行车道窄或者交通量较大,取高值;反之,取低值。

9.4.2　荷载疲劳应力分析

1. 临界荷位

为简化计算工作,通常选取使路面板产生最大应力、最大挠度或最大疲劳损坏的一个荷载位置作为临界荷位;现行设计方法采用疲劳断裂作为设计标准,因而选用使路面板产生最大疲劳损耗的位置,作为应力计算时的临界荷位。

利用混凝土的疲劳方程,考虑轮迹横向分布的影响,分析具有不同接缝传荷能力的路面板在各种荷位的疲劳损耗,可得出不同接缝情况下的临界荷位,如表9-7所示。

表 9-7　　　　　　　　　　　各类接缝情况的临界荷位

纵边＼横边	假缝设传力杆	假缝不设传力杆	自由边
企口缝加拉杆	纵边/纵边	横边/纵边	横边/横边
平缝加拉杆	纵边/纵边	纵边/纵边	横边/纵边
自由边	纵边/纵边	纵边/纵边	横边*/纵边

注:1. 表中分子为仅考虑荷载应力疲劳损耗的情况,分母为考虑荷载和温度应力综合疲劳损耗的情况。

　　2. *属于分向行驶的情况;不分向行驶时,临界荷位在纵边。

由表 9-7 可知,在荷载应力和温度应力综合疲劳作用下,除纵缝为企口加拉杆型和横缝为不计传荷能力的假缝(当作自由边处理),其临界荷位出现在横缝边缘中部外,其余情况均应选取纵缝边缘中部作为临界荷位。

2. 材料参数

计算路面板的应力时,须事先确定混凝土和地基的模量值;求得的应力值,还要与混凝土的设计强度作比较。

(1) 混凝土弯拉强度和弹性模量

混凝土的设计强度以龄期 28 d 的弯拉强度(在尺寸为 15 cm×15 cm×55 cm 的梁式试件上采用三分点加荷试验确定)为准。设计弯拉强度 f_r 不得低于表 9-5 的规定。当混凝土浇筑后 90 d 内不开放交通时,可采用 90 d 龄期的强度,其值一般可取 28 d 龄期强度的 1.1 倍。

混凝土弯拉弹性模量 E_c 以试验实测为宜。如无条件,可按弯拉强度 f_r 参照表 9-8 选用。

表 9-8 混凝土的强度和弹性模量

弯拉强度 f_r/MPa	4.0	4.5	5.0	5.5
弯拉弹性模量 E_c/GPa	27	29	31	33

(2) 地基回弹模量

新建公路基层(或底基层)顶面当量回弹模量 E_t 按式(9-38a)计算。

$$E_t = \left(\frac{E_x}{E_0}\right)^a E_0 \qquad (9\text{-}38a)$$

$$a = 0.86 + 0.26 \ln h_x \qquad (9\text{-}38b)$$

$$E_x = \sum_{i=1}^{n} h_i^2 E_i \Big/ \sum_{i=1}^{n} h_i^2 \qquad (9\text{-}38c)$$

$$h_x = \sum_{i=1}^{n} h_i \qquad (9\text{-}38d)$$

式中 E_0——路床回弹模量(MPa);

a——与基层、底基层及垫层的当量厚度 h_x 有关的回归系数;

E_x——基层、底基层及垫层的当量回弹模量(MPa);

h_x——基层、底基层及垫层的当量厚度(m);

n——基层、底基层及垫层的总层数;

E_i, h_i——第 i 结构层的回弹模量(MPa)与厚度(m)。

在旧柔性路面上铺筑水泥混凝土面层时,原柔性路面顶面的当量回弹模量可根据落锤式弯沉仪(荷载 50 kN、承载板半径 150 mm)的中心点弯沉的测定结果按式(9-39a),或根据贝克曼梁(后轴重 100 kN 的车辆)的弯沉的测定结果按式(9-39b)计算确定。

$$E_t = 18\ 621/w_0 \qquad (9\text{-}39a)$$

$$E_t = 13\ 739 w_0^{-1.04} \qquad (9\text{-}39b)$$

$$w_0 = \overline{w} + 1.04\sigma_w \tag{9-39c}$$

式中 w_0——路段代表弯沉值(0.01 mm),式(9-39c)计算;
$\overline{w}$——路段弯沉平均值(0.01 mm);
σ_w——路段弯沉的均方差(0.01 mm)。

3. 荷载疲劳应力

考虑行车荷载重复作用疲劳损耗的荷载应力,简称荷载疲劳应力(σ_{pr}),其公式如下:

$$\sigma_{pr} = k_c k_r k_f \sigma_{ps} \tag{9-40}$$

式中 σ_{ps}——标准轴载(BZZ-100)在四边自由板临界荷位处产生的荷载应力;
k_r——考虑接缝传荷能力的应力折减系数。规范规定,纵缝为设拉杆的企口缝,$k_r = 0.76 \sim 0.84$;设拉杆的平缝或缩缝,$k_r = 0.87 \sim 0.92$(刚性和半刚性基层取低值,柔性基层取高值);不设拉杆的平缝或自由边,$k_r = 1.0$;
k_f——考虑设计使用年限内标准轴载累计作用次数 N_e 的疲劳应力系数,可按式(9-41)确定。

$$k_f = N_e^v \tag{9-41a}$$

$$v = 0.053 - 0.017\rho_f \frac{l_f}{d_f} \tag{9-41b}$$

式中 N_e——设计基准期内标准轴载累计作用次数;
v——材料疲劳指数,普通混凝土、钢筋混凝土、连续配筋混凝土:$v = 0.057$;碾压混凝土和贫混凝土:$v = 0.065$;钢纤维混凝土,按式(9-41b)计算;
ρ_f——钢纤维的体积率(%);
l_f——钢纤维的长度(mm);
d_f——钢纤维的直径(mm)。
k_c——考虑路面疲劳损坏影响的综合系数,按公路等级查表 9-9 确定。

表 9-9　　　　　　　　　综合系数 k_c

公路等级	高速公路	一级公路	二级公路	三、四级公路
k_c	1.15	1.10	1.05	1.00

(1) 单层板

标准轴载(BZZ-100)在四边自由板临界荷位处产生的荷载应力 σ_{ps} 为

$$\sigma_{ps} = 1.47 \times 10^{-3} l^{0.70} h^{-2} P_s^{0.94} \tag{9-42a}$$

$$l = 1.21 \left(\frac{D_c}{E_t}\right)^{1/3} \tag{9-42b}$$

$$D_c = \frac{E_c h^3}{12(1 - \mu_c^2)} \tag{9-42c}$$

式中 P_s——设计轴载的单轴重(kN);
h, E_c, μ_c——混凝土面层板的厚度(m)、弯拉弹性模量(MPa)和泊松比;

l——混凝土面层板的相对刚度半径(m)，按式(9-42b)计算；

D_c——混凝土面层板的截面抗弯刚度(MN·m)，按式(9-42c)计算；

E_t——基层顶面当量回弹模量(MPa)。

最重轴载产生的混凝土面层板最大荷载应力按式(9-43)计算。其中，考虑接缝传荷能力的应力折减系数 k_r 和综合系数 k_c 与疲劳荷载应力的相同；最重轴载在四边自由板临界荷位处产生的最大荷载应力按式(9-42a)计算，其中的设计轴载 P_s 改为最重轴载 P_m(以单轴计，kN)。

$$\sigma_{p.\max} = k_r k_c \sigma_{p_m} \tag{9-43}$$

式中 $\sigma_{p.\max}$——最重轴载 P_m 产生的混凝土面层板最大荷载应力(MPa)；

σ_{p_m}——最重轴载 P_m 在四边自由板临界荷位处产生的最大荷载应力(MPa)。

(2) 双层板

混凝土面层板的荷载疲劳应力 σ_{pr} 按式(9-41)计算，其中，荷载疲劳应力系数 k_f、应力折减系数 k_r 和综合系数 k_c 的确定方法，与单层混凝土板的相同。设计轴载 P_s 在临界荷位处产生的混凝土面层板荷载应力 σ_{ps} 按式(9-44a)确定。

$$\sigma_{ps} = \frac{1.37 \times 10^{-3}}{1 + D_b/D_c} l_g^{0.65} h^{-2} P_s^{0.94} \tag{9-44a}$$

$$D_b = \frac{E_b h_b^3}{12(1 - \mu_b^2)} \tag{9-44b}$$

$$l_g = l\,(1 + D_b/D_c)^{1/3} \tag{9-44c}$$

式中 D_b——基层板的截面抗弯刚度(MN·m)，按式(9-44b)计算；

h_b, E_b, μ_b——基层板的厚度(m)、弯拉弹性模量(MPa)和泊松比；

l_g——双层板的总相对刚度半径(m)，按式(9-44c)计算。

碾压混凝土、贫混凝土基层板荷载疲劳应力按式(9-45a)计算，其中，疲劳应力系数 k_f 按式(9-41a)计算，材料疲劳指数 $v = 0.065$；综合系数 k_c 同面层板的。设计轴载 P_s 在临界荷位处产生的基层板荷载应力按式(9-45b)计算。

$$\sigma_{prb} = k_f k_c \sigma_{psb} \tag{9-45a}$$

$$\sigma_{psb} = \frac{1.41 \times 10^{-3}}{1 + D_c/D_b} l_g^{0.68} h_b^{-2} P_s^{0.94} \tag{9-45b}$$

式中 σ_{prb}——基层板的荷载疲劳应力(MPa)。

σ_{psb}——设计轴载 P_s 在临界荷位处产生的基层板荷载应力(MPa)。

最重轴载产生的面层板最大荷载应力按式(9-44)计算，其中，应力折减系数 k_r 和综合系数 k_c 与疲劳荷载应力的相同；四边自由板的最大荷载应力 σ_{p_m} 按式(9-44a)计算，将设计轴载 P_s 改为最重轴载 P_m 即可。

4. 温度疲劳应力分析

混凝土路面板内的温度梯度经历着周期性的日变化和年变化。为此，采用考虑荷载应力累计疲劳损耗相同的方法，将所承受的反复变化的温度翘曲应力等效地转换成温度疲劳

应力 σ_{tr}：

(1) 单层板

临界荷位处的混凝土面层板温度疲劳应力按式(9-46)计算。

$$\sigma_{tr} = k_t \sigma_{t.\max} \tag{9-46}$$

式中 σ_{tr} ——临界荷位处的混凝土面层板温度疲劳应力(MPa)；

$\sigma_{t.\max}$ ——最大温度梯度时混凝土面层板最大温度应力(MPa)，按式(9-47)计算；

k_t ——考虑温度应力累计疲劳作用的温度疲劳应力系数。

最大温度梯度时混凝土面层板最大温度应力 $\sigma_{t.\max}$ 按式(9-47)计算。

$$\sigma_{t.\max} = \frac{\alpha_c E_c h T_g}{2} B_L \tag{9-47}$$

式中 α_c ——混凝土的线膨胀系数；

T_g ——公路所在地50年一遇的最大温度梯度；

B_L ——综合温度翘曲应力和内应力的温度应力系数，按式(9-48)计算。

综合温度翘曲应力和内应力的温度应力系数 B_L 按式(9-48a)计算。

$$B_L = 1.77 e^{-4.48h} C_L - 0.131(1-C_L) \tag{9-48a}$$

$$C_L = 1 - H\left(\frac{L}{3l}\right), \quad t = \frac{L}{3l} \tag{9-48b}$$

$$H(t) = \frac{\sinh(t)\cos t + \cosh(t)\sin t}{\cos t \sin t + \sinh(t)\cosh(t)} \tag{9-48c}$$

式中 C_L ——混凝土面层板的温度翘曲应力系数，按式(9-48b)计算；

$H(\cdot)$ ——式(9-48c)所示函数；

L ——混凝土路面板的横缝间距，即板长(m)。

温度疲劳应力系数 k_t 按式(9-49)计算。

$$k_t = \frac{f_r}{\sigma_{t.\max}}\left[a\left(\frac{\sigma_{t.\max}}{f_r}\right)^c - b\right] \tag{9-49}$$

式中，a，b 和 c 为回归系数，按所在地区的公路自然区划查表9-10确定。

表9-10　　　　　　　　　　回归系数 a，b 和 c

系数	公路自然区划					
	Ⅱ	Ⅲ	Ⅳ	Ⅴ	Ⅵ	Ⅶ
a	0.828	0.855	0.841	0.871	0.837	0.834
b	0.041	0.041	0.058	0.071	0.038	0.052
c	1.323	1.355	1.323	1.287	1.382	1.270

(2) 双层板

双层混凝土板上层的温度疲劳应力 σ_{tr}、最大温度翘曲应力 $\sigma_{t.\max}$、综合温度翘曲应力和内应力作用的温度应力系数 B_L 的计算式与单层板的相同，分别按式(9-46)、式(9-47)、(式

9-48)计算,式(9-48)中的温度翘曲应力系数 C_L 按式(9-50)计算。

混凝土面层板的温度翘曲应力系数 C_L 按式(9-50a)计算。

$$C_L = 1 - \frac{H(L/3l_g)}{1+\xi} \tag{9-50a}$$

$$\xi = -\frac{(k_v l_g^4 - D_c)l_\beta^3}{(k_v l_\beta^4 - D_c)l_g^3} \tag{9-50b}$$

$$l_\beta = \left(\frac{D_c D_b}{(D_c + D_b)k_v}\right)^{\frac{1}{4}} \tag{9-50c}$$

$$k_v = \frac{1}{2}\left(\frac{h}{E_c} + \frac{h_b}{E_b}\right)^{-1} \tag{9-50d}$$

式中 ξ——与双层板结构有关的参数,按式(9-50b)计算;
l_β——层间接触状况参数(m),按式(9-50c)计算;
k_v——面层与基层之间竖向接触刚度,基层上不设沥青混凝土夹层时按式(9-50d)计算,设沥青混凝土夹层时,k_v 取 3 000 MPa/m。

9.4.3 混凝土板尺寸检验

为了控制由荷载应力和温度应力综合疲劳作用所产生的断裂,这就要求荷载疲劳应力和温度疲劳应力的叠加值不超过混凝土的抗弯拉强度,也即

$$\gamma_r(\sigma_{pr} + \sigma_{tr}) \leqslant f_r \tag{9-51a}$$

$$\gamma_r(\sigma_{p \cdot \max} + \sigma_{t \cdot \max}) \leqslant f_r \tag{9-51b}$$

式中 γ_r——可靠度系数,依据所选目标可靠度及变异水平等级按表 9-11 确定;
$\sigma_{p,\max}$——最重的轴载在临界荷位处产生的最大荷载应力(MPa);
$\sigma_{t,\max}$——所在地区最大温度梯度在临界荷位处产生的最大温度翘曲应力(MPa)。

表 9-11 可靠度系数

变异水平等级	目标可靠度/%			
	95	90	85	80~70
低	1.20~1.33	1.09~1.16	1.04~1.08	—
中	1.33~1.50	1.16~1.23	1.08~1.13	1.04~1.07
高	—	1.23~1.33	1.13~1.18	1.07~1.11

注:变异系数在表 9-11 所示的变化范围的下限时,可靠度系数取低值;上限时,取高值。

通常,采用试算法来确定板的尺寸,并设定一个容许误差范围。

例 9-4 公路自然区划Ⅱ区拟新建一条二级公路,路面宽 7 m,路基为黏质土,当地的粗集料以花岗岩为主。拟采用普通混凝土路面。经交通调查得知,设计轴载(标准轴载)$P_s = 100$ kN,最重轴载 $P_m = 150$ kN,设计车道使用初期的标准轴载日作用次数为 100。

(1)交通分析

查现行规范可知,二级公路的设计基准期为 20 年,安全等级为三级。查表 9-6,临界荷

位处的车辆轮迹横向分布系数取 0.62。取交通量年平均增长率为 5%。按式(9-37)计算得到设计基准期内设计车道标准荷载累计作用次数：

$$N_e = \frac{N_s \times [(1+g_r)^t - 1] \times 365}{g_r} \times \eta$$

$$= \frac{100 \times [(1+0.05)^{20} - 1] \times 365}{0.05} \times 0.62$$

$$= 74.8 \times 10^4 \text{ 次}$$

查现行规范可知，属中等交通荷载等级。

(2) 初拟路面结构

相应于安全等级三级的变异水平等级为中级。根据现行规范二级公路、中等交通荷载等级和中级变异水平，初拟普通混凝土面层厚度为 0.23 m，基层选用级配碎石，厚 0.20 m。普通混凝土板的平面尺寸为 4.5 m×3.5 m，纵缝为设拉杆平缝，横缝为不设传力杆的假缝，路肩为与路面板等厚的混凝土并设拉杆与路面板相连。

(3) 路面材料参数确定

取普通混凝土面层的弯拉强度标准值为 4.5 MPa，相应弯拉弹性模量与泊松比为 29 GPa、0.15。粗集料为花岗岩混凝土的热膨胀系数 $\alpha_c = 10 \times 10^{-6}/\text{℃}$。

路基回弹模量取 60 MPa。级配碎石基层回弹模量取 300 MPa。级配碎石基层顶面当量回弹模量计算如下：

$$E_x = \sum_{i=1}^{n} h_i^2 E_i \bigg/ \sum_{i=1}^{n} h_i^2 = \frac{h_1^2 E_1}{h_1^2} = 300 \text{ MPa}$$

$$h_x = \sum_{i=1}^{n} h_i = h_1 = 0.20 \text{ m}$$

$$a = 0.26\ln(h_x) + 0.86 = 0.26 \times \ln(0.20) + 0.86 = 0.442$$

$$E_t = \left(\frac{E_x}{E_0}\right)^a E_0 = \left(\frac{300}{60}\right)^{0.442} \times 60 = 122.1 \text{ MPa}$$

基层顶面当量回弹模量 E_t 取 120 MPa。

普通混凝土面层的抗弯刚度 D_c、相对刚度半径 r 按下式计算：

$$D_c = \frac{E_c h^3}{12(1-\mu_c^2)} = \frac{29\,000 \times 0.23^3}{12 \times (1-0.15^2)} = 30.1 \text{ MN} \cdot \text{m}$$

$$l = 1.21 \left(\frac{D_c}{E_t}\right)^{1/3} = 1.21 \times \left(\frac{30.1}{120}\right)^{1/3} = 0.763 \text{ m}$$

(4) 荷载应力

标准轴载和最重荷载在临界荷位处产生的荷载应力：

$$\sigma_{ps} = 1.47 \times 10^{-3} l^{0.70} h^{-2} P_s^{0.94}$$

$$= 1.47 \times 10^{-3} \times 0.763^{0.70} \times 0.23^{-2} \times 100^{0.94}$$

$$= 1.744 \text{ MPa}$$

$$\sigma_{p_m} = 1.47 \times 10^{-3} l^{0.70} h^{-2} P_m^{0.94}$$
$$= 1.47 \times 10^{-3} \times 0.763^{0.70} \times 0.23^{-2} \times 150^{0.94}$$
$$= 2.554 \text{ MPa}$$

荷载疲劳应力、最大荷载应力计算为

$$\sigma_{pr} = k_r k_f k_c \sigma_{ps} = 0.87 \times 2.162 \times 1.10 \times 1.744 = 3.61 \text{ MPa}$$
$$\sigma_{p.\max} = k_r k_c \sigma_{p_m} = 0.87 \times 1.10 \times 2.554 = 2.44 \text{ MPa}$$

其中,接缝传荷能力的应力折减系数 $k_r = 0.87$;

疲劳应力系数 $k_f = N_e^v = (74.8 \times 10^4)^{0.057} = 2.162$;

综合系数 $k_c = 1.10$。

(5) 温度应力

查现行规范相应图表,最大温度梯度取 88(℃/m)。计算综合温度翘曲应力和内应力的温度应力系数 B_L:

$$H\left(\frac{L}{3l}\right) = \frac{\sinh(1.966)\cos(1.966) + \cosh(1.966)\sin(1.966)}{\cos(1.966)\sin(1.966) + \sinh(1.966)\cosh(1.966)} = 0.162$$

$$C_L = 1 - H(t) = 1 - 0.162 = 0.838$$

$$B_L = 1.77 e^{-4.48h} \times C_L - 0.131(1 - C_L)$$
$$= 1.77 e^{-4.48 \times 0.23} \times 0.838 - 0.131 \times (1 - 0.838) = 0.508$$

最大温度应力:

$$\sigma_{t.\max} = \frac{\alpha_c E_c h T_g}{2} B_L = \frac{10^{-5} \times 29\,000 \times 0.23 \times 88}{2} \times 0.508 = 1.49 \text{ MPa}$$

温度疲劳应力系数 k_t:

$$k_t = \frac{f_r}{\sigma_{t.\max}}\left[a\left(\frac{\sigma_{t.\max}}{f_r}\right)^c - b\right] = \frac{4.5}{1.491}\left[0.828 \times \left(\frac{1.491}{4.5}\right)^{1.323} - 0.041\right] = 0.46$$

温度疲劳应力:

$$\sigma_{tr} = k_t \sigma_{t.\max} = 0.46 \times 1.49 = 0.69 \text{ MPa}$$

(6) 结构极限状态校核

二级公路、中等变异水平条件下的可靠度系数 γ_r 取 1.10。

校核路面结构极限状态是否满足要求:

$$\gamma_r(\sigma_{pr} + \sigma_{tr}) = 1.10 \times (3.61 + 0.69) = 4.73 > f_r = 4.5 \text{ MPa}$$
$$\gamma_r(\sigma_{p.\max} + \sigma_{t.\max}) = 1.10 \times (2.44 + 1.49) = 4.32 \leqslant f_r = 4.5 \text{ MPa}$$

显然,初拟的路面结构不能满足要求。将混凝土面层厚度增至 0.24 m。重复以上计算,得到荷载疲劳应力 $\sigma_{pr} = 3.41$ MPa,最大荷载应力 $\sigma_{p.\max} = 2.31$ MPa,最大温度应力: $\sigma_{t.\max} = 1.38$ MPa,温度疲劳应力 $\sigma_{tr} = 0.59$ MPa,然后再进行结构极限状态验算:

$$\gamma_r(\sigma_{pr}+\sigma_{tr})=1.10\times(3.41+0.59)=4.40\leqslant f_r=4.5$$
$$\gamma_r(\sigma_{p.\max}+\sigma_{t.\max})=1.10\times(2.31+1.38)=4.06\leqslant f_r=4.5$$

满足结构极限状态要求,普通混凝土面层厚度(0.24 m)可以承受设计基准期内设计轴载荷载应力和温度应力的综合疲劳作用,以及最重轴载在最大温度梯度时的一次作用。

例 9-5 公路自然区划Ⅳ区新建一条一级公路,路基土为黏土,当地粗集料以砾石为主。拟采用普通混凝土面层,基层采用水泥稳定砂砾。经交通调查分析得知,设计轴载(标准轴载)$P_s=100$ kN,最重轴载 $P_m=200$ kN,设计车道使用初期标准轴载日作用次数为 3 200。

(1) 交通分析

一级公路的设计基准期为 30 年,安全等级为二级。查表 9-6,临界荷位处的车辆轮迹横向分布系数取 0.22。取交通量年平均增长率为 5%。计算设计基准期内设计车道标准荷载累计作用次数:

$$N_e=\frac{N_s\times[(1+g_r)^t-1]\times 365}{g_r}\times\eta$$
$$=\frac{3\ 200\times[(1+0.05)^{30}-1]\times 365}{0.05}\times 0.22$$
$$=1\ 710\times 10^4\ 次$$

属重交通荷载等级。

(2) 初拟路面结构

施工变异水平等级取低。根据一级公路重交通荷载等级和低变异水平等级,初拟普通混凝土面层厚度为 0.26 m,水泥稳定砂砾基层 0.20 m,底基层选用级配砾石,厚 0.18 m。单向路幅宽度为 2×3.75 m(行车道)$+2.75$ m(硬路肩),行车道水泥混凝土面层板平面尺寸取 5.0 m$\times$3.75 m,纵缝为设拉杆平缝,横缝为设传力杆的假缝。硬路肩采用与行车道等厚混凝土并设拉杆与行车道板相连。

(3) 路面材料参数确定

取普通混凝土面层的弯拉强度标准值为 5.0 MPa,相应弯拉弹性模量与泊松比为 31 GPa、0.15。砾石粗集料的混凝土的热膨胀系数 $\alpha_c=11\times 10^{-6}$ 1/℃。

路基土回弹模量取 80 MPa。水泥稳定砂砾基层回弹模量取 2 000 MPa,泊松比取 0.20,级配砾石底基层回弹模量取 250 MPa,泊松比取 0.35。

底基层顶面当量回弹模量为

$$E_x=\sum_{i=1}^n h_i^2 E_i\bigg/\sum_{i=1}^n h_i^2=\frac{h_1^2 E_1}{h_1^2}=250\ \text{MPa}$$

$$h_x=\sum_{i=1}^n h_i=h_1=0.18\ \text{m}$$

$$a=0.26\ln(h_x)+0.86=0.26\times\ln(0.18)+0.86=0.414$$

$$E_t=\left(\frac{E_x}{E_0}\right)^a E_0=\left(\frac{250}{80}\right)^{0.414}\times 80=128.2\ \text{MPa}$$

底基层顶面当量回弹模量 E_t 取 125(MPa)。

混凝土面层板的弯曲刚度 D_c、半刚性基层板的弯曲刚度 D_b、路面结构总相对刚度半径 l_g 为

$$D_c = \frac{E_c h^3}{12(1-\mu_c^2)} = \frac{31\,000 \times 0.26^3}{12 \times (1-0.15^2)} = 46.4 \text{ MN·m}$$

$$D_b = \frac{E_b h_b^3}{12(1-\mu_b^2)} = \frac{2\,000 \times 0.20^3}{12 \times (1-0.20^2)} = 1.39 \text{ MN·m}$$

$$l = 1.21 \left(\frac{D_c}{E_t}\right)^{1/3} = 1.21 \times \left(\frac{46.4}{125}\right)^{1/3} = 0.870 \text{ m}$$

$$l_g = l \left(1 + \frac{D_b}{D_c}\right)^{1/3} = 0.870 \times \left(1 + \frac{1.39}{46.4}\right)^{1/3} = 0.879 \text{ m}$$

(4) 荷载应力

标准轴载和极限荷载在临界荷位处产生的荷载应力为

$$\sigma_{ps} = \frac{1.37 \times 10^{-3}}{1+D_b/D_c} l_g^{0.65} h^{-2} P_s^{0.94} = \frac{1.37 \times 10^{-3}}{1+1.39/46.4} \times 0.879^{0.65}\, 0.26^{-2} \times 100^{0.94}$$

$$= 1.373 \text{ MPa}$$

$$\sigma_{p_m} = \frac{1.37 \times 10^{-3}}{1+D_b/D_c} l_g^{0.65} h^{-2} P_m^{0.94} = \frac{1.37 \times 10^{-3}}{1+1.39/46.4} \times 0.879^{0.65}\, 0.26^{-2} \times 200^{0.94}$$

$$= 2.633 \text{ MPa}$$

面层荷载疲劳应力、面层最大荷载应力为

$$\sigma_{pr} = k_r k_f k_c \sigma_{ps} = 0.87 \times 2.584 \times 1.15 \times 1.373 = 3.55 \text{ MPa}$$

$$\sigma_{p.\max} = k_r k_c \sigma_{p_m} = 0.87 \times 1.15 \times 2.633 = 2.63 \text{ MPa}$$

其中，应力折减系数 $k_r = 0.87$；

疲劳应力系数 $k_f = N_e^v = (1710 \times 10^4)^{0.057} = 2.584$（式(9-41b)）；

综合系数 $k_c = 1.15$。

(5) 温度应力

查现行规范相应图表，最大温度梯度取 92(℃/m)。综合温度翘曲应力和内应力的温度应力系数 B_L 为：

$$k_v = \frac{1}{2}\left(\frac{h}{E_c} + \frac{h_b}{E_b}\right)^{-1} = \frac{1}{2}\left(\frac{0.26}{31\,000} + \frac{0.20}{2\,000}\right)^{-1} = 4\,613 \text{ MPa/m}$$

$$l_\beta = \left(\frac{D_c D_b}{(D_c+D_b) k_v}\right)^{\frac{1}{4}} = \left(\frac{46.4 \times 1.39}{(46.4+1.39) \times 4\,613}\right)^{\frac{1}{4}} = 0.131 \text{ m}$$

$$\xi = -\frac{(k_v l_g^4 - D_c) l_\beta^3}{(k_v l_\beta^4 - D_c) l_g^3} = -\frac{(4\,613 \times 0.878^4 - 46.4) \times 0.131^3}{(4\,613 \times 0.131^4 - 46.4) \times 0.878^3} = 0.197$$

$$H\left(\frac{L}{3r_g}\right) = \frac{\sinh(1.897)\cos(1.897) + \cosh(1.897)\sin(1.897)}{\cos(1.897)\sin(1.897) + \sinh(1.897)\cosh(1.897)} = 0.202$$

$$C_L = 1 - \frac{H(L/3l_g)}{1+\xi} = 1 - \frac{0.202}{1+0.197} = 0.831$$

$$B_L = 1.77\mathrm{e}^{-4.48h} \times C_L - 0.131(1 - C_L)$$
$$= 1.77\mathrm{e}^{-4.48 \times 0.26} \times 0.831 - 0.131 \times (1 - 0.831) = 0.437$$

面层最大温度应力:

$$\sigma_{t.\max} = \frac{\alpha_c E_c h T_g}{2} B_L = \frac{11 \times 10^{-6} \times 31\,000 \times 0.26 \times 92}{2} \times 0.437 = 1.78\ \mathrm{MPa}$$

温度疲劳应力系数 k_t:

$$k_t = \frac{f_r}{\sigma_{t.\max}}\left[a\left(\frac{\sigma_{t.\max}}{f_r}\right)^c - b\right] = \frac{5.0}{1.78}\left[0.841 \times \left(\frac{1.78}{5.0}\right)^{1.323} - 0.058\right] = 0.440$$

温度疲劳应力:

$$\sigma_{tr} = k_t \sigma_{t.\max L} = 0.440 \times 1.78 = 0.78\ \mathrm{MPa}$$

(6) 结构极限状态校核

查现行规范相应图表,二级安全等级,低变异水平条件下,可靠度系数 γ_r 取 1.13。校核路面结构极限状态是否满足要求:

$$\gamma_r(\sigma_{pr} + \sigma_{tr}) = 1.13 \times (3.55 + 0.78) = 4.89 \leqslant f_r = 5.0\ \mathrm{MPa}$$
$$\gamma_r(\sigma_{p.\max} + \sigma_{t.\max}) = 1.13 \times (2.63 + 1.78) = 4.98 \leqslant f_r = 5.0\ \mathrm{MPa}$$

满足要求!拟定的由厚度 0.26 m 的普通混凝土面层和厚度 0.20 m 的水泥稳定基层组成的双层板路面结构,可以承受设计基准期内荷载应力和温度应力的综合疲劳作用,以及最重轴载在最大温度梯度时的一次作用。

9.5 接缝和配筋设计

9.5.1 接缝设计

混凝土路面板由于温度或湿度变化、硬化时的收缩等原因,会出现胀缩和翘曲。设置接缝,可减小混凝土板因变形受到约束而产生的内应力,并满足施工的需要。但接缝是路面结构的薄弱部位,又会影响行车平稳,而且不免要渗水,容易产生唧泥、错台等损坏现象。因此,接缝要合理布置,并具有足够的传荷能力和有效的防水设施。

普通水泥混凝土、钢筋混凝土、碾压混凝土或钢纤维混凝土面层板一般采用矩形,其纵向和横向接缝应垂直相交,纵缝两侧的横缝不得相互错位。

1. 接缝的种类和构造

(1) 纵缝

纵缝是指平行于道路中线(行车方向)而设置的接缝。纵缝主要有纵向施工缝和纵向缩缝两种。纵向接缝的布设应视路面宽度、车道宽度以及施工铺筑宽度而定,间距(即板宽)可在 3.0~4.5 m 范围内选用:

一次铺筑宽度小于路面宽度时，应设置纵向施工缝。纵向施工缝采用平缝形式，上部应锯切槽口，深度为 30～40 mm，宽度为 3～8 mm，槽内灌塞填缝料，构造如图 9-18(a)所示。

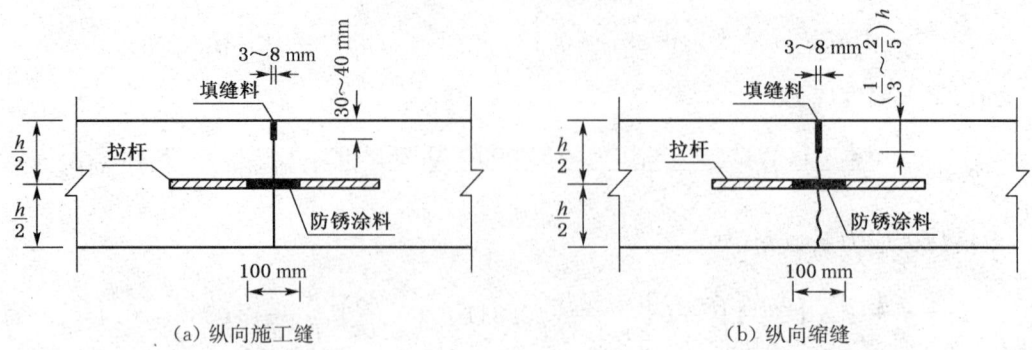

(a) 纵向施工缝　　　　　　　　　　　(b) 纵向缩缝

图 9-18　纵缝构造

一次铺筑宽度大于 4.5 m 时，应设置纵向缩缝。纵向缩缝采用假缝形式，锯切的槽口深度应大于施工缝的槽口深度。采用粒料基层时，槽口深度应为板厚的 1/3；采用半刚性基层时，槽口深度为板厚的 2/5，槽宽根据施工条件，宜尽可能窄些，通常为 3～8 mm，其构造如图 9-18(b)所示。即铺筑时仅在板的上部设缝槽，而板的收缩和翘曲会使缝槽下的混凝土自行断裂。由于断裂表面凹凸不平、互相嵌锁，使这类接缝具有一定的传荷能力。缝槽深度要适中。过浅，混凝土截面的强度削弱得不够，从而不能保证以后的断裂发生在接缝位置上；过深，不规则断裂面积过少，接缝的传荷能力就降低。纵向缩缝也应设置拉杆，以避免板块横向位移并保证接缝的传荷能力。

碾压混凝土或钢纤维混凝土面层在全幅摊铺时，可不设纵向缩缝。

缝壁应涂沥青，上部留有的缝槽内应灌塞填缝料，以免渗水和落入硬屑。为防止板块出现位移，而使接缝张开和板块上下错动，应在接缝处板厚中央设置拉杆，并与缝壁垂直。

纵缝设置的横向拉杆，一般采用螺纹钢筋，中部 100 mm 范围内应进行防锈处理。拉杆主要起拉紧相邻板块不让它们分离的作用，因而它要能提供足够的拉力以克服混凝土板收缩时地基(基层)顶面所给予的摩擦力。每延米纵缝所需的拉杆钢筋截面积 A_s(cm)，按下式计算：

$$A_s = \frac{100\gamma_c Bhf}{[\sigma_s]} \tag{9-52}$$

式中　B, h——混凝土板的宽度(m)和厚度(cm)；

$[\sigma_s]$——钢筋的容许拉应力(MPa)，螺纹钢筋可取 160 MPa；光圆钢筋取 135 MPa；

其余符号意义同式(9-26)。

拉杆应有足够的长度，使锚固在混凝土内的拉杆能发挥其抗拉能力。此外，还要考虑到拉杆的位置不一定能安放准确，而应留有一定的余量(例如 5 cm)。拉杆的长度 L_s(cm)可按下式确定：

$$L_s = \frac{[\sigma_s]d_s}{2[\tau_c]} + 5 \tag{9-53}$$

式中 d_s——拉杆钢筋直径(cm);

[τ_c]——钢筋同混凝土的容许粘结应力(MPa),螺纹钢筋采用 1.8 MPa;光圆钢筋采用 1.25 MPa。

拉杆直径、长度及间距可参照表 9-12 选用。而最外边的拉杆距横缝或自由边的距离不得小于 100 mm。

表 9-12 拉杆直径、长度和间距 单位:mm

面层厚度 /mm	到自由边或未设拉杆纵缝的距离/m					
	3.00	3.50	3.75	4.50	6.00	7.5
200~250	14×700×900	14×700×800	14×700×700	14×700×600	14×700×500	14×700×400
≥260	16×800×800	16×800×700	16×800×600	16×800×500	16×800×400	16×800×300

注:拉杆直径、长度和间距的数字为直径×长度×间距。

连续配筋混凝土面层的纵缝拉杆可由板内横向钢筋延伸穿过接缝代替。

(2) 横缝

横缝通常垂直于纵缝,共有缩缝、胀缝和施工缝三种。

为减小混凝土的收缩应力和温度翘曲应力而设置缩缝。横向缩缝一般采用假缝形式,其构造如图 9-19 所示。

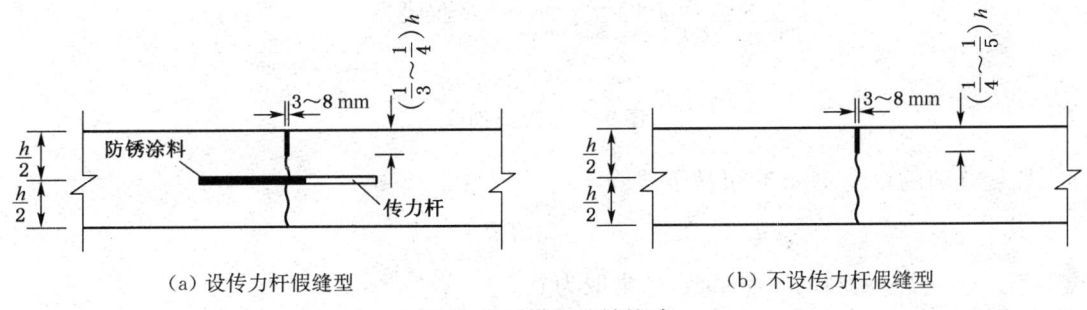

(a) 设传力杆假缝型　　　　(b) 不设传力杆假缝型

图 9-19 横向缩缝构造

在交通繁重的路上,为提高接缝的传荷能力,减少错台现象,横向缩缝应在板厚中央设置传力杆。在邻近胀缝或自由端部的三条缩缝,其缝隙会随混凝土板的反复胀缩而逐渐张开,均宜加设传力杆。传力杆采用光圆钢筋,一半以上长度涂以沥青或套上塑料膜套等,如图 9-19 所示,使之在混凝土收缩时能够滑动。

每天施工结束或混凝土浇筑作业因故中断半小时以上时,需设置横向施工缝。其位置宜设在胀、缩缝处。设在缩缝处的横向施工缝应采用平缝加传力杆型(图 9-20),以保证接缝的传荷能力。若施工缝位于两条缩缝的中间,则做成企口缝加拉杆型,如图 9-20(b) 所示,以保证混凝土板的整体性。

设置胀缝的目的是使混凝土板有膨胀的余地,从而避免产生过大的热压应力。胀缝采用平缝形式,下部设接缝板,上部为填缝料,并设置传力杆。但传力杆在滑动端头应套以金属或塑料套筒,内留空隙并用弹性材料填充,使板能自由胀缩。同结构物相接处的胀缝,无法设传力杆时,可采用加设横向边缘钢筋或加厚边部的型式。胀缝的构造如图 9-21 所示。

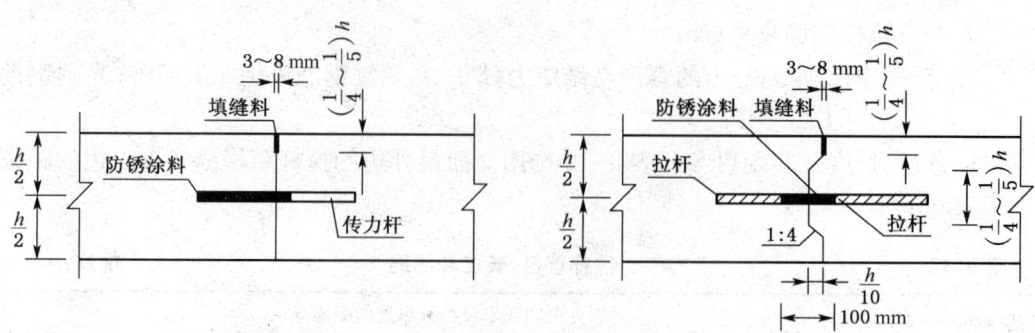

(a) 设传力杆平缝型　　　　　　　　　(b) 设拉杆企口缝型

图 9-20　横向施工缝构造

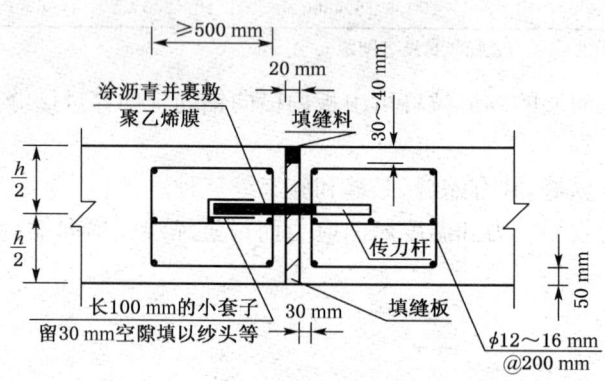

图 9-21　胀缝构造

胀缝缝隙的宽度 b(cm)，可按下式确定：

$$b = \alpha_f \alpha_c T_d L \tag{9-54}$$

式中　α_f——接缝材料的压缩系数，通常取为 0.5；

　　　α_c——混凝土的线膨胀系数，见式(9-23)；

　　　T_d——混凝土板的最高平均温度同施工时温度的差值(℃)；

　　　L——考虑伸长影响的计算长度(cm)，一般取用胀缝间距，但不得大于两倍活动区长度。同结构物相接处为半个胀缝间距或活动区长度。活动区长度按式(9-27)计算。

常用的胀缝缝隙宽度为 20～25 mm。

传力杆应采用光面钢筋。其尺寸和间距可按表 9-13 选用。最外侧传力杆距纵向接缝或自由边的距离为 150～250 mm。

表 9-13　传力杆尺寸及间距

面层厚度/mm	传力杆直径/mm	传力杆最小长度/mm	传力杆最大间距/mm
220	28	400	300
240	30	400	300
260	32	450	300
280	35	450	300
300	38	500	300

接缝填封材料按使用部位分为接缝板和填缝料两类。填缝料按施工方式又分为加热灌入式、常温灌入式和嵌缝条三种。

胀缝接缝板应选用能适应混凝土板膨胀收缩、施工时不变形、复原率高和耐久性好的材料。高速和一级公路宜选用泡沫橡胶板、沥青纤维板；其他等级公路也可选用木材类或纤维类板。

接缝填缝料应选用与混凝土接缝槽壁粘结力强、回弹性好、适应混凝土板收缩、不溶于水、不渗水、高温时不流淌、低温时不脆裂、耐老化、有一定抵抗砂石嵌入的能力、便于施工操作的材料。高速公路、一级公路宜选用硅酮类填缝料；二级及以下公路可选用聚氨酯类或橡胶沥青类填缝料、改性沥青类填缝料。

2. 接缝的布置

纵缝通常设在划分车道线的位置，其间距（即板宽）采用车道宽度（3.0～3.75 m）。若考虑路面宽度和施工情况而采用其他间距时，则应尽量避免将纵缝设在轮迹带上。

横缝一般采用等间距（即板长）并垂直于纵缝布置。两侧的横缝应对齐，以防止板产生从横缝延伸出来的裂缝（图 9-22）。

但横缝间距可不等，按 4，4.5，5，5.5，6 m 的顺序设置，以避免行车出现有规律的跳动；横缝也可同纵缝斜交（交角为 80°左右），而传力杆仍与路中线平行，这样可使车辆两侧的车轮不同时通过横缝，减轻行车的跳动。

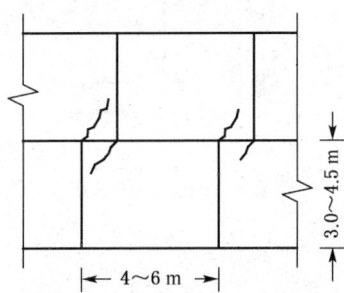

图 9-22 横缝错开时引起的裂缝

设置胀缝，不仅给施工带来不便，而且也容易出现碎裂、唧泥和错台等病害。因此，胀缝宜尽量少设或不设。胀缝位置，通常可根据板厚、施工温度、混凝土集料的膨胀性并结合当地经验确定。夏季施工、板厚等于或大于 20 cm 时，可不设胀缝；其他季节施工或采用膨胀性大的集料时，宜设置胀缝，其间距一般为 100～200 m；混凝土路面板与桥梁或其他结构物相接处、与柔性路面相接处、板厚变化处、隧道口、小半径弯道和纵坡变换处，均应设置胀缝。与结构物或沥青路面相接时，在混凝土板端部的 2 条或 3 条横缝均应设置胀缝。

在交叉口、弯道和路面宽度变化处，接缝布置（划块）应与交通流向相适应，并注意路口排水、整齐美观和施工方便。板角不宜小于 90°，当出现锐角时，应尽量将其放在非主要行车部位，并在角隅处采用钢筋加强。接缝边长不应小于 1 m，当接缝为曲线时，不宜过长。板块的长边应与主要行车方向一致。相邻板一般不得出现错缝；否则，与接缝相对的板边应加设防裂钢筋。胀缝应布置在路口缘石转弯的切点处。交叉口接缝布置示例，见图 9-23。

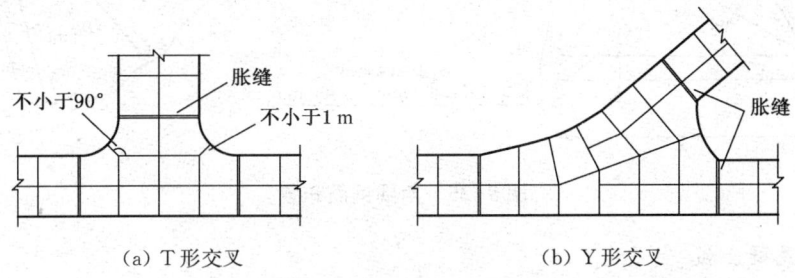

(a) T 形交叉　　　　(b) Y 形交叉

图 9-23 交叉口接缝布置示例

9.5.2 配筋设计

1. 普通混凝土板的补强钢筋

当混凝土面板纵、横向自由边边缘下的地基,有可能产生较大的塑性变形时,应在板的自由边边缘和角隅(荷载应力较大)处加设补强钢筋。

(1)边缘钢筋

混凝土面层自由边缘下基础薄弱或接缝为未设传力杆的平缝时,可在面层边缘的下部配置钢筋。通常选用2根直径为12~16 mm的螺纹钢筋,置于面层底面之上 $\frac{1}{4}$ 厚度处并不小于 50 mm,间距为 100 mm,钢筋两端向上弯起,如图 9-24 所示。

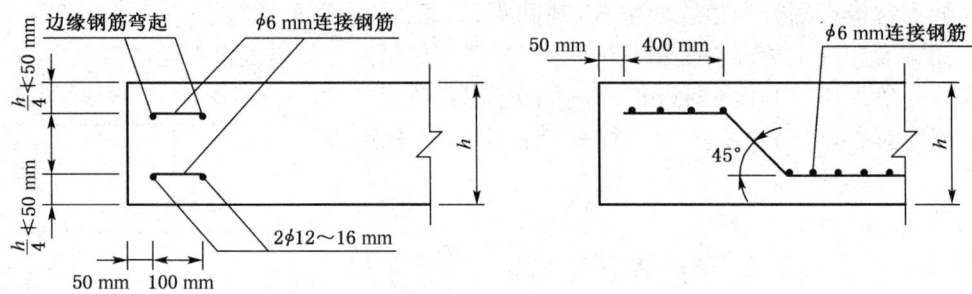

图 9-24 边缘钢筋布置

钢筋保护层的最小厚度不应小于 50 mm。边缘钢筋一般不穿过缩缝,以免妨碍板的翘曲;有时亦可将其穿过缩缝,但不得穿过胀缝。

(2)角隅钢筋

承受特重交通的胀缝、施工缝和自由边的面层角隅及锐角面层角隅,宜配置角隅钢筋。通常选用2根直径为12~16 mm的螺纹钢筋,置于面层上部,距顶面不小于 50 mm,距边缘为 100 mm,如图 9-25 所示。

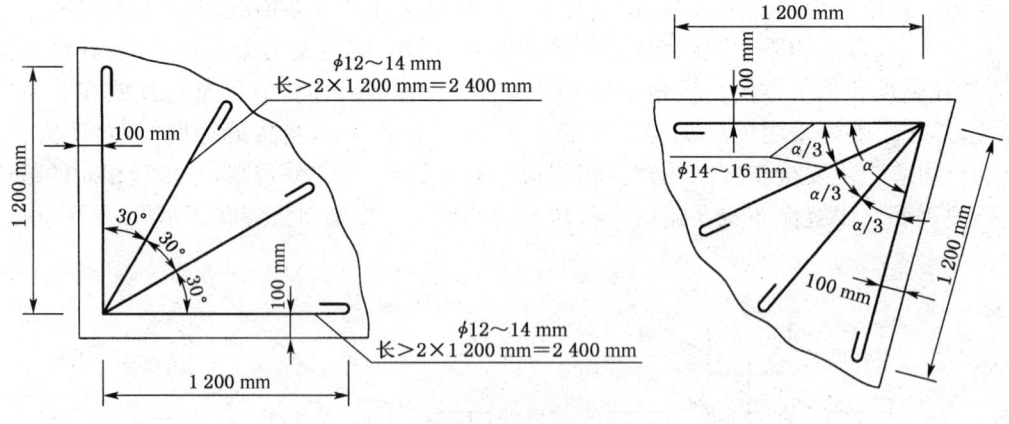

图 9-25 角隅钢筋布置

2. 钢筋混凝土板

当混凝土板的平面尺寸较大或形状不规则、板下埋置地下设施或地基(路基或基层)有可能产生不均匀沉陷时,为防止所产生的裂缝缝隙张开,板内应配置纵横向钢筋或钢筋网,成为钢筋混凝土板。设置钢筋的主要目的,并不是增加板的弯拉强度,而是把开裂的板拉在一起,使断裂面相互咬合并保证板的结构强度。因而,钢筋混凝土路面的厚度设计与普通混凝土路面相同。其基(垫)层和面板厚度分别取普通混凝土路面基(垫)层和面板(板长 5 m)的厚度。板的配筋量,可按类似于计算拉杆的办法确定。最大拉力及开裂出现在板中部,每延米板所需的钢筋面积 $A_s(\text{cm}^2)$ 为

$$A_s = \frac{50\gamma_c L h f}{[\sigma_s]} \tag{9-55}$$

式中 L——计算纵向钢筋时,取横缝间距(板长);计算横向钢筋时,取纵缝之间或自由纵边与纵缝间的距离(m);

其他符号见式(9-52)。

为使板内应力尽可能分散,宜采用小直径的钢筋。纵横向钢筋的直径宜相同,钢筋的最小间距应为集料最大粒径的两倍。钢筋的最小直径和最大间距,一般规定如表 9-14。钢筋的搭接长度,宜大于直径的 25 倍,并不小于 25 cm。

表 9-14 钢筋的最小直径和最大间距

钢筋类型	光圆钢筋	螺纹钢筋
最小直径/mm	6	10
纵向钢筋最大间距/cm	15	35
横向钢筋最大间距/cm	30	75

由于钢筋的主要作用是使裂缝密闭,它在板内的竖向位置并不太重要,只要有足够的保护层以防锈蚀即可。通常,钢筋设在距板顶面 $\frac{1}{3} \sim \frac{1}{4}$ 板厚处,外侧钢筋中心距接缝或自由边的距离为 10~15 cm。

钢筋混凝土路面板的横缝间距,一般为 10~20 m,最大不宜超过 30 m,横向缩缝因张开宽度较大,必须设置传力杆。其他接缝设置及构造与普通混凝土板相同。

连续配筋混凝土路面,沿纵向配置连续的钢筋,不设横向缩缝,适用于高速公路和一级公路。其路面厚度设计,与钢筋混凝土路面相同。但对一级公路,面板厚度取普通混凝土路面的 $\frac{9}{10}$。纵缝不另设拉杆,由一侧面板的横向钢筋延伸穿过纵缝来替代。配筋设计和端部处理,见有关规范。

9.6 混凝土加铺层设计

水泥混凝土路面使用一段时间后,由于行车轴载和(或)轴次大大增加,出现结构和功能损坏而不能满足使用要求时,就需要对旧混凝土路面进行加强和改建。通常采用的改建措施是在原路面上加铺沥青面层或混凝土面层,提高旧混凝土路面的承载能力和改善表面功能。

在进行旧混凝土路面加铺层设计之前,应调查下列内容:

——公路修建和养护技术资料:路面结构和材料组成、接缝构造及养护历史等;
——路面损坏状况:损坏类型、轻重程度、范围及修补措施等;
——路面结构强度:路表弯沉、接缝传荷能力、板底脱空状况、面层厚度和混凝土强度等;
——已承受的交通荷载及预计的交通需求:交通量、轴载组成及增长率等;
——环境条件:沿线气候条件、地下水位以及路基和路面的排水状况等;
——桥隧净空:沿线跨线桥以及隧道的净空要求等。

加铺层应根据使用要求及旧混凝土路面的状况,选用分离式或结合式水泥混凝土加铺结构,或沥青混凝土加铺结构,经技术经济比较后选定。

地表或地下排水不良路段,应采取措施改善或增设地表或地下排水设施;旧混凝土路面结构排水不良路段,应增设路面边缘排水系统。

加铺层设计应包括施工期间维持通车的设计方案与交通安全组织管理等。

旧混凝土面层损坏状况严重时,宜将旧混凝土破碎和压实稳定处理,应根据道路等级和交通状况,选择用做新建路面的基层、底基层或垫层,并应按新建水泥混凝土路面或沥青路面类型进行设计。

应尽可能地利用废弃材料,减少对环境的不利影响。

9.6.1 路面损坏状况调查评定

旧混凝土路面的损坏状况采用断板率和平均错台量两项指标评定。断板率的调查和计算可按《公路水泥混凝土路面养护技术规范》(JTJ073.1)的规定进行;错台调查可采用错台仪或其他方法量测接缝两侧板边的高程差,量测点的位置在错台严重车道右侧边缘内300 mm处,以调查路段内各条接缝高程差的平均值表示该路段的平均错台量。

路面损坏状况分为四个等级,各个等级的断板率和平均错台量的分级标准见表9-15。

表 9-15 路面损坏状况分级标准

等级	优良	中	次	差
断板率/%	≤5	5～10	10～20	>20
平均错台量/mm	≤3	3～7	7～12	>12

9.6.2 接缝传荷能力和板底脱空状况调查评定

旧混凝土面层板的接缝传荷能力和板底脱空状况可采用弯沉测试法调查评定,弯沉测试宜采用落锤式弯沉仪。测定接缝传荷能力的试验荷载应接近于标准轴载的一侧轮载(50 kN)。将荷载施加在邻近接缝的路面表面,实测接缝两侧边缘的弯沉值。按式(9-56)计算接缝的传荷系数。

$$k_j = \frac{w_u}{w_l} \times 100(\%) \qquad (9-56)$$

式中 k_j——接缝传荷系数;
  　　w_u——未受荷板接缝边缘处的弯沉值;
  　　w_l——受荷板接缝边缘处的弯沉值。

旧混凝土面层的接缝传荷能力分为四个等级,分级标准见表9-16。

表 9-16　　　　　　　　　　接缝传荷能力分级标准

等级	优良	中	次	差
接缝传荷系数 k_j/%	≥80	60～80	40～60	<40

板底脱空可根据面层板角隅处的多级荷载弯沉测试结果,并综合考虑唧泥和错台发展程度以及接缝传荷能力进行判别,或可采用探地雷达、声振法检测板底脱空状况。

9.6.3 旧混凝土路面结构参数调查

旧混凝土面层厚度的标准值可根据钻孔芯样的量测高度按式(9-57)计算确定。

$$h_e = \bar{h}_e - 1.04 s_h \tag{9-57}$$

式中　h_e——旧混凝土面层量测厚度的标准值(mm);
　　　$\bar{h}_e$——旧混凝土面层量测厚度的均值(mm);
　　　s_h——旧混凝土面层厚度量测值的标准差(mm)。

旧混凝土面层弯拉强度的标准值可采用钻孔芯样的劈裂试验测定结果按式(9-58a)和式(9-58b)计算确定。

$$f_r = 0.62 f_{sp} + 2.64 \tag{9-58a}$$

$$f_{sp} = \bar{f}_{sp} - 1.04 s_{sp} \tag{9-58b}$$

式中　f_r——旧混凝土弯拉强度标准值(MPa);
　　　f_{sp}——旧混凝土劈裂强度标准值(MPa);
　　　$\bar{f}_{sp}$——旧混凝土劈裂强度测定值的均值(MPa);
　　　s_{sp}——旧混凝土劈裂强度测定值的标准差(MPa)。

旧混凝土的弯拉弹性模量标准值可按式(9-59)计算确定。

$$E_c = \frac{10^4}{0.09 + \dfrac{0.96}{f_r}} \tag{9-59}$$

式中　E_c——旧混凝土的弯拉弹性模量标准值(MPa);
　　　f_r——旧混凝土的弯拉强度标准值(MPa)。

旧混凝土路面基层顶面的当量回弹模量标准值,宜采用落锤式弯沉仪(标准荷载100 kN、承载板半径150 mm)量测板中荷载作用下的弯沉曲线,按式(9-60a)和式(9-60b)确定。

$$E_t = 100 e^{(3.60 + 24.03 w_0^{-0.057} - 15.63 SI^{0.222})} \tag{9-60a}$$

$$SI = \frac{w_0 + w_{300} + w_{600} + w_{900}}{w_0} \tag{9-60b}$$

式中　E_t——基层顶面的当量回弹模量标准值(MPa);
　　　SI——路面结构的荷载扩散系数;

w_0——荷载中心处的弯沉值(μm);

w_{300},w_{600},w_{900}——距离荷载中心 300 mm、600 mm 和 900 mm 处的弯沉值(μm)。

当采用落锤式弯沉仪的条件受限时,也可选择在清除断裂混凝土板后的基层顶面进行梁式弯沉测量后按现行《公路水泥混凝土路面设计规范》(JTG D40—2010)附录 B 相应公式反算或根据基层钻芯的材料组成及性能情况依经验确定。

9.6.4 沥青加铺层结构设计

沥青加铺层铺筑前应更换破碎板,修补和填封裂缝,压浆填封板底脱空,磨平错台,清除旧混凝土面层表面的松散碎屑、油迹或轮胎擦痕,剔除接缝中失效的填缝料和杂物,并重新封缝;使旧水泥混凝土路面的破坏状况和接缝传荷能力均恢复到中等以上水平。

沥青加铺层可设单层或双层沥青面层,视具体情况设置调平层。在加铺层中至少有一层采用密级配沥青混合料。沥青加铺层的下层采用开级配沥青碎石混合料时,其下应做防水层,并在路面边缘设置内部排水系统。

加强沥青加铺层与原水泥混凝土面板之间的结合,层间宜撒布改性乳化沥青或改性沥青,避免产生层间滑移。

根据气温、荷载、旧混凝土路面承载能力、接缝处弯沉差等情况合理选用下述减缓反射裂缝的措施:

(1)增加沥青加铺层的厚度;

(2)采用掺加纤维、橡胶沥青等措施提高加铺层沥青混合料的抗裂性能;

(3)在旧混凝土板顶面或加铺层内设置应力吸收层、聚酯玻纤布或者土工织物夹层;

(4)沥青加铺层的下层采用由大粒径沥青碎石、级配碎石组成的裂缝缓解层。

沥青加铺层厚度应与混合料的公称最大粒径相匹配,按减缓反射裂缝的要求确定。高速公路和一级公路的最小厚度宜为 100 mm,其他等级公路的最小厚度宜为 80 mm。

沥青加铺层下旧混凝土板的应力分析按现行《公路水泥混凝土路面设计规范》(JTG D40—2010)附录 C 进行。旧混凝土板的厚度、混凝土的弯拉强度和弹性模量标准值以及基层顶面当量回弹模量标准值,采用旧混凝土路面的实测值,按本节规定的方法确定。旧混凝土板的应力应满足现行规范相应公式的要求。

沥青混合料的组成设计参照《公路沥青路面设计规范》(JTG D50)和《公路沥青路面施工技术规范》(JTG F40)进行。

9.6.5 分离式混凝土加铺层结构设计

当旧混凝土路面的损坏状况和接缝传荷能力评定等级为中或次,或者新旧混凝土板的平面尺寸不同、接缝形式或位置不对应或路拱横坡不一致时,应采用分离式混凝土加铺层。加铺层铺筑前应更换破碎板,修补裂缝,磨平错台,压浆填封板底脱空,清除接缝中失效的填缝料和杂物,并重新封缝。

在旧混凝土面层与加铺层之间应设置隔离层。隔离层材料可选用沥青混凝土、沥青砂等,不宜采用砂砾或碎石等松散粒料。沥青混合料隔离层的厚度不宜小于 40 mm。

分离式混凝土加铺层的接缝形式和位置,按新建混凝土面层的要求布置。

加铺层可采用普通混凝土、钢纤维混凝土、钢筋混凝土和连续配筋混凝土。普通混凝土、钢筋混凝土和连续配筋混凝土加铺层的厚度不宜小于 180 mm；钢纤维混凝土加铺层的厚度不宜小于 140 mm。

加铺层和旧混凝土面层应力分析，按分离式双层板进行，计算方法见现行《公路水泥混凝土路面设计规范》(JTG D40—2010)附录 B。旧混凝板的厚度、混凝土的弯拉强度和弹性模量标准值以及基层顶面当量回弹模量标准值，采用旧混凝土路面的实测值，按本节规定的方法确定。加铺层混凝土的弯拉强度标准值应符合现行规范的要求。加铺层的设计厚度，按加铺层和旧混凝土板的应力分别满足现行规范相应公式的要求确定。

9.6.6 结合式混凝土加铺层结构设计

当旧混凝土路面的损坏状况和接缝传荷能力评定等级为优良，面层板的平面尺寸及接缝布置合理，路拱横坡符合要求时，可采用结合式混凝土加铺层。加铺层铺筑前应更换破碎板，修补裂缝，磨平错台，压浆填封板底脱空，清除接缝中失效的填缝料和杂物，并重新封缝。采用铣刨、喷射高压水或钢珠、酸蚀等方法，打毛清理旧混凝土面层表面，并在清理后的表面涂敷粘结剂，使加铺层与旧混凝土面层结合成整体。

加铺层的接缝形式和位置应与旧混凝土面层的接缝完全对应和对齐，加铺层内可不设拉杆或传力杆。聚合物或纤维混凝土加铺层的最小厚度为 50～60 mm。

加铺层和旧混凝土板的应力分析，按结合式双层板进行，计算方法见现行《公路水泥混凝土路面设计规范》(JTG D40—2010)附录 C。旧混凝土板的厚度、混凝土的弯拉强度和弹性模量标准值以及基层顶面当量回弹模量标准值，采用旧混凝土路面的实测值，按本节规定的方法确定。加铺层的设计厚度，按旧混凝土板的应力满足现行规范相应公式的要求确定。

■ 小 结

水泥混凝土路面板的刚度大，荷载扩散能力强。由弹性地基板理论可知，地基模量的大小对板的应力值影响不太显著。但不能忽视对路基和基(垫)层的要求。采用稳定性好的材料铺筑基层，可保证路面整体强度，防止唧泥和错台等病害，延长路面板使用寿命。

混凝土板的厚度和平面尺寸，是以疲劳开裂作为临界状态，按荷载疲劳应力和温度疲劳应力的大小确定。由于应力计算理论假设了板和地基保持接触，而板底局部脱空又会影响板内应力，因此，对地基当量回弹模量的最小值按交通等级分别作了规定。为使行车荷载应力和温度翘曲应力的分析结果同实测值相符，对由刚性承载板测得的地基当量回弹模量，必须分别予以修正，才能作为地基的计算回弹模量。

各种接缝是混凝土路面板的薄弱环节。对接缝的布置和构造设计以及边角加强等应予重视。当然，更关键的是如何保证施工质量。

钢筋混凝土路面板内配置钢筋的作用是防止所产生的裂缝缝隙张开，故钢筋混凝土路面的厚度设计与普通混凝土路面相同。

旧混凝土路面加铺层结构的应力可采用等刚度原则，按层间结合条件将双层混凝土板换算成等效的单层混凝土板进行计算。

■ 复习思考题和习题

9.1 水泥混凝土路面的主要损坏现象有哪些？在设计中是如何考虑的？

9.2 试比较小挠度弹性地基薄板理论和弹性层次体系理论的异同和适用性。

9.3 求算水泥混凝土路面板的行车荷载应力有哪些方法？各适用于什么场合？

9.4 如何来分析计算路面板因温度变化而产生的胀缩应力和翘曲应力？

9.5 水泥混凝土路面的结构组合特点如何？各层次的作用及考虑的主要因素与沥青路面有何不同？

9.6 设计水泥混凝土路面时对交通荷载的考虑与沥青路面的相比，有何异同？

9.7 为什么水泥混凝土路面板下地基的计算回弹模量值与用刚性承载板法实测所得的数值不一致？其间的影响因素有哪些？

9.8 水泥混凝土路面板的厚度和平面尺寸是如何确定的？

9.9 水泥混凝土路面板为何要划块（设缝）？划块的原则是什么？

9.10 路面板的接缝按其位置、作用和构造各分为哪几种？对接缝材料有何要求？

9.11 水泥混凝土路面板中配置钢筋起什么作用？

9.12 怎样考虑水泥混凝土路面加铺层设计？

9.13 JN-150 型车后轴一侧双轮组，其荷载 $P=50.8\,\mathrm{kN}$，轮压 $p=0.7\,\mathrm{MPa}$。水泥混凝土路面板的长度 $L=5\,\mathrm{m}$，宽度 $B=3.5\,\mathrm{m}$，厚度 $h=20\,\mathrm{cm}$，弹性模量 $E_c=35\,000\,\mathrm{MPa}$，泊松比 $\mu_c=0.15$。求地基回弹模量 E_s 相应为 60，120 和 240 MPa 时（$\mu_s=0.30$），轮载（按单圆图式考虑）位于板中的最大应力以及温度梯度为 $0.7\,^\circ\mathrm{C/cm}$ 时的板中翘曲应力。比较地基模量对荷载应力的影响。

10 路基施工技术

> 提 要

路基建筑就是按照设计图纸和规范要求,以最经济的方式,及时建成符合质量标准的路基结构物。为此,必须科学安排施工计划,积极采用先进技术,认真进行施工准备,严格遵守操作规程,切实加强施工管理。

本章主要介绍施工前的准备工作,路基的筑做方案和压实以及石方爆破技术等。学习要求如下:
1. 了解路基建筑的工作内容和基本要求。
2. 懂得合理安排路基填挖工作的推进顺序。
3. 能正确选择路基的压实方法。
4. 熟悉药包计算原理,了解各种爆破方法的特点和适用场合。

10.1 概 述

10.1.1 路基建筑的基本要求

建造路基时,为了按期、保质、经济地完成预定的施工任务,必须达到下列基本要求:

(1) 路基(包括基身及有关排水、防护与加固等设施)的位置、标高、断面尺寸、材料规格及压实或砌筑质量等应符合设计文件和有关规范的规定,以保证路基具有良好的使用品质。这就要做好施工放样,重视基底处理,合理选用材料,实行机械压实,建立和健全施工技术操作规程及质量检查验收制度。

(2) 根据填挖情况、土石类别、气候特点、施工期限和机械设备等条件,选择合适的施工方案,科学地制订进度计划并付诸实施。路基建筑的各项工程要密切配合,路基工程同其他工程也要互相协调,以服从道路施工组织总设计的统一安排。

(3) 保证路基具有足够的稳定性和强度,例如,选用水稳定性良好的填料,不同性质土的合理填筑方式,填料的充分压实,基底的处理和台阶的开挖等,都是施工时为实现此项要求而采取的措施。

(4) 合理调配人力、机具和土石方,尽量采用当地材料和工业废料,注意节约用地(特别是耕地),充分利用现有设施,做到"人尽其才,物尽其用",以提高劳动生产率和降低建筑成本。

(5) 必须贯彻安全生产的方针,制定安全技术措施,加强安全教育,严格执行安全操作规程,做好施工安全管理工作,确保安全生产。

(6) 还应遵守有关法规,注意工地整洁,防止污染环境,保护文物设施,做到文明施工。

总之,为实现优质、快速、低耗、安全、文明的要求,必须重视施工技术与组织管理。

10.1.2 施工前的准备工作

路基建筑分为准备、施工、检验三部分工作,其中施工前的准备工作是保证工程顺利实施的基础,务必认真做好。施工前的准备工作内容广泛,主要包括一般准备、施工测量、场地清理和复查试验等。

1. 一般准备

施工单位接到任务后,应在全面熟悉设计文件和设计交底的基础上,进行现场核对和施工调查,发现问题应及时根据有关程序提出修改意见报请变更设计;根据批准的施工图、现场的施工条件、核实的工程数量,按工期要求、施工难易程度及人员、设备和材料的准备情况,编制实施性的施工组织设计(对重要项目,采用施工网络计划),报监理工程师或业主批准,并提出开工报告。

路基开工前,应按照计划调集人员和物资进入现场,修建必要的临时设施。组织准备主要是建立施工队伍,健全管理机构,订立规章制度,进行人员培训,明确工作目标,责任落实到人。物资准备包括各种材料的采购、加工和储运,机具设备的购置、调运、安装、试车、校验和保修,以及生活后勤供应等。所谓临时设施,是指为施工服务的一切设施,包括生活和生产用房、交通和通讯设施、水电供应系统、施工安全设施等。

2. 施工测量

路基开工前必做的路线复测和路基放样,都属于施工测量工作。施工测量的精度应符合有关规定。

(1) 路线复测

路线复测是在现场按设计图纸把决定路线位置的各桩点加以确认、恢复和核对,必要时可以增改,对主要控制桩点还应保护和固定。其内容有导线、中线复测,水准点、中桩水准复测,横断面检查与补测等。

当道路中线由导线控制时,施工单位先要根据设计资料进行导线复测。原有导线点不能满足施工要求时,应进行加密,保证在道路施工的全过程中,相邻导线点间能互相通视。复测导线时,必须与相邻施工段的导线闭合,以免引起各施工段交接处路线错位。对有碍施工的导线点,施工前应采用交汇法(又称交点法,见图10-1)或其他方法予以固定。所设护桩应牢固可靠,常用带钉木桩、牢固岩石或永久性建筑物上的点,桩位要便于架设测量仪器和观测,并设在施工范围以外。

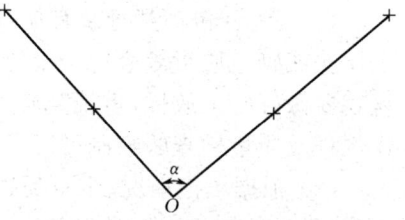

图 10-1 交汇法固定桩点

($l_2 > l_1 > 15$ m; $l_4 > l_3 > 15$ m; $\alpha \approx 90°$); O 点为所固定的桩点; + 为护桩

中线复测是全面恢复与补测路线中桩,并固定其中主要控制桩,如交点、转点、圆曲线和缓和曲线的起讫点等。恢复中线时,可按施工要求增加部分标桩。如发现原设计中线长度丈量错误或需局部改线时,应作断链处理,相应调整纵坡,并在设计图表的有关部位注明断链距离和桩号。中线复测时亦应注意与桥隧结构物中心、相邻施工段的中线闭合,发现问题应及时查明原因,并报告有关部门。

水准复测工作，分为校对及增设水准点、复核及补测中桩地面标高两部分。水准点是施工过程中控制标高的依据，使用前应仔细校核，并与国家水准点闭合。为满足施工需要，在水准点间距超过 1 km、高填深挖及地形复杂地段，应增设临时水准点。临时水准点必须符合精度要求，并与相邻水准点闭合。如发现个别水准点受施工影响时，应将其移出影响范围之外，其标高应与原水准点闭合。

路基横断面，应详细检查与核对，发现问题时应复测和更正。对缺少横断面图和增设的中桩处，应全部补测。横断面检查与补测时，应正确掌握其方向，否则将会引起较大的误差。

施工单位通过路线复测，可以结合当地具体条件熟悉设计文件，检查、复核、补充和完善工程设计。对原设计中不合理部分，应提出修改方案，编制变更设计文件并报有关部门批准后施工。

(2) 路基放样

路基放样是根据路线中桩、设计图表、施工工艺和有关规定，在实地标出道路用地界线和路堤坡脚、路堑坡顶、边沟、截水沟、排水沟、取土坑、护坡道、弃土堆等的具体位置，并且定出路基轮廓，作为施工的依据。

路线复测之后，应按设计要求进行道路用地放样，订立界桩，由业主办理征用土地手续。施工单位还可根据施工需要提出增加临时用地计划，并对增加部分进行用地测量，绘制用地平面图及用地划界表，送交有关单位办理拆迁及临时占用土地手续。

路基边桩（填方坡脚桩或挖方坡顶桩）可根据横断面图所示（或按填挖高度等计算）至中桩的距离，在地上直接量得，用小木桩、铁杆或油漆标出。地面倾斜时，也可按图 10-2 所示，从中桩向左右分别量出图上注明的水平距离，求得边坡线上的 a 和 a' 点（不一定在边桩处），再用边坡样板定出边坡和地面的交点（边桩）。将相邻横断面上的边桩，用拉绳打灰线或挖槽痕等方式连起来，即得路基基身的边线。另外，在距路中心一定安全距离处设立控制桩，其间隔不宜大于 50 m，桩上标明桩号与路中心，填挖高，以便在施工期间随时复核路基的尺寸。

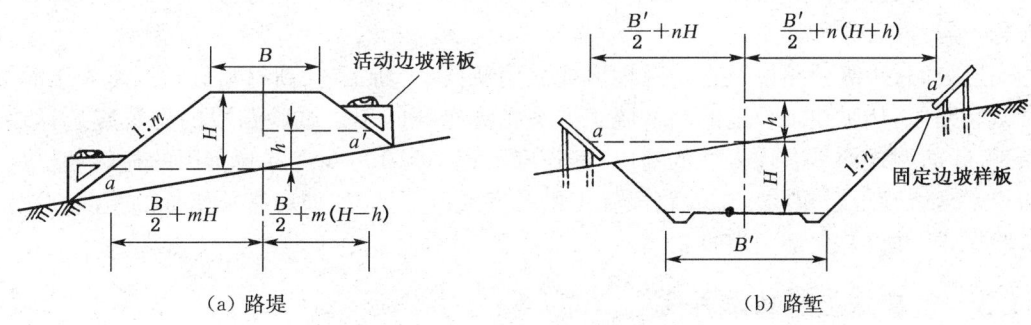

(a) 路堤　　　　　　　　(b) 路堑

图 10-2　山坡上的路基放样

在放完路基边桩后，应进行边坡放样、设立填挖标志，以控制路基的外形尺寸。边坡放样可采用竹竿挂线法（仅适用于人工填筑路堤）或边坡样板法（图 10-2）。边坡样板法应每隔 20～40 m 设置一处样板，施工时用样板校正填挖情况。对高填深挖地段，每填挖 5 m 应复测中线桩，测定其标高及填挖宽度，以控制路基边坡的大小。必须指出，路基的施工标高与路线纵断面图上设计标高不同,前者应计入铺筑路面的校正值和必要的抛高值(例如,软土路堤的预留沉降量,挖方路床压实的下沉量等)。放样时,考虑边坡整修和路基沉实等因素,每层填挖的宽度也要留有一定的余量。

边沟、截水沟和排水沟放样时,可每隔 10~20 m 在沟内外边缘钉木桩并注明里程及挖深;在施工过程中,用水准仪和样板架,检查沟底标高和尺寸。

3. 场地清理

划定路界后,即可按照设计文件和有关规定进行施工场地的清理工作。

路基施工范围内原有的房屋、道路、沟渠、通讯电力设施、上下水道、坟墓及其他建筑物,均应协助有关部门事先拆迁或改造;对沿线受路基施工影响的危险建筑应予以适当加固;对文物古迹应妥善处理和保护。

凡妨碍路基施工和影响行车安全的树木、灌木丛等,均应在施工前砍伐、移植或清除。高速公路、一级公路和填方高度小于 1 m 的其他公路应将路堤范围内的树根全部挖除,并将坑穴填平夯实;其他公路的填方高度在 1 m 以上时,允许保留树根但根部露出地面不得超过 20 cm。路堑及取土坑等,也应将树根全部挖除。

在填方和借方地段的原地面,应根据表层土质情况进行清理。清出的种植土要集中堆放,作为种植草皮的备用土。填方地段在清理完地表面后,应整平压实到规定要求,才可进行填方作业。

路基施工前应切实做好场地排水工作,并注意维修排水设施,保证水流通畅,为施工提供方便。

4. 复查试验

路基施工前,施工单位应对路基工程范围内的地质、水文、材料情况进行详细调查,并了解当地有关的施工经验,以及必要时修建试验路段,如发现原设计有不符合实际的地方,可报请修改设计。

施工人员应根据设计文件提供的资料,对取自挖方、取土坑、料场的路基填料进行复查和取样试验,确定其性质和适用性。若填料不足时,可自行勘查寻找。使用新材料(如工业废渣等)填筑路堤时,除应按相关规范作有关试验外,还应做对环卫有害成分的试验,同时提出报告,经批准后方可使用。

高速公路、一级公路以及在特殊地区或采用新技术、新工艺、新材料进行路基施工时,应先做试验路段,从中找出合适的路基施工方案指导全线施工。试验路段的位置应选择在地质条件、断面型式均具有代表性的地段,其长度不宜小于 100 m。试验所用的材料和机具应当与将来全线施工时相同。试验路段施工中及完成以后,应加强对有关指标的检测,及时写出试验报告,并报有关部门审批。

10.1.3 路基施工的基本方法

路基土石方作业可分为开挖、装运、铺填、压实、整修等工序。通常可以采用人工、机械、水力、爆破等基本方法进行路基施工。

1. 人工和简易机械施工

主要依靠人力,使用手工工具和简易机械设备(以提高工效,减轻劳动强度),适用于缺乏筑路机械的工地和工程量小而分散的零星工点以及某些辅助性工作(如整修边坡等)。

2. 机械施工

使用筑路机械建造路基，可以极大地提高劳动生产率，加快施工进度，确保工程质量。常用的路基土方机械有松土机、平地机、推土机、铲运机、挖掘机（配以自卸汽车运土）和装载机以及压实机械等。各种土方机械，按其性能可完成路基土方的部分或全部工作（表 10-1）。对于劳动强度大、技术要求高和有危险性的工序，先要采用机械作业。为了充分发挥机械（特别是主要机械）的效能，应根据工程内容和施工条件等具体情况，对施工机械进行合理的选择和组合，以便协调、均衡地综合完成施工任务，这就叫综合机械化施工。例如，近距离取土填筑路基，可划段分层以推土机和铲运机担任挖运和铺填工作，用平地机进行填土层的整平工作以及最后路基顶面和边坡的整修工作，另外配以洒水车完成土的润湿工作，再用压路机压实。机械的配备数量，应视须完成的工程量、工期和设备的能力而定，以最大限度地满足机械产量的要求。路基工程应推行机械化施工，逐步实现路基施工现代化。

表 10-1　　　　　　　　　　常用土方机械的适用范围

机械种类	适用的作业项目		
	施工准备作业	基本土方作业	其他辅助作业
推土机	1. 修筑便道 2. 推倒树林，拔除树根 3. 铲草皮，除积雪 4. 平整场地 5. 翻挖回填井、坟、坑	1. 高度 3 m 以内的路堤和路堑土方 2. 运距 10~100 m 的土方挖运、铺填与压实 3. 傍山坡的半填半挖路基土方	1. 路基缺口土方的回填 2. 整平与压实填土 3. 斜坡上挖基底台阶 4. 铲运机助推 5. 清理爆破的石方
铲运机	1. 铲除草皮 2. 移运孤石 3. 平整场地	1. 运距 60~700 m 的土方挖运、铺填与压实（高度不限）	1. 路基粗平 2. 取土坑与弃土堆整平 3. 挖路槽
平地机	1. 铲草皮，除积雪 2. 平整场地	1. 高度 0.75 m 以下路堤，0.5~0.6 m 的路堑，以及半填半挖路基土方的挖、运、填	1. 开挖排水沟和边沟 2. 平整路基，整修边坡 3. 拌混合料，摊铺材料
松土机	1. 清除树根 2. 翻松旧路面		1. 翻松不易挖掘的土 2. 破碎 0.5 m 内的冻土层
挖掘机		1. 半径 7 m 以内的挖土与卸土 2. 装土供汽车远运	1. 开挖沟槽与基坑 2. 水下挖土（反铲和抓斗）
装载机	1. 清除建筑垃圾 2. 平整场地	1. 运距短的土方挖运 2. 铲土装车以远运	1. 铲集土石 2. 卸土的摊平压实 3. 装运松散物料

3. 水力施工

运用水泵、水枪等水力机械，喷射强力水流，把土冲散并汇流到指定地点沉积。这种方法可用来挖掘比较松散的土层和堆填土方，或者进行软土地基加固的钻孔等工作，但需要有充足的水源和动力。对于砂砾填筑路堤或回填基坑，还可起到密实作用（称为水夯法）。

4. 爆破施工

依靠炸药的爆炸力量来压缩、破碎和抛掷岩土等。钻孔和清碴工作，可用手工工具或机械进行。爆破是开挖岩石路堑的基本方法，也可用来松动冻土（或硬土），排除淤泥，挖掘树根，开采石料等。定向爆破可将挖方直接抛填到规定的地方。挤压和扩孔爆破可用来处理软土地基。为了不影响边坡稳定，土质路堑只有在距边坡 3 m 以外，才可采用爆破法施工。

为便于选择施工方法和确定施工定额,通常将路基土石按其开挖难易程度,划分为六级,详见表10-2。

表10-2　　　　　　　　　　　路基土石的工程分级

等级	类别	代表性土、岩石名称	钻1m所需时间		爆破1m³所需炮眼深度/m		开挖方法
			湿式凿岩机净钻时间/min	双人打眼/(工日)			
			一字合金钻头	普通淬火钻头	路堑	隧道导坑	
Ⅰ	松土	砂类土,种植土,中密的砂性土及黏性土,松散的水分不大的黏土,含有30 mm以下的树根或灌木根的泥炭土					用铁锹挖,脚蹬锹一下到底
Ⅱ	普通土	水分较大的黏土,密实的砂性土及黏性土,半干硬的黄土,含有30 mm以上的树根或灌木根的泥炭土、碎石类土					部分须用镐刨松再用锹挖,以脚连蹬锹数次才能挖土
Ⅲ	硬土	硬黏土,密实的黄土,含土较多的块石土及漂石土,各种风化成土块的岩石					必须全部用镐刨松才能用锹挖
Ⅳ	软石	各种松软岩石,胶结不紧的砾岩,泥质页岩,砂岩,较坚实的泥灰岩,块石土及漂石土,软而节理多的石灰岩	<7	<0.2	<0.2	<0.2	部分用撬棍或十字镐及大锤开挖,部分用爆破法开挖
Ⅴ	次坚石	硅质页岩,硅质砂岩,白云岩,石灰岩,坚实的泥灰岩,软玄武岩,片麻岩,正长岩,花岗岩	<15	7~20	0.2~1.0	0.2~0.4	2.0~3.5	用爆破法开挖
Ⅵ	坚石	硬玄武岩,坚实的石灰岩,白云岩,大理岩,石英岩,闪长岩,未风化的花岗岩、正长岩	>15	>20	>1.0	>0.4	>3.5	用爆破法开挖

5. 保证路基具有足够的稳定性和强度

为了保证路基具有足够的稳定性和强度,应采取一定措施。例如,选用水稳定性良好的填料,不同性质土的合理填筑方式,填料的充分压实,基底的处理和台阶的开挖等,都是施工时为实现此项要求而采取的措施。

10.1.4　路基工程的检查与验收

在路基施工过程中,应按照有关规定对工程质量进行控制和检查。遇到隐蔽工程(如地基处理、渗沟设置、基坑开挖等),还要进行中间验收。凡中间检查验收不合格者,不得进行下一道工序,应及时分析原因,采取补救措施或返工。如填筑路堤时,需基底处理好再填土,对填土层的宽度、松铺厚度、平整度和含水量经检查符合要求后方可进行碾压,并经压实度检验合格后才能转入上一层填土。

路基工程基本完工后,必须进行全线的竣工测量(包括中线测量、横断面测量及高程测量,以作为竣工验收的依据),并按规定的项目进行检查。根据检查结果编制整修计划,对路基进行全面整修。路基整修完后,应通过交工验收(初验),才可铺筑路面。在全部道路工程完工后,经过一个阶段的使用考验,再组织有关人员进行竣工验收(终验)。路基工程检查验收的项目和要求,如表10-3所列。此外,路基工程完工后,路面未施工前,及道路工程未竣工验收前,路基如有损毁,施工单位还应负责维修。

路基工程检查验收的项目和要求,如表10-3,表10-4所列。

表10-3　　　　　　　　土质路堤施工质量标准

项次	检查项目	规定值或允许偏差			检查方法和频率
		高速公路、一级公路	二级公路	三、四级公路	
1	压实度	符合规定	符合规定	符合规定	施工记录
2	弯沉	不大于设计值	不大于设计值	不大于设计值	—
3	纵断面高程/mm	+10,-15	+10,-20	+10,-20	每200 m测4个断面
4	中线偏位/mm	50	100	100	每200 m测4点,弯道加HY和YH两点
5	宽度	不小于设计值	不小于设计值	不小于设计值	每200 m测4处
6	平整度/mm	15	20	20	3 m直尺;每200 m测2处×10尺
7	横坡/%	±0.3	±0.5	±0.5	每200 m测4个断面
8	边坡坡度	不陡于设计坡度	不陡于设计坡度	不陡于设计坡度	每200 m抽查4处

表10-4　　　　　　　　填石路堤施工质量标准

项次	检查项目	规定值或允许偏差		检查方法和频率
		高速公路、一级公路	其他等级公路	
1	压实度	符合试验路确定的施工工艺		施工记录
		沉降差≤试验路确定的沉降差		水准仪:每40 m测1个断面,每个断面检测5~9点
2	纵断面高程/mm	+10,-20	+10,-30	水准仪:每200 m测4个断面
3	弯沉	不大于设计值	不大于设计值	—
4	中线偏位/mm	50	100	经纬仪:每200 m测4点,弯道加HY和YH两点
5	宽度	不小于设计值		米尺:每200 m测4处
6	平整度/mm	20	30	3 m直尺;每200 m测4点×10尺
7	横坡/%	±0.3	±0.5	水准仪:每200 m测4个断面
8	边坡坡度	不陡于设计坡度	不陡于设计坡度	每200 m抽查4处
9	边坡平顺度	符合设计要求		

10.2　土方作业

10.2.1　一般规则

路基土方作业可分为以下几种基本的工作类型:
(1) 挖取边沟和路侧取土坑(单侧或双侧)的土填筑路堤;

(2) 挖取上侧半路堑的土填筑下侧半路堤(半填半挖路基时);

(3) 挖取集中取土坑或路堑的土运到填土处填筑路堤;

(4) 挖取路堑的土运至弃土地点,或者把台口式路堑的土弃至路堑下侧。

各种工作类型,由于填挖要求、地形和运距的不同,所用的施工方法和施工组织也就不完全相同。在筑做时,可以根据各自的特点,对填挖工作沿路基各个方向的推进顺序,采用不同的方案(称为筑做方案)。

选择筑做方案时,应考虑当地的自然条件、具体的填挖情况,采用的施工机具和规定的完工期限等因素,使所选方案尽可能满足下列的各项要求:

(1) 创造良好的工作条件,使工人和机具的生产效率得以充分发挥;

(2) 具有足够的工作面,便于布置为如期完工所需的全部工人和机具,并能正常工作;

(3) 有利于提高工程质量,又能保证安全生产,而使各个筑做阶段都有排水出路。

在具体筑做时,必须遵守设计文件、施工技术规范及操作规程。

10.2.2 路堑开挖

开挖路堑可根据现场施工条件采用不同的筑做方案,如横挖法、纵挖法和混合法等。

1. 横挖法

横挖法系从路堑的一端或两端,按整个横断面的宽度和深度进行挖掘,逐步沿路中线向前推进,如图 10-3 所示。这种开挖方式,可以获得的挖土工作面较窄(只有路堑的宽度),适合于用人工或正铲挖掘机开挖较短的路堑,而挖出的土方用运输机具由掘进的相反方向送出。对于较深的路堑,如果受到机具挖掘高度的限制不宜全断面(单层)掘进或工期紧迫时,可采用分台阶(多层)掘进,即在不同深度处,分为几个台阶,上层在前,下层在后,同时掘进。台阶高度视工作效率和安全要求而定,手工操作时,一般取 1.5~2.0 m;使用挖掘机时,可增加到 3~4 m,以保证铲斗装满。每一台阶均应有单独的运土通道和排水出路,以免相互干扰而影响工作。

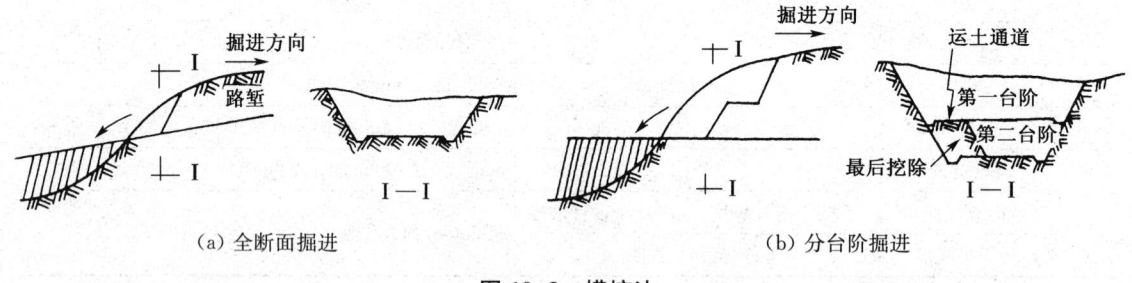

(a) 全断面掘进　　　　　　　　　　(b) 分台阶掘进

图 10-3　横挖法

另外,路堑横挖法还可用其他机械进行。如用推土机横向全宽开挖路堑,将土堆送至两侧,但路堑深度在 2 m 以内为宜。

2. 纵挖法

纵挖法有分层挖掘、通道挖掘和分段挖掘之分,见图 10-4。分层纵挖法是沿路堑全宽以深度不大的分层进行纵向挖掘。每层应向外倾斜,以利排水和挖运。挖运工作可采用铲运机(在较长较宽的路堑时)和推土机(在短运距及大坡度时)。通道纵挖法是先沿路堑纵向挖一通道,然后将通道向两侧拓宽,并利用通道运土和排水,如路堑较深再向下逐层开挖。此法可采用人工或挖掘机挖土,配置窄轨斗车或其他车辆运土,适合于较长而深、两端地面纵坡较小的路堑开挖。分段纵挖法是沿路堑纵向选择一个或几个适宜处,将较薄一侧堑壁横向挖穿,使路堑分成数段,各段再纵向挖掘。该法适用于很长的路堑,弃土运距过远的傍山路堑,其一侧堑壁不厚的路堑。

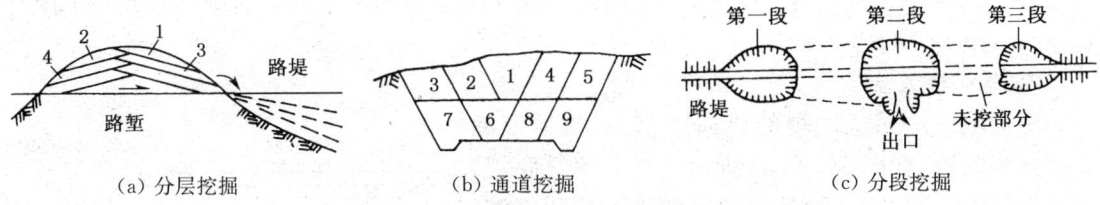

图 10-4　纵挖法(图中数字为挖掘顺序)

3. 混合法

混合法系将横向和纵向挖掘法混合使用。在开挖特别长而深的路堑时,为加快进度,可逐层先沿路堑纵向挖通道,然后沿横向同时挖掘,以增加开挖坡面,每一坡面应能容纳一个施工小组或一台机械正常工作,而在较大的挖土地段,还可沿横向再挖通道以运土(图 10-5)。

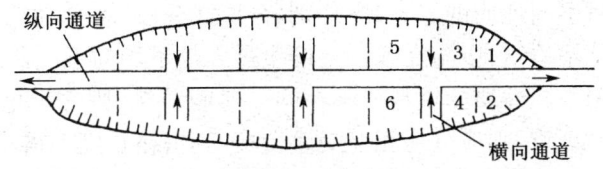

图 10-5　混合开挖法

(箭头表示运土与排水方向,数字表示工作面号数)

在开挖半路堑进行横向运填或弃土时,可以采用分层或分块的掘进方案(图 10-6)。

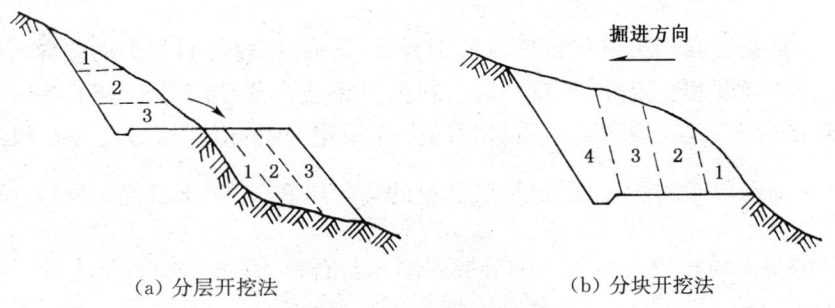

图 10-6　半路堑开挖方案

选择路堑开挖方案时,如系利用挖方填筑路堤,则应按不同的土层分别进行挖运,以满足路堤填筑规则的有关要求。

10.2.3　土质路堤填筑

填筑路堤一般有下列几种方式:

1. 分层填筑法

分层填筑法即按照路堤横断面全宽，从原地面逐层向上铺填与压实。分层松铺厚度随填料性质、压实方法和要求而定，一般可取 20～50 cm；填至路床顶面最后一层所铺的压实厚度，不应小于8 cm。此法易于保证压实质量，可使不同性质的土按规定层位填筑。路堤应按水平分层填筑，如原地面不平，则由最低处分层填起。当用推土机或铲运机直接从路堑取土填筑路堤，原地面纵坡大于 12% 时，可按纵坡分层填筑，即填土层非水平的而有纵向坡度（图 10-4(a)）。

2. 竖向填筑法

竖向填筑法系从路堤的纵向或横向，按照断面高度逐步倾填，如图 10-6(a)所示。竖向填筑路堤，由于填料过厚而难以压实，又容易产生不均匀下沉，因此使用受到限制。路线跨越深谷和在陡峻山坡地段及泥沼地区施工特别困难或大量爆破以挖作填时，如果不铺设高级路面，可将开山石块倾填于路堤下部，并用高效能压实机械压实，而在路堤上部（路床顶面下不小于 1.0 m 范围内）仍应分层铺填压实（如图 10-7 所示，称为混合填筑法）。

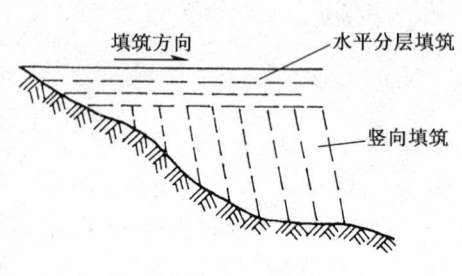

图 10-7 混合填筑法

在填筑路堤时，对不同性质的岩土，应分别（分层或分段）填筑，但高填方路堤，应分层填筑，不应分段或纵向分幅填筑，以防在连接处产生过大的不均匀下沉。填方分几个作业段施工时，若相邻两段采用不同性质的填料或不在同一时间填筑，则先填地段应按 1∶1 坡度分层留台阶；若两段同时填筑，则应分层相互交叠衔接，其搭接长度不得小于 2 m。

加宽旧路堤时，所用填土宜与原路堤用土相同或为透水性较好的土，并将原边坡清理后挖成向内倾斜的台阶（台阶宽度应不小于 1 m），再分层铺填夯实到规定的密实度，不允许将薄层新填土贴在原边坡的表面。

10.2.4 石质及土石混质路堤填筑

天然石料从花岗岩到强风化石料或软质岩石，其强度、材性有很大的差异。为了使填石路堤具有必要的强度和稳定性，填石路堤石料强度不应小于 15 MPa；对于易压碎分解的石料，压碎分解的碎屑、碎粒须达到土质材料的强度规定CBR值。填石路堤石料的粒径最大不宜超过分层铺砌层厚的 $\frac{2}{3}$，以保证整层材料的均匀压实，对于土石混质材料，强度超过 15 MPa 的石料的最大粒径不宜超过 $\frac{2}{3}$ 的分层层厚。若石料为软质岩时，最大粒径不应超过分层填筑厚度。

1. 石质路堤填筑

石质路堤填筑施工方式有倾填（含抛填）和分层填筑两种。

（1）倾填填筑

倾填填筑石料是从高处自然落下，石料间难免犬牙交错，空隙大且不均匀，又不易压实，填筑的路堤稳定性和均匀性较差，只有在二级公路以下遇陡峻险恶地段、分层填筑困难的低级路面道路上使用。即使这样,倾填填筑的路堤在顶部 1 m 范围内仍须分层压实填筑,使路床下有足够厚度的密实层,以保证路床与路面基层的平整连接和均匀传力,为路基的稳定和路面的正常使用提供必要的条件。

倾填填筑的路堤应用粒径大于 30 cm 的硬质石块对边坡及坡脚进行码砌,使边坡密实、稳固,弥补倾填石料较松散和无法机械夯实的不足。码砌厚度不应小于 1 m,路堤高度大于 6 m 时应不小于 2 m。

(2) 水平分层填筑

高级路面道路石质路堤应采用水平分层填筑法施工,使石质路堤尽可能地密实和稳定。对于岩性、石质(尤其是软硬性和透水性)相差悬殊的石料必须进行分层填筑或分段填筑,以免相对软弱石料不被硬石挤碎、分解,保证路堤即使在浸水状态下也具有必要的强度和稳定性。分层松铺厚度对于高等级道路不宜大于 0.5 m,而对于二级公路和以下的其他道路也不宜大于 1.0 m,以保证路基的有效压实并达到设计要求。

分层填筑石料时,卸料堆料位置及推进路线应该先低后高,先两侧后中央,尽可能避免大块石料的二次驳运。填筑石料时,应先填筑大粒径石料,后填筑小粒径石料。对于粒径超过 23 cm 的石料,应用人工将石料大面向下、小面向上,摆平放稳,以便用小粒径的石料填隙找平和压实。对于级配较差的石料,由于粒径相差悬殊、填筑层较厚、石块间空隙较大,应在每层石料的表面用石渣、石屑、中粗砂等填隙塞缝、嵌压稳定,必要时借助压力进行充填,直至塞满。为了提高路床顶面的平整度,使其与路面有良好的承托连接,填石路堤路床顶部 30~50 cm 范围内须用符合路床要求的土填筑。

2. 土石混质路堤填筑

土石混质路堤必须采用水平分层填筑法施工填筑,以最大限度地使土石混质材料均匀压实和稳定,获得路堤必要的强度和水稳定性。土石混质填料的每层铺填厚度一般不宜超过 40 cm,具体可随压实要求和机具的不同有所变化。每层表面的横坡为 4%~10%,以利排水。

对于不同的土石混质填料,若所含石料的岩性或所含石料的数量比率相差悬殊,或土石混质填料压实后具不同透水性能时,应作为不同材料加以区分,分层填筑,以尽可能保持单层填料的强度等物理性的均匀一致,且应将含硬质石块的混合料铺填在较软石质混合料的下层,以防较硬石块压砸、挤碎软质石块。还应尽量避免石块的过分集中和重叠,以造成土体的不均匀,给路堤的整体稳定留下隐患。

当土石混合料中石料含量超过 70% 时,填料更趋近于石料,应采用类似填石路堤的方式填筑,先铺填大石块料,且大面向下、小面向上设置平稳,再铺小块石料,每层表面用石渣、石屑、砾石砂等塞缝嵌压,找平压实。当石料含量小于 70% 时,可土石混合铺填。

土石混质路堤的土体材质稳定性不如填石路堤,均匀性不如土质路堤。为保证路基对上层路面有较均匀的支撑连接,在土石混杂路堤的上部,路床顶面以下 30~50 cm 范围需用粒径小于 10 cm 的匀质、稳定填料分层填筑压实。

10.2.5 路基压实

路基土在一般情况下是由土颗粒、水分和空气组成的三相体系,其相互的制约和统一构成土的各种物理特性,包括力学强度、渗透性和黏、弹、塑性。土的三相体系组成的变化随之改变土的物理性质。土的压实是用机械的方法来改变土的结构,以达到提高土的强度和稳定性的目的。通过将土压实,可以将土粒空隙中的大部分空气排出土外,并使土粒不断靠近重新排列,组成新的密实结构,从而大大提高土的强度,同时降低土的渗透性,提高土的水温稳定性(图10-8)。经压实至接近最大密实度的状态的黏性土,毛细水上升高度可由原来的 1.5~2 m 降至 0.4 m,粉土可由 0.8~1.5 m 降至 0.5 m,砂性土可从 0.2~0.6 m 降至 0.2 m 以下。

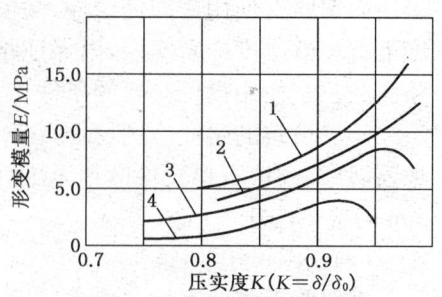

图 10-8 强度与压实度关系

曲线 1,2,3,4 的含水量分别为 $0.97w_0$,$1.0w_0$,$1.02w_0$,$1.12w_0$

1. 影响压实的主要因素

在压实能量、压实机具等外部条件一致的情况下,影响土基压实的主要因素是土的含水量和土的性质。干燥土颗粒成相互嵌挤状,需很大的外力才能促其位移。含水量的适当增加会加厚土颗粒之间水膜厚度,使土的颗粒之间吸引力减少,易于在外力作用下移动,形成更密实的结构。当土颗粒之间的吸引力继续减少,直至可以在外力作用下土颗粒间孔隙减至最小并形成最大密实状态,即嵌挤土颗粒之间的空隙刚好被水充满,对应此时是土的最佳含水量。若土的含水量超出最佳含水量时,作用于土颗粒的外力能量将被传至包围土颗粒的水和闭口的空气并被消散,相同外力下作用于土颗粒的有效能量会减少,土的密实度随之降低。

自然含水量较低状态下的土颗粒之间引力较大,外力不易克服,塑性变形较小,显得强度较高。但由于土还未压实到最大密实度,孔隙较多,一旦含水量增加,水分会迅速充斥孔隙使土颗粒间的吸引力减小,土的强度便会急剧下降。在最佳含水量时(一般在土的液限的 0.6 左右),土处硬塑状态,压实的土颗粒排列最紧密,相对位置最稳定,饱水状态下强度达到最高,饱水后密度和强度降低较少(图 10-9)。

土的含水量是影响压实效果的决定性因素。最佳含水量时土处于硬塑状态,最易压实,压实到最大密实度的土体水稳定性最好。不同性质的土,其最佳含水量及能达到的最佳密实度是不一样的。一般来讲,液限较高、粘性大的土因土颗粒细,比面积大并含有亲水性较高的胶体物质,其最佳含水量的绝对值较高,密实度的绝对值较低;粗颗粒、松散状的砂、砾类土,水分极易散失,含水量对压实无多大影响;介于中间的亚砂土和亚黏土则具有较好的压实性能,干容重能达到 18.5 kN/m³ 以上,黏性土的干容重一般不超过 17 kN/m³。

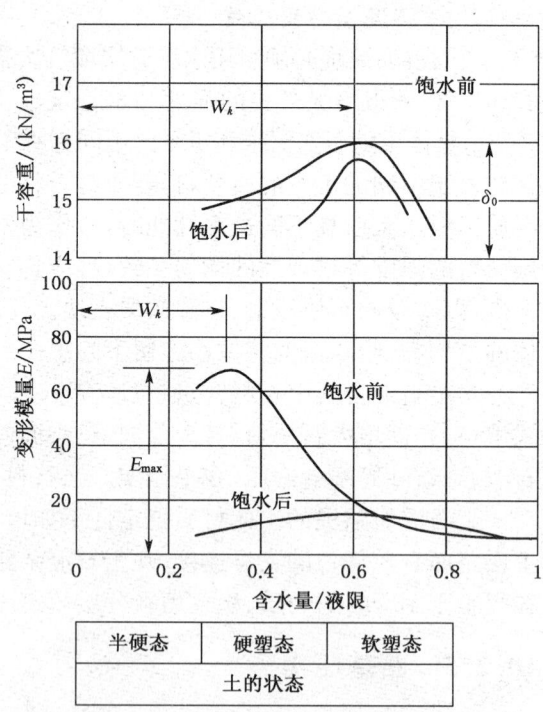

图 10-9 含水量对强度和密度的影响

压实功能的增加可使土最佳含水量降低,最大密实度增加。工程上常因土加水困难而采用增加压实功能来提高土的密实度,但随着压实功能的连续增加,土的最大密实度增加量减少。当不能用经济的压实功能获得设计要求的土的密实度时,工程上往往会采用换土等其他措施。

压实机具和方法对压实效果也有着重要的影响。夯击式压实机具压力传播较深,振动式次之,碾压式最浅,对应的有效压实深度由深至浅。压实机具的重量直接影响压力传播的深度,愈重愈深。压力传播深度还受到机具压实体表面形状的影响,接触面积愈大传播愈浅,光面碾较轮胎碾浅,轮胎碾又较羊足碾浅。

压实方法对压实效果的影响,主要表现在压实的碾压速度和碾压时间或次数。由于土呈黏、弹、塑性体,碾压速度愈快,土压传递愈浅,压实效果就愈差;压实时间愈长,压实次数愈多,压实效果愈好(图10-10)。但压实时间和次数超出一定范围,压实效果的提高愈趋不明显。工程上常以增加压重来节约时间或减少压实次数。

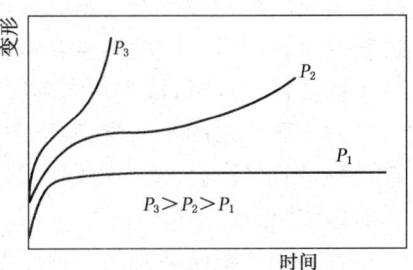

图 10-10 压实速度和时间与变形的关系

2. 压实度标准

土的压实效果就是用施工压实后土能达到的实际密实度 δ 与土可能达到的最大密实度 δ_0 的相对比值——压实度来衡量土的压实质量。我国公路要求的路基压实度标准见表 10-5。

表 10-5　　　　　　　　　土质路基压实度(重型)标准

项目分类	路面底面以下深度/m	压实度/%			检查方法和频率
		高速公路、一级公路	二级公路	三、四级公路	
填方路基	0~0.3	≥96	≥95	≥94	密度法:每2 000 m²、每压实层测4处
	0.3~0.8	≥96	≥95	≥94	
	0.8~1.50	≥94	≥94	≥93	
	1.50以下	≥93	≥92	≥90	
零填及挖方路基	0~0.3	≥96	≥95	≥94	
	0.3~0.8	≥96	≥95	—	

路基压实施工可以根据土的性质、填筑的位置及道路等级选择不同的压实标准。当三、四级公路铺筑沥青混凝土和水泥混凝土路面时,应采用二级公路的规定值;当路堤采用特殊填料或处于特殊气候地区时,压实度标准可根据试验路的论证在保证路基强度要求的前提下适当降低。

3. 压实前准备

土的最佳含水量和最大密实度,一般是在实验室,用标准的击实工具成形、测试得出的。根据测试结果可以控制土的压实含水量。而实际施工时的压实机具选择、压实层厚、压实次数等,需通过铺筑试验路段现场检测确定。

路基土的压实最佳含水量、最大干密度及其他指标,一般应在施工前半个月,在取土地点每种土质至少取一组代表土样,进行击实试验确定,以利机具的准备和施工方案的确定。实际施工中遇土质变化则须及时补做全部土工试验,并对压实工艺作出必要的调整。

为寻求达到压实标准所需最佳铺层厚度和最佳碾压次数,找到最为经济的压实工艺方案,须在地质条件、断面形式等均具代表性的地段,铺设不小于100 m的试验路段,用室内试验确定的最佳含水量控制土的实际含水量,并根据土质和压实机械条件试定松铺厚度,以保证压实层的均匀性。然后制订各种不同机具、不同压实次数和压实速度等的压实工艺方案进行试压。通过试压的结果确定各种土的适宜铺层厚度、松方系数、所需压实次数,以及相应土的实际含水量,以利在实际施工中能正确控制。

对于需加水的土,宜在取土前一天对取土坑洒水,使其均匀渗入土中。也可将土运至填筑现场,用水均匀浇洒,并拌和均匀后填筑。对于过湿的土,应翻晒或摊铺晾晒,待含水量合适时压实。

各种碾压机械适宜的松铺厚度和使用条件及一般需要的碾压遍数见表10-6。

表 10-6　　　　　　　　　松铺厚度及碾压次数表

压实机具		每层松铺厚度/cm	有效碾压(夯击)遍数		适用条件
			非塑性土	塑性土	
羊蹄路碾(6~8 t)		20~30	4	8	碾压段长度不宜小于100 m,宜于压实塑性土;钢质光轮压路机适用于压实非塑性土
钢质光轮压路机	轻型(6~8 t)	15~20	4	8	
	中型(9~12 t)	20~30	4	8	
	重型(12~15 t)	25~35	4	8	
轮胎压路机(16 t)		30~35	3	8	
振动式压路机	2 t	11~20	3	5	碾压段长度不宜小于100 m,宜于压实非塑性土,亦可用于压实塑性土
	4.5 t	25~35	3	5	
	10 t	30~50	3	4	
	12 t	40~55	3	4	
	15 t	50~70	3	4	
重锤(板夯)	1 t举高2 m	65~80	3	5	用于工作面受限时,宜于夯实非塑性土,亦可用于塑性土
	1.5 t举高1 m	60~70	3	5	
	1.5 t举高2 m	70~90	3	4	
机夯	(0.3 t)	30~50	3	4	用于工作面受限制及结构物接头处
人力夯	(0.04 t)	20~25	3	4	
振动器	(2 t)	60~75	1~3 min	3~5 min	宜于压实非塑性土

注:非塑性土指砂、砾石等无塑性土,每层松铺可取高值;塑性土每层松铺取低值。

4. 压实工艺

压实工艺一般应遵循以下原则:

(1) 压实机械的选择应根据工程规模、场地大小、填料种类、压实度要求、气候条件、压实机械效率等因素综合考虑确定。

(2) 压实机具使用应先轻后重,以使土基强度的增长能适应压实能量的增加。

(3) 碾压速度宜先慢后快,对于振动压路机先静压一遍后再振动,先弱振后强振,以便于松土粘结成形,不致被机械急推松散。起始碾压速度不宜超过 4 km/h。

(4) 压实路线一般是沿路线纵向进退式进行。在横断面上先两侧后中间,平曲线有超高段则应由低一侧向高一侧逐渐推进,以便形成路拱和单向超高横坡。

(5) 相邻两次的轮压迹印应重叠 1/3 左右。对于振动压路机一般重叠在 0.4~0.5 m 左右,对三轮压路机一般重叠后轮宽的 1/2,前后相邻两区段宜纵向重叠 1~1.5 m。对于夯锤压实,首遍夯实位置宜紧靠,孔隙不得大于 15 cm;次遍夯位应压在首遍夯位的缝隙口。如此反复,无漏压点或死角,确保碾压均匀,避免土基产生不均匀沉陷。

(6) 经常注意土的含水量,并视需要采取相应的晾晒或洒水措施。每一压实层应检验压实度,每 2 000 m² 检验八点,不足 200 m² 检验两点,必要时加密,以保证压实质量。

(7) 施工期间可以让车辆在路基全幅宽度内分散行驶,以尽量利用大型机械的行走进行对土基的压实,但须避免车辆长时间在同一线上行驶而导致过度碾压,甚至形成车辙。

(8) 对于用铲运机、推土机和自卸车推运土料填筑路堤时,应将填料整层平铺,且应按设计断面路拱形成 2%~4% 的横坡,并及时压实,以利雨季排水。

(9) 路床断面压密完成后,应进行弯沉检验,每幅双车道隔 50 m 须测 4 点,左右后轮各 1 点。考虑季节影响后应符合设计要求,以保证路基强度要求。

填石路堤宜选择工作质量在 12 t 以上的重型振动压路机、2.5 t 以上的夯锤或 15 t 以上的轮胎压路机压(夯)实,压实最大厚度不大于 1 m。若采用重型静载光轮压路机压实,压实层厚度应控制在 0.3 m 以内。

填石的压密程度也应通过试验确定所需压实或夯实的遍数。当采用夯锤时,可按重锤下落时不下沉而发生弹跳现象进行压实度检验。

土石路堤压实度的检验可以采用灌砂法或水袋法检测。在填筑前应作出各种岩性土石混合料在不同含水量时的标准干密度曲线,以便于现场检验和控制土石压实度。

5. 压实质量的检查

在路基压实过程中,为确保压实质量,必须逐层检查土的含水量和密实度,以便控制压实工作。如果发现不符合要求,应区别情况,采取不同措施,及时调整有关的压实参数(如机械能力、铺层厚度、土的湿度、压实遍数等)。检测方法应简便、快速和可靠。

含水量测定,通常以烘干法为标准方法。在野外施工如无烘箱设备或要求快速测定含水量时,可按土的性质和工地条件,分别采用下列方法:比重法(适用于砂性土)、酒精燃烧法(不适用于有机土和盐渍土)、炒干法(适用于含砾较多的土)等。

密实度测定有环刀法(适用于细粒土,环刀中部处于压实层厚的一半深度)、灌砂法或灌水(水袋)法(适用于含石的非均质土,取土样的底面位置为每一压实层底部)和蜡封法(适用于能成块挖取的土)等。

此外,还有用核子密度湿度仪(简称核子仪)测定土的密度和含水量。核子仪有使用方便、快速的优点,但其精度不如灌砂法等四种典型方法,故不宜用作仲裁试验及验收依据。采用核子仪法时,应先进行标定和对比试验。

路床顶面压实完成后,还应进行弯沉检验。检验汽车的轮重(或轴重)及弯沉允许值按照设计规定执行。当设计提供为路基回弹模量时,则应按规定的换算公式计算设计要求的弯沉值 l_0,当无规定时可参考下列回归方程换算:

$$l_0 = 930\,8 E_0^{-0.938} \tag{10-1}$$

式中 E_0——路基回弹模量(MPa);

l_0——路床顶面设计弯沉值,以黄河牌 JN150 型试验车测试值(10^{-2} mm)为准。

若弯沉检验时不是不利季节,路床顶面的检测弯沉值在考虑季节影响之后应符合设计要求。

10.3 石 方 爆 破

在山区或某些丘陵地区修筑路基时,常需挖掘岩石。岩石的开挖,除了能用机械或人工直接开挖的软石和强风化岩石外,均应采用爆破方法。路基石方爆破作业包括以下步骤:

(1) 对预定要开挖的路基断面,提出爆破方案,确定爆破方法(炮型);选择药包位置(炮位),并清除覆盖土及松散石层,对爆破器材进行检查与试验;

(2) 钻炮孔或挖导洞和药室;

(3) 在炮孔或药室内装填炸药和安置起爆材料,并加以堵塞,敷设起爆网路;

(4) 设置警戒,撤离人员,用点火或通电等使炸药爆炸(起爆);

(5) 处理瞎炮,解除警戒,再用各种机具清除岩石碎块(清方),测定爆破效果;

(6) 反复施行爆破,直到形成整个路基。

运用爆破技术开挖岩石,其效果将随许多因素而变化,其中主要有:炸药性能,地形和地质条件,施工方法(包括所采用药包的大小和布置,堵塞情况,起爆器材的装接和起爆方法等)。另外,爆破作业较易出现严重的工伤事故,要特别重视安全操作。

10.3.1 爆炸材料

爆破施工使用的爆炸材料有炸药和起爆材料两大类。

1. 炸药

炸药是一种化学不稳定的物质,在外界能量作用下会发生急剧的化学反应,同时放出巨大热量,生成大量高压气体,对周围介质产生短暂而猛烈的冲击和挤压,使其遭到破坏或移位。这种能量释放过程称为爆炸。

炸药的性能常用爆速、爆力、猛度、敏感性和安全性等来表示。爆速是指炸药内其化学反应的传递速度(单位为 m/s)。爆力是指炸药在介质中作功的能力,通常以铅铸扩孔法测得炸药爆炸后所扩大的体积来计量(单位为 mL)。爆力的大小主要取决于炸药爆炸时产生的气体数量和温度,与爆速也有关。炸药爆炸时击碎邻接介质的能力叫猛度,常用铅柱压缩法来测定(以 mm 计)。猛度主要取决于炸药的爆速和爆炸时产生的热量。爆力、猛度和爆速可以衡量炸药的爆破能力(称为威力)。炸药的敏感性表示炸药在外界能量作用下发生爆炸的难易程度。安定性是指炸药在贮存过程中保持其原有物理化学性质的能力。炸药的敏感性和安定性对炸药的使用也有极大影响。

炸药的种类繁多,石方爆破常用的主要炸药(是直接对岩石进行爆破的炸药)有铵梯炸药、铵油炸药、胶质炸药和黑火药等。

铵梯炸药是我国目前工业炸药中生产最多、使用最广的一种炸药。它属于混合炸药中的硝铵类炸药,呈黄色粉末状,由硝酸铵、三硝基甲苯(俗称梯恩梯)和木粉等配合而成。道路工程中常用的1号露天铵梯炸药和2号岩石铵梯炸药(后者还可用于无瓦斯的地下爆破),其配合比例分别为82:10:8和85:11:4,爆力为300 mL和320 mL,猛度为11 mm和12 mm。铵梯炸药的敏感性较低,火花或摩擦不易引爆,使用比较安全;但吸湿性强,易受潮结块,以致降低爆炸威力,而生成的有毒气体明显增加,甚至产生拒爆现象,因此,储运和使用时均应注意防潮。

铵油炸药系20世纪50年代发展起来的一种硝铵类炸药。它是硝酸铵和柴油(或加木粉)的混合物,通常二者的比例为94.5:5.5(称为3号铵油炸药),当加木粉时,其比例为92:4:4(称为1号铵油炸药)。这种炸药因其爆炸威力接近露天铵梯炸药,还具有取材方便、配制简单、成本低廉、使用安全等优点,目前在路基石方爆破中应用较多。其主要缺点是不抗水,吸湿性强,故最好在工地现拌现用,不要存放过久。

胶质炸药属于硝化甘油类炸药,为黄色塑性体,主要由硝化甘油和硝酸钾(或硝酸钠)组成,其他成分还有二硝化乙二醇、硝化棉、木粉等。它一般可分为耐冻、非耐冻两种。工业上常用的是硝化甘油及二硝化乙二醇的总含量各为62%和35%的耐冻胶质炸药(耐冻-20℃以下)。它对冲击、摩擦和火星都很敏感,容易分解、渗油和挥发而敏感性更高,受冻后触动即可爆炸,使用较危险。但胶质炸药威力大,不吸湿,有较大的密度和可塑性,适用于水下爆破和坚石爆破。

黑火药,又称黑色炸药,是一种古老而在民间广泛使用的土炸药。它用硝石(硝酸钾)、硫磺和木炭三种原料按一定比例(以75:10:15为最佳)配制而成。好的黑火药为质地均匀不含粉末的小颗粒状,呈深蓝色或灰色,微带光泽。这种炸药爆速较低(不到1 000 m/s),爆炸时所生成的气体对四周介质主要产生静压力,使岩石破裂。黑火药对火星和撞击极敏感,吸湿性强,威力低,一般用于制造导火索、爆破软岩和开采石料(大块料石)。

2. 起爆材料

在爆破作业中,要使炸药安全、准时、可靠地爆炸,必须借助于起爆材料并按照一定的起爆过程来提供足够的起爆能量。常用的起爆材料有导火索、雷管、导爆索和导爆管等。

导火索,又称引火线,可用来传递火焰直接使黑火药起爆或者引爆火雷管再使主要炸药(如铵梯炸药)起爆(称为火花起爆法)。它用黑火药做索芯,中间有棉纱导线,芯外紧缠着包线,表面涂以沥青防潮剂,形成直径5～6 mm的圆形索线。导火索按燃烧速度分为普通(燃速为100～120 s/m)和缓燃(燃速为180～210 s/m或240～350 s/m)两种。使用时,导火索要燃烧正常,燃速恒定,并有相当的长度,以确保炸药起爆时人员安全,还能控制各炮的起爆顺序。它使用简便,但要人工点火,较为危险,一次引爆的炮数不能太多,也难以同时起爆,常用于作业量少而分散的爆破工点。

雷管,主要由管壳、正副起爆药和加强帽三部分组成(图10-11)。正副起爆药,均采用爆速极高的烈性炸药。正起爆药的敏感性高,可用火花或电力直接引爆,如雷汞等;副起爆药的威力大,可提供较高的起爆能量,如特屈儿等。雷管分火雷管和电雷管。火雷管(图10-11)一端开口并留有空位,以备插入导火

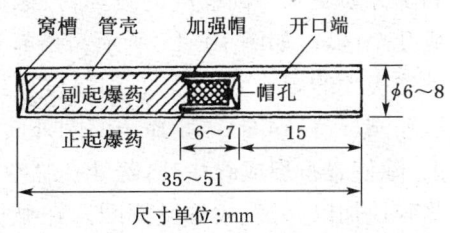

图10-11 火雷管构造

索。电雷管(图 10-12)在管壳开口一段有一个电点火装置,并用防潮涂料密封端口。电雷管的品种较多,有即发电雷管和迟发(包括延期及微差)电雷管。即发电雷管,可用于数炮同时起爆。迟发电雷管,因在点火装置与正起爆药之间还有一段缓燃剂,从而推迟爆炸,可使先爆炮为后爆炮创造临空面。延期电雷管的迟发时间以 s 计,有 2,4,6,8 s 等几种规格。微差电雷管,又称毫秒电雷管,迟发时间以 ms 计。电雷管是接在起爆网路上通电引爆的,要求每个电雷管有 2~5 A 的电流通过,以充分保证准爆。另外,雷管按所装的起爆药量多少,分为 1~10 号。通常使用 6 号和 8 号两种,其装药量分别相当于 1 g 和 2 g 的雷汞。对于铵油炸药,因其敏感性低,不能直接用 8 号雷管引爆,必须同时用 10%的铵梯炸药作为起爆体,才能充分起爆。

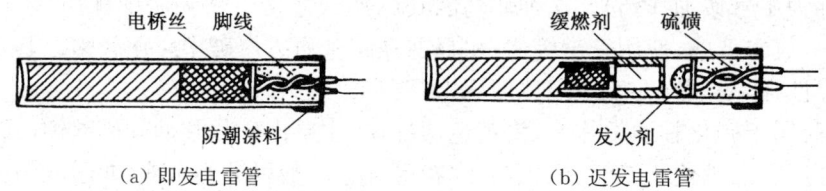

(a) 即发电雷管　　　　　　(b) 迟发电雷管

图 10-12　电雷管构造

　　导爆索,或称传爆线,其外形与导火索相似,但索芯是用高级烈性炸药(如黑索金等)制成,表面涂成红色或红黄色相间等(以与导火索区别),爆速达 6 800~7 200 m/s。导爆索不需要通过雷管,可用自身爆炸时产生的能量去直接引爆主要炸药,因此,施工操作比较简便和安全。此外,导爆索起爆法与电力起爆法相比,还具有不怕雷击、杂电影响等优点。导爆索本身着火较困难,使用时,需缚上雷管(一般用 8 号雷管)来引爆。导爆索,因其爆速快,常用于深孔和洞室爆破以及水下爆破,还可提高爆破效果。

　　导爆管系高压聚乙烯制成内外径分别约为 1.4 mm 和 3 mm 的软管,内涂有以黑索金(或其他高级烈性炸药)为主的混合炸药,药量为 14~16 mg/m,爆速为 1 600~2 000 m/s,需用雷管等能产生冲击波的器材激发引爆。它使用安全可靠,成本亦较低,常用来替代导爆索起传爆作用。

10.3.2　药包计算原理

1. 药包的爆破作用

　　为了爆破,在介质(如岩石等)内部或表面放置的一定数量的炸药,称为药包。

　　药包(呈圆球状)在无限均匀介质内部(相当于地下很深处)爆炸时,所产生的静压力和冲击波会向四周等量地扩散,使周围介质受到不同程度的破坏,按照破坏程度的不同,可以分成几个区域,如图 10-13 所示。最靠近药包周围的介质,直接承受极大的爆炸力,使岩石因极度压缩而粉碎,这个区域称为压缩圈(或粉碎圈)。紧靠压缩圈外面的介质,爆炸力作用仍很大,除使岩石裂成碎块外,若处在临空的自由条件下,还能将这些碎块加以抛掷,故称抛掷圈。在抛掷圈外围的介质中,爆炸力已减弱到无法产生抛掷现象,但仍能使岩石结构遭到不同程

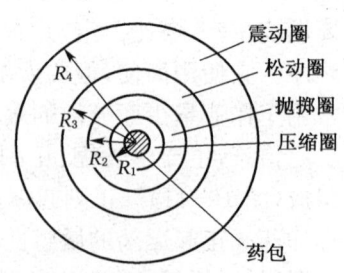

图 10-13　爆破作用圈

R_1—压缩半径;R_2—抛掷半径;
R_3—松动半径;R_4—震动半径

度的破坏，而出现破碎、开裂和松动，如失去支撑就会崩坍下来，该区域称为松动圈（或崩裂圈）。松动圈以外，微弱的爆炸力只能使介质（岩石）产生震动现象，这就称为震动圈。在震动圈外，介质中的爆炸能量几乎完全消散。以上爆破作用圈的界限，可采用相应的半径来表示。

药包在有限介质内爆炸时，因介质具有一个或数个临空面（与空气或水接触的界面），爆破作用首先沿介质阻力最小的地方（称最小抵抗线）发生。在介质均匀时，最小抵抗线（长度）W 等于药包中心至临空面的最短距离。在一个临空面为水平时，如果药包的埋置深度（药包中心至地表的距离，也即 W）大于松动半径 R_3（图10-14(a)），则爆炸后地表没有破坏迹象，称为内部爆破（内部药包）；当药包埋深小于 R_3，但大于抛掷半径 R_2 时（图10-14(b)），爆炸后会沿最小抵抗线方向产生漏斗状破坏，表面的岩石只破碎和松动，并隆起形成鼓包，这就称为松动爆破（松动药包）；如果药包埋深小于 R_2（图10-14(c)），则爆炸后部分碎块会被抛出，表面形成漏斗状爆破坑，称为抛掷爆破（抛掷药包）。这种在有限介质内所产生的漏斗状破坏范围，称为爆破漏斗。

抛掷爆破漏斗的形状，通常采用爆破作用指数 n 来表征：

$$n = \frac{r}{W} \tag{10-2}$$

式中，r 为漏斗口半径。n 大，则爆破漏斗浅而宽；n 小，则漏斗深而窄。

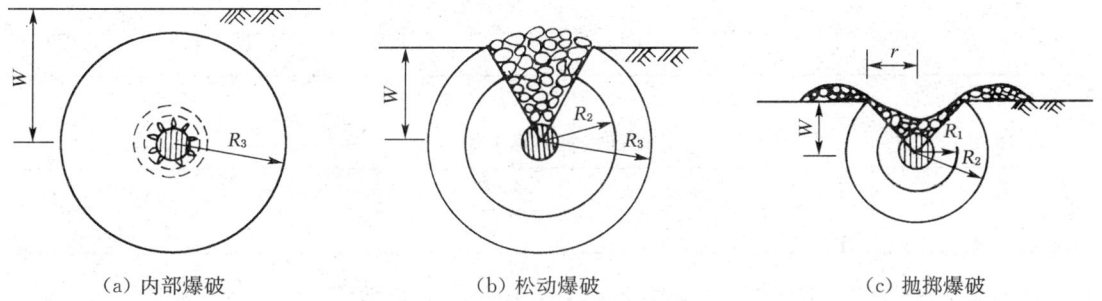

(a) 内部爆破　　　　(b) 松动爆破　　　　(c) 抛掷爆破

图10-14　药包埋置深度不同时的爆破情况

通常根据 n 值的大小，对抛掷爆破和药包进行分类。当 $n=1$ 时，爆破漏斗的顶角成直角，称为标准抛掷漏斗，而能形成这种漏斗的药包（爆破），就称标准抛掷药包（爆破）；当 $n>1$ 时，漏斗顶角为钝角，此时，称为加强抛掷爆破（漏斗）和加强抛掷药包；当 $n<1$ 时，顶角为锐角，相应称为减弱抛掷爆破（漏斗）和减弱抛掷药包。

实践表明，当 $n<0.75$ 时，药包爆炸后只能形成隆起的岩块堆，而无岩块抛掷出去，故可看作松动爆破和松动药包。

除了药包的埋置深度（最小抵抗线 W），爆破漏斗的形状，还取决于药包的装药量。由于药量的多少，影响到爆破作用圈半径的大小，在 W 不变的情况下，增加炸药用量就会使漏斗口半径变大。因此，爆破作用指数 n 的大小反映了炸药用量的多少。

2. 药量的计算方法

爆破一定体积的岩土，需要相应数量的炸药。炸药用量不足，就不能达到预期的要求（包括介质被抛掷和松动的范围或破碎的程度等）；而药量过多，又会产生超爆现象，危及路基稳定和施工安全。迄今为止，各种爆破方法的药量计算公式，都是根据药包的装药量与所

需爆破岩土的体积成正比这个基本关系而得来的,亦即

$$Q = qV \tag{10-3}$$

式中　Q——药包装药量(kg);

　　　V——该药包所需爆破的岩土体积(m^3);

　　　q——比例系数,即爆破单位体积岩土所消耗的炸药数量,简称单位耗药量(kg/m^3)。

在标准抛掷爆破中,爆破漏斗可看作倒置的正圆锥体,此时,$r = W$,则爆破漏斗体积为

$$V = \frac{1}{3}\pi r^2 W \approx W^3$$

故得

$$Q = q_0 W^3 = eKW^3 \tag{10-4}$$

式中　q_0——形成标准抛掷漏斗时的单位耗药量,可通过工地试爆确定;

　　　K——标准炸药(2号岩石铵梯炸药)的 q_0 值,一般工程爆破时可参照表10-7选用;

　　　e——炸药换算系数,取决于炸药的威力,一般可按表10-8取用。

表10-7　　标准抛掷爆破的单位耗药量(以2号岩石铵梯炸药计)K 值

土石类别	松　土	普通土	硬土、软石	次坚石	坚　石
$K/(kg/m^3)$	1.0～1.1	1.1～1.2	1.2～1.4	1.4～1.7	1.7～2.1

表10-8　　炸药换算系数 e 值

炸药名称	2号岩石铵梯	铵　油	62%耐冻胶质	黑火药	梯恩梯
e	1.0	1.05～1.10	0.88	1.7	0.86

对于非标准抛掷爆破,式(10-4)中还要引入药包性质指数 F:

$$Q = eKW^3 F \tag{10-5}$$

根据多年来的实践经验,一般认为比较符合实际的是

$$F = f(n) = 0.4 + 0.6n^3 \tag{10-6}$$

另外,松动爆破的单位耗药量,一般为标准抛掷爆破单位耗药量的20%～60%,随松动(破碎)要求而定。通常取33%时,称为标准松动爆破(药包)。

3. 影响爆破效果的因素

药包在介质内爆炸时,影响爆破效果的因素甚为复杂。上述药包计算方法同实际情况相比显得过分粗略。故在运用时还需综合考虑各种因素,包括地形、地质条件、炸药性能和施工情况等。其中尤以地形和地质条件的影响为大。

在地形平坦时,抛掷爆破漏斗中的岩土不可能全部抛掷出去,部分上抛的碎块仍会回落到漏斗内,如图10-14(c)所示。将爆破漏斗内抛出(滑出)部分所占的百分率,称为抛掷率 E;通常标准抛掷药包的 $E = 27\%$。根据实际抛掷每立方米岩土所耗药量最小的经验,土的最佳抛掷率为80%～95%,岩石为70%～85%。因此,在平坦地形条件下,为了获得较经济

合理的抛掷效果,常需采用加强抛掷药包,取较大的爆破作用指数值。而在地面倾斜时,爆破的作用方向(最小抵抗线方向)与岩土的重力方向斜交(图10-15),故岩土的实际抛掷量可增加,或者用药量可减少。不仅如此,抛掷漏斗上方的岩土(图中阴影部分),因爆破作用的影响而松裂,在抛掷漏斗内的岩土被抛出后,会在自重作用下脱离母体而崩坍,使得爆破漏斗的范围扩大了。地面横坡越陡,炸下相同数量岩土所需的炸药量也越少,亦即取用的爆破作用指数可越小。在斜坡地形,最佳抛掷率一般为65%～75%。不难理解,用式(10-6)确定药包性质系数 F 时,爆破作用指数 n 同抛掷率 E、地面坡度 α 有关。对于抛掷爆破,一般按表10-9选取 α 值,可望获得良好的爆破效果。

表 10-9 爆破作用指数 n 值

地面坡度 α	0°～20°	20°～30°	30°～45°	45°～60°	>60°
n	1.75～2.25	1.5～1.75	1.25～1.5	1.0～1.25	0.75～1.0

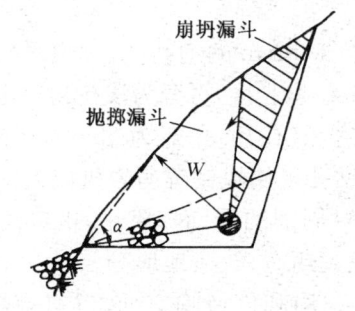

图 10-15 地面倾斜时的爆破情况

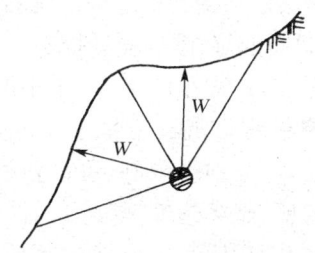

图 10-16 临空面对爆破的影响

临空面的数目对爆破效果的影响很大。当路线通过短而深的垭口或山嘴时,往往会遇到多面临空的地形。由于爆破作用力指向阻抗最小的方向,多临空面的出现将使作用力指向多个方向,形成多个爆破漏斗(图10-16),而增加爆破方数。当临空面(临空方向)的数目为2,3,4,5或6时,药包用药量降低的系数分别为0.83,0.67,0.50,0.33和0.17。在实际爆破中,即使地形条件不利时,也可采取措施改造成台阶和多面临空的条件,以提高爆破效果。

岩土的类别和状况对爆破效果的影响,可以从单位耗药量的大小得到反映(表10-5)。岩石越坚硬,其整体性越好,对爆破的阻抗越大,使得单位耗药量也越多。

岩层结构面的产状和性质,特别是明显张裂的断层、层理、节理等对炸药爆炸能量的传播有削弱和阻断作用,往往控制着爆破漏斗的形状和大小(图10-17)。药包位置以在无裂隙、无水湿之处为宜,应避免选择在两种岩石硬度相差很大的交界处。另外,药包的爆破作用方向最好与岩层的走向垂直相交,不要与走向平行。

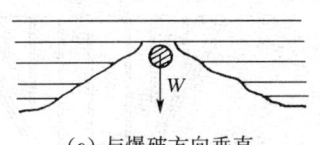 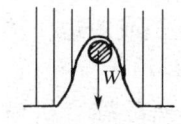 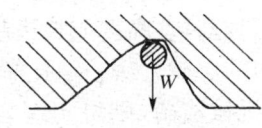

(a) 与爆破方向垂直　　　　(b) 与爆破方向平行　　　　(c) 与爆破方向斜交

图 10-17 岩层走向对爆破的影响

炸药的威力也影响爆破效果。威力(爆力和猛度)大的炸药,爆破效果好,炸药用量可少些,也就是炸药换算系数 e 值小(表 10-6)。

此外,施工时装药的密度、堵塞的情况和炸药的防潮等都对爆破效果有影响。通常,装药密度适中,效果最好。过密会使炸药对爆炸的敏感性不够,而过松则传爆速度不快,均影响效果。根据试验,硝铵类炸药的装药密度,一般取用 $0.9 \sim 1.0 \text{ g/cm}^3$ 为宜。堵塞对爆炸能量的充分利用很有关系。炸药的威力越低,堵塞的要求越高。堵塞材料必须是胶结而密实的,内摩阻力较大;同时堵塞长度应足够,以免爆炸气体沿炮眼喷出,造成能量大量失散。一般按规定要求进行堵塞时,可不再考虑其对用药量的影响。

10.3.3 爆破方法

根据地形地质条件、所需爆破的岩石体积、路基断面的形状和施工要求的不同,可综合地采取各种爆破方法:炮孔(分浅孔和深孔)法、扩孔(有药壶和猫洞)法和洞室法等。

1. 炮孔法

炮孔爆破法系指在被爆破的岩石内钻凿直径小于 300 mm 的炮孔(又称炮眼),然后装药和堵塞,再进行起爆,多为松动爆破。炮孔按其直径和深度(长度)可分为浅孔和深孔两种。

浅孔爆破,又称小眼炮,属于小爆破。它的炮孔直径(孔径)一般为 $25 \sim 50 \text{ mm}$,深度不超过 5 m,单孔爆破的石方量不大(不超过 10 m^3)。钻孔可用风钻等凿岩机或人工打钎。此法操作简便,不受地形限制(可设各种方位的炮孔),对周围的震动损害小,被广泛用于开挖浅路堑和沟槽、整修边坡、炸碎弧石(或大块岩石)、设置药室、改造地形等。

布置炮孔时,应考虑当地的地质地形条件,尽量利用和创造临空面,以提高爆破效果。炮孔深度(孔深)一般不超过开挖范围,以防超爆;又应大于最小抵抗线 W,以免爆炸力集中于炮孔方向,将堵塞物冲出而形成空炮(俗称冲天炮)。在一个临空面时,炮孔方向宜与临空面斜交,呈 $30° \sim 60°$ 夹角(图 10-18)。用成排炮孔爆破时,常取齐发(同时起爆)的方式。对于群炮,宜分排或分段来用微差爆破。同排相邻炮孔的水平间距(称为孔距)a,常取$(0.8 \sim 2.0)W$;为使炸药在岩石中均匀分布,多排炮眼应按梅花形交错布置,排与排之间的距离(称为排距)约等于 $0.86a$。炮孔的装药量,一般不作计算而根据经验或试验来决定。炮孔的装药长度通常为孔深的 $\frac{1}{3} \sim \frac{1}{2}$,特殊情况下不得超过 $\frac{2}{3}$,对于减弱松动爆破可降到 $\frac{1}{4}$。为提高爆破效果,可在炮孔底部设一段不装药。炮孔顶部的堵塞长度,一般不得少于孔深的 $\frac{1}{3}$。

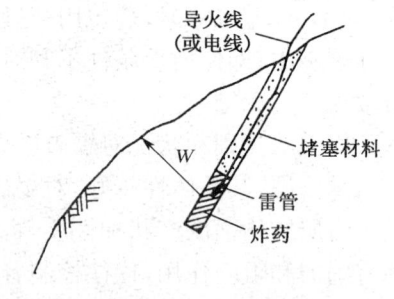

图 10-18 小眼炮

深孔爆破,是指孔径大于 75 mm、深度在 5 m 以上、采用延长药包(高度或长边超过直径或短边 4 倍的柱状药包)的爆破方法。钻孔需用潜孔钻等穿孔机,如配合挖运机械清碴,则可实现岩石路堑的综合机械化施工。深孔爆破对路基边坡的影响比洞室大爆破小得多,若同时采用光面或预裂爆破技术(图 10-19),就可

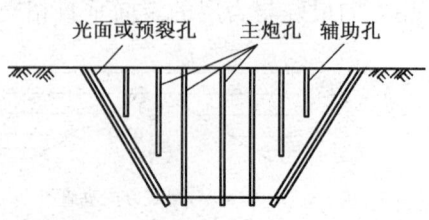

图 10-19 拉槽深孔爆破炮孔布置

得到平整稳定的边坡。此法的爆破效率较高，但常有10%～15%的大块岩石需要二次爆破，以便清除。目前，它在地形较平缓的垭口处或深路堑开挖中，已获得广泛应用。

深孔爆破时，为便于钻孔机械操作，需先将地面修成台阶形的梯段，坡面角 α 最好为 $60°\sim75°$，梯段高度 H 常取 $5\sim15$ m，随机械的钻孔效率和路堑的开挖深度而定，炮孔分竖孔和斜孔两种，其布置如图 10-20 所示。孔径 d 要根据工程数量、进度要求和机械设备情况确定，并与梯段高度相适应，一般以取 $100\sim150$ mm 为宜。底板抵抗线 W_1 通常为 $(20\sim40)d$，岩石可爆性好、孔底炸药威力大时取大值，反之取较小值。孔距 a，一般采用 $(0.7\sim1.3)W_1$，梅花形交错布孔时取大值。排距 W_2，通常选用 $(0.9\sim1.0)W_1$，多排微差爆破时取 W_1 值。为克服梯段底板的夹制作用使爆破后不留根坎，坚石在钻孔时孔深(孔长)L 应超过底板，超钻约 10%～15%；当不许破坏底板岩石或遇到次坚石和软石时，超钻可以为零或负值(即孔深不到底板)。孔边距(梯段上缘至前排孔的距离)b，可由 W_1、H、α 和 β(炮孔倾角)求算，其值不应小于 $2\sim3$ m，以保证钻孔作业安全；否则需调整 W_1 值。

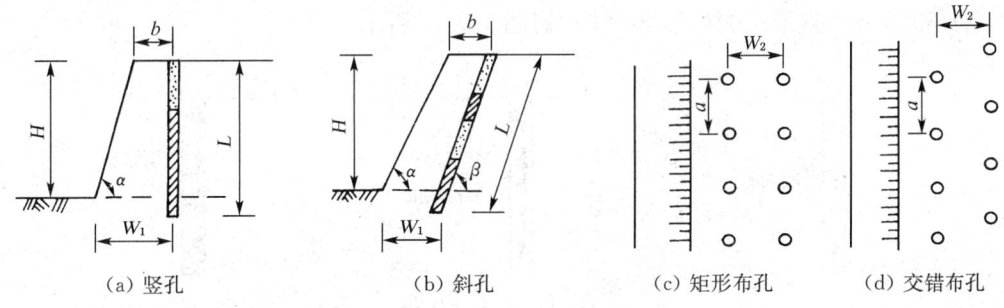

图 10-20　梯段深孔爆破炮孔布置

(a) 竖孔　　(b) 斜孔　　(c) 矩形布孔　　(d) 交错布孔

深孔爆破的每孔装药量 Q 按下式计算：

$$Q = eK'WHa \tag{10-7}$$

式中　W——抵抗线长度，对单排孔和多排齐发或微差爆破的前排孔用 W_1，对多排的后排孔用 W_2；

K'——松动爆破采用标准炸药时的单位耗药量，应考虑爆破后岩石碎块的大小与挖掘机械的性能相适应，一般取 $\dfrac{K}{3}$，但每排的边孔和多排齐发爆破的后排孔，药量要适当增加约 20%，以克服侧向和前面岩石的夹制作用。

为使爆破后岩石破碎均匀和降低大块率，特别是梯段高陡，上部岩石坚硬时，宜用间隔装药结构(图 10-20(b))，并将大部分或威力大的炸药装在梯段阻力最大的部位，以充分利用爆炸能量。一般要求堵塞长度不小于 $(0.7\sim0.8)W_1$，至少不应小于孔边距 b；否则，容易形成冲天炮，应减小 W_1 或 a 值，然后重新计算装药量。

光面和预裂爆破，都是沿着开挖限界处(如路堑边坡坡面)按适当间隔排列炮孔，装药爆破后能形成平整的界面。光面爆破是在主体爆破完成后，具有侧向临空面的条件下进行的；而预裂爆破是在主体爆破之前，没有侧向临空面的条件下进行的。预裂爆破后的界面处形成一条裂缝，作为隔震减震带，使开挖限界以外的山体或建筑物免受爆炸震动的破坏，并能防止额外超爆。光面和预裂爆破时，应严格保持各炮孔在同一平面内，每一排孔必须同时起爆,以保证爆破质量。若光面或预裂爆破与主体爆破一起进行时,其间隔时间,一般可取 25~50 ms。光面和预裂爆破的炮孔直径 d,常与主炮相同。其孔距 a 与孔径 d 的比,叫做孔距系数 n,光面爆破取 12~16,预裂爆破取 8~12,岩石坚硬而完整时选用大值。光面爆破的孔距 a 与最小抵抗线(即光面层的厚度)W 的比值(称为密集系数)m,一般取 0.6~0.8。每米钻孔的装药量,也称线装药密度 q',一般按下列公式计算和控制:

光面爆破 $$q' = CWa = \frac{n^2}{m}Cd^2 \tag{10-8}$$

预裂爆破 $$q' = Ca^2 = n^2 Cd^2 \tag{10-9}$$

式中　d——光面或预裂孔的孔径(m);

　　　C——计算单位用药量(并不等于实际的单位耗药量),露天开挖光面爆破取 0.14~0.26 kg/m³,地下开挖光面爆破和预裂爆破取 0.1~0.9 kg/m³,随岩石性质和炸药种类等条件而异。

光面和预裂爆破采用弱性装药结构,如图 10-21 所示。

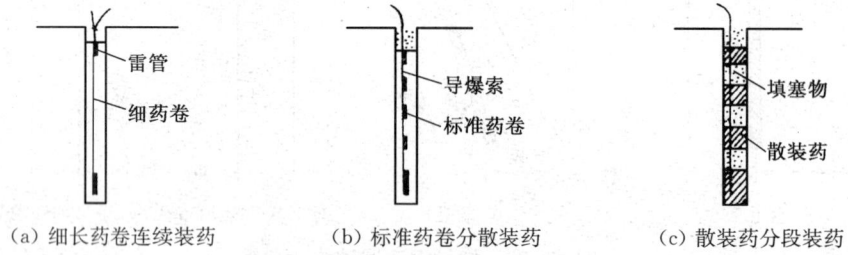

图 10-21　光面和预裂爆破装药结构

2. 扩孔法

扩孔爆破法是将炮孔先用少量炸药轰膛等办法进行扩孔,然后装药成集中药包进行爆破。它有药壶法和猫洞法两种。

药壶法,又称葫芦炮,系将炮孔(直径常取 35~40 mm)底部扩大成葫芦状(称为药壶),可以集中装入较多的炸药(一般为 5~60 kg)的一种爆破方法(图 10-22)。它与浅孔爆破相比,爆破效率高,钻孔工作量小,但扩壶(需多次轰膛)工艺较繁,爆落的岩石中大块较多。此法适用于结构均匀致密的硬土、次坚石、坚石。当炮孔深度小于 2.5 m,或在很坚硬的岩石和裂隙发育的软石中,以及岩层很薄而软硬不匀或有水渗入时,均不宜采用。

药壶炮大多用于梯段的松动爆破中,炮孔深度一般为 5~7 m,药壶距设计边坡线的水平距离不宜小于最小抵抗线。其最小抵抗线 W 只要取 $(0.6~0.8)H$(H 为梯段高度)就可以爆落整个台阶,但为了减少大块率,通常 $W = (0.8~1.0)H$。药包间距 a 取 $(0.8~1.0)W$。装药量 Q 的计算公式如下:

$$Q = eK'W^3 \tag{10-10}$$

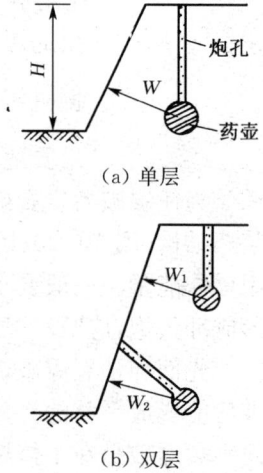

图 10-22　药壶法爆破

式中,各符号的意义同前;K'一般取 $K/5$。当梯段较高时,为使岩石破碎均匀,可在药壶外炮孔内适量装药,或者上下层布置药壶(图 10-22(b))。

猫洞法,是将集中药包直接放入孔径为 $0.2\sim0.5$ m、深度为 $2\sim6$ m 的水平或略有倾斜的炮洞(俗称猫洞)中的一种爆破方法,如图 10-23 所示。其特点是充分利用岩体炸松后的崩坍作用,使较浅的炮眼能爆落较高的岩体。猫洞炮适用于硬土、软石和节理发育的次坚石,坚石可利用裂隙修成炮洞,对大孤石、独岩包等爆破效果更好。它的最佳使用条件是:自然地面坡度在 70°左右,爆破高度 H 达到最小抵抗线 W(或洞深 L)的 2 倍(对于半路堑能使炸松的岩石坍滑出路基,形成抛坍爆破)。此时,可采用下式计算药量:

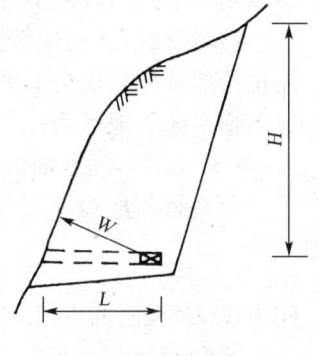

图 10-23 猫洞炮

$$Q = 0.35eKW^3 s \qquad (10\text{-}11)$$

式中,s 为堵塞系数,考虑堵塞长度对药量的影响,可近似用 $s = \dfrac{3}{L}$ 计算,其中,L 为洞深(m),当 $L > 3$ m 时,取 $s = 1$;其余符号意义同前。

3. 洞室法

洞室法系先用小炮在山体内开挖导洞(竖井或平洞)和药室(其断面边长一般不小于 1 m),再在药室内放置炸药进行爆破的施工方法(图 10-24)。大型洞室(用药量 1 t 以上)爆破,又称大爆破。这种爆破方法,生产率高,可节省劳力,缩短工期,但其用药量大,容易引起山体失稳,又洞室开挖困难,爆炸后岩石大块也较多,故一般不宜采用。只有当路线穿过孤独山丘,开挖后边坡不高于 6 m,且根据岩石产状和风化程度,确认开挖后,边坡稳定,方可考虑大爆破方案,并报主管部门审批。当大爆破工点附近有建筑物及设施而可能遭到损坏时,应预先迁移或采取加固和保护措施,否则要限制爆破规模或改用其他爆破方法。

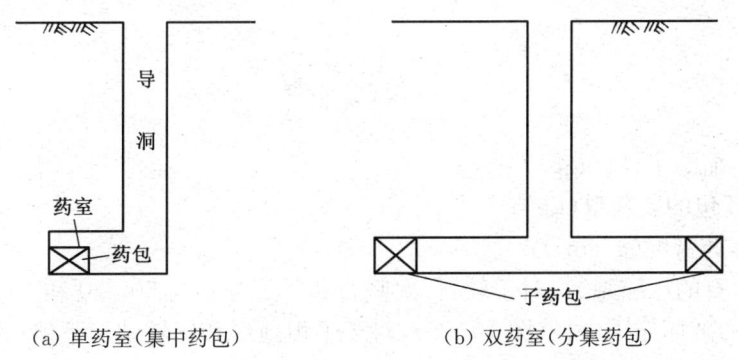

(a) 单药室(集中药包)　　　　(b) 双药室(分集药包)

图 10-24 导洞与药室布置

为使爆破设计断面内的岩体大量抛掷(抛坍)出路基,减少清碴工作量,可根据地形条件和路基断面型式,采用不同性质的洞室爆破,如扬弃爆破、抛掷爆破和抛坍爆破等。

扬弃爆破,系指在地面平坦或横坡小于 30°的地形条件下,设计断面为全路堑(即平地拉槽路堑)时,为使石方大量扬弃到路基两侧而采用的一种抛掷爆破。其抛掷率(又称扬弃率,用符号 E 表示)一般取 80%左右。这种爆破需用较多的炸药,且爆后对路堑边坡的稳定性影响较大,应尽量少用。

抛掷爆破,适用于地面横坡为 30°～70°的全路堑开挖。由于斜坡地形使爆破范围扩大,但崩坍下来的岩块大多不能抛出路堑,故抛掷率一般取 60% 左右。

抛坍爆破,适用地面横坡大于 30°的半路堑情况。这时,上侧崩坍下来而超出岩堆天然休止角部分的岩块会滑坍到路基的下方(图 10-15),可提高爆破效果。对于 70°以上的陡坡及多临空面等地形条件,采用抛坍爆破是最节省炸药的爆破方法。抛坍爆破的抛坍率一般为 45%～85%,随地面坡度而异。

药室装药量 Q 可采用式(10-5)计算,但公路工程中药包性质指数 F 经验表达式写成

$$F = \phi(E) f(\alpha) \tag{10-12}$$

式中,$\phi(E)$ 为抛掷率(E,以百分数计)的函数,一般为 $\phi(E) = 0.45 \times 10^{0.0129E}$,对于抛坍爆破,可采用 $\phi(E) = 1.0$;

$f(\alpha)$——抛坍系数,是自然地面坡度 α(°)的函数,按表 10-10 计算。

表 10-10　　　　　　　　　　　　　　抛坍系数 $f(\alpha)$

爆破类型		$f(\alpha)$
抛掷爆破	$\alpha = 0° \sim 30°$	$1 - \dfrac{\alpha^2}{7\,000}$
	$\alpha = 30° \sim 90°$	$\dfrac{26}{\alpha}$
抛坍爆破	一般情况	$\dfrac{16}{\alpha}$
	下破坏半径微向上或低坡脚时	$\dfrac{21}{\alpha} + 0.3$

在进行洞室爆破的药包布置时,为使路基顶面和边坡不致受到药包爆炸的破坏作用,其间应留有一定的距离,称作预留保护层。此保护层的厚度,通常取压缩圈的半径,可按下式计算:

$$\rho = 0.62 \sqrt[3]{\mu \frac{Q}{\Delta}} \tag{10-13}$$

式中　ρ——压缩圈半径(m);

Q——药包的装药量(kg);

Δ——炸药密度(g/cm³);

μ——岩石的压缩系数,对于软石、次坚石和坚石分别为 50,20 和 10。

爆破漏斗的破坏作用半径(图 10-25),对于平坦地形和斜坡地形下侧(称下破坏半径),均用 R 表示,可按下式计算:

$$R = W \sqrt{1 + n^2} \tag{10-14}$$

式中,爆破作用指数 n,在半路堑抛坍爆破中取 $n = 1$,而一般可按表 10-9 选用,或由下式求得:

$$n = \left(\frac{E}{55} + 0.51\right) \sqrt[3]{f(\alpha)} \tag{10-15}$$

而上破坏半径 R'，$(A\alpha' \geqslant 1)$，可用下式计算：

$$R' = W\sqrt{1 + A\alpha' n^2} \tag{10-16}$$

式中　A——崩坍系数，对坚石、次坚石、软石分别取 $0.05\sim 0.06$，$0.06\sim 0.08$，$0.08\sim 0.12$；

　　　α'——崩坍漏斗附近的地面坡度（°）。

对于半路堑（抛坍爆破时），则

$$R' = \psi W \tag{10-17}$$

式中，破裂系数 ψ，参见表 10-11。根据下破坏半径 R 和上破坏半径 R' 以及压缩圈半径 ρ，就可在路基横断面图上画出爆破漏斗（破坏范围），如图 10-25 所示。

表 10-11　　　　　　　　　　破裂系数 ψ 值

地面横坡	软　石	次坚石、坚石和整石地带
30°~50°	2.0~2.5	1.6~2.0
50°~70°	2.5~3.0	2.0~2.2
>70°	—	2.2~2.6

对沿线较长的挖方路段，为使一次爆破基本形成所需要的路堑，必须采用药包群（群炮）。如果药包的间距太大，爆后其间会残留部分未破碎的岩埂，使得岩石碎块过大，增加二次爆破的工作量；但也不宜过小，使爆破漏斗重叠较多，相应增加炸药用量和导洞药室的开挖量，并对飞石安全距离等也不易保证。因此，必须确定一个适宜的药包间距 a，由实践经验总结而得的计算公式如下：

对平坦地形的扬弃爆破

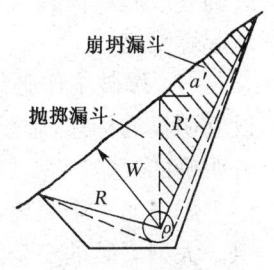

图 10-25　斜坡地面的爆破漏斗

$$a = 0.5\overline{W}(n+1) \tag{10-18}$$

式中，$\overline{W}$ 为相邻两药包的最小抵抗线的平均值。

对斜坡地形的抛掷爆破

坚石和整石地带　　　　　　　$a = \overline{W}\sqrt[3]{F}$　　　　　　　　(10-19)

软石、次坚石和块石地带　　　$a = n\overline{W}$　　　　　　　　　　(10-20)

对抛坍爆破

$$a = (1.0\sim 1.3)\overline{W} \tag{10-21}$$

在岩石松软和横坡较大时，取大值。

大爆破中，为提高炸药有效能量利用率，可将一个集中药包分为两个保持一定距离集中的子药包，称为分集药包（图 10-24(b)）。一般路基均采用纵向分集药包；当路基较宽时，也可采用横向分集药包。分集药包、多面临空爆破和定向爆破的药包布置，以及起爆网路设计等，请参阅有关参考文献。

10.3.4 安全技术

爆破作业大多在操作不便和危险的地方进行,而爆破器材又都是容易引起燃烧和爆炸的物品,稍有不慎,就可能发生重大的安全事故,造成人员伤亡和财产损失,还影响工程进展。为此,进行石方爆破时,必须加强安全技术教育,建立健全检查责任制度,认真做好下列安全工作:

(1) 进行爆破作业的有关人员,必须通过专业培训,持证上岗,操作时按规定穿戴防护用品。

(2) 选择炮位时,炮孔口应避开正对的电缆线、路口和结构物。

(3) 钻孔时,应清理现场的障碍物和坡面上的浮岩危石。所用工具和机械要详加检查,确认完好。严禁在瞎炮的残孔内重新钻孔。

(4) 炸药和雷管等爆炸材料应安全运送、专门加工、妥善贮存、严格取用。对失效及不符合技术条件要求的不得使用。

(5) 轰膛扩孔时,孔口的碎石、杂物必须清除干净。需要多次轰膛时,每次爆破后5 min(硝化甘油类炸药应经过30 min),等孔壁岩石冷却后,方可再次进行轰膛作业。

(6) 装药前,应对炮孔或导洞和药室进行验收和清理。装药不可使用铁器,注意轻放轻压,做到平稳密实。装药工作不得在雨雪、大风、雷电、浓雾天气及黑夜进行;带电雷管的起爆药卷或起爆体装入炮内后,应拆除附近的一切电源电线。堵塞应按规定要求进行,不得损坏起爆线路。

(7) 爆破工作必须有专人指挥。根据爆破的安全距离,划定危险区。在危险区边界应设立明显的标志,施爆前必须派驻警戒人员,禁止人畜进入。预告、起爆、解除警戒等信号应有明确的规定。

爆破的安全距离,一般取个别飞散物(飞石)对人员的安全距离,不得小于表10-12的规定。大型爆破的安全距离,除考虑个别飞散物的因素外,还应考虑因爆破引起地震及空气冲击波对人员、设施及建筑物的影响,按规定经计算后确定。

表 10-12　　　　　　　　各种爆破的安全距离

爆破类型及方法	最小安全距离/m
裸露药包爆破大块岩石	400
浅孔爆破大块岩石	300
浅孔爆破	200(复杂地质条件下未修成台阶工作面时不小于300)
浅孔药壶爆破、猫洞爆破	300
深孔爆破	按设计,但不小于300
深孔药壶爆破、洞室爆破	按设计,但不小于300
孔底扩壶	50
扩大炮孔、开挖洞室	100

注:沿山坡爆破时,下坡方向的安全距离应比表内数值增大50%。

(8) 采用火花起爆时,必须待现场人员全部撤离、机具设备妥善安置后,方可点火起爆。导火索的长度应保证点完后点火人员有足够的时间撤至安全地点,但不得小于1.2 m。不得在同次爆破中使用不同燃速的导火索。超过 5 m 的深孔不得使用火花起爆法。爆炸时，应点清炮声数与装炮数是否相符。确认炮响完毕并过 5 min 后，方准爆破人员进入爆破作业点进行安全检查。

采用电力起爆时，电爆网路的连接必须在全部爆炮装填完毕，无关人员全部撤至安全地带后进行；连接应由工作面向起爆站依次进行，两线的接点应错开 10 cm，接点必须牢固，绝缘良好。为了安全起爆，电爆网路应设复线，并进行预爆模拟试验。从开始敷设网路至起爆时刻，应将现场内一切设备的电源截断；雷雨季节应采用（导爆管等）非电起爆法。起爆后 15 min，由指定爆破作业人员进入爆破区内进行安全检查，确认无拒爆现象（瞎炮）和其他问题后，方可解除警戒。

（9）爆破后如有瞎炮，应由原施工人员参加处理，采取安全措施排除。如瞎炮内起爆线路完好，应在外面找出断头重新接上后起爆；否则小心掏出堵塞物，另装起爆药卷或起爆体，再进行起爆，对硝铵类炸药可用水灌浸药包使失效后清除。一般中小型炮，可在距瞎炮的最近距离不小于 0.6 m 处，另行打孔爆破，当炮孔不深时，也可用裸露药包（即在表面放置药包再用草皮等覆盖后）爆破。

（10）爆破后，必须确认已经解除警戒，炮烟（有毒气体）排除和稀释到安全浓度（特别是挖导洞和药室时），作业面上的悬岩危石也经检查处理后，方准进入现场操作。清方时，撬动岩石必须自上而下逐层撬（打）落，不得先把下面撬空使其上部自行坍落，并要注意上方的岩石是否会坠落伤人，脚下的岩石是否稳妥。

10.4 特殊土质路基施工

10.4.1 盐渍土路基

易溶盐含量超过 0.3% 的土即属盐渍土。按含盐性质的不同，盐渍土分为（亚）氯盐渍土、（亚）硫酸盐渍土和碳酸盐渍土，按含盐量的大小分为弱、中、强、过盐渍土。

各种盐渍土路基的主要病害有溶蚀、盐胀、冻胀和翻浆。氯盐渍土和硫酸盐渍土浸水后土中盐易分解，形成土中空洞，造成路基湿陷、坍陷等溶蚀破坏；硫酸盐渍土随温度变化胀缩剧烈，盐胀常致使路面不平、爆裂，路肩疏松、崩解。含盐量的多或少能使盐渍土的冰点变低或提高，在一定条件下致使水分过多聚集会加剧土的冻胀和翻浆，尤其是氯盐渍土。

1. 路堤构造要求

盐渍土的水、盐含量受季节变换变化很大，毛细水上升高度剧烈，在冰冻地区易发生冻胀。盐渍土路堤要有一定的高度及较缓的边坡才能维护路基的稳定。不浸水盐渍土路堤边坡一般宜缓于 1∶1.5，路堤高度超过 1.3 m 以上则应放缓至 1∶2；浸水盐渍土路堤细粒土边坡应缓于 1∶2～1∶3，粗粒土也需 1∶1.75～1∶2。长期浸水路堤不宜用细粒土填筑。

2. 基底处理

盐渍土路基基底 50～100 cm 厚的土层含水量超过液限时须予以全部铲除，换填透水性填料，再铺填黏性土；基底土层含水量在液限和塑限之间时，需加铺 10～30 cm 渗水性土后再填黏性土；基底土含水量低于塑限可直接填黏性土。

长期浸水盐渍土路堤基底须换填渗水性土至水位标高以上 50 cm 处，并做宽 1 m 以上的护坡道防护,换填土上加铺 10～20 cm 反滤层后再填筑上部路堤,防止上部填土颗粒流失。

表土含盐量超过设计容许规定须予以铲除,并填筑黏性土隔断层。路堤高度小于 1.0 m 时应予以换填厚度不少于 0.7 m 的渗水性土,以隔断地下水,防止盐胀、冻胀等破坏。

3. 路基的季节施工

盐渍土路基施工宜选择土质自然含水量接近最佳含水量、含盐量最低的季节施工。黏性土盐渍土宜于夏季施工,砂性土盐渍土宜于春末夏初季节施工;强盐渍土路基在含盐量最低的春季施工为宜,胶碱盐土基则以潮湿的春季或秋季施工为宜。

4. 路基的压实

盐渍土路基宜用重型压实标准压实,在干旱地区宜用加大压实功能办法在最佳含水量状态压实土基,尤其是路基顶层约 20 cm 的土层,要防止盐分的转移,以保证路基的稳定。填土的压实厚度,黏性土不得大于 20 cm,砂性土不得大于 30 cm。

10.4.2 黄土路基

黄土系呈黄红色的黏质土,富含碳酸钙成分,以粉颗粒为主,具多孔隙性。新黄土一般具有原生柱状垂直节理,老黄土中普遍有斜向构造节理发育。黄土渗水性呈各向异性,易在垂直向渗透形成冲沟、暗穴等;黄土自然含水量小,遇水膨胀严重、干燥后收缩,新黄土遇水后会崩解。黄土土颗粒排列疏松,接触点少,几乎没有胶结物质,有湿陷性。

1. 基底处理

对湿陷性的黄土路基底,除了采取防止表面水下渗和引排路基水等措施之外,应考虑采取一定的措施加以加固处理,如重锤夯实、砂桩、石灰桩挤密、换土等,预先清除沉陷,提高土层承载能力。若非湿陷性的黄土且基底无地下水活动,应做好路基两侧表面排水、压实基底。

2. 路堤填筑

路堤填料宜选用充分扰动的黄土,并应打碎 10 cm 以上的土块。一般黄土天然含水量较低,应采用适当加水,每摊铺一层洒一次水,并应待土体吸收水分后,用双轮双铧犁反复掺拌,再予以压实。老黄土的最佳含水量为 15%～20%,新黄土的最佳含水量约为 10%～15%。边坡应整平拍实,并铺设人工防护层,以防止雨水下渗和冲刷坡面形成冲沟。

3. 路堑开挖

黄土具有直立特性,路堑开挖不应将边坡放缓,以防形成坡面冲刷。折线边坡自上而下应由缓至陡,而不是由陡至缓。路堑开挖至接近设计标高时,应预留一部分土方,经洒水后用重碾碾压,以保证路基顶面有足够的强度。

4. 路基的排水

黄土路基特别要加强对水的防范,对地表水应采取拦截、分散、防冲、防渗、远接远送的原则,排水沟渠宜予以加固并加强接缝防渗漏处理,避免渗水沿黄土垂直节理溶蚀、掏空土体,防止因排水不良造成陷沉导致路基湿陷破坏。

5. 陷穴处理

对于黄土路基沿线的陷穴须予以处理,防止陷穴的发展危害路基。一般视陷穴的发展方向、成因,先找出使陷沉发育的水源并予以封堵或引排,确保断绝水源供给,再根据陷穴的大小和构造,采用灌砂、灌浆、开挖回填等方法填实陷穴,并用不透水填料封填陷穴表面,防止陷穴再生。

10.4.3 膨胀土路基

土质成分:膨胀土的黏土矿物成分中富含亲水性矿物成分——蒙脱石、伊利石等。

物理特性:其遇水膨胀、失水收缩,是一种具有多裂隙的结构,易湿化崩解;大多为超固结土,卸载后会膨胀,呈显著的强度衰减性;土质极易风化,土体自然坡度平缓、无直立陡坡。

1. 施工组织

膨胀土地区路基施工应避开雨季,开工后各道工序要紧密衔接、连续施工,路基填筑完成后应尽早铺路面,避免土体长期暴露。路堤、路堑边坡按设计修整后也应立即浆砌护墙或护坡,防止雨水直接侵蚀。在路基施工前应首先开挖截水沟、排水沟,并铺设浆砌圬工防护,引排路基范围内的水,不得坡面排水,以保证地基和已填筑的路基不被水浸泡。

2. 填料要求

强膨胀土稳定性差不能作为填料,中等膨胀土在用作填料前宜加入稳定剂(石灰)和冲稀材料(砾石或粉煤灰),改良处理后再使用。直接使用中、弱膨胀土填筑路堤时,应及时对边坡及顶部进行防护。高速公路、一级公路和二级公路要求作填料的膨胀土,包括经处理后的改性膨胀土的胀缩总率不应超过 0.7。

3. 基底处理

高出原地面不足 1 m 的路堤,为防止基底膨胀土的胀缩直接反映到路堤顶面和路面,须对基底 30~60 cm 的地表膨胀土换填非膨胀土并按要求压实。若基底为潮湿土须将土翻开掺灰,稳定后压实,或挖去湿软层用碎、砾石土和砂砾等换填压实,以保证基底的坚固稳定。

4. 路基填筑

取土坑取得的膨胀土填料很快会成为外硬内塑状态,施工时须将土块打碎至 5 cm 粒径以下,并以土块外表含水量略大于最佳含水量时粉碎、铺填,松铺厚度不得大于 30 cm。在用石灰改良膨胀土时,碾压厚度应控制在 25 cm 以内。膨胀土路堤两侧须用 30 cm 以上的非膨胀土封闭,路堤顶面须用非膨胀土封层形成包心填方,以保证路基土含水量处于稳定状态,防止膨胀土过分胀缩而影响路基路面稳定。

5. 路堑开挖

膨胀土路堑开挖不应一次挖到设计线,边坡和路床一般均留 30~60 cm 的土层,待路堑基本挖完时,再削去边坡预留部分,并应立即浆砌护坡封闭,防止膨胀土边坡暴露在大气中时间太久而受到风化侵蚀。路床的开挖应在开始铺设路面前才进行,超挖 30~50 cm,用粒料、非膨胀土、掺石灰或(和)水泥改性后的膨胀土填料回填压实。在路堤与路堑的交界地段,应采用台阶方式搭接,搭接长度不应小于 2 m。

10.4.4 杂填土路基

1. 杂填土的特点和使用条件

杂填土通常指建筑垃圾(房渣土)、工业废渣和生活垃圾等。其成因不规律,分布不均匀,结构松散,强度低,压缩性高,有湿陷性。房渣土常含有腐木等不稳定物质,用作填土时须予以筛选,最大粒径不应大于 10 cm,烧失量一般不应大于 5%;工业废渣填筑路基前须对其稳定性、适用粒径和对地下水污染影响作出技术鉴定后方能使用；生活垃圾一般不得用作路基材料，只有在垃圾堆场沉积多年、试验分析确定垃圾已分解稳定时方可不换土，但须采用必要的措施予以处理。

2. 杂填土路基的施工

杂填土常与土、石混杂，不易压实稳定。对于软土、地下水位低且厚度不大的房渣土，可用20～30 cm长的片石、块石，尖端向下由疏到密夯入土中，来提高表层土的密实度。对于有较多软土、地下水位高、土质过湿的建筑垃圾或废渣土，应先翻松路基，在去除腐木等不稳定物质之后，根据其中土的实际含量，按土的8%左右的掺量或通过试验确定最佳掺量，掺入石灰或粉煤灰石灰改善表层土质，分层压实，保证表层路基有足够的密实度和强度。

对于潮湿的含砂土、黏土、房渣土，可采用重锤夯实法压实路基，尤其是受工作面限制的结构物接头处。杂填土经处理后已达到整体土质稳定、表面密实坚固，才能作为路基基础。

10.4.5 粉煤灰路基

1. 粉煤灰的路用特性

路用粉煤灰一般均为电厂排放的湿拌灰（池灰）和调湿灰（干灰掺水调湿），均属硅铝型低钙粉煤灰。粉煤灰自重很轻，松干密度为450～700 kg/m³，湿密度比一般土料低25%，呈多孔球形结构，透水性好，最佳含水量在30%～38%，与石灰等混合压实后具水硬性，压缩系数较一般土小40%～50%。但是，粉煤灰具粉土工程特性，无塑性，干后易消散成粉末状，毛细现象十分强烈。

2. 粉煤灰路堤的构造要求

粉煤灰路堤需按一定构造要求填筑才能保证其各项性能的正常发挥。粉煤灰路堤主体要有土质护坡及封顶层保护，以防止土颗粒流失。护坡宜采用塑性指数不低于6的黏土填筑，与粉煤灰土体成阶梯状衔接，水平向厚度不小于1 m；封顶层厚为路槽标高以下20～30 cm，可采用黏土、石灰土、二灰土填筑。为隔断毛细水的影响，粉煤灰路堤底下一般应设置透水性隔离层和土工布，这样，同时也起到排除粉煤灰内过多含水量的作用。为保证粉煤灰路堤的整体稳定，高度低于5 m的路堤，边坡不宜陡于1:1.5，高于5 m以上路堤的下部边坡应缓于1:1.75。采用挡土墙护坡时，需铺设侧向反滤层和土工布，以防止粉煤灰遭淋溶而流失。用粉煤灰回填河沟或填筑浸水路堤时，除了在填筑期间构筑隔水土堤、抽水清基之外，在粉煤灰土体两侧及基底均需铺设反滤层和土工布，以防止粉煤灰受水侵而流失。

3. 路堤施工

粉煤灰路堤施工前，对填筑范围内的桥涵等混凝土结构、金属结构物接触处表面应均匀涂刷一层沥青以防腐蚀。粉煤灰的含水量应在灰池中调整，过干灰粒应在摊前2～3 d在堆场中洒水闷料，过湿灰料应堆高沥干。颗粒组成和最大干密度及最佳含水量有显著差别的灰源应分别堆放、分段填筑、分段检测。路堤基底应在清基整平压实后铺隔离层，分层压实后再铺设土工布。沟浜回填段须先抽水清淤，铺设隔离层予以压稳压实后铺土工布，再填筑粉煤灰。

粉煤灰路堤应水平分层摊铺，分段接头用台阶搭接。土质护坡与粉煤灰同步填筑，并同时修筑护坡的盲沟排水。粉煤灰的松铺系数应视施工方式确定，人工摊铺取1.5～1.7，推土机取1.2～1.3，平地机取1.1～1.2。

粉煤灰宜采用振动压路机碾压,并应于摊铺当天压实,压实功能应由碾压试验确定,压实厚度对 20～30 t 中型振动压路机不应大于 20 cm;中型振动羊足碾或 40～50 t 重型振动压路机的每层压实厚度不应大于 30 cm。人工摊铺灰层宜先用履带式机具或 8～12 t 轻型压路机静压 1～2 遍,压稳后再用振动压路机压实;机械摊铺灰层可用振动压路机直接压实,振压后再静压 1～2 遍,符合压实度要求后再续上层填筑。在达到路槽标高部位应及时用黏性土、石灰土或粉煤灰石灰土进行封层处理。

■ 小　结

路基建筑的主要内容可归纳为施工前的准备工作,施工的基本工作和工程的检验工作三大部分。建造路基时,必须充分准备,精心施工,加强检验,以确保工程质量,加快建设速度,降低工程造价。路基施工的基本工作大多是土石方作业。

路基土方作业的要点是合理调配土方,按断面型式、填挖情况和运距长短等条件选择合适的筑做方案以及填料的充分压实。影响压实质量和经济性的因素很多,包括压实机械的类型、压实土层的湿度和厚度以及压实遍数等,应结合压实土的具体性质和要求通过实地试验选定最适宜的方案。在路基压实中,应逐层控制与检验工程质量。

石方爆破的关键是选择合适的爆破方法,合理布置药包和确定用药量。各种爆破方法在爆破效果、炸药用量和对山体的不利影响等方面有很大的差异,应根据地形地质条件、岩石体积、横断面形状、爆破要求和施工机具等因素选用。在石方作业中,容易出现事故,应特别注意安全工作。

■ 复习思考题和习题

10.1　在路基施工前,应进行哪些准备工作?
10.2　如何选择土路基的填挖方案?
10.3　请拟一试验方案以确定适宜的压实参数。
10.4　试解释路基压实时土的最佳施工含水量与要求干密度的关系。
10.5　为什么过湿土压实时会出现"弹簧"现象?过湿的标准是什么?可采用哪些方法处理?
10.6　最小抵抗线 W 和爆破作用指数 n 的含义是什么?为何它们会同药包间距和用药量发生关系?
10.7　分析影响爆破效果的各个因素;选择炮位和确定药量时应怎样考虑这些因素?
10.8　比较各种爆破方法的特点、适用场合、爆破效果、用药量和药包布置要求。

11 路面施工技术

路面施工包括各种垫层和基层、沥青面层及水泥混凝土面层的施工。各种路面结构层的强度构成原理、适用场合和施工要求各有差异,因此,本章将分别介绍各种路面结构层的施工工艺,并讨论施工质量管理及检查验收要求。本章的学习要求如下:

1. 了解不同结构层的施工方法和基本要求;
2. 初步掌握各种路面结构层的施工特点、质量管理措施及检查验收要求和应注意的关键性问题。

11.1 垫层和基层施工

常用的垫层和基层主要有粒料和结合料稳定类两大类。粒料类包括天然砂砾、嵌锁型碎石(填隙碎石)、级配碎石和级配砾石等。结合料稳定类主要包括无机结合料(水泥、石灰、石灰-粉煤灰等)稳定粒料或土;另一类为沥青稳定碎石,可归入热拌沥青混合料一节。除了由单一粒径集料组成的填隙碎石主要靠嵌锁成型外,其他各种垫层和基层都是不同粒径和级配组成的混合料通过拌和、碾压成型的。

11.1.1 施工准备

垫层或基层正式施工前的技术准备工作,主要包括下承(下卧)层准备、施工放样和备料工作。此外,在必要时还须铺筑试验段,以研究决定合适的施工工艺或某些技术要点。

1. 下承层准备

垫层或基层正式施工前,应检查其下承层(路床或垫层)的准备情况,也即上一道工序的完成是否符合要求。

下承层的表面应平整、坚实,无松散或软弱处。可利用 12~15 t 三轮压路机通过碾压进行检验,若出现表层松散、低洼、坑洞或"弹簧"现象时,需采取相应措施进行处理。

下承层的压实度、弯沉、平整度、标高、路拱横坡等均应满足验收要求后方可进行下道工序。

2. 施工放样

施工放样是在通过验收的下承层上恢复中线(直线段每 15~20 m 设一桩,曲线段每 10~15 m 设一桩),并在两侧路肩边缘外设指示桩。进行水准测量时,在两侧指示桩上标出铺筑层边缘的设计高,供施工时厚度和高程控制用。

3. 备料

应根据铺筑层的宽度、厚度、预计的平整度、材料组成,计算各组成材料所需的数量。按要求的质量和数量,准备好所需的材料。

11.1.2 嵌锁型碎石

嵌锁型碎石依靠粗碎石的嵌锁作用和石屑的填充孔隙,使其获得强度和稳定性。因此,施工时除了要保证碎石的规格和质量外,关键是充分的压实,以达到要求的压实度,并使石屑填隙料填满粗碎石孔隙,但不宜在碎石层表面自成一层。

嵌锁型碎石的施工有干法和湿法两种,其差别为在碎石层表面孔隙被石屑填满后,后者采用洒水饱和,并碾压滚浆。干法施工的碎石层有时称作干结碎石,而湿法施工的碎石层称作水结碎石。干法的施工工序为:

(1) 摊铺粗碎石——粗碎石运到路上后,卸置于下承层上;用平地机将粗碎石按预定的宽度、厚度和横坡要求均匀地摊铺,表面应力求平整;

(2) 初碾——用 8 t 两轮压路机碾压 3～4 遍,使粗碎石稳定就位,表面平整;

(3) 摊铺填隙料——用石屑撒布机将石屑均匀地撒铺在碎石层上,松铺厚度约 2.5～3.0 cm;

(4) 复碾——用振动压路机将填隙料振入粗碎石的孔隙中;

(5) 再次摊铺石屑填隙料,松铺厚度约 2.0～2.5 cm;

(6) 再次用振动压路机碾压,并在碾压过程中找补填隙料不足处,铲除或扫除多余的填隙料;

(7) 终碾——碎石层表面孔隙全部填满后,用 12～15 t 三轮压路机再压 1～2 遍,碾压前在表面先洒少量水(3 kg/m² 以上)。

湿法的施工工序与干法的前六步相同。在碎石层表面孔隙全部填满后,立即用洒水车洒水,直到饱和。再用 12～15 t 三轮压路机紧跟在洒水车后进行碾压,直到细料和水形成粉浆为止。碾压完成后须等待水分蒸发,使碎石层干燥。

11.1.3 级配碎(砾)石

级配碎(砾)石是由粗、细碎(砾)石集料和石屑(砂)按一定比例拌和而成的密实型混合料。这种混合料的施工关键是均匀拌和和充分压实。拌和有路拌和厂拌两种方法,显然厂拌混合料要比路拌混合料均匀。

路拌的施工工序为:

(1) 用人工或平地机等机具摊铺集料;人工摊铺时,松铺系数约为 1.40～1.50;平地机摊铺时,松铺系数约为 1.25～1.35;

(2) 采用稳定土拌和机或平地机拌和,拌和过程中洒水至含水量超过最佳值的 1% 左右;

(3) 采用平地机对拌和均匀的混合料按规定路拱横坡进行整平和整形;

(4) 用 12 t 以上的三轮压路机、振动压路机或轮胎路碾进行碾压,一般须压 6～8 遍,使表面无明显轮迹为止。

厂拌法施工在中心站用多种机械(强制式、自落式或卧式拌和机)对混合料进行集中拌和。拌和均匀的混合料运到工地后,进行摊铺、整平和碾压。

11.1.4 无机结合料稳定粒料或土

无机结合料(水泥、石灰、石灰-粉煤灰)稳定粒料或土也是由集料或土与各种结合料按一定比例拌和而成的密实型混合料。与级配碎石一样,其施工关键是均匀拌和和充分压实,但由于掺入结合料,施工时还须注意结合料的特性和要求,如水泥的水化和硬化、石灰的消解以及养生等。

无机结合料稳定粒料或土的施工工序与其他密实型混合料的工序基本相同:①摊铺;②拌和(或者厂拌时:a 拌和;b 摊铺);③整平;④碾压;⑤养生。

拌和可采用路拌(稳定土拌和机或平地机)或厂拌(强制式、卧式拌和机),但厂拌的效果(均匀性)要优于路拌,故应尽可能采用厂拌。拌和时要控制混合料的含水量,使之略大于最佳值,以保证混合料碾压时的含水量不低于最佳值。

路拌混合料可采用平地机进行摊铺和整平,而厂拌混合料则应采用摊铺机进行摊铺、整平。

碾压应紧接整平后进行。在混合料含水量等于或略大于最佳值时,用 12 t 以上的三轮压路机、重型轮胎压路机或振动压路机碾压 6~8 遍。

对于水泥稳定类混合料,由于水泥浆凝固较快,应掌握施工速度,缩短从水泥撒布到碾压结束之间的延续时间。通常规定这一延续时间应少于水泥的终凝时间。在不能满足这一要求时,可掺加缓凝剂以延长终凝时间。

无机结合料稳定类基层或垫层在碾压结束后应进行保湿养生,养生期一般不少于 7 d。养生可采用不透水的塑料薄膜、潮湿的麻布或草帘覆盖,也可在表面洒布乳化沥青进行养生,或者直接洒水养生,以始终保持表面湿润。养生期间,在未采用覆盖措施的表面,除洒水车外,应封闭交通;在采用覆盖措施的表面,应限制重车通行。

无机结合料稳定类垫层或基层常会出现因水分变化而引起的干缩裂缝,这些裂缝会反映到沥青面层而产生反射裂缝。为减少或延缓反射裂缝的出现,施工时应注意采取措施以减少混合料的收缩量和延缓收缩速率。如严格控制水泥剂量、细料含量、用水量、降低压实时的最佳含水量值、压实后立即洒布沥青乳液封层以防止或延缓混合料中水分蒸发等。

11.1.5 质量管理和检查验收

为了使所施工的工程达到规定的质量标准,并确保施工质量的稳定性,在施工的各阶段应对工程的质量进行检查、控制和评定。施工质量的管理及检查验收包括施工前的材料检查和测试、施工过程中的质量管理以及各工序间和施工结束后的质量检查与验收三部分。

1. 材料检查和测试

材料质量是路面工程质量的基本保障,不少路面工程早期损坏严重,材料质量差是主要原因之一。因而,在施工前应对拟采用的材料进行规定的基本性质试验,以评定材料质量是否符合要求;在施工过程中发生材料来源或规格变化时,必须对材料来源和质量等重新进行检查和测试。

各种基(垫)层材料的性质试验项目,列于表 11-1,其试验方法应符合有关试验规程的规定。

表 11-1　　　　　　　　　　基(垫)层材料的测试项目

材　料	试　验　项　目
土	含水量、塑限、液限、有机质和硫酸盐含量
粒料	颗粒分析、含水量、塑限和液限(粒料中 0.5 mm 以下的细料)、压碎值、相对密度、吸水率
石灰	有效钙、氧化镁含量
水泥	水泥标号、终凝时间
粉煤灰	烧失量
混合料	击实(最佳含水量和最大密实度)、抗压强度、加州承载比、延迟时间

2. 施工过程中的质量管理

在施工过程中,施工单位应对施工质量随时进行自检;监理单位则应进行抽检,并对施工单位的自检结果进行检查、认定。

施工过程中的质量检查包括外形尺寸和工程质量两部分。检查的内容和质量标准,应分别符合表 11-2 和表 11-3 的要求。

表 11-2　　　　　　　路基、底基层(垫层)和基层外形管理的质量标准

工程种类	项　目	高速公路和一级公路	二级及二级以下公路
路　基	高程/mm 宽度/mm 横坡度/% 平整度/mm	+10,-15 不小于设计值 +0.5,-0.5 ≤15	+10,-20 不小于设计值 +0.5,-0.5 ≤20
底基层(垫层)	高程/mm 厚度/mm 宽度/mm 横坡度/% 平整度/mm	+5,-15 -10(均值),-25(单个值) +0 以上 +0.3,-0.3 12	+5,-20 -12(均值),-30(单个值) +0 以上 +0.5,-0.5 15
基　层	高程/mm 厚度/mm 宽度/mm 横坡度/% 平整度/mm	+5,-10 -8(均值),-15(单个值) +0 以上 +0.3,-0.3 8	+5,-15 -10(均值),-20(单个值) +0 以上 +0.5,-0.5 12

3. 质量检查与验收

各个工序结束及工程完工后,应检查工程质量,进行交工验收。检查内容也分为外形尺寸和工程质量两部分,其质量合格标准也如表 11-2 和表 11-3 中所列。检查的频率,按规范规定的要求进行,具体见有关规范。

表 11-3　　　　　　　路基、底基层(垫层)和基层的质量合格标准

工程种类	项目	标准值	极限值
路　基	压实度/%	≥95(高速公路、一级公路) ≥93(二级及二级以下公路)	≥90(高等级公路) ≥88(一级公路)
粒料底基层(垫层)	压实度/%	96	92
级配碎(砾)石	压实度/%	≥98(基层)，≥96(底基层)	≥94(基层)，≥92(底基层)
	颗粒组成	规定级配范围	
填隙碎石	压实度/%(固体填隙率)	85(基层)，83(底基层)	82(基层)，80(底基层)
水泥土，石灰土，二灰土	压实度/%	93(95)	89(91)
	水泥或石灰剂量/%	设计值	水泥−1.0,石灰−2.0
水泥、石灰、石灰-粉煤灰稳定碎石(土)	压实度/%	98(97)(基层) 96(95)(底基层)	94(93)(基层) 92(91)(底基层)
	颗粒组成	规定级配范围	
	水泥或石灰剂量/%	−1.0	

11.2　沥青面层施工

沥青面层分为沥青表面处治、沥青贯入碎石和热拌沥青混合料三种，它们分别采用不同的施工方法铺筑。沥青表面处治是沥青和碎石分层洒布(撒布)后通过碾压成型的，沥青贯入碎石是将沥青贯入压实的碎石层孔隙内形成的，而热拌沥青混合料则是将沥青和碎石拌和后摊铺、碾压而成。

11.2.1　透层、黏层沥青和下封层

沥青面层施工前应检查其表面是否平整、坚实、干净，横坡和高程是否符合要求。

基层为粒料或者无机结合料稳定粒料时，沥青面层施工前必须浇洒透层沥青，以避免面层铺筑前和铺筑时施工车辆损害基层，以保护基层免受气候影响，防止基层同面层间出现层面滑动。

透层沥青可采用慢裂的洒布型乳化沥青，也可采用中、慢凝液体石油沥青或者煤沥青，其稠度宜通过试洒确定。半刚性基层的表面较致密，宜采用渗透性好的、较稀的透层沥青；粒料基层则可采用较稠的透层沥青。透层沥青宜在基层施工结束、表面稍干后采用沥青洒布车进行喷洒。洒布量可参照表 11-4 中的规定，洒布后应能透入基层一定深度，表面不出现流淌，或形成油膜。在半刚性基层上浇洒透层沥青后，宜立即撒布石屑或粗砂，其用量约为 $2\sim3\ m^3/1\ 000\ m^2$。在粒料基层上，如果透层沥青浇洒后不能及时铺筑面层，并有施工车辆通行时，也应撒布适量的石屑或粗砂。撒布后，应采用 $6\sim8\ t$ 压路机碾压一遍。透层沥青洒布后，应尽早铺筑沥青面层。透层油撒布后不得在表面形成能被运料车和摊铺机粘起的油皮，透层油达不到渗透深度时，应更换透层油稠度或品种。

按两层或三层铺筑的热拌沥青混合料面层，在上层铺筑前其下层顶面已被污染时，或者双层式或三层式热拌热铺沥青混合料路面的沥青层之间及水泥混凝土路面、沥青稳定碎石

基层或旧沥青路面层上加铺沥青层,路缘石、雨水口、检查井等构造物与新铺沥青混合料接触的侧面必须喷洒黏层沥青。黏层沥青宜采用快裂或中裂的洒布型乳化沥青、改性乳化沥青,也可采用快、中凝液体石油沥青,其规格和质量应符合相关规范的要求,其撒布量可参照表 11-4 中的规定。

表 11-4　　　　　　　　　　透层及黏层沥青的规格和用量

用途		乳化沥青		液体石油沥青		煤沥青	
		规格	用量/(L/m²)	规格	用量/(L/m²)	规格	用量/(L/m²)
透层	粒料基层	PC-2 PA-2	1.0～2.0	AL(M)-1、2 或 3 AL(S)-1、2 或 3	1.0～2.3	T-1 T-2	1.0～1.5
	半刚性基层	PC-2 PA-2	0.7～1.5	AL(M)-1 或 2 AL(S)-1 或 2	0.6～1.5	T-1 T-2	0.7～1.0
黏层	沥青层	PC-3 PA-3	0.3～0.6	AL(R)-3～AL(R)-6 AL(M)-3～AL(M)-6	0.3～0.5		
	水泥混凝土	PC-3 PA-3	0.3～0.5	AL(M)-3～AL(M)-6 AL(S)-3～AL(S)-6	0.2～0.4		

注:表中用量是指包括稀释剂和水分等在内的液体沥青、乳化沥青的总量。乳化沥青中的残留物含量以 50% 为基准。

多雨潮湿地区的高速公路、一级公路的沥青面层孔隙率较大,有严重渗水的可能,或铺筑基层不能及时铺筑沥青面层而需通行车辆时,宜在喷洒透层油后铺筑下封层。下封层宜采用层铺法表面处治或稀浆封层法施工。稀浆封层可采用乳化沥青或改性乳化沥青作结合料。下封层的厚度不宜小于 6 mm,且做到完全密水。

以层铺法沥青表面处治铺筑下封层时,通常采用单层式,所采用的矿料的用量宜为 5～8 m³/1 000 m²,沥青用量可采用要求的中高限。

11.2.2　沥青表面处治

沥青表面处治的施工工序如下:

(1) 在透层沥青充分渗透,或者在已做透层或封层并已开放交通的基层上清扫干净后,浇洒第一层沥青。洒布的温度为 130℃～170℃(石油沥青),80℃～120℃(煤沥青)或常温(乳化沥青)。

(2) 紧接着用集料撒布机撒布第一层集料,并及时扫匀,应达到全面覆盖一层,集料不重叠,也不露出沥青。

(3) 立即用 6～8 t 钢筒双轮压路机碾压 3～4 遍。

(4) 铺筑双层式或三层式表面处治时,第二层或第三层的施工方法与第一层相同,但它可采用 8 t 以上压路机。

表面处治层系按嵌挤原则修筑而成的,为了保证集料间有良好的嵌挤作用,同一层集料的颗粒尺寸要均匀;为了防止集料松散,所用的沥青须有必要的稠度。表面处治层在施工完结后,须经过行车、特别是夏季的行车作用,使集料取得最稳定的嵌挤位置,并同沥青粘结牢,这一过程称作"成型"阶段。这时,集料的孔隙通常为总体积的 20% 左右,而沥青的用量以能填充集料孔隙的 60%～70% 为宜。沥青表面处治层的材料规格(方孔筛)和沥青用量,参见表 11-5。

表 11-5　　沥青表面处治层材料规格和用量

沥青种类	类型	厚度/cm	集料/(m³/1 000 m²)						沥青或乳液用量/(kg/m²)			
			第一层		第二层		第三层		第一次	第二次	第三次	第四次
			粒径规格	用量	粒径规格	用量	粒径规格	用量				
石油沥青	单层	1.0 1.5	S12 S10	7~9 12~14	—		—		1.0~1.2 1.4~1.6	—		1.0~1.2 1.4~1.6
	双层	1.5 2.0 2.5	S10 S9 S8	12~14 16~18 18~20	S12 S12 S12	7~8 7~8 7~8	—		1.4~1.6 1.6~1.8 1.8~2.0	1.0~1.2 1.0~1.2 1.0~1.2	—	2.4~2.8 2.6~3.0 2.8~3.2
	三层	2.5 3.0	S8 S6	18~20 20~22	S10 S10	12~14 12~14	S12 S12	7~8 7~8	1.6~1.8 1.8~2.0	1.2~1.4 1.2~1.4	1.0~1.2 1.0~1.2	3.8~4.4 4.0~4.6
乳化沥青	单层	0.5	S14	7~9	—		—		0.9~1.0	—		0.9~1.0
	双层	1.0	S12	9~11	S14	4~6	—		1.8~2.0	1.0~1.2	—	2.8~3.2
	三层	3.0	S6	20~22	S10	9~11	S12 S14	4~6 3.5~4.5	2.0~2.2	1.8~2.0	1.0~1.2	4.8~5.4

注：1. 煤沥青表面处治的沥青用量可较石油沥青用量增加 15%~20%。
2. 表中的乳液用量按乳化沥青的蒸发残留物含量 60% 计算，如沥青含量不同应予折算。
3. 在高寒地区及干旱风沙大的地区，可超出高限 5%~10%。

表面处治层应加强初期养护，及时扫回被行车挤开的集料，在泛油初补撒与最后一层规格相同的集料，并扫匀。

11.2.3　沥青贯入碎石

沥青贯入碎石的施工工序按下述步骤进行：
（1）撒布主层集料；
（2）采用 6~8 t 轻型钢筒式压路机进行碾压，至集料无明显推移为止；再用 10~12 t 压路机碾压 4~6 遍，至集料嵌锁稳定无显著轮迹为止；
（3）浇洒第一层沥青，浇洒温度根据沥青标号和气温情况选择；
（4）均匀撒布第一层嵌缝料，并立即扫匀；
（5）用 8~12 t 钢筒式压路机碾压 4~6 遍，直到稳定为止；
（6）浇洒第二层沥青，撒布第二层嵌缝料，然后碾压，再浇洒第三层沥青；
（7）撒布封层料；
（8）最后采用 6~8 t 压路机碾压 2~4 遍。

沥青贯入碎石层的强度主要依靠碎石集料的嵌锁作用，因而，集料应选择有棱角的坚硬石料，主层集料的最大粒径宜与贯入层厚度相同。贯入碎石中的沥青起粘结碎石和稳定碎石位置的作用。沥青贯入碎石的材料规格（方孔筛）和沥青用量，见表 11-6。

表 11-6　　　　　　　　　沥青贯入碎石层材料规格和用量

（用量单位：集料—m³/1 000 m²，沥青及沥青乳液—kg/m²）

沥青品种	石油沥青					
厚度/cm	4		5		6	
规格和用量	规格	用量	规格	用量	规格	用量
封层料	S14	3～5	S14	3～5	S13(S14)	4～6
第三遍沥青		1.0～1.2		1.0～1.2		1.0～1.2
第二遍嵌缝料	S12	6～7	S11(S10)	10～12	S11(S10)	10～12
第二遍沥青		1.6～1.8		1.8～2.0		2.0～2.2
第一遍嵌缝料	S10(S9)	12～14	S8	16～18	S8(S6)	16～18
第一遍沥青		1.8～2.1		2.4～2.6		2.8～3.0
主层石料	S5	45～50	S4	55～60	S3(S4)	66～76
沥青总用量		4.4～5.1		5.2～5.8		5.8～6.4

沥青种类	石油沥青				乳化沥青			
厚度/cm	7		8		4		5	
规格和用量	规格	用量	规格	用量	规格	用量	规格	用量
封层料	S13(S14)	4～6	S13(S14)	4～6	S13(S14)	4～6	S14	4～6
第五遍沥青								0.8～1.0
第四遍嵌缝料							S14	5～6
第四遍沥青					S14	0.8～1.0		1.2～1.4
第三遍嵌缝料						5～6	S12	7～9
第三遍沥青		1.0～1.2		1.0～1.2	S12	1.4～1.6		1.5～1.7
第二遍嵌缝料	S10(S11)	11～13	S10(S11)	11～13		7～8	S10	9～11
第二遍沥青		2.4～2.6		2.6～2.8	S9	1.6～1.8		1.6～1.8
第一遍嵌缝料		18～20	S6(S8)	20～22		12～14	S8	10～12
第一遍沥青	S6(S8)	3.3～3.5		4.0～4.2	S5	2.2～2.4		2.6～2.8
主层石料	S3	80～90	S1(S2)	95～100		40～45	S4	50～55
沥青总用量		6.7～7.3		7.6～8.2		6.0～6.8		7.4～8.5

注：1. 煤沥青贯入式的沥青用量可较石油沥青用量增加 15%～20%。
　　2. 表中乳化沥青是指乳液的用量，并适用于乳液浓度约为 60% 的情况，如果浓度不同，用量应予换算。
　　3. 在高寒地区及干旱风砂大的地区，可超出高限，再增加 5%～10%。

11.2.4 热拌沥青混合料

热拌沥青混合料路面的施工过程包括混合料的拌制、运输、摊铺和压实成型四个方面。

1. 拌制和运输

沥青混合料在沥青拌和厂内采用拌和机械拌制。拌和厂可以是固定式的或移动式的。前者采用的设备较完善，拌制质量好，生产率高，其供应的范围不宜超过 40 km；后者采用易装拆或者本身可移动的设备，其设备较简单，使用较机动，供应的范围不宜超过 20 km。

拌和设备可分为间隙式拌和机（分批拌和）或连续式拌和机（滚筒式拌和机）两种。间隙式拌和机厂的生产过程(图11-1)为集料掺配、加热烘干、称量后同沥青在一起拌和,形成沥青混合料。连续式拌和机厂的生产过程则如图11-2所示。集料按粒级分别存放在冷料仓内,由传送带将经过自动称重系统准确称量的冷集料按配比送入滚筒式拌和机内;称重系统同时也控制沥青从贮罐泵入滚筒内,并在滚筒转动的过程中同集料相拌和;拌和好的热混合料从滚筒内输出后,由传送带送到热混合料料仓,并装入载料货车,整个过程由一控制车监控。

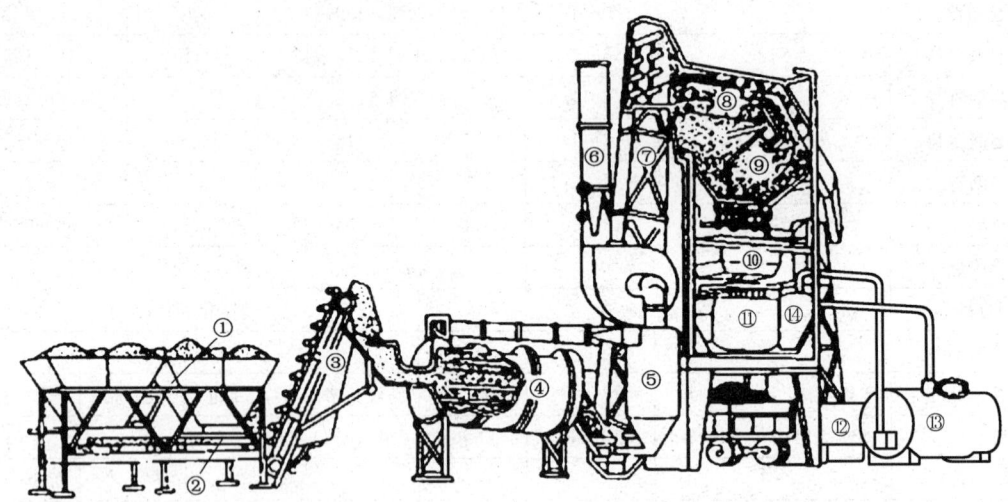

图 11-1　间隙式拌和机厂生产过程示意

1—冷料仓；2—送料仓；3—冷料升运；4—烘干；5—集尘；6—排气烟囱；7—热料升运；8—筛分；11—热料仓；10—称重；11—拌合；12—填料；13—热沥青罐；14—沥青称重

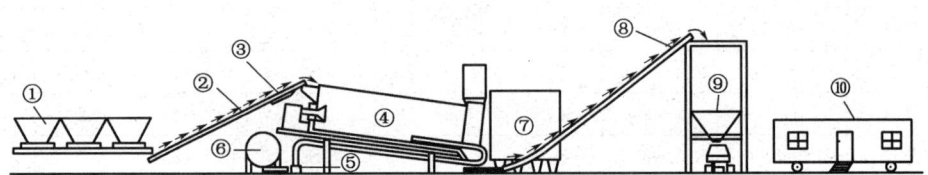

图 11-2　连续式拌和机厂生产过程示意

1—冷料仓；2—冷料传送带；3—自动称重系统；4—滚动式拌和机；5—沥青泵；6—沥青储罐；7—集尘；8—热料传送带；9—混合料料仓；10—控制车

间隙式拌和机每拌的拌和时间约为 30~50 s(其中,干拌时间不得少于 5 s);连续式拌和机的拌和时间由上料速度和拌和温度调节。拌和的沥青混合料应均匀一致,无花白料、无结团成块或粗、细料分离的现象。

沥青混合料需在一定温度下才能拌得均匀。确定拌和温度时,既需保证沥青对矿料能良好涂覆,又应尽量减少因加热引起沥青性状上的变化。温度的掌握因沥青和混合料的类型而异。各类沥青混合料的加热温度、拌和温度以及混合料储存和出厂温度如表 11-7、表 11-8 所列。

热拌沥青混合料采用自卸汽车运输到摊铺地点。运送路途中,为减少热量散失、防止雨淋或污染环境,应在混合料上覆盖篷布。混合料运送到摊铺地点的温度应符合表 11-7、表 11-8

中所规定的要求。为防止沥青同车厢的粘结,车厢底板上应涂薄层掺水柴油(油：水＝1∶3)。

运送到工地已经成团块、温度不符合要求或遭受雨淋的沥青混合料,应予废弃。

表 11-7　　　　　　　　　热拌沥青混合料的施工温度　　　　　　　　　单位:℃

施工工序		石油沥青的标号			
		50 号	70 号	90 号	110 号
沥青加热温度		160～170	155～165	150～160	145～155
矿料加热温度	间隙式拌和机	集料加热温度比沥青温度高 10～30			
	连续式拌和机	矿料加热温度比沥青高 5～10			
沥青混合料出场温度		150～170	145～165	140～160	135～155
混合料贮料仓贮存温度		贮料过程中温度降低不超过 10			
混合料废弃温度,高于		200	195	190	185
运输到现场温度,不低于		150	145	140	135
混合料摊铺温度,不低于	正常施工	140	135	130	125
	低温施工	160	150	140	135
开始碾压的混合料内部温度,不低于	正常施工	135	130	125	120
	低温施工	150	145	135	130
碾压终了的表面温度,不低于	钢轮压路机	80	70	65	60
	轮胎压路机	85	80	75	70
	振动压路机	75	70	60	55
开放交通的路表温度,不高于		50	50	50	45

注：1. 沥青混合料的施工温度采用具有金属探测针的插入式数显温度计测量。表面温度可采用表面接触式温度计测定。当采用红外线温度计测量表面温度时,应进行标定。
　　2. 表中未列入的 130 号、160 号及 30 号沥青的施工温度由实验确定。

表 11-8　　　　　　　聚合物改性沥青混合料的正常施工温度　　　　　　　单位:℃

品　种	聚合物改性沥青品种		
	SBS 类	SBR 胶乳类	EVA、PE 类
沥青加热温度	160～165		
改性沥青到场制作温度	165～170	—	165～170
成品改性沥青加热温度,不大于	175	—	175
集料加热温度	190～220	200～210	185～195
改性沥青 SMA 混合料出场温度	170～185	160～180	165～180
混合料最高温度(废弃温度)	195		
混合料贮存温度	拌合出料后降低不超过 10		
摊铺温度,不低于	160		
初压开始温度,不低于	150		
碾压终了的表面温度,不低于	90		
开放交通时的路表温度,不高于	50		

注：1. 同表 11-7。
　　2. 当采用表列以外的聚合物或天然沥青改性沥青时,施工温度由实验确定。

2. 摊铺

混合料摊铺可分为机械摊铺和人工摊铺两类。除了局部范围的摊铺、或者较低等级的一般道路或小规格工程可采用人工摊铺外,一般均采用机械摊铺。

机械摊铺采用轮胎式或履带式沥青混合料摊铺机。摊铺时,热混合料由自卸汽车卸入摊铺机的料斗内,由传送机经流量控制门送至螺旋分配器;随摊铺机向前行进,螺旋分配器自动将混合料均匀摊铺在整个宽度上;附在摊铺机后面的整平板熨平混合料的表面,调节和控制层厚和路拱,并由夯棒或振动装置对摊铺层进行初步压实(图 11-3)。

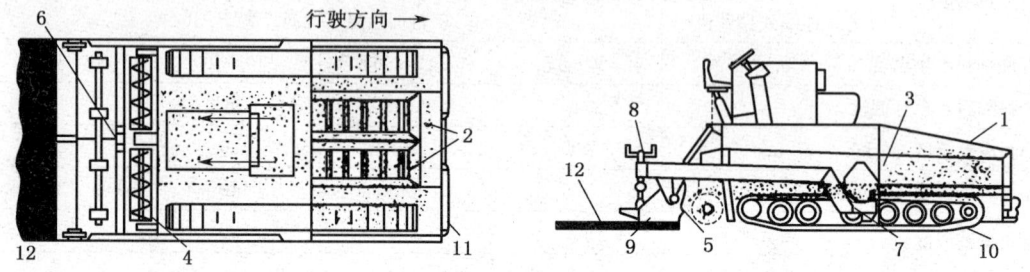

图 11-3　履带式沥青混合料摊铺机

1—受料斗;2—独立操作的栅式进料器;3—可调节的控制门;4—螺旋分配器;
5—曲线形转向板;6—路拱控制器;7—转轴;8—厚度控制;9—整平板;
10—履带;11—推货车轮胎的滚筒;12—整平后的路面

混合料摊铺时要注意以下几方面的问题:

(1) 保证混合料的摊铺温度符合表 11-7 中的规定;

(2) 摊铺混合料在表观上应均匀致密,无离析等现象;

(3) 摊铺层表面应平整,没有摊铺速度变化、摊铺操作不均匀或集料级配不正常所引起的不平整;

(4) 摊铺层厚度和路拱符合要求;

(5) 横向和纵向接缝的筑做正常,接头处无明显不平。

沥青路面的施工必须接缝紧密、接连平顺,不得产生明显的接缝离析。上下层的纵缝应错开 150 mm 以上(热接缝)或 300～400 mm(冷接缝)以上。相邻两幅及上、下层的横向接缝均应错位 1 m 以上。接缝施工应用 3 m 直尺检查,确保平整度符合要求。

对于施工纵缝的处理应注意以下几点:

(1) 摊铺时采用梯队作业的纵缝应采用热接缝,将已铺部分留下 100～200 mm 宽暂不碾压,作为后续部分的基准点,然后作跨缝碾压以消除缝迹。

(2) 当半幅施工或因特殊原因而产生纵向冷接缝时,宜加设挡板或加设切刀切齐,也可在混合料尚未完全冷却前用镐刨除边缘留下毛茬的方式,但不宜在冷却后采用切割机作纵向切缝。加铺另半幅前应涂洒少量沥青,重叠在已铺层上 50～100 mm,再铲走铺在前半幅上面的混合料,碾压时由边向中碾压留下 100～150 mm,再跨缝挤紧压实。或者先在已压实路面上行走碾压新铺层 150 mm 左右,然后压实新铺部分。

对于施工横缝的处理应注意以下几点:

(1) 高速公路和一级公路的表面横向接缝应采用垂直的平接缝,以下各层可采用自然碾压的斜接缝,沥青层较厚时也可作梯形接缝。其他等级公路的各层均可采用斜接缝。几种横向接缝的示意图见图 11-4。

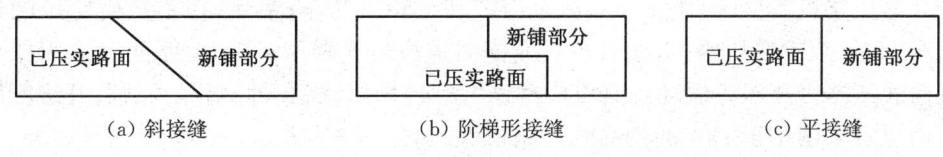

(a) 斜接缝　　　　　　(b) 阶梯形接缝　　　　　　(c) 平接缝

图 11-4　横向接缝的几种形式

(2) 斜接缝的搭接长度与厚度有关,宜为 0.4～0.8 m。搭接处应洒少量沥青,混合料中的粗集料颗粒应予剔除,并补上细料,搭接平整,充分压实。阶梯形接缝的台阶经铣刨而成,并洒黏层沥青,搭接长度不宜小于 3 m。

(3) 平接缝宜趁尚未冷透时用凿岩机或人工垂直刨除端部层厚不足部分,使工作缝成直角连接。当采用切割机制作平接缝时,宜在铺设当天混合料冷却但尚未结硬时进行,刨除或切割不得损伤下层路面。

3. 碾压

碾压是保证沥青混合料使用性能的最重要的一道工序。沥青混合料需要在一定的温度和一定的压实方法下才能取得良好的压实度。若施工时压实不足,沥青面层表层以下部分在施工后就难以取得必要的密实度,从而降低了材料的使用寿命(抗疲劳性能)。影响沥青混合料压实效果的因素有沥青混合料的性质(如沥青的稠度和含量,矿料的尺寸、形状和级配,矿粉含量等),沥青混合料的温度,基层的状况,压实层厚,压实机具和方法等。其中最重要的是沥青混合料的温度。

温度过低,混合料压实不易充分,面层材料的耐久性受到很大的影响;温度过高,则混合料会出现发丝状裂纹或推移。压实时的合适温度随混合料的性质、气温和压实机具的类型等因素而异,需根据具体条件确定,可参见表 11-7 中的规定。

高速公路铺筑双车道沥青路面的压路机数量不宜少于 5 台,施工气温低、风大、碾压层薄时,压路机数量应适当增加。宜采用光滚压路机和轮胎压路机或振动压路机组合的方式来压实混合料。光滚的好处是施压后表面平整,但易将矿料压碎;轮胎路碾对路面的压力虽不大,但对材料起搓揉作用,可促使混合料均匀、紧密和构成一平整表面。压路机应以慢而匀速碾压,压路机的碾压速度应符合表 11-9 的规定。

表 11-9　　　　　　　　　　压路机碾压速度　　　　　　　　　　单位:km/h

压路机类型	初 压		复 压		终 压	
	适 宜	最 大	适 宜	最 大	适 宜	最 大
钢筒式压路机	2～3	4	3～5	6	3～6	6
轮胎压路机	2～3	4	3～5	6	4～6	8
振动压路机	2～3 (静压或振动)	3 (静压或振动)	3～4.5 (振动)	5 (振动)	3～6 (静压)	6 (静压)

压实作业可分为初压、复压和终压三个阶段:先用钢轮压路机(8～10 t)进行初压,从横断面上低的一侧逐步移向高的一侧,每处经过两遍碾滚即可(对于摊铺后初始压实度较大,

经实践证明采用振动压路机或轮胎压路机直接碾压无严重推移而有良好效果时,可免去初压直接进入复压);紧接在初压之后进行复压,复压改用25 t以上的轮胎压路机或12 t以上的三轮光滚压路机,每处碾压4~6遍,至稳定和无轮迹为止;最后,在不产生轮迹的情况下再换用8~10 t双钢轮压路机,按对角线或横向进行打光碾压。SMA路面宜采用振动压路机或钢筒式压路机碾压。振动压路机应遵循"紧跟、慢压、高频、低幅"的原则;开级配磨耗层或排水面层宜采用小于12 t的钢筒式压路机碾压。

碾压时,应以压路机的驱动轮先压,以免从动轮先压时可能使混合料出现推移现象。

热拌沥青混合料路面应待摊铺层完全自然冷却,混合料表面温度低于50℃后,方可开放交通。需要提早开放交通时,可洒水冷却降低混合料温度。

11.2.5 质量管理和检查验收

沥青面层施工应在施工前和施工过程中进行认真的质量管理和控制,并在各施工工序结束和工程完工后进行质量检查和验收。

在工程开工前,应对材料(粗集料、细集料、矿粉和结合料)的规格和质量、料场的堆放和储存条件等进行检查。材料试样的取样数量和频率以及试验方法按试验规程的规定进行,其质量应符合规范的规定。在施工过程中,施工单位必须对材料进行抽样检验,检查的项目和频度应满足表11-10的规定,其质量应符合规定的质量指标要求。

表 11-10　　　　　　　热拌沥青混合料的频度和质量要求

项　目		检查频度及单点检验评价方法	质量要求或允许偏差		试　验　方　法
			高速公路、一级公路	其他等级公路	
混合料外观		随时	观察集料粗细、均匀性、离析、油石比、色泽、冒烟、有无花白料、油团等各种现象		目测
拌合温度	沥青、集料的加热温度	逐盘检测评定	符合规范规定		传感器自动检测、显示并打印
	混合料出厂温度	逐车检测评定	符合规范规定		传感器自动检测、显示并打印,出厂时逐车按T0981人工检测
		逐盘测量记录,每天取平均值评定	符合规范规定		传感器自动检测、显示并打印
矿料级配（筛孔）	0.075 mm	逐盘在线检测	±2%(2%)	—	计算机采集数据计算
	≤2.36 mm		±5%(4%)	—	
	≥4.75 mm		±6%(5%)	—	
	0.075 mm	逐盘检查,每天汇总1次取平均值评定	±1%		JTG F40
	≤2.36 mm		±2%		
	≥4.75 mm		±3%		
	0.075 mm	每台拌和机每天1~2次,以2个试样的平均值评定	±2%(2%)	±2%	T0725抽提筛分与标准级配比较的差
	≤2.36 mm		±5%(3%)	±6%	
	≥4.75 mm		±6%(4%)	±7%	

续表

项目		检查频度及单点检验评价方法	质量要求或允许偏差		试验方法
			高速公路、一级公路	其他等级公路	
沥青用量(油石比)		逐盘在线检测	±0.3%	—	计算机采集数据计算
		逐盘检查,每天汇总1次取平均值评定	±0.1%	—	JTG F40
		每台拌和机每天1~2次,以2个试样的平均值评定	±0.3%	±0.4%	抽提 T0722、T0721
马歇尔试验:孔隙率、稳定度、流值		每台拌和机每天1~2次,以4~6个试样的平均值评定	符合规范规定		T0702、T0709 规范附录B、附录C
浸水马歇尔试验		必要时(试验数同马歇尔试验)	符合规范规定		T0702、T0709
车辙试验		必要时(以3个试件平均值评定)	符合规范规定		T0719

注:1. 单点检测是指试验结果以一组试验结果的报告值为一个测点的评价依据,一组试验(如马歇尔试验、车辙试验)有多个试样时,报告值的取用按《公路工程沥青与沥青混合料试验规程》的规定执行。
2. 对高速公路和一级公路,矿料级配和油石比必须进行总量的检验和抽提筛分的双重检验控制,相互校核,表中括号内的数字是对SMA的要求。油石比抽提试验应事先进行空白试验标定,提高测试数据的准确度。
3. 表中出现的"规范"是指《公路沥青路面施工技术规范》。

施工过程中,施工单位和监理单位应对工程质量进行自检和抽检。检查内容分外形尺寸和工程质量两部分。外形尺寸包括厚度、宽度、横坡、平整度和高程。工程质量包括外观、接缝、矿料级配、沥青用量、施工温度、混合料性质(稳定度、流值、孔隙率)、压实度等。表11-11为公路热拌沥青混合料路面施工过程中工程质量检查的频度和质量指标。

表11-11　公路热拌沥青混合料路面施工过程中工程质量的控制标准

项目		检查频度及单点检验评价方法	质量要求或允许偏差		试验方法
			高速公路、一级公路	其他等级公路	
外观		随时	表面平整密实,不得有明显轮迹、裂缝、推挤、油汀、油包等缺陷,且无明显离析		目测
接缝		随时	紧密平整、顺直、无跳车		目测
		逐条缝检测评定	3 mm	5 mm	T0931
施工温度	摊铺温度	逐车检测评定	符合规范规定		T0981
	碾压温度	随时	符合规范规定		插入式温度计实测
厚度	每一层次	随时,厚度50 mm以下 厚度50 mm以上	设计值的5% 设计值的8%	设计值的8% 设计值的10%	施工时插入法量测松铺厚度及压实厚度
	每一层次	1个台班区段的平均值 厚度50 mm以下 厚度50 mm以上	−3 m −5 m	—	JTG F40
	总厚度	每2 000 m² 一点单点评定	设计值的−5%	设计值的−8%	T0912
	上面层	每2 000 m² 一点单点评定	设计值的−10%	设计值的−10%	

续表

项目		检查频度及单点检验评价方法	质量要求或允许偏差		试验方法
			高速公路、一级公路	其他等级公路	
压实度		每2 000 m² 检查1组逐个试件评定并计算平均值	实验室标准密度的97%(98%) 最大理论密度的93%(94%) 试验段密度的99%(99%)		T0924、T0922 规范附录E
平整度 (最大间隙)	上面层	随时,接缝处单杠评定	3 mm	5 mm	T0931
	中、下面层	随时,接缝处单杠评定	5 mm	7 mm	T0931
平整度 (标准差)	上面层	连续测定	1.2 mm	2.5 mm	T0932
	中面层	连续测定	1.5 mm	2.8 mm	
	下面层	连续测定	1.8 mm	3.0 mm	
	基层	连续测定	2.4 mm	3.5 mm	
宽 度	有侧石	检测每个断面	±20 mm	±20 mm	T0911
	无侧石	检测每个断面	不小于设计宽度	不小于设计宽度	
纵断面高程		检测每个断面	±10 mm	±15 mm	T0911
横坡度		检测每个断面	±0.3%	±0.5%	T0911
沥青层面层上的渗水系数,不大于		每1 km不少于5点,每点3处取平均值	300 ml/min(普通密级配沥青混合料) 200 ml/min(SMA混合料)		T0971

注:1. 表中厚度检测频度指高速公路和一级公路的钻坑频度,其他等级公路可酌情减少状况,且通常采用压实度钻孔试件测定。上面层的允许误差不适用于磨耗层。
2. 压实度检测按JTG F40附录E的规定执行,钻孔试件的数量按规范规定。括号中的数值是对SMA路面的要求,对马歇尔成型试件采用50次或者35次击实的混合料,压实度应适当提高要求。
3. 渗水系数适用于公称最大粒径或小于19 mm的沥青混合料,应在铺筑成型后未遭行车污染的情况下测定,且适用于要求密水的密级配沥青混合料、SMA混合料。不适用于OGFC混合料,表中渗水系数以平均值评定,计算合格率不得小于90%。
4. 3 m直尺主要用于接缝检测,对正常生产路段,采用连续式平整度仪测定。
5. 表中出现的"规范"是指《公路沥青路面施工技术规范》。

工程完工后,施工单位应将全线1~3 km作为一个评定路段;每一侧车行道按规定频度随机选取测点,如表11-12所示。对沥青面层进行全线自检,将单个测定值与表中的质量要求或允许偏差进行比较,计算合格率;然后计算一个评定路段的平均值、极差、标准差及变异系数。施工单位应在规定时间内提交全线检测结果及施工总结报告,申请交工验收。

表11-12 公路热拌沥青混合料路面交工检查与验收质量标准

检查项目		检查频度 (每一侧车行道)	质量要求或允许偏差		试验方法
			高速公路、一级公路	其他等级	
外 观		随 时	表面平整度密实,不得有明显轮迹、裂缝、推挤、油汀等缺陷,且无明显的离析		目 测
面层总厚度	代表值	每1 km 5点	设计值的-5%	设计值的-8%	T0912
	极 值	每1 km 5点	设计值的-10%	设计值的-15%	T0912
上面层厚度	代表值	每1 km 5点	设计值的-10%	—	T0912
	极 值	每1 km 5点	设计值的-20%	—	T0912

续表

检查项目		检查频度（每一侧车行道）	质量要求或允许偏差		试验方法
			高速公路、一级公路	其他等级	
压实度	代表值	每1 km 5点	实验室标准密度的96%(98%) 最大理论密度的92%(94%) 试验段密度的98%(99%)		T0924
	极值(最小值)	每1 km 5点	比代表值放宽到1%(每km)或2%(全部)		T0924
路表平整度	标准差σ	全线连续	1.2 mm	2.5 mm	T0932
	IRI	全线连续	2.0 m/km	4.2 m/km	T0933
	最大间隙	每1 km 10处，各连续10杆	—	5 mm	T0931
路表渗水系数，不大于		每1 km不少于5点，每点3处取平均值评定	300 ml/min(普通沥青路面) 200 ml/min(SMA路面)	—	T0971
宽度	有侧石	每1 km 20个断面	±20 mm	±30 mm	T0911
	无侧石	每1 km 20个断面	不小于设计宽度	不小于设计宽	T0911
纵断面高程		每1 km 20个断面	±15 mm	±20 mm	T0911
中线偏差		每1 km 20个断面	±20 mm	±30 mm	T0911
横坡度		每1 km 20个断面	±0.3%	±0.5%	T0911
弯沉	回弹弯沉	全线每20 m 1点	符合设计对交工验收的要求	符合设计对交工验收的要求	T0951
	总弯沉	全线每5 m 1点	符合设计对交工验收的要求	—	T0952
构造深度		每1 km 5点	符合设计对交工验收的要求		T0961/62/63
摩擦系数摆值		每1 km 5点	符合设计对交工验收的要求		T0964
横向力系数		全线连续	符合设计对交工验收的要求		T0965

注：1. 高速公路、一级公路面层除验收上面层厚度，代表值的计算方法按 JTG F40 附录 E 进行。
2. 同表11-11注2、注3、注5。

11.3 水泥混凝土面层施工

水泥混凝土面层的施工包括下列主要工序：①拌和；②运输；③摊铺；④振捣或压实；⑤表面修整；⑤养生；⑦接缝锯切、填封；⑧筑做表面功能。

按混凝土摊铺和压实所采用的方法和机械的不同，混凝土面层的施工可分为五种方法：①小型机具摊铺和振实；②轨道式摊铺机摊铺和振实；③滑模式摊铺机摊铺和振实；④平地机摊铺和压路机碾压，采用类似于铺筑水泥稳定粒料的方法施工；⑤摊铺机摊铺和初步振实，压路机进一步碾压。后两种施工方法铺筑的水泥混凝土，称作碾压混凝土。

11.3.1 施工方法的比较和选择

小型机具施工方法系采用人工摊铺，插入式和平板式振捣器振实、振动梁整平，需使用大量劳力，施工进度较慢（每日约100延米以内），施工质量难以严格控制（特别是强度和厚度的均匀性以及平整度）。因而，这种方法适合于在小范围内不能使用机械铺筑的路段或在较低等级的道路上使用。目前，限于设备和技术条件，我国仍较广泛地采用这种方法。

在高等级道路上,为严格控制施工质量标准,特别是平整度,应采用专用机械摊铺、振实和修整。轨道式摊铺机铺筑方法如下:摊铺机摊铺混凝土,振动梁振实,修整梁整平,接缝钢筋安置,机械放置传力杆和拉杆。各种机械的组合,可参阅图 11-5。这种施工方法的优点是所用机械比较简单,对操作和维修人员的技术要求较低。其施工进度约为每日 100~150 延米,并需较多的劳力配合。

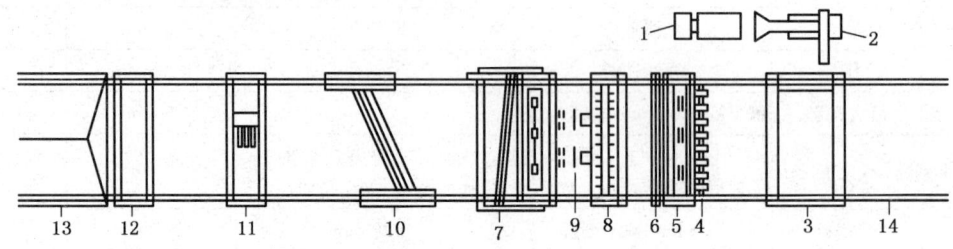

图 11-5　轨道式摊铺机铺筑混凝土

1—尾卸式货车;2—侧向进料器;3—箱斗式摊铺机;4—刮平桨叶;5—振动器;6—修整梁;
7—振实-修整机;8—横缝传力杆安置机;9—纵缝拉杆安置机;10—斜向整平梁(最后修整);
11—表面构造机;12—洒养生剂;13—罩棚

轨道式摊铺机铺筑方法需大量模板和立模板工作,从而影响这种方法的施工速度。滑模式摊铺机铺筑方法取消了侧模,采用导向和传感器系统自动控制铺筑方向和高程,并且应用一台机械完成摊铺、振实、修整及传力杆和拉杆的安置工序。这种方法大量减少了劳动力和机械,铺筑速度较快(每天可达 400~500 延米)。然而,由于铺筑速度快,需要较大规模的材料供应、混合料拌和和运输设备,故费用较高。同时,其操作和维修的技术也要求较高。

碾压式混凝土铺筑方法也不采用侧模。它应用平地机或沥青摊铺机摊铺混凝土,而后用振动路碾和轮胎路碾压实混凝土。这种方法的铺筑速度也较快,每天约可完成 200~250 延米,它具有可在铺筑后马上开放交通和可用粉煤灰掺代部分结合料的优点。然而,其表面特性(平整度)低于采用振捣方法施工的混凝土面层,因而,目前它系应用于较低等级道路上,或者在它上面加铺沥青层。

11.3.2　混凝土的拌和与运输

混凝土混合料通常在道路沿线设置的混凝土搅拌站进行拌和,而后用车辆运送到混凝土摊铺工地。

搅拌站附近应辟出场地堆放集料,存放水泥。集料和水泥通常按质量称量配料;水和外加剂则通常按容量计量。计量的容许误差,水和水泥为 1%,集料为 3%,外加剂为 2%。集料所含的水分,外加剂稀释或溶解用水,在计量用水量时应考虑在内。

混合料可采用强制式或自落式拌和机进行拌和;经过称量的各部分材料按一定顺序投入拌和机内。充分搅拌所需的时间,随每次搅拌量、材料投入顺序和稠度等因素而变,应通过试拌确定。自落式拌和机的最小搅拌时间为 90 s,强制式拌和机为 60 s,搅拌时间不能超过规定时间的三倍,因为时间过长,集料会被弄碎。

搅拌站的产量按路面施工进度要求及铺筑每延米路面所需的混凝土体积来确定。例如,对于轨道式摊铺机施工方法,从摊铺地点到喷洒养生剂处的距离约为 50 m,如果全部混凝土施工作业要求在拌和后 2 h 内完成,则搅拌站的产量至少应能提供向前推进 30 m/h 所需的混凝土;如果铺筑宽度为 7.5 m 和厚度为 0.30 m 的混凝土面层,则每小时应提供的产量便为 $30 \times 7.5 \times 0.30 = 67.5 (m^3)$。搅拌站依据这一要求产量选择拌和机的类型和数量。

搅拌好的混凝土通常用自卸汽车运往摊铺地点。为防止水分蒸发和混凝土离析,搅拌站同摊铺地点之间的距离不能过远,最多不能超过 15 km,最好控制在 5~6 km 以内。同时,从开始搅拌到摊铺的时间,应不超过 1 h。依据运送时间、装料和卸料时间以及摊铺的速度,可以选择运输车辆的类型和数量。运输过程中,要用帆布或其他措施将混合料表面覆盖,以减少蒸发。

11.3.3 混凝土的摊铺与振捣

小型机具和轨道式摊铺机铺筑时,在摊铺混凝土之前均需在基层上安装两侧模板。模板是采用钢制的。按预先标定的位置用铁钉固定在基层上。模板的顶面应与设计高程一致,其底面同基层顶面之间的空隙可用砂浆填实。模板的位置可用设置放样板的办法予以控制;模板顶面的高程则用水准仪进行检查。在模板位置、高程和接头等都正确无误后,在模板内侧涂刷一薄层机油等,以便利拆模。

拌好的混合料运到工地后,可直接卸在摊铺地点,或者卸到侧向卸料机或纵向卸料机的料斗内。而后由电传送带送入摊铺机的箱斗内(图 11-6)。

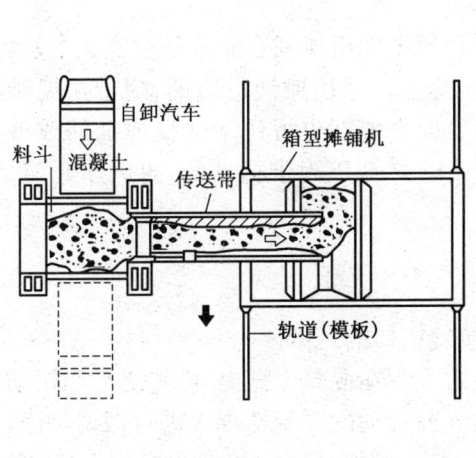 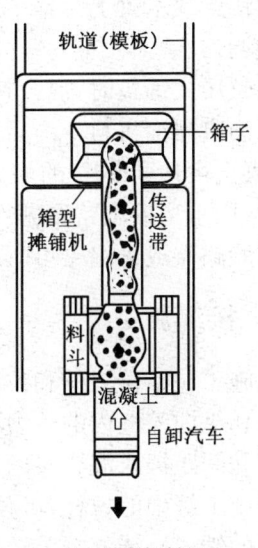

(a) 侧向卸料机　　　　　　　　　(b) 纵向卸料机

图 11-6　卸料机

摊铺机有箱式、刮板式和螺旋式等数种类型(图 11-7)。摊铺机将混凝土连续而均匀地摊铺在整个宽度上,并将超过松铺厚度所需的混凝土推向前方。松铺系数一般在 1.15~1.30 之间,它主要同混合料的坍落度有关,应通过工地试验确定。

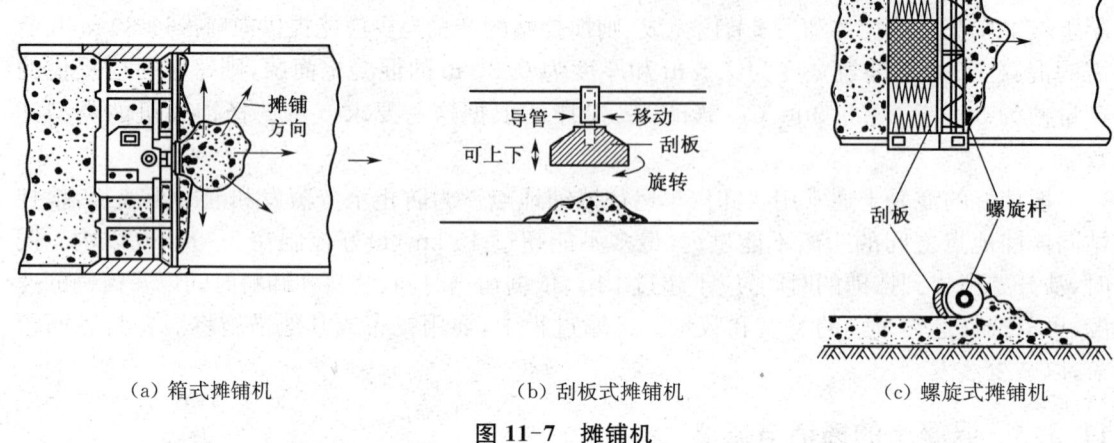

(a) 箱式摊铺机　　　　　(b) 刮板式摊铺机　　　　　(c) 螺旋式摊铺机

图 11-7　摊铺机

混合料摊铺后,由振捣-修整机对混凝土进行再次整平、振捣和粗修整。整平工作可由装在机械前侧、有独立调平螺旋以调节路面横坡的旋转刮平浆叶进行;振捣则由对混凝土表面施加 3 500～4 000 次/min 频率的振动梁进行;修整梁通常为悬挂在机械后侧的一个简单振荡的整平器。

采用小型机具施工时,混合料一般直接卸在基层上,用铁锹和耙摊平,随后用插入式振捣器和平板式振捣器分别沿模板边缘和整个表面均匀地振实混合料。全面振捣后,再用振动梁在混凝土表面缓慢而均匀地拖拉,以初步整平表面。振动梁是将附着式振动器安装在焊接成的钢梁或木梁上。整平后再用平直的滚杠(无缝钢管)进一步滚揉表面,使表面进一步提浆并调匀。

采用碾压式铺筑时,混合料卸在基层上后用平地机摊铺在路面的全宽上,或者由侧向卸料机送到沥青摊铺机料斗内后均匀摊铺在全宽上。采用摊铺机摊铺、附带振捣梁进行初步振捣,混凝土可达到 90% 的最大压实度,其表面平整度也可比平地机摊铺的改善很多。摊铺结束后,用重型振动路碾进行碾压,先碾压 1～2 遍不附带振动的,再碾压几遍带振动的;最后用轮胎路碾或光路碾再碾压 1～2 遍。

11.3.4　接缝施工

接缝施工包括传力杆和拉杆的设置及接缝槽口的筑做。

横向和纵向缩缝内的传力杆和拉杆,通常采用在混凝土振捣-修整之后用振动插入机按规定位置和间距插入混合料内,而后对因插入而扰动的混凝土再次进行振捣和修整。

纵向施工缝中的拉杆,可预先弯成 90°。其一端按预定位置绑在模板上(用穿过模板上预留小孔的铁丝),待混凝土结硬而拆模后,将外露在混凝土侧面的该端拉杆拉直。

胀缝传力杆须放在钢筋支架上,连同压缩性填缝板条一起按预定位置固定在基层上。支架应能经得住混凝土摊铺和振捣时的作用而不出现传力杆的偏转或倾斜,故可先在胀缝处倒入少量混合料,用插入式振捣器振实,仔细地铺筑好胀缝附近的混凝土并保证传力杆的正确定位后,再让摊铺机铺筑。

接缝槽口可采用锯缝和压缝两种方式筑做。锯缝为在初步硬化的混凝土上用切缝机锯切槽口。锯缝不扰动混凝土,可以得到很平整的接缝,但必须掌握好锯缝的时间——过早了,混凝土的强度不足,锯切时槽口边缘易产生剥落;过迟了,因板太长而出现的过大的温度收缩应力有可能使混凝土板出现横向裂缝。合适时间,应视当地气候条件而定,一般为完成混凝土修整后的 8~18 h 以内。炎热而多风的天气,或者早晚气温有突变时,会产生较大的温度差或湿度差,锯缝应早于 8 h。此外,可采用部分压缝的办法,先缩短板的长度,例如,每四条锯缝后加一条压缝。

压缝是在新鲜混凝土中,用振动刀片振出一条槽口,而后放入一薄嵌条或压缝条,它们也可随振动刀一起振入。待混凝土收水抹面后,再用木条压住接缝两侧混凝土,然后轻轻抽出压缝条,并用铁板抹平混凝土表面。这种做法容易扰动混凝土,并使接缝出现不平整(错台)。

11.3.5 表面修整

表面修整的目的是为了获得平整而粗糙的表面:平整可用机械或手工进行。

机械整平有纵向修整机或斜向修整机两种。纵向表面修整机为用整平梁在机械纵向移动时进行横向往返移动,以除去纵向小波浪;斜向表面修整机则用斜向整平梁在机械纵向移动时修整表面。

手工修整时,可用大木抹在表面进行抹面,至表面无泌水为止。抹面沿横向进行,低洼处用混凝土补平。

表面修整后,即用由塑料丝、钢丝或棕丝制成的刷子在混凝土表面拉出横向细沟槽。拉槽(或拉毛)可采用机械或人工方法进行。槽深可用灌砂法进行检测,并应达到规定的要求。

除了拉槽外,也可采用在新鲜混凝土上压槽或者在硬化混凝土上刻槽的方法形成深度较大的槽口(粗构造)。

11.3.6 混凝土的养生

表面修整完毕后,应进行养生,以防止水分从表面迅速蒸发和减少太阳辐射的影响。蒸发和辐射都有可能在混凝土板中产生过大的湿度和温度变化,从而导致混凝土板出现收缩裂缝,同时,也影响到混凝土的强度增长。

通常,养生时为在混凝土表面洒布养生剂;养生剂是树脂基的化合物,并包含铝粉。可用机械或手工洒布在表面。也可采用洒水湿养,方法是用湿草帘或麻袋等覆盖在混凝土表面,并在其上每天洒水喷湿至少 2~3 次。

养生初期,为减少水分蒸发,避免阳光照射和防风雨等。可搭活动的三角形罩棚将混凝土板遮盖。

养生时间按混凝土抗弯拉强度达到 3.5 MPa 以上的要求由试验确定。通常的养生时间,使用普通硅酸盐水泥时约为 14 d,使用早强水泥时约为 7 d,使用中热硅酸盐水泥时则约为 21 d。

模板可在浇筑混凝土 60 h 以后拆除;而当交通车辆不直接在混凝土板上行驶、气温不低于 10℃时,可缩短到 20 h 后拆除;气温低于 10℃时,可缩短到 36 h 后拆除。

11.3.7 防止早期裂缝

混凝土板浇筑完成以后几天内出现的裂缝,称作早期裂缝。这些裂缝大多是由于温度和湿度变化引起混凝土收缩而造成的。

为防止混凝土出现早期裂缝,可采取下述措施:

(1) 尽量减少单位水泥用量,并使用发热量和收缩小的水泥;减少混凝土的单位用水量,可通过使用减水(塑化)剂和级配好的集料来保证施工的和易性。

(2) 减少基层顶面的摩阻力(垫纸或铺塑料薄膜);基层顶面在浇筑混凝土前要充分洒水润湿。

(3) 混凝土浇筑温度应低于30℃,夏季浇筑时应低于35℃。

(4) 锯缝时间要控制好,按浇筑时间和气候变化情况及时进行调整;每隔若干条锯缝(例如30 m)先设置一条压缝。

(5) 表面修整过程中,要避免阳光直射。

11.3.8 质量管理和检查验收

水泥混凝土面层施工的质量管理和检查验收要求,与基(垫)层和沥青面层施工相同,其检查的内容也分外形尺寸和工程质量两部分。

外形尺寸包括面层板的宽度和长度、厚度、平整度、纵向和横向接缝的顺直度、接缝两侧相邻板的高度差、板边的垂直度以及高程。工程质量主要为混凝土的强度及表面的构造深度。各项质量指标均应符合规范规定的要求。

■ 小 结

材料和施工质量是保证路面使用性能和使用寿命的关键。

在施工过程中,必须对组成材料的规格和性质进行严格把关,无论是形状、级配、性质等方面都要满足各项质量指标的要求。

按拌和或层铺方法形成的各种基(垫)层和沥青面层,影响质量的主要施工环节是拌和、摊铺或撒(洒)布的均匀性及压实。均匀性是结构层不出现因离析而产生的松散或坑槽、因沥青聚集而出现泛油或拥包的保障;而压实,对于按层铺法修筑的结构层来说,可保障粒料的嵌锁作用得以实现;对于按拌和法修筑的结构层来说,在混合料组成不变的情况下,孔隙率是影响其强度、疲劳寿命和耐久性的关键,而压实是减小孔隙率最主要的措施。为达到良好的压实,对于沥青面层,须控制好碾压时混合料的温度;对于其他结构层,须控制碾压时的含水量。

水泥混凝土面层施工要保证达到设计规定的强度和厚度。施工时影响混凝土强度的因素,除了组成材料质量和混合料配比外,最主要的是水灰比和压实度。因此,要严格控制材料规格和配比,特别是控制好水灰比和用水量,以保证混凝土得到充分的压实。

影响面层厚度的主要施工因素是基层的高程和平整度。在浇筑混凝土面层之前,除了检查模板顶面的高程外,应对基层顶面的高程进行检测,必须铲除高出设计高程的基层材料。

早期裂缝是混凝土施工质量的主要问题,因此,除了密切注意气候变化以掌握好合适的锯缝时间外,还须在混凝土浇筑过程中控制好水灰比等促使混凝土收缩的因素。

对路面平整度的要求随道路等级而提高;采用锯缝,可以改善接缝处路面的平整度。然而,只有采用机械化的施工方法(轨道式和滑模式),才能保证整个路段内的(长波长)平整度。

■ 复习思考题和习题

11.1 不同结构层各有何施工特点?

11.2 为什么热拌沥青混合料要掌握控制和铺筑时各个阶段的温度?过高过低有何不利影响?

11.3 在水泥混凝土面层的施工过程中,保证其质量的关键是什么?为何要控制好缩缝的锯切时间?

12 路面状况调查与评价

> **提 要**

本章主要介绍既有路面使用性能的检测和评价方法,包括检测内容、仪器设备、评价指标、模型和标准等。还简要介绍了路面管理系统的基本概念。

要求对本章内容作一般性的阅读,了解以下内容:
1. 路面使用性能包括哪几个方面;
2. 表征路面使用性能有哪些指标,如何检测和评价;
3. 路面管理系统的基本概念和组成。

12.1 概 述

路面投入使用后,在交通和环境等因素的作用下,其状况不断恶化,必须采取必要的养护、维修或改建措施,才能维持其正常使用。然而,在决定采用何种养护措施之前,必须先对现有的路面状况(即路面使用性能)进行调查和评价。

路面使用性能是一个覆盖面很宽的技术术语,泛指路面的各种技术行为。自1962年Caray和Irick首次提出了使用性能(Performance)的概念以来,人们对路面使用性能的理解和认识在不断地变迁。迄今为止,比较一致的看法是:路面使用性能包括五个方面,即行驶质量、损坏状况、结构承载能力、行驶安全性和外观。本章主要对前四个方面进行讨论,分别介绍其检测和评价方法。

12.2 路面行驶质量评价指标与方法

路面平整度是路面行驶质量评价的一个重要指标,其不仅影响驾驶员及乘客行驶舒适性,而且还与车辆振动、运行速度、轮胎摩擦与磨损及车辆运营费用等有关,是一个涉及人、车、路三个方面的指标。目前世界各国路面平整度的测定方法与指标各异,至今都没有得到一个统一的指标与测定方法。

12.2.1 路面平整度定义

对路面平整度进行评价首先要了解其完整而准确的定义。

路面平整度大致可由三种剖面的竖向变形构成:纵向的、横向的与水平向的。纵向变形为路表面沿行车方向高低起伏变化,横向变形是路表面沿横断面方向的高低起伏变化,而水平方向变形是路面水平面内的高低起伏,是纵向与横向变形的合成。路表面的变形一般影响车辆侧向与垂直方向的加速度;侧向加速度影响车辆摇晃,摇晃的原因来自竖轴;垂直方向的加速度对使用者行驶与行驶舒适性有极大的影响。而车辆垂直方向的加速度主要是由纵向变形所引发,故目前路面平整度研究的主要对象是纵向变形。

由于路面平整度问题本身的复杂性,从不同的角度出发,对路面不平整度所下的定义就有多种。中华人民共和国交通部标准《公路工程名词术语》(JTJ 002—87)及国家标准《道路工程术语标准》(GBJ 124—88)将"路面平整度"定义为:"路表面纵向的凹凸量的偏差值"。该定义比较模糊,只涉及路的特性,而对人车方面涉及较少;由于没有设定参照高程,不利于测定。美国材料试验学会 ASTM 的定义(E867)为:道路平整度(Traveled surface roughness)是路表面相对于理想平面的竖向偏差,而这种偏差会影响到车辆动力特性、行驶质量、路面所受动荷载及排水。这个定义合理性在于:它明确了路面平整度测量的参照系,利于测定;定义中将人车路三方面因素综合进行了考虑,并对其所导致的影响论述清楚;可以实现人-车-路系统的优化,进而为制定合理的路面标准提供理论基础。所以得到广泛认可。

12.2.2 路面平整度检测方法

在半个多世纪的发展过程中,人们曾经研制过多种铺面平整度测定方法和设备;这些仪器大体可以分成三类,即反应类平整度仪、断面类平整度仪和主观评估法。

1. 反应类平整度仪

铺面的不平整引起车辆的振动(反应),通过测量车辆的振动来衡量铺面的平整性,这类平整度已成为反应类平整度仪(Response Type Road Roughness Measuring Systems,RTRRMS)。反应类平整度仪的设计思想一般有两种,一种是测量车身和车轴之间的位移量,一种是用加速度计测量车辆对车轴或车身的反应。

早期的反应类平整度仪是 BPR(Bureau of Public Roads)平整度仪,如图 12-1 所示。英国 TRRL 对这一仪器进行了改进,研制了颠簸累计仪,有拖车形式(与图 12-1 类似)和车载式两种。车载式量测的是车身与后轴之间悬挂系的位移,如图 12-2 所示。常用的 RTRRMS 平整度仪还有美国 PCA 平整度仪、Mays 平整度仪和澳大利亚的 NAASRA 平整度仪。

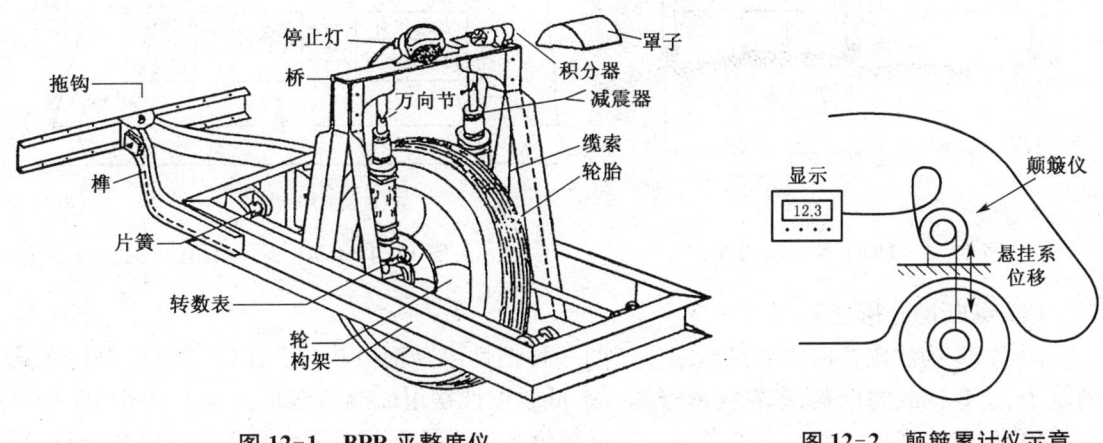

图 12-1　BPR 平整度仪　　　　　　　　图 12-2　颠簸累计仪示意

反应类平整度仪的优点是价格低廉、操作简单,可用于大规模的路面平整度测定。但这类仪器只是铺面平整度的间接测试系统,测试的是车辆在铺面表面凹凸的激振下的反应,而不是直接测量铺面表面的高程变化;测试结果的时间稳定性差,即测试结果因车辆振动特性随时间和速度的变化而变化,同一台设备在不同时期的测试结果可能缺少可比性,不同设备的测试结果也缺少可比性。为了克服这一缺点,需要定期对反应类平整度仪进行标定。

2. 断面类平整度仪

断面类平整度仪测量的是车辆行驶轨迹下铺面表面的高程或搞成变化量;通过对高程变化的数学分析,可以得出铺面的平整度值。常用的断面类平整度仪包括:水准仪、3 m 直尺或梁式断面仪、惯性断面仪、纵断面分析仪和激光断面仪等。

(1) 水准仪

采用水准仪量测沿轮迹的路表面高程,由此得到精确的路表纵断面。这是一种很普通、很简单易行的方法,所测结果稳定,不会因人、因时、因地而易,但费工费时,测量速度慢,适用于少量的平整度测量,或用于对标定路段的平整度测量。

(2) 3 m 直尺或梁式断面仪

采用 3 m 长的铝制梁测量铺面平整度是目前常用的方法之一。基于类似的原理,英国 TRRL 研制了一种半自动的断面测量仪,如图 12-3 所示。仪器为一根 3 m 长的铝制梁,两端支撑于可进行水平调节的三角架上,用于路面(相对)高程测量的跟随轮直径 250 mm,安装在支架上。该支架可在梁上滑移,跟随轮沿梁长在铺面表面滚过,装在支架内的仪器测出跟随轮相对于梁的竖向位移,分辨率可达 1 mm。

(3) 惯性断面仪

最早的惯性断面仪由美国通用汽车研究所研制,故称 GMR 断面仪,如图 12-4 所示。在测试车身上安装一竖向加速度计,已得到惯性参照系。将测得的加速度进行二重积分,可得到车身的竖向跳动位移量。车身同铺面之间的距离变化可通过沿铺面表面滚动的跟随轮,利用线性电位计测得。将此相对位移同由加速度积分得到的车身跳动位移叠加,便得到铺面表面高程变化。测量速度一般不超过 65 km/h。

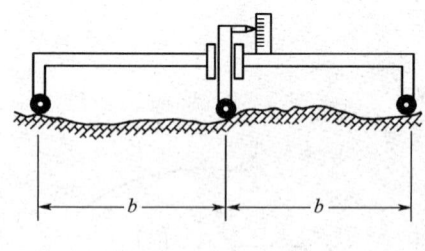

图 12-3　TRRL 梁式断面仪

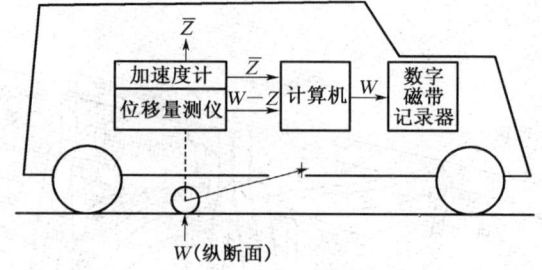

图 12-4　GMR 惯性断面仪

(4) 纵断面分析仪

图 12-5 为法国桥路中心试验室生产的一种惯性纵断面分析仪(APL)。它由自行车式的轮子、装有压载的框架、车轮支承臂和一个低频惯性摆组成测试拖车。拖车对牵引车的运动不敏感,惯性摆提供拟水平参考系。通过测量车轮支承臂相对于水平惯性摆的角位移,得

到铺面表面纵断面。测量速度可达 15～140 km/h。

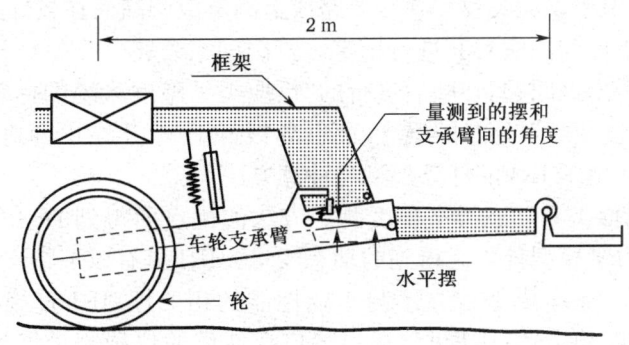

图 12-5　APL 测量原理示意图

(5) 非接触式测量仪

目前常用的高效平整度测量仪一般采用非接触式技术,如激光断面仪,图 12-6 为测试原理示意图。

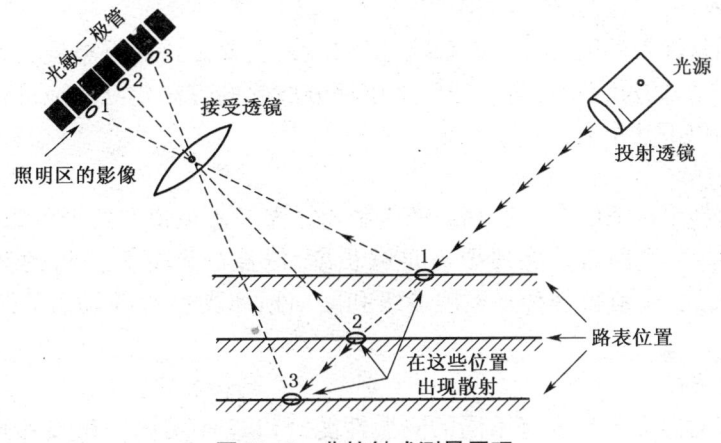

图 12-6　非接触式测量原理

断面类平整度仪的主要优点是能够直接测得铺面的实际纵断面高程,可以据以进行铺面平整度特性指标分析。其主要缺点是大多为精密仪器,价格昂贵,操作和维修要求高。

3. 主观评估法

主观评估法就是根据评估指南和自身经验进行评估。

12.2.3　路面平整度指标

采用上述仪器进行平整度测量的最基本目的就是用一个或几个参数来评价路段的平整度,所用参数就是路面平整度指标。该指标要能灵敏而真实地反映所测量路段的断面信息,且能通过一定的计算方法计算得到。平整度发展过程中,路面平整度测定的方法与仪器较多,采用的指标各异。国内外常用的平整度指标主要有:国际平整度指数 IRI、直尺测定最大间隙与标准差 σ、功率谱密度 PSD、行驶质量数 RN、纵断面指数 PI、平均评分等级 MPR(Mean Panel Rating)和竖向加速度均方根 RMSVA 等。

虽然反应类平整度测定系统测定快速而价格低廉,是20世纪70年代应用较广的一种平整度测定方法,但由于反应类仪器在较差路段上测量值偏高而在较好路段上测量值偏低,需要有一种标准的指标与方法对其进行标定。美国国家公路合作研究计划(NCHRP)1978年在项目1~18中提出该问题,在随后进行的"反应类平整度系统的标定和关系"研究项目中提出了"国际平整度指数"(IRI)的概念,而世界银行1982年在巴西进行的国际平整度实验则完整而系统地提出了IRI的计算模型与计算方法。

IRI是综合了断面类与动态类平整度测定方法的优点而得到的一个评价指标,是静态断面高程数据经过力学模型计算后得到的动态变量。IRI具有以下特点:IRI与车辆振动的动态反应相关,通过1/4车模型建立了与车辆性能的相关性;IRI直接与路段断面高程相关,保证结果具有时间稳定性;IRI可以通过最广泛使用的仪器测量得到(如水准仪),结果具有有效性;IRI可以在世界范围内进行转换(有标准计算程序),具有可移植性。由于具有以上特点,IRI成为目前国际上运用最广泛的平整度指标。

12.2.4 路面行驶质量评价方法

1. 评分试验

路面行驶质量涉及路面-汽车-人系统,影响因素主要是路面平整度、行车速度、汽车特性、人对运动(振动)的反应特征等。通常采用评分试验的方法建立相应的评价模型。评分试验的设计包括以下几个方面:

(1) 路段选择

道路转弯等线形因素将对试验结果产生影响。为了避免道路线形的影响,凸现路面的影响,试验中选择平直路段。路段要有足够长度,以控制评分人受振的暴露时间。所选路段应具有代表性,应覆盖各种平整度等级和路面损坏类型。各段内的路面状况应尽可能均匀。

(2) 车型的选择

不同的汽车对路面平整度有不同的隔振性能。1985年美国印第安那州所做出的平整度与行驶质量的试验中采用了不同的车型(客车、卡车等),试验结果指出了汽车影响因素的显著性。因此试验中应选择一代表性车型。

(3) 行车速度的选择

行驶质量取决于路面平整度和行车速度的组合。汽车在路面上行驶时,往往可以通过加速或减速来改善行驶质量。这是因为道路断面呈一定的频波分布,在一定速度下组合的激振频率达到汽车的共振频率之一时,会产生共振而导致行车质量恶化。改变速度则可避免共振的发生,从而改善行驶质量。因此,在行驶质量评价中对行车速度的选择和控制是进行合理评价的关键。所以,要顾及到全部车速下的感受是不可能的,一般是选择道路的代表性车速作为评分车速。

(4) 评分过程

评分前需要讲清评分时应注意的事项。评分人员应仅仅依据自己对行驶舒适性的感受进行评分,不需要考虑其他因素。评分过程中,评分人员的座位应保持不变。由坐在副驾驶位置的人负责提醒路段的起讫点,汽车以规定的速度驶过一个路段后,停于路旁,评分人根据自己乘车时的感觉独立评分。

2. 评价模型

评分试验结果即为路面行驶质量的主观评价结果,通常采用行驶质量指数 RQI 表征,将其汇同对应路段的平整度(如 IRI)检测结果,即可通过回归分析建立行驶质量评价模型。

RQI 与 IRI 之间若采用线性关系式可表示为

$$RQI = a \times IRI + b \qquad (12-1)$$

式中　RQI——行驶质量指数,五分制或百分制;

　　　IRI——国际平整指数(m/km)。

据此,利用路面平整度检测结果即可计算得到路面行驶质量。

3. 评价标准

(1) IRI 标准

对于 IRI 与路面服务性能之间的关系,一般认为当 IRI 为零则该断面很平整,对于 IRI 的上限并没有任何规定。但较为一致的看法是当 IRI 大于 8 m/km 时就不利于行驶,需要减速。国际上多家研究机构研究了 IRI 与路面状况之间的关系并提出其标准,较有影响力的有世界银行报告、奈米比亚报告及美国密西根大学报告,汇总如表 12-1 所示。

表 12-1　　　　　　　IRI(m/km)与路面服务性能之间关系

世界银行的报告		奈米比亚报告		密西根大学报告	
IRI	路面状况	IRI	路面状况	IRI	路面状况
0.25~1.75	机场跑道、高速公路	2	良好的沥青路面	<0.79	非常平整的路面
1.25~3.50	新路面	4	较差的沥青路面	1.58~1.97	一般路面
2.25~5.75	老旧路面	6	良好的碎石路面	1.42~2.52	重交通碾压过的路面
3.25~10.00	经常养护的无铺面道路	8	较差的碎石路面或土壤路面	>2.76	需要维修的路面
4.00~12.00	已有损坏的道路			>3.47	不堪使用的路面
>7.75	不平整的无铺面的道路				

从以上可以看出,各报告所提出的 IRI 评价标准并不统一,特别是对于好与良好的路面分级标准相差较大,其中以密西根大学所提出的标准最为严格。可见,根据各地实际情况提出 IRI 评价标准很有必要。

(2) RQI 标准

在前述评分试验中,评分人员不仅给出各路段的 RQI 评分,而且对各路段的行驶舒适性给出"不可接受"、"不确定"和"可接受"三种评价意见。汇总 RQI 评分值和评价意见,可以整理出不同 RQI 评分值和评价意见的分布比例,如图 12-7 所示。由分布比例为 50% 的水平交点,可以确定行驶质量的上、下限标准:完全可接受的最低标准和完全不可接受的最高标准,而其间则为不确定的过渡段。

从图 12-7 的分布曲线中可以看出,行驶质量指数 RQI 在 2 以下时,路面的行驶质量为不可接受;行驶质量指数 RQI 在 3.6 以上时,行驶质量完全可以接受。

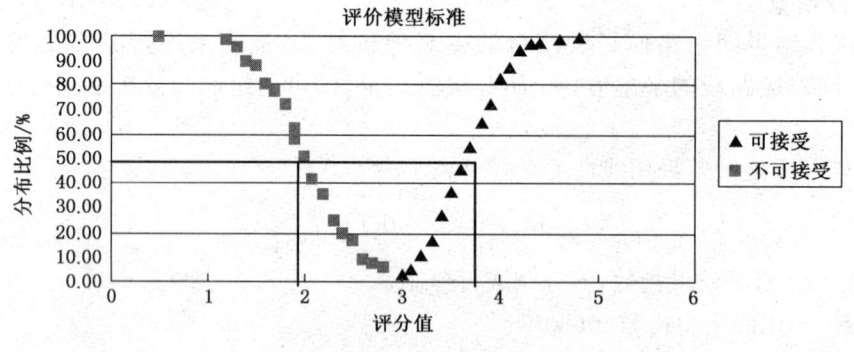

图 12-7 评价标准的确定曲线

12.3 路面损坏状况调查与评价

损坏现象是各种因素作用于路面结构的结果。由于造成损坏的原因是多方面的(如荷载、环境、材料、施工、养护等),这使得损坏所表现出的形态和特征也多种多样。因此,为了保证损坏描述的一致性,应根据损坏的形态、特征和肇因,对损坏进行分类和命名,并为每一类损坏规定明确的定义和量测标准,即将其概念化和定量化。这是损坏状况检测与评价的基础。

由于路面损坏类型多样、诱因复杂,对其进行检测需要专业理论和实践经验的结合,因此,损坏状况检测往往只能采用人工目测、经验判断的方法来完成。但是,检测效率低和海量数据是人工检测方法面临的最大挑战。为此,尽量简化检测内容、降低对检测人员的要求成为人工检测方法发展的方向,而高效、非人工的机械化、智能化自动检测方法却是业界一直以来追求的目标。

各种损坏对路面结构的完好程度和路面的使用性能有着不同的影响。为了准确评估这一影响,应建立科学的路面损坏状况评价方法——包括选取评价指标、构建量化的评价指标和评价模型以及制定评价标准等。其中,评价指标根据评价目的选取,评价标准结合实际制定,而构建评价模型是建立评价方法的重点。最终,利用评价模型计算评价指标、再将指标计算结果对照评价标准即可得路面损坏状况的评价结论。

12.3.1 路面损坏特征定量描述

总体而言,为定量描述路面的损坏特征,首先应根据路面损坏形态、特征和肇因的不同,将路面损坏现象进行分类,分类应遵循如下原则:①易识别辨认;②考虑损坏原因的异同;③注意目前和今后的普遍存在;④简单、但应满足评价精度要求。其次,各类路面损坏都有一产生和发展的过程。在这过程中,处于不同阶段的损坏,对路面使用性能及其变坏速率有不同程度的影响。为了便于评价其影响程度,应按损坏的严重程度和密度大小(在调查区段内出现的面积率),将各种损坏划分为若干个等级;分级数不宜过多,一般为2~3级,个别类型可不分级。再次,对于各损坏类型,应规定统一的量测和计量方法,将其定量化。

路面有多种类型,其损坏特征各有不同,表 12-2—表 12-4 所列分别为沥青路面、水泥混凝土路面以及砂石路面常见损坏类型。

表 12-2　　　　　　　　　　　　沥青路面损坏类别

损坏类别	损坏类型	量测单位	严重程度等级
裂缝类	纵向裂缝	m	轻微、严重
	横向裂缝	m	轻微、严重
	龟裂	m^2	轻微、严重
	块裂	m^2	轻微、严重
变形类	车辙	m^2	轻微、严重
	沉陷	m^2	轻微、严重
	波浪拥包	m^2	轻微、严重
表面损坏类	磨损	m^2	轻微、严重
	坑槽	m^2	轻微、严重
其他类	泛油	m^2	不分等级
	补丁	m^2	轻微、严重

表 12-3　　　　　　　　　　　水泥混凝土路面损坏类别

损坏类别	损坏类型	量测单位	严重程度等级
裂缝类	线状裂缝	m	轻微、中等、严重
	板角断裂	m^2	轻微、中等、严重
	D 裂缝	m^2	轻微、中等、严重
	交叉裂缝和破碎板	m^2	轻微、中等、严重
接缝破坏类	接缝料损坏	m	轻微、中等、严重
	边角剥落	m	轻微、中等、严重
表面损坏类	坑洞	个	不分等级
	表面纹裂与层状剥落	m^2	轻微、中等、严重
其他类	错台	m	轻微、中等、严重
	拱起	m^2	轻微、中等、严重
	唧泥	m	不分等级
	修补	m^2	轻微、中等、严重

表 12-4　　　　　　　　　　　　砂石路面损坏类别

损坏类别	损坏类型	量测单位	严重程度特征
缺损类	松散	m^2	轻微、中等、严重
	扬尘	m^2	轻微、中等、严重
	坑槽	m^2	轻微、中等、严重
	翻浆	m^2	不分等级

续表

损坏类别	损坏类型	量测单位	严重程度特征
变形类	搓板	m²	轻微、中等、严重
	车辙	m²	轻微、中等、严重
	路拱不适	m²	不分等级
	沉陷拥包	m²	轻微、中等、严重
路肩类	超高	m²	轻微、中等、严重
	积水	m²	轻微、中等、严重
	杂草	m²	轻微、中等、严重

12.3.2 路面损坏状况检测方法

路面损坏状况检测是路面管理最重要的工作之一,常常是制约科学管理的瓶颈。由于损坏的复杂性,目前尚缺少自动化程度高的设备进行损坏状况的检测。视频技术和现代信息技术的发展,为这一问题的解决提供了较好的条件,可以较大幅度地减小人们的工作强度。

1. 传统人工调查法

传统上,路面损坏状况检测多采用目测判别损坏类型和严重程度、手工丈量损坏数量的方法进行。

2. 图片比照法

图片比照法就是借助于事先拍摄好的、并经路面养护专家审定的、若干套路况各等级的标准图片来给待评分路段打分。

3. 图像识别法

在传统的方法中,人是识别损坏的主角。但随着科技的进步,以"机器"代"人"成为发展方向。

(1) 路面摄影测量仪(GERPHO)

早在1972年,法国 LCPC 道路管理部门和 Nancy Regiongl Laboratory 分别开展了两个研究项目:一个是采用红外线技术,配上黑白显影胶片,由飞机低空航摄,来摄取路表图像,以进行后续处理和损坏评价;另一个则是采用安装在车辆上的移动式图片照相设备对路表面进行连续的拍摄,对摄得的胶片进行显影、定影后,在室内回放、再由人工判别路面损坏的类型和严重程度,并由人工输入计算机。这一套设备命名为路面摄影测量仪(GERPHO)。

(2) 自动化路面图像分析仪(ARIATM)

1985年美国 MHM 协会开展了自动化路面损坏评价系统的研究,其重点是开发自动化路面图像分析仪 ARIATM(Automated Road Image Analyzer),它通过对视频图像进行数字图像处理和模式识别来识别出路面损坏的类型并计算出损坏的严重程度和范围,其目的是想为路面管理提供一个全自动化的路面损坏数据采集方法。ARIATM 由专门装备起来的 ARIATM 测试车拍摄的录像带提供必需的原始数据资料,并以脱机的方式利用路表图像分析路面损坏。ARIATM 系统能识别和计算"龟裂"、"纵向开裂"和"横向开裂"等类型的路表损坏。

（3）路面损坏图像采集仪（PDI-1，Pavement Distress Imager）

美国的 Roadma-PCES 系统采用一辆配备摄录仪器的专用车，称为路面损坏图像采集仪（PDI-1，Pavement Distress Imager）。它采用可控光源照明和四台线扫描方式（光栅扫描）的摄像机以高达 88 mile/h（1 mile＝1 609.344 m）的速度来采集 8ft（1 ft＝0.304 8 m）宽的连续的路表图像。每个像素的实际代表面积为 0.1 in（纵向）＊0.05 in（横向）（1 in＝2.54 cm）。然后所拍摄到的路面图像数据再经后续处理识别出横向、纵向和其他类型的开裂，同时消除噪声。

（4）Komatsu 系统

日本的 Komatsu 系统庞大复杂，有激光、红外线等多种先进感知设备，采用一台测量专用车并配备数据处理系统来实时地测量开裂、车辙以及纵向的断面。这个系统通过巨型的 64 个（最后达到 512 个）HC88020 并行微处理器、采用常规图像处理技术对裂缝图像数据进行后续处理。

（5）MACADAM 系统

法国的 MACADAM 系统也是采用常规的图像处理算法对经数字化的连续 35 mm 胶片进行后续处理。尽管此系统的目标在于识别损坏类型，但它有两个严重的缺陷。首先，像素代表的实际长度将近 9 mm。这样只能给出非常粗略的识别，严重地限制了能被检测到的裂缝尺寸。其次，处理速度慢，处理一公里路面需要一个小时。

（6）同济大学沥青路面损坏自动识别系统

早在 1990 年起，同济大学已开始研发试验性沥青路面开裂识别系统。之后随着计算机技术的发展，该系统软硬件不断升级、算法不断改进，逐渐形成一整套较为成熟的识别沥青路面开裂类损坏的理论方法和软硬件系统。

其设备连接如图 12-8 所示。

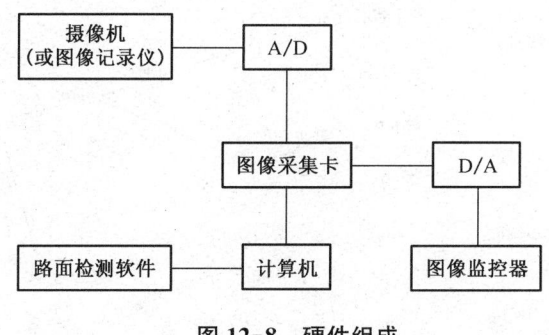

图 12-8　硬件组成

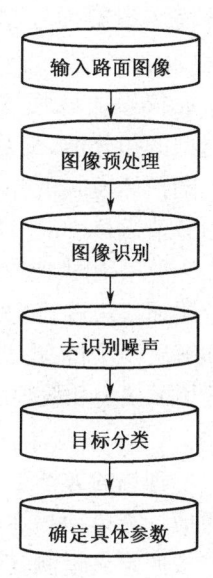

图 12-9　软件流程

系统硬件部分包括摄像机（或图像记录仪）、图像采集卡、电脑等。利用摄像机拍摄路面图像，并通过 A/D 转换设备将图像输入电脑，电脑软件实时处理图像并得出结果。

路面检测软件主要由三部分组成：①硬件控制部分，该部分程序负责控制图像采集卡和数字图像记录仪等设备正常工作。②人机交互部分，主要包括参数的设置、处理结果的输出等。③图像识别部分。其流程如图 12-9 所示。

12.3.3 路面损坏状况评价方法

每个路段的路面可能出现各种不同类型、程度和范围的损坏。为了使各路段的损坏状况（或程度）可以进行定量比较，需要有一项综合评价指标，把这三方面的属性和影响综合起来。较常用的是综合评分法，建立客观的量测指标与主观综合评分之间的关系。选择一个损坏状况的度量指标（如路面状况指数 PCI），以百分制或十分制计量。对不同的损坏类型、严重程度和范围规定不同的扣分值，按路段的损坏状况加权累计其扣分值后，以剩余的数值表征路面的完好程度，评价路面的好坏。本节着重介绍一种适用于各类路面、适用于多种损坏、基于权函数的分层加权评价方法。该方法模拟评分专家的思维过程，逐层加权累加得到总扣分值，即先对每种损坏类型加权累加不同严重程度的扣分值，再对每种损坏模式加权累加该模式中各种损坏类型的扣分值，最后再加权累加不同损坏模式的扣分值，得到总扣分值 DP，如图 12-10 所示。

要采用图 12-10 所示的这种分层加权法进行 PCI 的计算，必须解决两个问题，即单项损坏扣分值的确定和权数的确定。

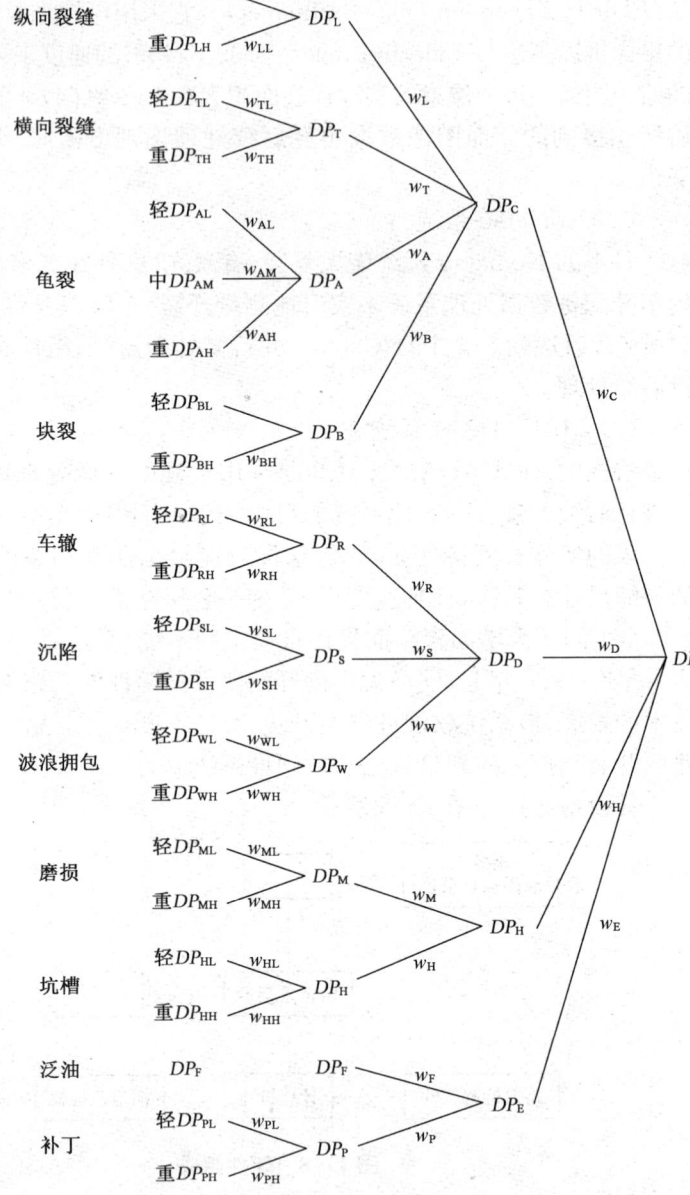

图 12-10　分层加权法示意图

1. 单项损坏扣分值的确定

理想的方法是选择仅有单项损坏类型和密度的路段进行评分，并根据评分结果可以方便地计算单项损坏的扣分值。实践中可选择损坏现象单一、损坏密度相近的路段进行评分，并按照定义量测其损坏，则可得某种损坏的单项扣分值为

$$DP = 100 - \overline{PCR} \tag{12-2}$$

式中 DP——某种损坏的单项扣分值；

$\overline{PCR}$——专家对该路段的平均评分值。

采用这种方法,可以计算出各类损坏在各损坏严重程度和损坏密度条件下的单项扣分值,如表 12-5 所示。

表 12-5　　　　　　　　　　沥青路面单项扣分值

损坏类型	严重程度	损坏密度/%					
		0.1	1	5	10	50	100
龟裂	轻	8	12	18	30	50	80
	中	10	14	22	35	55	75
	重	12	17	28	45	70	90
块裂	轻	5	8	16	25	32	40
	重	8	12	20	35	62	68
沉陷	轻	2	10	20	33	65	75
	重	4	12	27	40	75	100
车辙	轻	1	5	10	20	45	60
	重	3	10	20	30	60	80
波浪拥包	轻	3	6	12	25	47	70
	重	5	12	22	35	63	90
坑槽	轻	1	12	25	42	87	80
	重	10	17	30	52	77	100
麻面磨光	不分	1	3	6	12	18	20
露骨	不分	2	6	20	40	55	60
补丁	轻	2	8	10	15	20	35
	重	4	10	15	20	30	50
泛油	不分	1	5	10	12	12	30
		损坏密度/%					
		0.1	0.5	1	3	5	>5
横向裂缝	轻	1	6	8	18	25	25
	重	4	9	12	24	38	38
		损坏密度/%					
		0.1	1.0	5	10	40	>40
纵向裂缝	轻	8	10	16	32	70	70
	重	10	15	25	44	80	80

2. 权数的确定

通过研究,可用数学的方法将评分时专家心目中难以言表的权数提取出来,使其定量化。研究结果表明,各类损坏的权重不是常数,而是变数,是随该损坏在总损坏中所占比重而变化的。因此,可在不同的层次水平上将权重表示为单项损坏扣分值占总扣分值百分比的函数,简称权函数,如图 12-11 所示。图 12-11 中,所有权重都采用同一条曲线表示,此曲线既可供同种损坏类型不同严重程度加权累加时确定权重使用,又可供同种损坏模式不同损坏类型加权累加时确定权重使用,还可供不同损坏模式加权累加时确定权重使用。

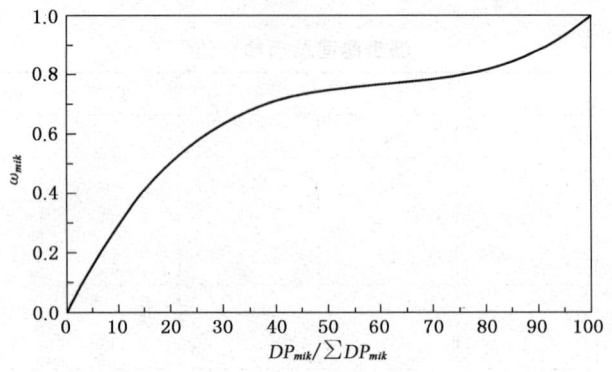

图 12-11　权函数曲线

大量的验证表明,图 12-11 所示的权函数曲线很好地刻画了人们的评分心理,具有很好的稳定性和通用性。

3. 计算示例

综上所述,先按照路面损坏的定义可量测各类损坏,再按照表 12-5 可计算各类损坏的单项扣分值,再按照图 12-11 可得所有的权重,最后按照图 12-10 即可计算得到 DP 和 PCI。表 12-6 给出了 PCI 的计算示例。

表 12-6　　　　　　　　　　　PCI 计算示例

损坏类型	损坏程度	密度	单项扣分	权数	各损坏类型扣分	权数	各损坏模式扣分	权数	综合扣分
龟裂	轻 中 重	0.0 0.2 1.7	0 11 19	0.0 0.6 0.77	21	0.75	23	0.60	38
横裂	轻 重	0.2 0.4	3 8	0.58 0.81	8	0.48			
纵裂	轻 重	0.2 0.0	7 0	0.0 0.0	7	0.48			
沉陷	轻 重	0.0 1.1	0 13	0.0 1.0	3	1.00	13	0.48	
磨损	轻 重	25 0.0	15 0	1.0 0.0	15	0.78	15	0.47	
修补	轻 重	1.0 0.0	6 0	1.0 0.0	6	0.56			
坑槽	轻 重	1.7 0.4	14 13	0.7 0.7	19	1.00	19	0.55	

最后，$PCI = 100 - DP = 100 - 38 = 62$。

12.4 路面结构承载能力测定与评价

一般而言，进行路面结构承载能力检测和评价的目的包括：掌握路面结构的服务潜力、预测路面结构的剩余寿命、寻找强度不足的路面结构、分析路面结构强度不足的原因或强度变化的趋势、为路面结构的加固或补强提供设计依据或参数。

结构状况的检测有破损和非破损两类方法。对各类道路结构而言，破损性的检测、评价方法是指在结构上钻取芯样，或从结构中挖取较大尺寸的部分原状构件，制成试件，在试验室测定试件的物理-力学性能，并据以分析评价该结构的结构性能和潜力；非破损性的检测、评价方法是指在不损坏结构的前提下测定结构的全部或部分性能参数，并据以推算该结构的结构性能和潜力。由于后者具有不破坏原有结构、测试过程快等优点，已经得到了越来越广泛的应用。

12.4.1 路面弯沉检测方法

目前，各类弯沉仪已经成为路面结构状况评价的主要手段。根据早期的技术水准，可将路面弯沉仪技术分为三类，即慢速（静态）的弯沉仪、稳态弯沉仪和脉冲式弯沉仪；随着技术的进步，目前又出现了真正意义上的动态弯沉仪和基于波分析的方法，见表12-7。

表12-7　　　　　　　　　　目前的路面弯沉测量技术

类型，加载方法	代表性设备
静态弯沉仪，静载或缓慢移动式加/卸载	承载板 杠杆弯沉仪，贝克曼梁(Benkelman Beam) 曲率仪 自动弯沉仪
稳态弯沉仪，震动荷载	Dynaflect 道路评价仪(Road Rater) FHWA 美国工程师兵团(US Army Corps of Engineers)
落锤弯沉仪，脉冲荷载	Phoenix Dynatest KUAB
动态弯沉仪，快速运动荷载	RWD(Rolling Wheel Deflectometer)
波分析方法，表面波	

1. 静态弯沉仪

这是我国使用比较广泛的弯沉仪，包括承载板法、杠杆式弯沉仪（贝克曼梁）、路面表面曲率仪和自动弯沉仪等多种类型。

承载板法虽然可以比较稳定可比地测定路面的弯沉，但其测定效率较低，难以作为大规模路面弯沉测定的手段使用，相比之下，杠杆式弯沉仪则使用得比较广泛。

杠杆式弯沉仪如图12-12所示，是一种相对简单的测量仪器，测定的是车辆以爬行速度行驶时的路面弯沉。弯沉的测点置于标准轴双轮组的中间，通常有两种加载和测定过程，一是后退加载法,一是前进卸荷法;前者测定的是路面的总弯沉,后者测定的是路面的回弹弯沉。我国一般以前进卸荷法测定路面的回弹弯沉。经过季节、温度修正后,计算路段的代表弯沉值,作为路面结构强度评价的输入值。

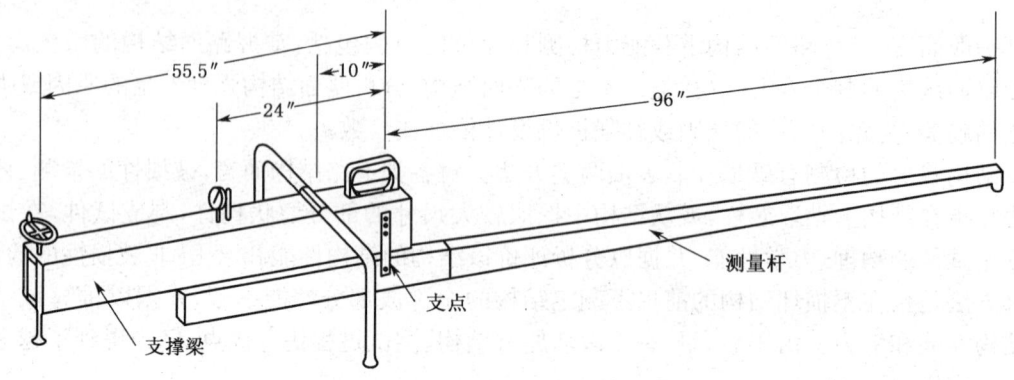

图 12-12　杠杆式弯沉仪($1''\approx25.4$ mm)

杠杆式弯沉仪在美国 WASHO 试验路上首次使用,系采用满载的卡车作为加载工具。该设备结构简单,使用方便,形成了完整的测试方法,曾经得到了广泛的使用。为了减小弯沉测定时的工作强度,自动记录弯沉测定结果,美国加州和法国研制了自动弯沉仪。实际上,这是一种自动的杠杆式弯成仪。加州的自动弯沉仪可以以 0.8 km/h 的速度连续地以 6.1 m 的间距测定两个轮迹下的弯沉,如图 12-13 所示;法国的自动弯沉仪(La Croix Deflectograph)则如图 12-14 所示,能够以 2~4 km/h 的速度、3.5~6 m 的间距测定路面的弯沉。

图 12-13　加州自动弯沉仪

图 12-14　法国自动弯沉仪(LaCroix Deflectograph)

自动弯沉仪测得的路面弯沉是路面的总弯沉。

这类弯沉仪的主要缺陷也是比较明显的。首先,测量精度不高。杠杆的支点容易在实验荷载的作用下发生变形,后轴的两个轮组之间以及前后轮组之间都可能造成变形的叠加,影响测量精度,尤其在我国大量使用的半刚性基层路面上。传统的弯沉仪的整个测试过程由人工操作,读数精度难以得到保证。其次,加载模式与实际行车荷载之间具有较大差异,难以模拟实际的行车荷载特性,只能得到爬行速度下的路面弯沉值。最后,测试速度慢,劳动强度大,对交通干扰大,测定人员的安全性差,不太适合于大交通量道路的路面检测。

2. 稳态弯沉仪

利用振动设备产生一个正弦荷载,施加于路面上,如图 12-15 所示;在路面表面安装一组速度或加速度传感器测定路面弯沉盆,以分析路面在振动荷载作用下的刚度特性。Dynatest 和 Road Rater 稳态弯沉仪曾被广泛使用,而 FHWA 则使用了另一类设备,该设备采用线性差分传感器测定路面弯沉。稳态弯沉仪需要一个较大的自身静载作为平衡静载,以克服振动荷载幅值(一般<静载的一半)所可能造成的跳动。

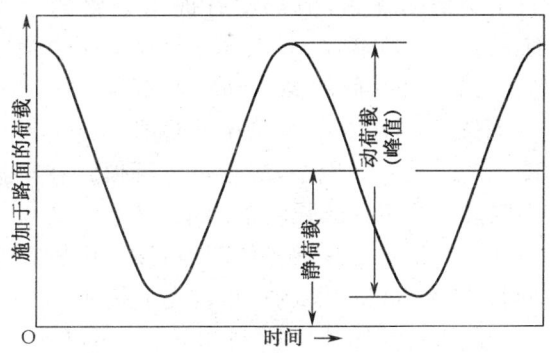

图 12-15 典型的振动荷载发生器

与杠杆式弯沉仪相比,稳态弯沉仪采用惯性基准点,而不需要固定的参考点,量测精度显著提高。不过,稳态弯沉仪所施加的荷载级位不高,静载的作用改变了路面的受力状态,荷载的频率特性与行车荷载也有较大差异。

3. 落锤式弯沉仪

落锤式弯沉仪以特定重量的物体、从特定高度自由落下,从而给路面施加一种脉冲荷载。如图 12-16 所示,施加的荷载可以通过物体的重量和落高来控制,脉冲荷载的持续时间则可以通过缓冲物(如橡胶垫)来控制;简称 FWD(Falling Weight Deflectometer)。通常,FWD 施加荷载的能力为 15~125 kN,用于机场道面弯沉测量的设备则可达 250 kN;荷载脉冲时间一般在 0.025~0.030 s 之间。

落锤式弯沉仪不仅能够测量路面在荷载作用下的最大弯沉,而且能够测得路面的弯沉盆,这为路面结构的评价提供了更多的信息。

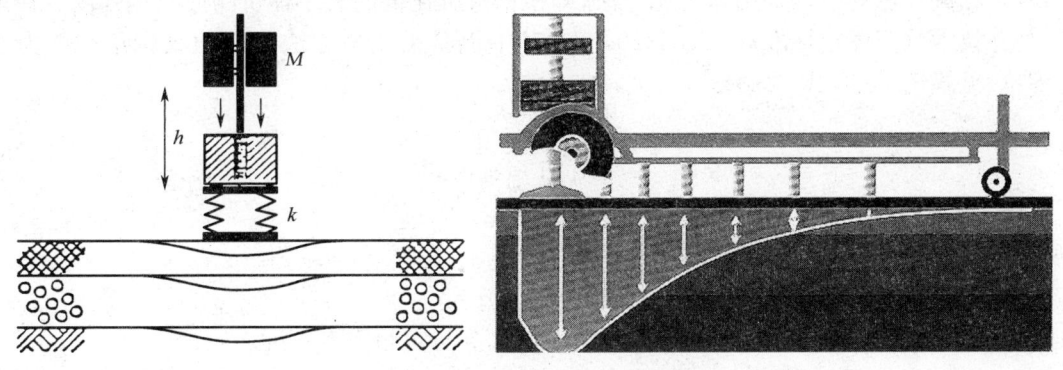

图 12-16 FWD 的基本测试原理

4. 动态弯沉仪

实际上,上述各类弯沉仪,即便是FWD在弯沉测定时都必须停车,大大影响了测量速度,而且影响交通。研发一个能够在车辆正常行车速度下测量路面弯沉的设备、即真正的动态弯沉仪一直是人们的努力方向。1985年,美国Ohio州开始了这方面的研究,以探索研发在高速行车条件下测量路面弯沉的可能性,其他许多国家,如澳大利亚、丹麦、英国和瑞典等也进行了类似的探索,但都没有提出完整的原型系统;直至2003年7月,美国FHWA在德州路网上测试了最新版的高速动态弯沉仪——滚轮式弯沉仪RWD(Rolling Wheel Deflectometer),如图12-17所示。图中,滚轮式弯沉仪式在半挂车上安装一个7.8 m长的铝制梁,梁上以2.6 m的等间距携带着4只激光传感器;该梁设置在车辆的右侧,在88 km/h的行车速度下按照12.2 mm

图12-17 滚轮式弯沉仪RWD

的间隔进行抽样,以测量外侧轮迹上的弯沉。也许在不远的将来,这种高速(真)动态的弯沉测量仪可以投入实际使用,这将大大方便网级路面结构状况的监测。

5. 波分析法

根据波在路面结构层中的传播特性,可以测定路面结构层的特性。在路表面施加脉冲荷载以产生表面波。表面波在多层的路面结构中传播;采用两个加速度计测量表面波经过时波的形状。根据对这两个波形历程及其差异的分析,推测路面结构层的特性参数。

12.4.2 路面结构承载能力评价方法

沥青路面结构状况的评价有多种方法,包括弯沉比法、结构指数法、简单分等法、剩余寿命指数法、TRRL剩余寿命法、结构行为分析法和反演分析法等。本节主要介绍弯沉比法和简单分等法。

1. 弯沉比法

以路面设计时对路面弯沉的要求为基础,可以判断现有路面结构抗力的大小。长期以来,我国相关行业规范多采用弯沉比方法,即根据弯沉比值的大小评价路面结构强度。在现行《公路技术状况评定标准》(JTG H20—2007)中也是采用该方法对路面结构承载能力进行评价,见式12-3和式12-4。

$$PSSI = \frac{100}{1 + a_0 e^{a_1 SSI}} \quad (12-3)$$

$$SSI = \frac{l_d}{l_0} \quad (12-4)$$

式中 $PSSI$——路面结构强度指数,值域0~100;

SSI——路面结构强度系数,为路面设计弯沉与实测代表弯沉之比;

l_d——路面设计弯沉(mm);

l_0——实测代表弯沉(mm);

a_0——模型参数,采用 15.71;

a_1——模型参数,采用 -5.19。

根据 $PSSI$ 的大小,按表 12-8 的标准对路面结构承载能力进行评价。

表 12-8 路面结构承载能力评价标准

评价等级	优	良	中	次	差
$PSSI$	≥90	≥80,<90	≥70,<80	≥60,<70	<60

2. 简单分等法

简单分等法是根据路面结构承载能力的变化过程将路面结构强度划分为三个等级,即足够、临界(中等)和不足。然后综合考虑影响路面结构强度的诸多因素(如交通量、路面结构等),通过调查、研究,结合专家经验整理得到不同交通量等级、不同路面结构类型的路面结构强度等级分界弯沉值;并最终通过验证和调整得到路面结构承载能力的评价标准。表12-9 为上海市城市道路采用的经验分界弯沉值。

表 12-9 路面结构能力评价的经验分界弯沉值(100kN,0.01mm)

交通等级 (AADT)	碎砾石基层路面结构			半刚性基层路面结构		
	足够	临界	不足	足够	临界	不足
很轻<2 000	<98	98~126	>126	<77	77~98	>98
轻 2 000~5 000	<77	77~98	>98	<56	56~77	>77
中 5 000~10 000	<60	60~81	>81	<42	42~59	>59
重 10 000~20 000	<46	46~67	>67	<31	31~46	>46
特重>20 000	<35	35~56	>56	<21	21~35	>35

由于不同的半刚性材料,其弯沉的大小也不相同。所以,简单分等法的适用性是有限的。

12.5 路面抗滑性能测定与评价

路面的抗滑性能影响着车辆行驶的安全性。采集路面抗滑数据的目的,就是为了监测路面抗滑性能的衰减,保证行车安全。

12.5.1 路面抗滑性能检测方法

1. 锁轮拖车法

装有标准试验轮胎的单轮或双轮拖车,由牵引车以要求的测定速度在洒水湿润的路面上拖行;抱锁测试轮,通过测定牵引力,量测在载重和速度不变的状态下作用在轮胎和路面间的摩阻力。将该摩阻力除以作用在轮胎上的垂直力,可以得到以滑移指数 SN 表征的路面稳态抗滑能力。

2. 偏转轮拖车法

拖车上安装有两只可自由转动的标准试验轮胎,它们对车辆行驶方向偏转一定的角度(例如 7.5°～20°)。在汽车牵引下以一定速度在潮湿路面上行驶时,试验轮胎和路面间受到侧向摩阻力的作用,如图 12-18 所示。记录下的侧向摩阻力除以作用在实验轮上的载重,可得到以侧向力系数 SFC 表征的路面抗滑能力。

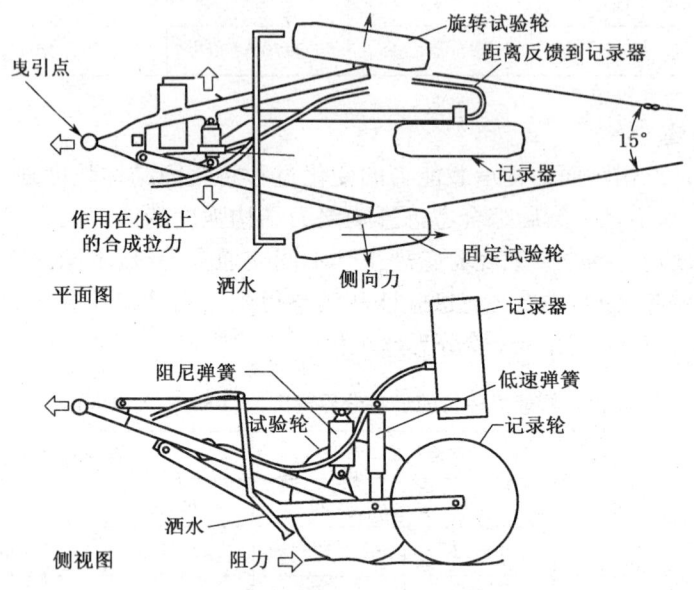

图 12-18 偏转轮拖车测试原理图

采用这种测定原理的商用仪器有英国研发的 Mu-Meter。另一种采用这种原理测量侧向摩擦的仪器是英国 TRRL 研发、W. D. M. 公司生产的 SCRIM (Sideways-Force Coefficient Routine Investigation Machine),如图 12-19 所示。车上装载着试验必需的水,以洒布在试验轮前,试验轮与车辆行驶方向呈 20°角,并且不进行试验时可以完全提起。SCRIM 能够在高速(>40 mile/h)下进行测定,并能够提供连续的纪录。

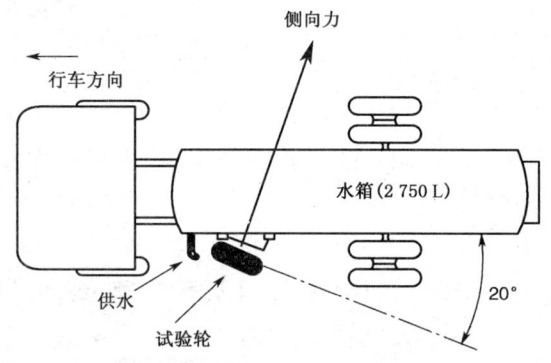

图 12-19 SCRIM 测试仪原理构型

3. 制动距离法

以一定速度在潮湿路面上行驶的 4 轮小客车或轻货车,当 4 个车轮被制动时,车辆减速滑行道停止时的距离,可用来表征非稳态的抗滑能力,以制动距离数 SDN 表示。

4. 摆式仪

摆式仪是一种可在室内或野外测试路面表面摩阻特性的仪器。摆式仪的构造示意如图 12-20 所示。摆锤底面装一橡胶滑块。当摆锤从一定高度自由下摆时,滑块面同试验表面接触。由于两者之间的摩擦而消耗部分能量,使摆锤只能回摆到一定高度。表面摩阻力越大,回摆的高度越小。通过量测回摆的高度,可以评定表面的摩阻力。回摆高度直接从一起上读得,以摆值 BPN 表示。

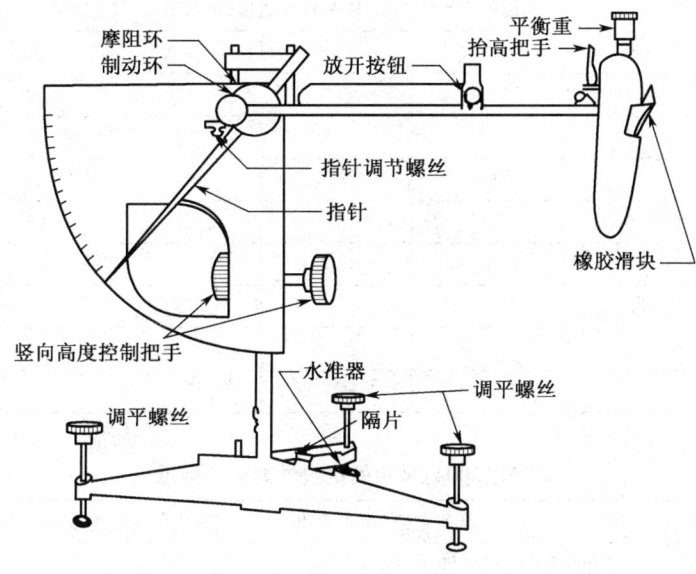

图 12-20 摆式仪示意图

12.5.2 路面抗滑性能评价方法

为了保证行车安全,路面应具有最低的抗滑能力,视道路状况、测定方法和行车速度等条件而定。各国根据对事故率的调查和分析,以及同路面实测抗滑能力间建立的对应关系,制定了不同的标准。有的国家除了规定抗滑能力最低标准外,还对石料磨光值和构造(纹理)深度的最低标准作了规定。表 12-10、12-11 为英国 TRRL 提出的抗滑能力和石料磨光值的最低要求,表 12-12 为 USAF 提出的抗滑性能评价标准。

表 12-10　　路面抗滑能力(侧向力系数 SFC, 50 km/h 时)最低值(0.01)

路段	定 义	危险等级									
		1	2	3	4	5	6	7	8	9	10
很困难	1. 限速大于 64 km/h 道路上接近交通信号处 2. 主要城市道路上接近交通信号、人行横道及类似危险地点						55	60	65	70	75
困难	1. 货车日交通量大于每车道 250 辆的道路上,接近主要交叉口处 2. 环形交叉及其入口处 3. 限速大于 64 km/h 道路上弯道半径小于 150 m 处 4. 纵坡≥5%、长度>100 m 处				45	50	55	60	65		
一般	1. 高速公路主干道和其他货车日交通量大于每车道 250 辆的道路上的一般指险段和大半径弯道	30	35	40	45	50	55				
不困难	1. 轻交通道路的一般直线段 2. 路面潮湿时不会出现事故的其他道路	30	35	40	45						

表 12-11　　　　沥青路面达到要求抗滑能力所需的石料磨光值 PSV

要求的夏季平均 SFC(50 km/h)	货车日交通量（每车道）					
	≤250	1 000	1 750	2 500	3 250	4 000
0.30	30	35	40	45	50	55
0.35	35	40	45	50	55	60
0.40	40	45	50	55	60	65
0.45	45	50	55	60	65	70
0.50	50	55	60	65	70	75
0.60	60	65	70	75		
0.70	70	75				
0..75	75					

表 12-12　　　　USAF(2004)采用的抗滑性能评价标准

抗滑能力评价	摩擦系数（除非注明****,否则测试速度为 65 km/h）			
	Grip Tester*	Mu-Meter	跑道摩擦系数仪**	锁轮拖车***
好	>0.49	>0.50	>0.51	>0.51
中	0.34~0.49	0.35~0.50	0.35~0.51	0.37~0.51
差	<0.34	<0.35	<0.35	<0.37

注：*：采用 ASTM 光面轮胎、充气压力为 140 kPa 时测定的数据。
　　**：采用 ASTM 4.0in×8.0in 光面轮胎、充气压力为 210 kPa 时测定的数据。
　　***：采用 ASTM E-274 拖车和 E-530 诊断刹车车辆测量，轮胎为 ASTM E-524 光面试验胎，充气压力为 170 kPa。
　　****：潮湿跑道上摩擦系数随速度增加而减小。如果抛到纹理较好，水可以从轮胎下面逃逸，则摩擦系数受速度的影响较小。相反，如果表面纹理较差，摩擦系数随速度的增加而显著减小，则摩擦系数将因排水条件差（如坡度较小或铺面变形等）而进一步减小。

12.6　路面管理系统简介

12.6.1　路面管理系统的定义

路面管理系统就是以有效的实测数据、成熟的理论模型和可靠的经验判断为基础，针对特定的目标，协助管理人员对路面的技术状况和管理需求进行技术-经济分析的快速互动过程。其中，"有效的实测数据、成熟的理论模型和可靠的经验判断"是路面管理系统的三个基石。

一个能够满足管理决策要求的系统首先强调的是有效的数据。所谓有效，这里是指数据的可比性和完备性。数据应是在统一的、经过明确定义的指南下收集或采集的，满足一定的精度要求；各年度/各时期的数据采集口径一致，数据的定义不因人、设备或时代的变化而随意变化。这样的数据就是可比的。数据的完备性是指，拥有决策所要求的关键数据信息。系统要求的信息可能很多，有些信息是一般背景信息，有些信息只是历史记录。完备性并不是指必须拥有全部信息；只要提供的信息可以满足决策要求，就可以认为信息是完备的。另一方面，不同系统的复杂程度不同，要求的数据信息也不相同，所以完备性并不是对所有系统而言的,而是对某个特定系统而言的。所以,数据的可比性和完备性是设施管理系统对数据的基本要求。

理论模型是赖以进行系统分析的有力工具,是决定系统功能的关键。但模型——不管是理论模型,还是所谓的经验模型——都具有两面性:成熟的、符合实际的模型能够为决策提供强有力的分析工具和分析结果,不成熟的、未经过实践检验的模型也可能给决策者带来误导,为决策者提供错误的参考结论,且由此产生的错误往往不易发现其原因。所以,在路面管理系统中所使用的模型,不管是简单的、还是复杂的,都应该是成熟的、经过检验的。

经验同样应该被看作决策的基础——这里的经验判断是指可靠的经验判断,所以经验判断被放在了与数据、模型同等的地位上。理论分析和理论模型固然重要,但它能够分析解决的问题是有限的、是有针对性的,并且往往是一些定型了的老问题,其他一些的问题、尤其是一些新问题,都是理论模型所无法解决的。而可靠的经验判断可以成为理论缺陷的有力补充。实际上,许多经验判断并不仅仅是零星的经历,而是人们在长期实践的基础上对自身体会的总结,对以前理论指导实践效果的评价和修正,或是根据传统理论解决新问题时的一种创造,也是一种理性的结果,有时甚至是新理论的温床。可以说,经验是知识的低级形态,而理论则是其高级形态,经验和理论只是知识的两种不同的形态而已。主动地利用经验,并与理性的分析结合起来,有助于做出高质量的决策,对于路面管理是十分有益的。

12.6.2 路面管理系统的等级

从技术功能的角度,路面管理系统可以分为两个等级,即网级管理系统和项目级管理系统。

网级管理就是根据既定的管理策略、管理要求、约束条件以及可用的技术手段,对路网中的多个项目进行综合技术-经济分析和决策的管理活动,如图12-21所示。

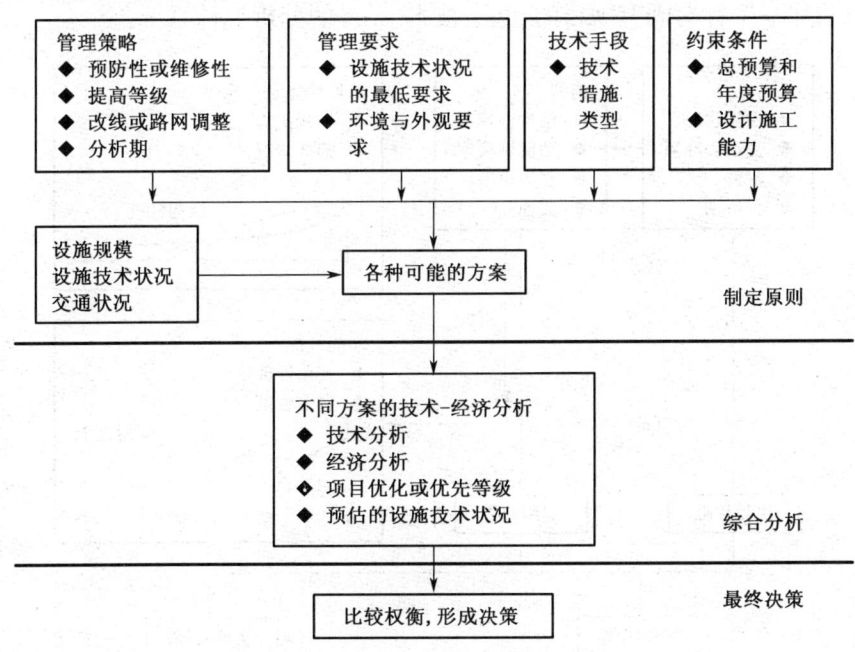

图 12-21 网级管理的一般管理流程

网级管理是对多个项目的管理。这多个项目既可以是一个区域(省、市、地区、县等)内的一大批同类型或不同类型的工程项目,也可以是一个大项目中所包含的同类型或不同类型的小项目;主要目标是进行资源分配,平衡预算,实现技术-经济目标。

网级管理的一般技术流程则如图 12-22 所示;该图很好地表明了网级系统的技术组成和执行步骤。

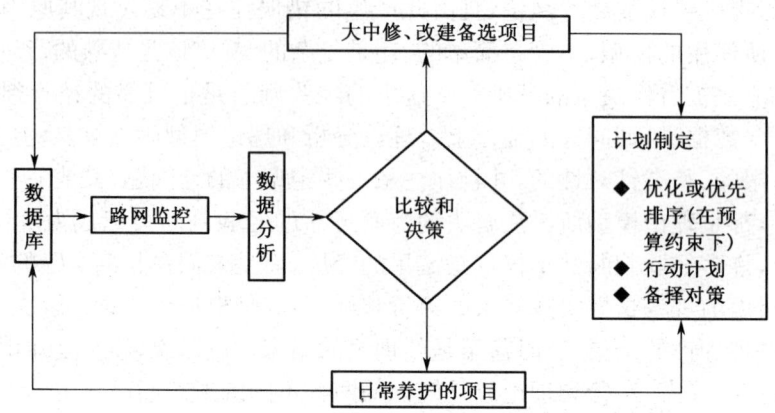

图 12-22　网级管理的技术流程

对于每一个工程项目,尤其是大中修、改建项目,还需要确定详细具体的维修方案。目前大多是根据经验确定,理想的做法是进入一个方案分析设计阶段,这便是项目级管理系统的内容。

项目级管理系统就是对一个具体的工程项目进行详细的深度评价、分析和设计,并最终提供实践中可以采用的、费用-效果最佳的措施,其流程如图 12-23 所示。实际上,项目级管理系统可以看作一个针对既有项目的、基于技术-经济的分析设计系统。

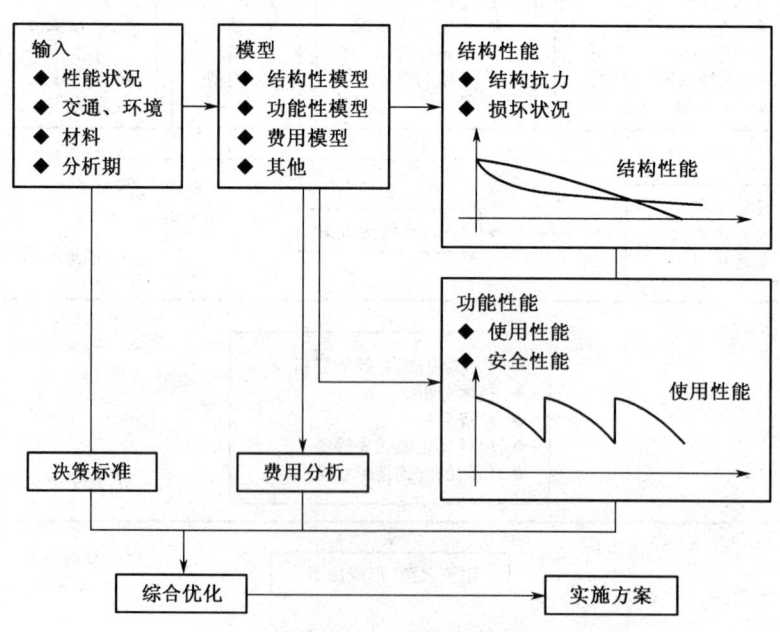

图 12-23　项目级管理系统

12.6.3 路面管理系统的作用

一个完整的路面管理系统具有如下作用：
(1) 积累数据
(2) 论证投资
(3) 技术评价
(4) 技术预测
(5) 提供对策
(6) 技术政策分析

1. 积累数据

数据和信息的积累在管理工作中有着十分重要的作用，但在我国似乎没有得到足够的重视。数据反映了路面的技术状况，大量历史数据的积累和信息的记录则反映了路面技术状况的演变。这些数据和信息所体现出来的变化规律，实际上就反映了路面状态的变化规律，这对于人们掌握、判断未来路面状况的变化、建立预测模型是非常有益的。

实际上，数据和信息的积累还有其更为重要的作用。通过对以往实践的分析，人们可以对所采取的各种决策和措施的成败进行系统的总结和定量的评价，分析成功的原因和失败的教训。成功的经验将予以保留，并将其发扬光大；失败的教训将予以避免或改进。这将大大有助于管理和技术水平的提高，并扎实地促进科技的进步，将对科技进步的促进体现在日常管理工作中。

信息的积累还有助于经验的传承。经验的积累需要时间，所以拥有经验的一般是比较年长的专家。随着他们的退休或转岗，他们的经验也随之损失。建立了良好的数据/信息积累制度，则能够如实地记录下他们的成功经验，为后人提供针对性很强的范例，使前人的经验依然能够发挥应有的作用。

数据和信息的积累首先依赖的是管理制度，具有矢志数据采集和信息积累的专业人员；而建立在现代技术上的路面管理系统或数据库系统则为数据和信息的积累提供了强大的、便捷的手段。

2. 论证投资

管理好路面需要一定的资金，这是无疑的；但多少资金合适是需要认真分析、反复权衡才能决定的。一个功能完整的路面管理系统则能够最大限度地帮助管理者进行投资需求分析，优化投资方案。它能够告诉管理者在不同的投资水平下路面的技术状况将如何变化，也能够给出将路面技术状况维持在特定水平上的资金需求。这些分析既可以是短期的，也可以是中期、长期的。这个功能使得该路面管理系统不仅是一个预算制定和资金申请的工具，也是一个进行合理资金分配的工具。

3. 技术评价

进行客观的技术状况评价是掌握现状、进行决策的基础，可以说是决策分析的第一步。不同路面的结构特性、技术要求不同，评价参数和评价标准也不相同。评价中根据不同路面的技术特点，采用合适的指标和恰当的标准是确保评价结果可用性的关键。

一般来说，评价指标的选择是一个技术性很强的过程，而评价标准的制定则不完全是技术性的考虑。一些评价标准是纯技术性的,而另一些可能更多是考虑当地的经济水平,还有一些则主要考虑了人们的感受。所以,评价标准的制定是一项政策性、艺术性很强的技术工作。

4. 技术预测

决策时只考虑现状还是不够的,还应该考虑路面未来的变化。不同的路面,其性能恶化的速度不同,只有综合考虑未来的技术状况变化,才能使决策结果经济合理。

一般而言,预测过程是一个纯粹的技术过程,技术要求也比较高。预测结果的准确与否,将直接影响到决策的结果;不准确的预测可能对决策者产生误导,而这种误导往往是不易发觉的。要建立一个准确的预测方程,首先需要长期的准确的数据积累,然后通过对这些数据进行深入分析,才有可能发现路面性能衰变的长期规律,并建立相应的数学方程。当然,路面自身具有一致的质量、性能变异性小则是准确预测的前提。

5. 提出对策

根据路面现状和未来状况的分析结果,系统将能够给出路面施工的养护对策,供决策者参考。对策既可以是基于经验的,也可以是基于分析的;既可以是基于技术的,也可以是基于经济的。

一般而言,系统能够提供多个对策选择,而不是唯一的选择。这些选择可能是基于相同的标准或策略,也可能是基于不同的标准或策略。决策者可以根据具体情况从中选择合适的对策作为决策结果,也可以在这些建议对策的基础上加以改进,形成最终决策。

计算机提供对策建议对不同的管理者而言具有不同的意义。对于经验丰富的管理者,这些建议可能无法提高其技术水平,但有助于避免决策时的疏失,减少决策失误;而对于那些经验不太丰富的管理者,系统的建议可以帮助他们迅速提高决策水平,减少因经验不足而造成的决策失误。同时,系统的这个功能还有助于保持决策标准的一致性或连续性,减少因人而异的决策结果。

就目前的技术水平而言,大多数系统、尤其是网级系统所提供的对策都不能直接使用,而只是一种控制资金的手段,或者只是给管理者提供一个参考范围。一些紧密结合当地实践的项目级系统,可以提供比较具体的对策建议。

6. 技术政策分析

随着系统中数据的不断积累和模型的不断改进,人们可以采用路面管理系统开展比较深入的分析,对一些深层次的问题,如路面养护维修的技术政策等,进行深入系统的分析。常规使用的养护维修技术对策原则一般是经验性的,可能没有明确的、显化的政策指导,但实际上依然反映了特定的技术-经济原则。例如,是采用比较大的一次性投资和日后较小的养护投资策略,还是采用比较小的一次性投资和日后比较大的养护投资策略,是一个饱受争议的课题。经过路面管理系统的技术分析,就可以给出明确的答案。

12.6.4 路面管理系统的结构

图 12-24 是代表性的路面管理系统逻辑结构图。

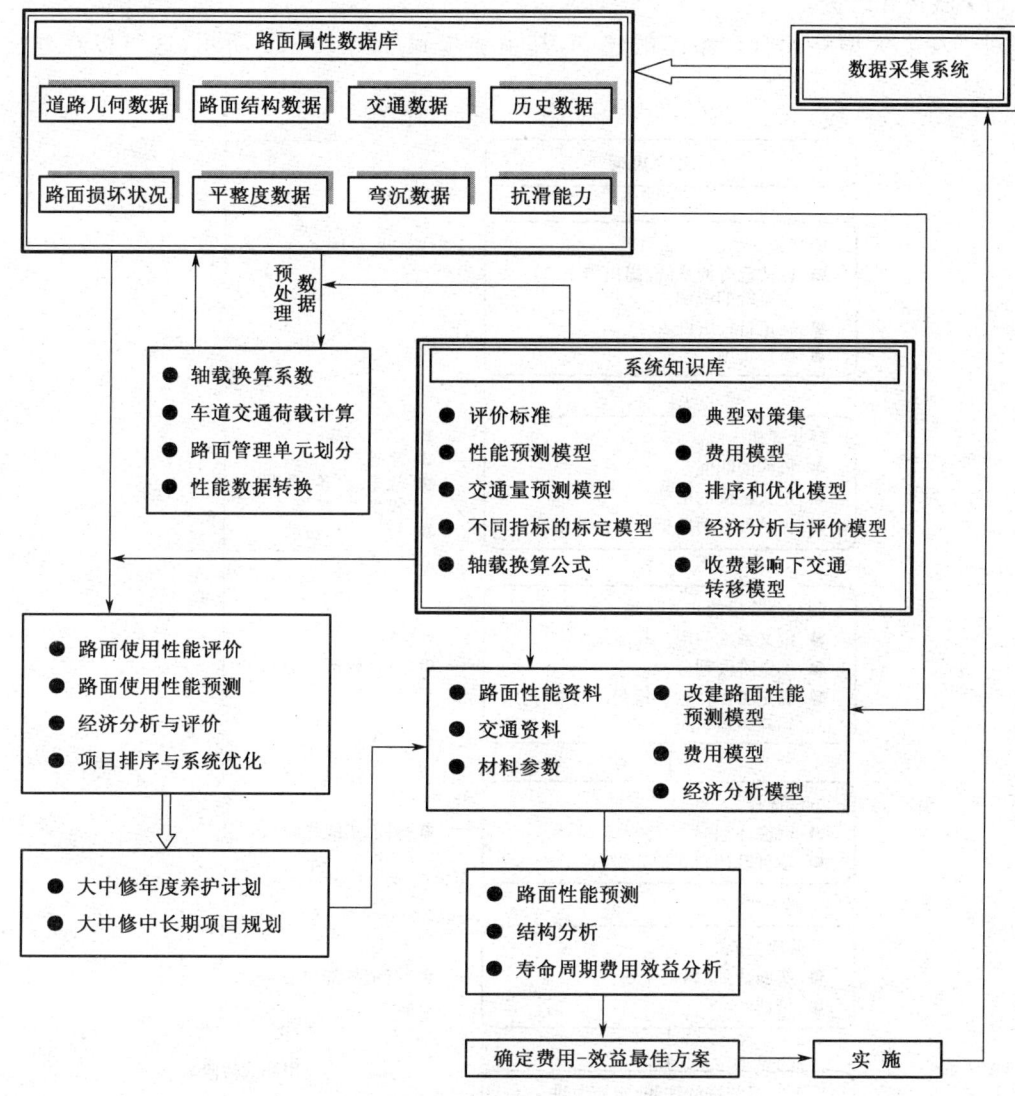

图 12-24　路面管理系统逻辑结构图

12.6.5　路面管理系统的实施及其策略

系统的实施并没有固定的过程,不同的部门引起需求不同、基础不同而不同,但是一些主要的步骤一般是不可缺少的:

(1) 决定实施路面管理系统,或对现有系统进行改进的决策;
(2) 成立领导小组;
(3) 对现状进行评估;
(4) 制定实施计划;
(5) 确定方法;
(6) 实施工作计划;

(7) 监督和改进。

对于一个大型路面管理系统的建立,其主要步骤如图 12-25 所示,这可以在建立中参考。

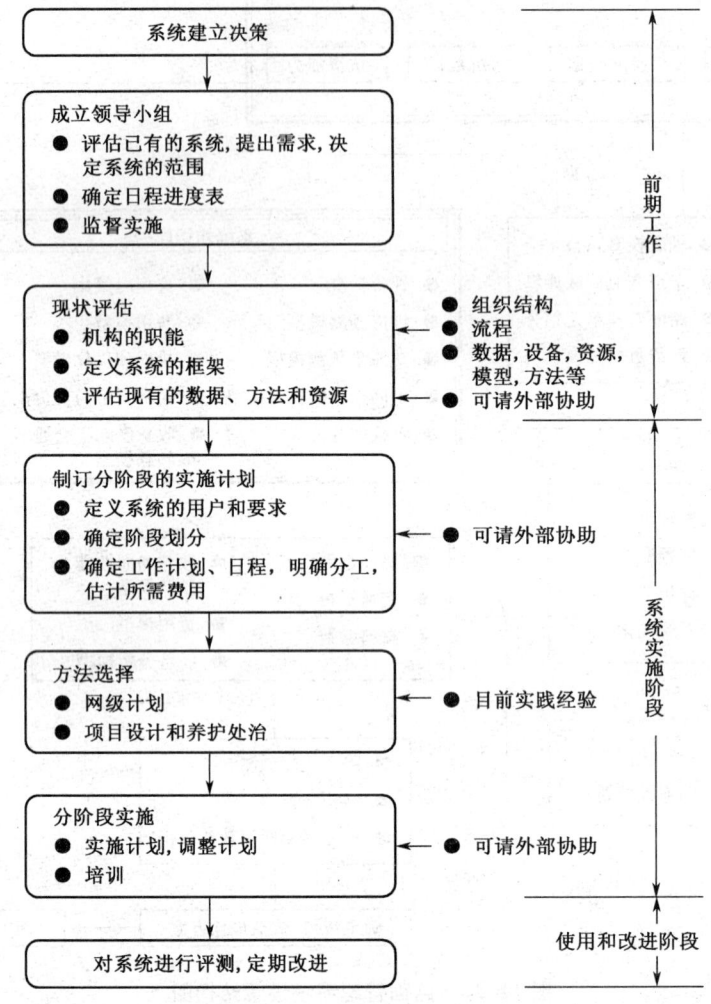

图 12-25 系统实施的主要步骤

就系统建立的策略而言,较好的策略是循序渐进,扎实推进。在系统建立之初,大部分部门往往不能准确估计系统实施的工作量和未来持续使用的困难,都制定了非常宏伟的目标和宏大的计划,试图建立一个包罗万象的、全面的路面管理系统,以致成为一个负担,最终导致系统不能使用下去。所以,从小做起,从建立数据库建立开始则不失为一个明智的选择。

■ 小 结

本章主要介绍了路面平整度、路面损坏状况、路面弯沉和路面抗滑性能的检测方法,并相应地对路面行驶质量、路面损坏状况、路面结构承载能力和路面抗滑性能的评价方法进行了介绍。最后,对路面管理系统的定义、等级、作用、结构和实施进行了简要介绍。

■ 复习思考题和习题

12.1　路面使用性能包括哪几个方面?常用哪些指标来表征?如何检测和评价?
12.2　什么是路面管理系统?简述其结构和作用。

参 考 文 献

[1] 陆鼎中,程家驹.路基路面工程[M].2版.上海:同济大学出版社,1999.
[2] 姚祖康.铺面工程[M].上海:同济大学出版社,2001.
[3] 姚祖康.公路设计手册—路面[M].3版.北京:人民交通出版社,2006.
[4] 中交公路规划设计院.公路沥青路面设计规范(JTG D50—2006)[S].北京:人民交通出版社,2006.
[5] 交通部公路科学研究所.公路沥青路面施工技术规范(JTG F40—2004)[S].北京:人民交通出版社,2004.
[6] 中交公路规划设计院.公路水泥混凝土路面设计规范(JTG D40—2002)[S].北京:人民交通出版社,2002
[7] 交通部公路科学研究所.公路水泥混凝土路面施工技术规范(JTG F30—2003)[S].北京:人民交通出版社,2003.
[8] 交通部公路科学研究所.公路路面基层施工技术规范(JTJ 034—2000)[S].北京:人民交通出版社,2000.
[9] 孙立军等.道路与机场设施管理学[M].北京:人民交通出版社,2009.
[10] 交通部公路科学研究院.公路路基路面现场测试规程(JTG E60—2008)[S].北京:人民交通出版社,2008.
[11] 中交公路规划设计院有限公司.公路水泥混凝土路面设计规范(JTG D40—2010)[S].北京:人民交通出版社,2010
[12] 姚祖康.水泥混凝土路面设计[M].合肥:安徽科学技术出版社,1999.
[13] 姚祖康.路面管理系统[M].北京:人民交通出版社,1993.
[14] 上海市公路管理处.公路沥青路面养护技术规范(JTJ 073.2—2001)[S].北京:人民交通出版社,2001
[15] 孙立军等.沥青路面结构行为理论[M].北京:人民交通出版社,2005.
[16] 邓学钧.路基路面工程[M].3版.北京:人民交通出版社,2008.
[17] Yu-min ZHOU, Zhi-ming TAN, Bo TIAN. Load stresses in two-layered cement concrete pavement structures[C]. Haikou, China: International Conference of Concrete Pavement, 2009.
[18] Zhi-ming TAN, Yu-min ZHOU, Xin-hua YU. Curling stresses in two-layered Portland cement concrete pavement structures[C]. Haikou, China: International Conference of Concrete Pavement, 2009.
[19] Huang Y H. Pavement analysis and design[M]. 2nd Edition. Prentice Hall, Englewood Cliffs, NJ, 2004.
[20] AASHTO (American Association of State Highway and Transportation Officials), AASHTO guide for design of pavement structures. Washington, District of Columbia: AASHTO, 1993.
[21] Haas R., Hudson W. R. and Zaniewski J., Modern Pavement Management[M]. Krieger Publ. Co., Malabar, Florida. 1994.
[22] 孙立军.智能型路面管理系统建立方法的研究[D].上海:同济大学,1989.
[23] Shahin M Y. Pavement Management for Airports, Roads, and Parking Lots, Second Edition, Spinger, USA, 2004
[24] 郑莘荑.沥青路面温度场预估模型的改进[D].上海:同济大学,2010.